《建筑节能工程施工质量验收规范》宣贯教材

主编　卢玫珺
主审　栾景阳

黄河水利出版社

内 容 提 要

本书内容包括正确理解和把握《建筑节能工程施工质量验收规范》(GB50411—2007)围护结构和建筑设备系统节能工程验收的基本知识;建筑围护结构墙体、幕墙、门窗、屋面、地面节能工程的规范条文及内容诠释;建筑设备系统采暖、通风与空调、空调与采暖系统冷热源及管网、配电与照明、监测与控制节能工程的规范条文及内容诠释;建筑节能工程现场检验、建筑节能分部工程质量验收的规范条文及内容诠释。

本书可作为广大建筑节能设计、施工、监理、质检和管理人员进行建筑节能继续教育的教材,同时还可供建筑节能设计、施工、监理和质检等工程技术人员使用参考。

图书在版编目(CIP)数据

《建筑节能工程施工质量验收规范》宣贯教材/卢玫珺主编.—郑州:黄河水利出版社,2008.7

ISBN 978-7-80734-458-2

Ⅰ.建… Ⅱ.卢… Ⅲ.建筑热工-节能-工程验收-建筑规范-教材 Ⅳ.TU761.1-65

中国版本图书馆CIP数据核字(2008)第099339号

出 版 社:黄河水利出版社

地址:河南省郑州市金水路11号　　邮政编码:450003

发行单位:黄河水利出版社

发行部电话:0371-66026940、66020550、66028024、66022620(传真)

E-mail:hhslcbs@126.com

承印单位:黄河水利委员会印刷厂

开本:787 mm×1 092 mm　1/16

印张:20.25

字数:468千字　　印数:1—5 000

版次:2008年7月第1版　　印次:2008年7月第1次印刷

定价:52.00元

前　言

建筑节能工作是一项复杂庞大的系统工程，涉及规划、设计、施工、使用维护和运行管理等各个方面，影响因素复杂，单独强调任一方面，都难以综合实现建筑节能目标。只有将规划、设计、施工、使用维护和运行管理等各个方面密切结合起来，构筑完整的闭合环路，才能实现综合节能目标。

基于此，建设部组织编制、审查、批准并与国家质量监督检验检疫总局于2007年1月联合发布了国家标准《建筑节能工程施工质量验收规范》（GB50411—2007）（以下简称《规范》），从2007年10月1日起实施。

我国第一次把节能工程明确规定为建筑工程的一项分部工程，编制出全方位的闭合管理的规范性和指导性文件，标志着我国建筑节能工作从设计、施工到竣工验收都有法可依、有章可循。建筑节能标准是实现建筑节能的技术依据和基本准则，认真执行建筑节能标准是现阶段做好建筑节能工作的基本目标和要求。《规范》的发布实施进一步完善了国家有关建筑节能的标准体系，不仅为建筑节能工程的施工质量验收提供了统一的技术要求，而且为落实建筑节能设计标准和有关建筑节能的要求提供了有利的技术保障和具有可操作性的技术手段，对强化建筑节能管理，保障建筑节能工程质量，实现建筑节能目标和要求，都具有重要意义和作用。

按照《规范》的相关规定，自2007年10月1日起，建筑工程节能不符合规范者不能通过验收。

《规范》为国家标准，第一次把建筑节能工程明确规定为一项分部工程，将节能工程设计文件情况、进场材料设备质量、施工过程质量控制、系统调试与运行检测四个环节作为施工和验收的重点，实现全过程管理。《规范》所确定的20条强制性条文，是将国家有关节能要求落到实处的具体技术措施，必须在建筑施工中严格执行。

《规范》的发布实施为贯彻建筑节能法规政策、实现建筑节能设计标准确定的措施、开展节能工程施工质量验收、确保建筑节能的质量和性能提供了统一的技术规定。积极推动建筑节能技术进步，同时强化以建筑节能强制性标准贯彻实施为主要内容的工程建设全过程监管，将节能标准的实施监督检查纳入行政执法的内容。

为了更好地使从事建筑节能工程的设计、施工、监理和管理人员尽快把握建筑节能工程施工质量验收的本质内容，系统掌握建筑节能工程施工质量验收基本知识，在河南省建筑行业顺利地开展建筑节能工程施工质量验收，同时配合《规范》的宣贯、实施和监督，在河南省建设教育协会的组织下编写了这本《建筑节能工程施工质量验收规范》的配套教材。

本书全面地介绍了建筑节能工程施工质量验收的相关知识，内容涵盖《规范》原文，旨在为《规范》的宣贯、实施提供有价值的技术指导。为方便使用，本书按照《规范》结构组织内容编写，共分十五章及附录。第一章为建筑节能工程验收概述，对《规范》编制概况、综述和纲领进行阐述;第二章介绍正确理解和把握《规范》围护结构节能工程验收的基本知识;第三章介绍正确理解和把握《规范》建筑设备系统节能工程验收的基本知识;第四章至第八章分别对围护结构墙体节能工程、幕墙节能工程、门窗节能工程、屋面节能工程、地面节能工程的规范条文及内容进行诠释;第九章至第十三章分别对建筑设备系统采暖节能工程、通风与空调节能工程、空调与采暖系统冷热源及管网节能工程、配电与照明节能工程、监测与控制节能工程的规范条文及内容进行诠释;第十四章对建筑节能工程现场检验的规范条文及内容进行诠释;第十五章对建筑节能分部工程质量验收的规范条文及内容进行诠释;另有附录。

本书由河南省建设教育协会编写,河南省建筑科学研究院栾景阳院长担任主审,华北水利水电学院卢玫珺教授担任主编,编写人员如下:第一、二、四、五、六章和附录由华北水利水电学院卢玫珺编写;第七、八章由河南省建筑职工大学魏杰编写;第九、十、十一章由平顶山工学院牛雅丽编写;第十二、十三章由平顶山工学院杨高峰编写;第三、十四、十五章由平顶山工学院刘海燕编写。

本书在编写过程中得到河南省建设厅有关领导的大力支持,并借鉴国内建筑节能设计、施工、检测和验收方面的相关资料,在此一并表示诚挚的感谢。由于时间仓促,加上编者水平所限,书中难免有疏漏和不妥之处,敬请给予批评指正。

编　者

2008 年 2 月 26 日

目　　录

前　言
第一章　建筑节能工程验收概述 ……………………………………… (1)
　第一节　编制概况 ……………………………………… (1)
　第二节　《规范》内容 ……………………………………… (3)
　第三节　《规范》综述与纲领原文 ……………………………………… (5)
　第四节　综述与纲领的诠释 ……………………………………… (9)
第二章　围护结构节能工程验收基本知识 ……………………………………… (18)
　第一节　名词术语 ……………………………………… (18)
　第二节　围护结构节能基本知识 ……………………………………… (22)
　第三节　围护结构节能构造做法 ……………………………………… (31)
　第四节　围护结构节能检测方法 ……………………………………… (61)
　第五节　相关标准规范 ……………………………………… (86)
第三章　建筑设备系统节能工程验收基本知识 ……………………………………… (88)
　第一节　名词术语 ……………………………………… (88)
　第二节　采暖、通风与空调节能基本知识 ……………………………………… (91)
　第三节　建筑配电与照明节能基本知识 ……………………………………… (104)
　第四节　监测与控制系统节能基本知识 ……………………………………… (117)
　第五节　建筑设备系统节能性能检测方法 ……………………………………… (121)
　第六节　相关标准规范 ……………………………………… (130)
第四章　墙体节能工程 ……………………………………… (132)
　第一节　《规范》原文 ……………………………………… (132)
　第二节　概述 ……………………………………… (136)
　第三节　进场材料质量验收 ……………………………………… (137)
　第四节　施工质量验收 ……………………………………… (139)
　第五节　一般项目 ……………………………………… (143)
　第六节　验收记录 ……………………………………… (145)
第五章　幕墙节能工程 ……………………………………… (148)
　第一节　《规范》原文 ……………………………………… (148)
　第二节　概述 ……………………………………… (150)
　第三节　进场材料质量验收 ……………………………………… (153)
　第四节　施工质量验收 ……………………………………… (157)
　第五节　一般项目 ……………………………………… (158)
　第六节　验收记录 ……………………………………… (160)
第六章　门窗节能工程 ……………………………………… (163)
　第一节　《规范》原文 ……………………………………… (163)

第二节　概述 …………………………………………………………………（165）
第三节　进场材料质量验收 ……………………………………………………（166）
第四节　施工质量验收 ………………………………………………………（168）
第五节　一般项目 ……………………………………………………………（170）
第六节　验收记录 ……………………………………………………………（171）
第七章　屋面节能工程 ……………………………………………………（174）
第一节　《规范》原文 ………………………………………………………（174）
第二节　概述 …………………………………………………………………（175）
第三节　进场材料质量验收 ……………………………………………………（177）
第四节　施工质量验收 ………………………………………………………（179）
第五节　一般项目 ……………………………………………………………（181）
第六节　验收记录 ……………………………………………………………（183）
第八章　地面节能工程 ……………………………………………………（186）
第一节　《规范》原文 ………………………………………………………（186）
第二节　概述 …………………………………………………………………（187）
第三节　进场材料质量验收 ……………………………………………………（188）
第四节　施工质量验收 ………………………………………………………（189）
第五节　一般项目 ……………………………………………………………（191）
第六节　验收记录 ……………………………………………………………（191）
第九章　采暖节能工程 ……………………………………………………（193）
第一节　《规范》原文 ………………………………………………………（193）
第二节　概述 …………………………………………………………………（195）
第三节　采暖系统产品质量验收 ………………………………………………（196）
第四节　采暖系统安装及调试验收 ……………………………………………（197）
第五节　保温层和防潮层及隐蔽工程的施工验收 ………………………………（208）
第六节　一般项目 ……………………………………………………………（213）
第七节　验收记录 ……………………………………………………………（213）
第十章　通风与空调节能工程 ………………………………………………（216）
第一节　《规范》原文 ………………………………………………………（216）
第二节　概述 …………………………………………………………………（219）
第三节　通风与空调系统产品质量验收 …………………………………………（221）
第四节　通风与空调系统安装及调试验收 ………………………………………（223）
第五节　绝热层和防潮层及隐蔽工程的施工验收 ………………………………（231）
第六节　一般项目 ……………………………………………………………（237）
第七节　验收记录 ……………………………………………………………（238）
第十一章　空调与采暖系统冷热源及管网节能工程 ……………………………（241）
第一节　《规范》原文 ………………………………………………………（241）
第二节　概述 …………………………………………………………………（243）
第三节　冷热源设备及管网产品质量验收 ………………………………………（245）

第四节　冷热源设备与管网系统安装及调试验收 …………………………（248）
第五节　绝热层、防潮层和保护层及隐蔽工程的施工验收 ………………（251）
第六节　一般项目 ………………………………………………………（252）
第七节　验收记录 ………………………………………………………（252）
第十二章　配电与照明节能工程 ……………………………………（254）
第一节　《规范》原文 …………………………………………………（254）
第二节　概述 ……………………………………………………………（257）
第三节　配电与照明系统产品质量验收 ………………………………（258）
第四节　配电与照明系统质量检测及调试验收 ………………………（260）
第五节　一般项目 ………………………………………………………（262）
第六节　验收记录 ………………………………………………………（263）
第十三章　监测与控制节能工程 ……………………………………（266）
第一节　《规范》原文 …………………………………………………（266）
第二节　概述 ……………………………………………………………（269）
第三节　监测与控制系统检测内容 ……………………………………（274）
第四节　一般项目 ………………………………………………………（280）
第五节　验收记录 ………………………………………………………（282）
第十四章　建筑节能工程现场检验 …………………………………（284）
第一节　《规范》原文 …………………………………………………（284）
第二节　概述 ……………………………………………………………（285）
第三节　围护结构现场实体检验 ………………………………………（286）
第四节　系统节能性能检测 ……………………………………………（289）
第十五章　建筑节能分部工程质量验收 ……………………………（291）
第一节　《规范》原文 …………………………………………………（291）
第二节　概述 ……………………………………………………………（292）
第三节　质量验收合格的规定 …………………………………………（293）
第四节　验收资料与记录 ………………………………………………（294）
附录 ……………………………………………………………………（296）
附录A　建筑节能工程进场材料和设备的复验项目 …………………（296）
附录B　建筑节能分部、分项工程和检验批的质量验收表 ……………（297）
附录C　外墙节能构造钻芯检验方法 …………………………………（300）
附录D　进场材料复验项目采用的试验设备与标准 …………………（302）
附录E　关于加强《建筑节能工程施工质量验收规范》宣贯、实施及监督工作的通知 ……………………………………………………………（303）
附录F　民用建筑节能管理规定……………………………………………（304）
附录G　中华人民共和国节约能源法 …………………………………（307）
参考文献 ………………………………………………………………（316）

第一章　建筑节能工程验收概述

第一节　编制概况

一、编制背景

(一)节能工作推进督促标准出台

当前,能源问题已成为制约经济和社会发展的重要因素。作为我国三大耗能领域的建筑业,建筑节能问题迫在眉睫。目前,我国城乡既有建筑总面积达450多亿m^2,这些建筑在使用过程中,其采暖、空调、通风等方面不断消耗大量能源。建筑能耗已占全国总能耗近30%。据预测,到2020年,我国城乡还将新增建筑面积300亿m^2。建筑能耗必将对我国能源消耗造成长期、巨大的影响。

要解决建筑的高能耗问题,根本出路是坚持“开发与节约并举,节约优先”方针,大力推进节能降耗,提高能源利用效率。为进一步转变经济增长方式,加快建设节约型社会,《国务院关于做好建设节约型社会近期重点工作通知》对完善资源节约标准提出了明确要求,要求制定《绿色建筑技术导则》、《绿色建筑评价标准》、《建筑节能工程施工质量验收规范》(以下简称《规范》)等节能标准规范。《规范》正是在这样的大背景下编制而成的。

自20世纪80年代以来,建设部就开始了建筑节能标准化的工作,围绕建筑节能制定并发布实施了一批有关建筑节能工程设计、检验、采暖通风与空调设计以及建筑照明等标准规范,基本涵盖了建筑节能的各个方面,强化了对建筑节能的技术要求,对指导建筑节能活动发挥了重要作用,但这些标准规范仅是设计标准层面,涉及施工质量验收的内容很少,在施工验收、运行使用方面的标准建设还有待完善。我国虽然已陆续制定和颁布了各气候区建筑节能50%的设计标准,但全国城市每年新增建筑中达到节能建筑设计标准的不到5%。为保证建筑节能工程施工质量,迫切需要一部专门的工程质量验收标准。

《规范》的发布既适应国家建设节约型社会的需要,也是建筑节能向纵深推进的必然要求。《规范》的出台,将有力地促进我国建筑节能工作的开展,进一步完善建筑节能规范体系,从根本上提升建筑节能方面设计的执行率。因此,《规范》是贯彻落实《国务院关于做好建设节约型社会近期重点工作的通知》(国发[2005]21号)中完善资源节约标准精神的具体体现。

(二)构筑完满的节能闭合环路

建筑节能工作是一项复杂庞大的系统工程,只有将规划、设计、施工、使用维护和运行管理等各个方面密切结合起来,构筑完满的闭合环路,才能实现综合节能目标。

（三）内容充实

《规范》依据国家现行法律法规和相关标准，总结了近年来我国建筑节能工程设计、施工、验收和运行管理方面的实践经验和研究成果，借鉴了国内外先进经验和做法，充分考虑了我国现阶段建筑节能工程的实际情况，突出了验收中的基本要求和重点，是一部涉及多专业，以达到建筑节能设计要求为目标的施工质量验收规范。

（四）注重可操作性，强调过程控制

可操作性是技术标准得以很好地贯彻实施的基础。《规范》的可操作性具体体现在以下方面：第一，《规范》有别于各地制定的地方标准。《规范》没有限制使用何种材料，只要求达到规定的性能指标或安全承诺。这种以性能指标为标准的验收，不仅不会限制科技进步，反而会极大地促进行业技术进步。第二，首次提出将钻芯法作为现场检验的一种手段。《规范》中建筑节能工程现场检验一章中规定，建筑围护结构施工完成后，在节能分部工程验收前，应对围护结构的外墙节能构造进行钻芯法检验。钻芯法检验较传统做法更直观，操作简单，不需要使用复杂的试验仪器和设备，而且复现性好，同时由于抽样少也具有价格上的优势。同时《规范》并不否认传热系数检测方法，规定了直接对围护结构传热系数进行检测的条件和具体要求。第三，过去隐蔽工程没有图片，而《规范》列出了建筑节能工程进行隐蔽工程验收的具体部位和内容，可规范隐蔽工程验收。

以往的建设项目节能设计虽然很好，但因为缺少验收规范、缺少过程控制，施工过程中的材料、设备供应质量问题、施工质量问题等都难以控制，导致“阴阳图纸”成为行业潜规则。一些开发商为节约成本，往往“偷梁换柱”，采用质次价低的材料和产品。《规范》第三章关于技术与管理的强制性条文规定，当设计图纸变更影响到节能效果时，须经原节能设计审查机构审查。

《规范》强调以过程控制为主，现场检验为辅的全过程闭合式管理，有利于提高建筑节能设计标准执行力度。《规范》的实施会使节能工程施工过程控制得更好些，因为《规范》对施工过程每一步的检验内容、方法、数量都有明确要求，可有效控制施工质量。由此建筑节能设计文件的执行力度将得到保证和加强，节能建筑不节能的现象将得到有效遏制。

《规范》适用的对象是全方位的，是参与建筑节能工程施工活动各方主体必须要遵守的，是管理者对建筑节能工程建设，施工依法履行监督和管理职能的基本依据，同时也是建筑物的使用者判定建筑是否合格和正确使用建筑的基本要求。

二、编制指导思想

《规范》制定总的原则为：技术先进、经济合理、安全适用和可操作性强。其指导思想体现在：“一推”、“两少”、“三合”、“四抓”。“一推”即在建筑工程中推广装配化、工业化生产的产品，限制落后技术；“两少”即复验数量要少，现场实体检验要少；“三合”即由设计、施工、验收三个环节闭合控制节能质量；“四抓”即抓设计文件执行力、抓进场材料设备质量、抓施工过程质量控制、抓系统调试与运行检测。

在上述指导思想下，《规范》编制的特点是在实现功能和性能要求的基础上，实现从原材料进场验收到施工过程中质量控制以及施工完成后的现场检验，最终与节能设计的要求相符合。结构完整，内容充实，因此具有较强的科学性、完整性、协调性和可操作性，对推进建筑节能目标的实现将发挥重要作用。

三、主要内容

《规范》共15章，3个附录；共210条，主控项目101条、一般项目28条。涵盖10个方面的节能工程验收内容，主要内容为：总则；术语；基本规定；墙体节能工程；幕墙节能工程；门窗节能工程；屋面节能工程；地面节能工程；采暖节能工程；通风与空调节能工程；空调与采暖系统冷热源及管网节能工程；配电与照明节能工程；监测与控制节能工程；建筑节能工程现场检验，建筑节能分部工程质量验收；附录A为建筑节能工程进场材料和设备的复验项目；附录B为建筑节能分部、分项工程和检验批的质量验收表；附录C为外墙节能构造钻芯检验方法。

四、特点

《规范》的定位是对建筑节能材料设备的应用、建筑节能工程施工过程的控制和对建筑节能工程的施工结果进行验收。《规范》第四章至第十三章按一般规定、主控项目和一般项目格式，分别对墙体、幕墙、门窗、屋面、地面、采暖、通风与空调、空调与采暖系统冷热源及管网、配电与照明和监测与控制10个方面的节能工程验收内容进行详细阐明。

《规范》在内容设置方面具有五个明显的特点：

一是明确有20个强制性条文。作为工程建设标准的强制性条文，这些强制性条文不仅涉及结构和人身安全、环保、节能性能、功能方面，还涉及过程控制和建筑设备专业的调试和检测，是建筑节能工程验收必须严格执行的重点内容。

二是规定对进场材料和设备的质量证明文件进行核查。《规范》对核查内容及如何核查都规定得很具体，这有利于施工过程的初期控制；同时规定对各专业主要节能材料和设备在施工现场抽样复验，复验为见证取样送检，这有利于施工过程的质量控制。

三是推出工程验收前对外墙节能构造现场实体检验，对严寒、寒冷和夏热冬冷地区的外窗气密性现场实体检验和对建筑设备工程系统节能性能检测。

四是将建筑节能工程作为一个完整的分部工程纳入建筑工程验收体系，使涉及建筑工程中节能的设计、施工、验收和管理等多个方面的技术要求有法可依，形成从设计到施工和验收的闭合循环，使建筑节能工程质量得到控制。

五是突出以实现功能和性能要求为基础、以过程控制为主导、以现场检验为辅助的原则，结构完整，内容充实，具有较强的科学性、完整性、协调性和可操作性，起到对建筑节能工程质量控制和验收的作用，对推进建筑节能目标的实现将发挥重要作用。

第二节 《规范》内容

为了便于从整体上把握《规范》，本节给出规范内容框图。

一、建筑节能分部、分项工程框图

建筑节能验收共划分为10个分项工程。建筑节能分部、分项工程框图见图1-1。

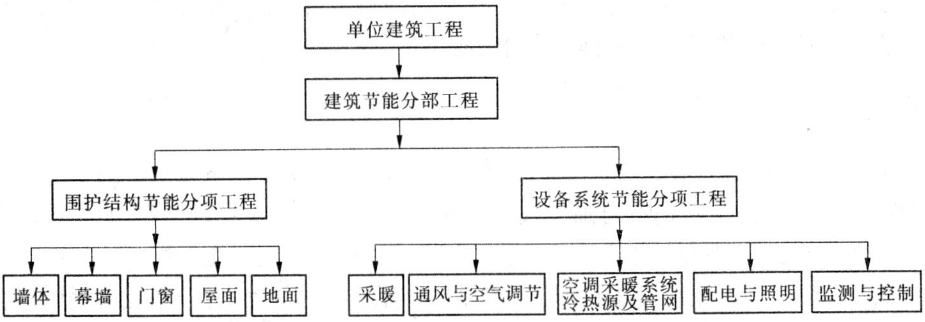

图 1-1　建筑节能分部、分项工程框图

二、建筑节能工程施工质量验收内容框图

基于建筑节能分部、分项工程的关系，规范内容框图如图 1-2 ~ 图 1-6 所示。

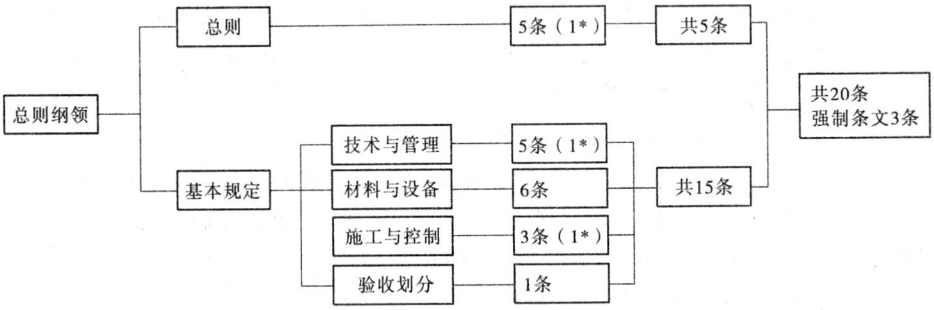

图 1-2　总则与纲领框图

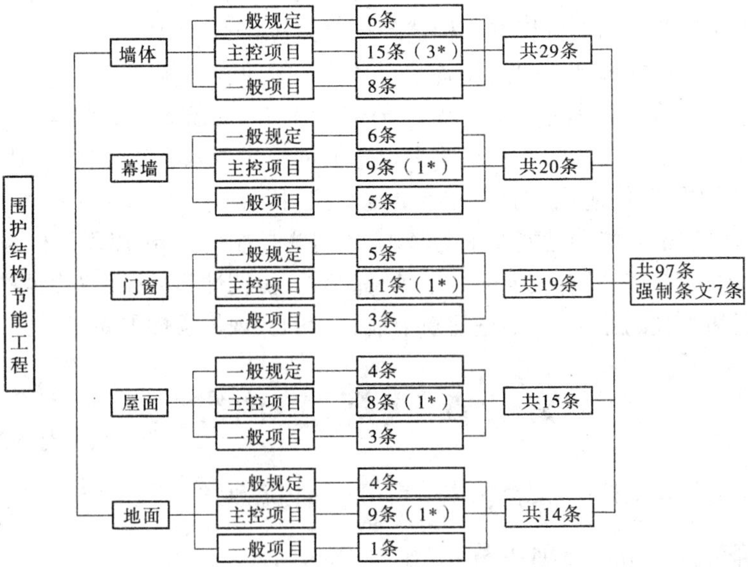

图 1-3　围护结构节能工程框图

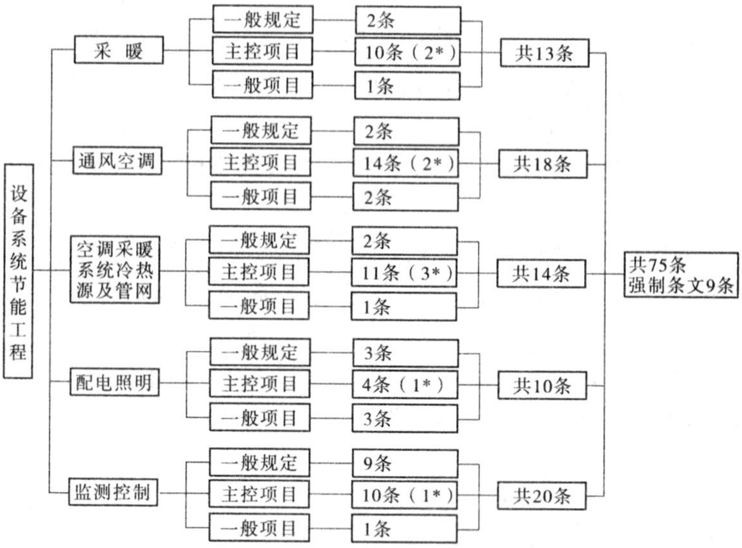

图 1-4　设备系统节能工程框图

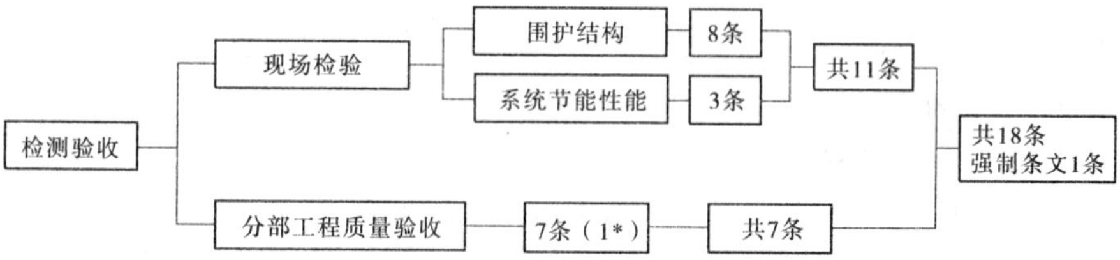

图 1-5　检测与验收框图

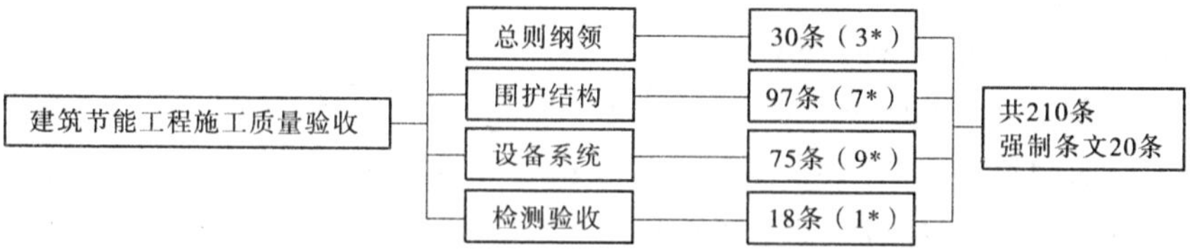

图 1-6　建筑节能工程施工质量验收框图

第三节　《规范》综述与纲领原文

总则和基本规定是《规范》的综述与纲领性文件，为了从整体上把握和使用《规范》，本节列出总则、术语、基本规定原文，以方便使用人员查阅。

一、总则

1.0.1　为了加强建筑节能工程的施工质量管理，统一建筑节能工程施工质量验收，提高建筑工程节能效果，依据现行国家有关工程质量和建筑节能的法律、法规、管理要求和相关技术标准,制定本规范。

1.0.2　本规范适用于新建、改建和扩建的民用建筑工程中墙体、幕墙、门窗、屋面、地面、采暖、通风与空调、采暖与空调系统的冷热源及管网、配电与照明、监测与控制等建筑节能工程施工质量的验收。

1.0.3　建筑节能工程中采用的工程技术文件、承包合同文件对工程质量的要求不得低于本规范的规定。

1.0.4　建筑工程施工质量验收除应执行本规范外,尚应遵守《建筑工程施工质量验收统一标准》(GB50300—2001)、各专业工程施工质量验收规范和国家现行有关标准的规定。

1.0.5　**单位工程竣工验收应在建筑节能分部工程验收合格后进行。**

注:《规范》原文中黑体部分条文为强制性条文,其他章节相同。

二、术语

1. 保温浆料　insulating mortar

由胶粉料与聚苯颗粒或其他保温轻骨料组配,使用时按比例加水搅拌混合而成的浆料。

2. 凸窗　bay window

位置凸出外墙外侧的窗。

3. 外门窗　outside doors and windows

建筑围护结构上有一个面与室外空气接触的门或窗。

4. 玻璃遮阳系数　shading coefficient

透过窗玻璃的太阳辐射热与透过标准 3 mm 透明窗玻璃的太阳辐射热的比值。

5. 透明幕墙　transparent curtain wall

可见光能直接透射入室内的幕墙。

6. 灯具效率　luminaire efficiency

在相同的使用条件下,灯具发出的总光通量与灯具内所有光源发出的总光通量之比。

7. 总谐波畸变率(THD)　total harmonic distortion

周期性交流量中的谐波含量的方均根值与其基波分量的方均根值之比(用百分比表示)。

8. 不平衡度 ε　unbalance factor

不平衡度是指三相电力系统中三相不平衡的程度,用电压或电流负序分量与正序分量的方均根值百分比表示。

9. 进场验收　site acceptance

对进入施工现场的材料、设备等进行外观质量检查和规格、型号、技术参数及质量证明文件核查并形成相应验收记录的活动。

10. 进场复验　site reinspection

进入施工现场的材料、设备等在进场验收合格的基础上,按照有关规定从施工现场抽取试样送至试验室进行部分或全部性能参数检验的活动。

11. 见证取样送检　evidential test

施工单位在监理工程师或建设单位代表见证下，按照有关规定从施工现场随机抽取试样，送至有见证检测资质的检测机构进行检测的活动。

12. 现场实体检验　in－situ inspection

在监理工程师或建设单位代表见证下，对已经完成施工作业的分项或分部工程，按照有关规定在工程实体上抽取试样，在现场进行检验或送至有见证检测资质的检测机构进行检验的活动，简称实体检验或现场检测。

13. 质量证明文件　quality proof document

随同进场材料、设备等一同提供的能够证明其质量状况的文件。通常包括出厂合格证、中文说明书、型式检验报告及相关性能检测报告等。进口产品应包括出入境商品检验合格证明。适用时，也可包括进场验收、进场复验、见证取样检验和现场实体检验等资料。

14. 核查　check

对技术资料的检查及资料与实物的核对。包括：对技术资料的完整性、内容的正确性、与其他相关资料的一致性及整理归档情况的检查，以及将技术资料中的技术参数等与相应的材料、构件、设备或产品实物进行核对、确认。

15. 型式检验　type inspection

由生产厂家委托有资质的检测机构，对定型产品或成套技术的全部性能及其适用性所作的检验。其报告称型式检验报告。通常在工艺参数改变、达到预定生产周期或产品生产数量时进行。

三、基本规定

3.1　技术与管理

3.1.1　承担建筑节能工程的施工企业应具备相应的资质；施工现场应建立相应的质量管理体系、施工质量控制和检验制度，具有相应的施工技术标准。

3.1.2　设计变更不得降低建筑节能效果。当设计变更涉及建筑节能效果时，应经原施工图设计审查机构审查，在实施前应办理设计变更手续，并获得监理或建设单位的确认。

3.1.3　建筑节能工程采用的新技术、新设备、新材料、新工艺，应按照有关规定进行评审、鉴定及备案。施工前应对新的或首次采用的施工工艺进行评价，并制订专门的施工技术方案。

3.1.4　单位工程的施工组织设计应包括建筑节能工程施工内容。建筑节能工程施工前，施工单位应编制建筑节能工程施工方案并经监理（建设）单位审查批准。施工单位应对从事建筑节能工程施工作业的人员进行技术交底和必要的实际操作培训。

3.1.5　建筑节能工程的质量检测，除第十四章《规范》原文 14.1.5 条规定的以外，应由具备资质的检测机构承担。

3.2　材料与设备

3.2.1　建筑节能工程使用的材料、设备等，必须符合设计要求及国家有关标准的规定。

严禁使用国家明令禁止使用与淘汰的材料和设备。

3.2.2 材料和设备进场验收应遵守下列规定：

(1)对材料和设备的品种、规格、包装、外观和尺寸等进行检查验收，并应经监理工程师(建设单位代表)确认，形成相应的验收记录。

(2)对材料和设备的质量证明文件进行核查，并应经监理工程师(建设单位代表)确认，纳入工程技术档案。进入施工现场用于节能工程的材料和设备均应具有出厂合格证、中文说明书及相关性能检测报告；定型产品和成套技术应有型式检验报告，进口材料和设备应按规定进行出入境商品检验。

(3)对材料和设备应按照附录A建筑节能工程进场材料和设备的复验项目及各章的规定在施工现场抽样复验。复验应为见证取样送检。

3.2.3 建筑节能工程使用材料的燃烧性能等级和阻燃处理，应符合设计要求和现行国家标准《高层民用建筑设计防火规范》(GB50045—2005)、《建筑内部装修设计防火规范》(GB50222—95)和《建筑设计防火规范》(GB50016—2006)等的规定。

3.2.4 建筑节能工程使用的材料应符合国家现行有关标准对材料有害物质限量的规定，不得对室内外环境造成污染。

3.2.5 现场配制的材料如保温浆料、聚合物砂浆等，应按设计要求或试验室给出的配合比配制。当未给出要求时，应按照施工方案和产品说明书配制。

3.2.6 节能保温材料在施工使用时的含水率应符合设计要求、工艺要求及施工技术方案要求。当无上述要求时，节能保温材料在施工使用时的含水率不应大于正常施工环境湿度下的自然含水率，否则应采取降低含水率的措施。

3.3 施工与控制

3.3.1 建筑节能工程施工应按照经审查合格的设计文件和经审查批准的施工方案施工。

3.3.2 建筑节能工程施工前，对于采用相同建筑节能设计的房间和构造做法，应在现场采用相同材料和工艺制作样板间或样板件，经有关各方确认后方可进行施工。

3.3.3 建筑节能工程的施工作业环境和条件，应满足相关标准和施工工艺的要求。节能保温材料不宜在雨雪天气中露天施工。

3.4 验收的划分

3.4.1 建筑节能工程为单位建筑工程的一个分部工程，其分项工程和检验批的划分，应符合下列规定：

(1)建筑节能分项工程应按照表1-1划分。

(2)建筑节能工程应按照分项工程进行验收。当建筑节能分项工程的工作量较大时，可以将分项工程划分为若干个检验批进行验收。

(3)当建筑节能工程验收无法按照上述要求划分分项工程或检验批时，可由建设、监理、施工等各方协商进行划分。但验收项目、验收内容、验收标准和验收记录均应遵守《规范》的规定。

(4)建筑节能分项工程和检验批的验收应单独填写验收记录，节能验收资料应单独组卷。

表 1-1 建筑节能分项工程划分

序号	分项工程	主要验收内容
1	墙体节能工程	主体结构基层;保温材料;饰面层等
2	幕墙节能工程	主体结构基层;隔热材料;保温材料;隔气层;幕墙玻璃;单元式幕墙板块;通风换气系统;遮阳设施;冷凝水收集排放系统等
3	门窗节能工程	门;窗;玻璃;遮阳设施等
4	屋面节能工程	基层;保温隔热层;保护层;防水层;面层等
5	地面节能工程	基层;保温层;保护层;面层等
6	采暖节能工程	系统制式;散热器;阀门与仪表;保温材料;热力入口装置;调试等
7	通风与空气调节节能工程	系统制式;通风与空调设备;阀门与仪表;绝热材料;调试等
8	空调与采暖系统的冷热源及管网节能工程	系统制式;冷热源设备;辅助设备;管网;阀门与仪表;绝热、保温材料;调试等
9	配电与照明节能工程	低压配电电源;照明光源、灯具;附属装置;控制功能;调试等
10	监测与控制节能工程	冷、热源系统的监测控制系统;空调水系统的监测控制系统;通风与空调系统的监测控制系统;监测与计量装置;供配电的监测控制系统;照明自动控制系统;综合控制系统等

第四节 综述与纲领的诠释

总则与基本规定是《规范》的综述与纲领,为方便阅读与理解,对其内容进行诠释。

一、总则

总则从整体上叙述《规范》编制与实施的几个基本问题。主要内容为编制目的、依据、适用范围、各项规定的严格程度及执行本标准与执行其他标准规范之间的关系等基本事项。

(一)编制目的与依据

《规范》编制的目的在于加强建筑节能工程施工质量管理、统一建筑节能工程施工质量验收、提高建筑工程节能效果,最终使建筑工程的节能效果达到设计要求。《规范》依据国家现行有关工程质量和建筑节能的法律、法规、管理要求和有关技术标准,总结近年来我国建筑节能工程设计、施工、验收和运行管理方面的实践经验和研究成果,借鉴了国外先进经验和做法，充分考虑了我国现阶段建筑节能工程的实际情况，突出了验收中的基本要求和重点，是第一部涉及多个专业，以达到建筑节能设计要求为目标的施工验收规范。因此，统一建筑节能工程施工质量验收是《规范》的重要责任与作用。《规范》从验收角度对节能工程施工质量提出要求和规定，需要和相关的设计、材料、施工工艺和检验检测等标准配合使用。

（二）适用范围

《规范》适用于新建、改建和扩建的民用建筑工程中围护结构、建筑设备等各个专业的建筑节能分项工程施工质量的验收。目前，在国家尚无既有建筑节能改造工程专用规范之前，既有建筑的节能改造可列入改建工程的范畴，故也应遵守本规范的规定。

（三）各项验收要求的严格程度

由于《规范》是适用于全国的验收规范，本规范的各项规定的水平是最低要求，即最起码的要求。

（四）与其他相关验收规范的关系

《规范》与其他相关验收规范应遵守协调一致、相互补充的关系，无论是本规范还是其他相关规范，在施工和验收中都应遵守，不得违反，不得顾此失彼。与建筑节能相关的质量验收规范见表 1-2。

表 1-2　与建筑节能工程相关的质量验收规范

序号	标准类别	质量验收规范名称
1	国家标准	《建筑工程施工质量验收统一标准》（GB50300—2001）
2	国家标准	《建筑装饰装修工程质量验收规范》（GB50210—2001）
3	国家标准	《屋面工程质量验收规范》（GB50207—2002）
4	国家标准	《建筑地面工程施工质量验收规范》（GB50209—2002）
5	国家标准	《建筑给排水及采暖工程施工质量验收规范》（GB50242—2002）
6	国家标准	《通风与空调工程施工质量验收规范》（GB50243—2002）
7	国家标准	《建筑电气工程施工质量验收规范》（GB50303—2002）
8	国家标准	《智能建筑工程质量验收规范》（GB50339—2003）
9	国家标准	《自动化仪表工程施工及验收规范》（GB50093—2002）

（五）强制性条文

国家规定建筑工程必须节能，节能达不到要求的建筑工程不得验收交付使用。建筑节能验收是单位工程验收的先决条件，具有“一票否决权”。因此，建筑节能工程作为一个独立的分部工程进行验收，单位工程竣工验收应在建筑节能分部工程验收合格的基础上进行。

二、基本规定

基本规定的各项内容是《规范》的纲领，基本内容由技术与管理、材料与设备、施工与验收及验收的划分四部分组成。

为了科学管理建筑施工，规范规定任何一个施工现场都必须做到“三有”，即“有标准、有体系、有制度”，从而实现建筑节能工程质量的“预控”、“过程控制”和“检验控制”这三个环节。

“有标准”是指施工现场必须具备相应的标准，是抓好建筑节能工程质量的最基本条件。

“有体系”是要求每个施工现场都要树立体系管理质量的观念，并从组织上加以落实。施工单位应推行生产控制和合格控制的全过程质量控制，并有健全的质量管理体系。

“有制度”是建筑工程施工过程中质量责任制度必须健全。

建筑节能工程施工质量控制的三个环节：

(1)工程质量的“预控”：施工单位必须对用于建筑节能工程的主要材料和设备实行进场验收，并对技术资料进行核查，对重要的建筑节能材料设备实行施工现场抽样复验，复验应为见证取样送检。

(2)工程质量的“过程控制”：施工单位必须控制每道施工工序的质量，使其符合企业标准的要求，以方便工程质量的过程控制。

(3)工程质量的“检验控制”：施工单位每道工序完成后，通过自检、专职质量检查员检查、工序交接检验，从而实现工程质量的检验控制。

(一)技术与管理

1. 施工技术要求

1)施工资质要求

目前我国部分城市已制定专门的建筑节能工程施工资质等级标准，河南省制定了建筑节能外墙保温工程专业施工承包企业资质等级标准，分为二级和三级两种资质等级标准。

2)施工现场要求

施工现场具有相应的施工技术标准，施工技术标准是指与施工有关的各种技术标准，包括工艺标准、验收标准以及与工程有关的材料标准、检验标准等。

2. 设计变更规定

由于材料供应、工艺改变等原因，建筑工程施工中有可能改变节能设计。为避免影响节能效果，涉及节能的变更应严格加以限制。具体包括三层含义：

第一，任何有关节能设计的变更，均需事先办理设计变更手续；第二，有关节能的设计变更不应降低节能效果；第三，涉及节能效果的设计变更，除应由原设计单位认可外，还应报原负责节能设计审查的机构审查方可确定。确定变更后，应获得监理或建设单位的确认。

3.“四新”技术要求

建筑节能工程采用的“新技术、新设备、新材料、新工艺”通常被称为“四新”技术。

1)新技术

为了加强“十一五”建设科技推广工作，充分发挥科技对建设事业发展的支撑和引领作用，根据《建设领域推广应用新技术管理规定》(建设部第109号)和《建设部推广应用新技术管理细则》(建科[2002]222号),建设部组织编制的《建设事业"十一五"重点推广技术领域》有关建筑节能与新能源开发利用技术领域内容见表1-3。

表1-3 建设事业"十一五"重点推广技术领域

领域	项目	重点推广
建筑节能与新能源开发利用技术	建筑外围护结构保温隔热技术与新型节能建筑体系	墙体、屋面、楼(地)面、建筑门窗、建筑幕墙保温隔热技术、建筑遮阳技术和新型节能建筑体系
	供热采暖与空调制冷节能技术	新型高效采暖空调与制冷技术、供热设备、空调制冷设备、输配管网节能技术、温度控制与计量技术、供热采暖与空调制冷系统综合节能技术
	可再生能源与新能源应用技术	太阳能、浅层低能、生物质能及其他能源利用技术
	城市与建筑绿色照明节能技术	新型节能照明技术、照明节能控制技术
	建筑节能设计管理及能效测评与标识技术	建筑节能设计、节能管理、建筑能耗分析及建筑能效测评与标识技术
	既有建筑节能改造技术	既有建筑外围护结构、供热采暖制冷系统节能改造技术

2004年3月18日,建设部公告第218号发布的《建设部推广应用和限制禁止使用技术》有关建筑节能内容见表1-4。

2)基本要求

国家鼓励建筑节能工程施工中采用"四新"技术,但为了防止不成熟的技术或材料被应用到工程上,国家同时又规定了对于"四新"技术要进行科技成果鉴定、技术评审或实行备案、推广证等多项措施。

考虑到建筑节能施工中涉及的新材料、新技术较多,对于从未有过的施工工艺,或者其他单位虽已做过但是本施工单位尚未做过的施工工艺,应进行"预演"并进行评价,需要时应调整参数再次演练,直至达到要求。施工前还应制订专门的施工技术方案以保证节能效果。

鉴于建筑节能的重要性,每个工程的施工组织设计中均应列明有关本工程与节能施工有关的内容以便规划、组织和指导施工。施工前,施工企业还应专门编制建筑节能工程施工技术方案,按照规定经监理单位审批后实施。没有实行监理的工程则应由建设单位审批。

从事节能施工作业的人员的操作技能对于节能施工效果影响较大,且许多节能材料和工艺某些施工人员并不熟悉,故规定应在节能施工前对相关人员进行技术交底和必要的实际操作培训。

4. 施工组织设计要求

单位工程的施工组织设计应包括建筑节能工程施工内容。建筑节能工程施工前,施工企业应编制施工技术方案并经监理(建设)单位审查批准。施工单位应对从事建筑节能工程施工作业的专业人员进行技术交底和必要的实际培训。

表 1-4　建设部推广应用和限制禁止使用技术

技术分类			技术名称	公告类型			适用范围
领域	类目	类别		推广	限制	禁止	
建筑节能	外围护结构保温隔热技术	外保温技术	膨胀聚苯板薄抹灰外墙保温系统	推广			民用建筑混凝土或砌体外墙外保温工程
			膨胀聚苯板与混凝土一次现浇外墙外保温系统	推广			多层和高层民用建筑现浇混凝土结构外墙外保温工程
			机械固定钢丝网架膨胀聚苯板外墙外保温系统	推广			民用建筑混凝土或砌体外墙外保温工程
			胶粉聚苯颗粒外墙外保温系统	推广			寒冷地区、夏热冬冷地区和夏热冬暖地区民用建筑混凝土或砌体外墙外保温工程
			外墙内保温浆体材料		限制		不得用于大城市民用建筑外墙内保温工程 2004 年 7 月 1 日起执行
		建筑门窗	中空玻璃塑料平开窗	推广			房屋建筑（外平开窗仅适用于多层建筑）
			中空玻璃断热型材铝合金平开窗	推广			
			中空玻璃断热型材钢平开窗	推广			
			单扇平开多功能门	推广			房屋建筑
			无预热功能焊机制作的塑料门窗		限制		不得用于严寒、寒冷和夏热冬冷地区的房屋建筑 2001 年 7 月 4 日起执行
			非中空玻璃单框双玻门窗		限制		不得用于城镇住宅和公共建筑 2001 年 7 月 4 日起执行
			框厚 50（含 50）mm 以下单腔结构型材的塑料平开窗		限制		
			手工机具制作的塑料门窗			禁止	禁止用于房屋建筑 2001 年 7 月 4 日起执行
			非断热金属型材制作单玻窗		限制		不得用于有节能要求的房屋建筑 2004 年 7 月 1 日起执行
			32 系列实腹、25、35 系列空腹钢窗		限制		不得用于住宅建筑 2000 年 12 月 1 日起执行
		门窗配套件	非硅化密封条			禁止	禁止用于房屋建筑推拉门窗 2001 年 7 月 4 日起执行
			高填充 PVC 密封条			禁止	
			非滚动轴承式滑轮		限制		不得用于房屋建筑的推拉门窗（纱窗除外） 2001 年 7 月 4 日起执行

续表 1-4

技术分类			技术名称	公告类型			适用范围
领域	类目	类别		推广	限制	禁止	
建筑节能	采暖供热节能技术	采暖节能技术	钢制（板形、管型、钢管装饰型）散热器	推广			以热水为热媒的房屋建筑供暖系统
			铜（钢）铝复合型散热器	推广			
			铝制柱翼型散热器	推广			
			内腔无粘砂灰铸铁散热器	推广			
			内腔粘砂灰铸铁散热器		限制		不得用于分户计量供暖系统 2005 年 1 月 1 日起执行
			钢制闭式串片散热器		限制		不得用于住宅建筑供暖系统 2004 年 7 月 1 日起执行
			灰铸铁长翼型散热器			禁止	禁止用于房屋建筑供暖系统 2004 年 7 月 1 日起执行
			散热器恒温控制阀	推广			新建节能建筑供暖系统和既有建筑节能改造
			热量表	推广			各类住宅建筑
			室内采暖双管节能系统	推广			供暖地区民用建筑的新建采暖系统和既有建筑节能改造
			室内采暖跨越式单管串联系统	推广			供暖地区既有民用建筑采暖节能改造
			地面辐射采暖系统	推广			建筑物地面采暖
	新能源利用	太阳能热利用技术	太阳能与其他能源组合供生活热水系统	推广			民用建筑

鉴于建筑节能的重要性，每个工程的施工组织设计中均应列明本工程与节能施工有关的内容以便规划、组织和指导施工。施工前，施工企业应编制建筑节能工程施工技术方案，经监理单位审批后实施。

从事节能施工作业人员的操作技能对于节能施工效果影响较大，且许多节能材料和工艺对于某些施工人员而言可能并不熟悉，故应在节能施工前对相关人员进行技术交底和必要的实际操作培训，技术交底和操作均应留有记录。

5. 检测试验机构资质要求

建筑节能效果只能通过检测数据进行评价，因此检测结论的正确与否十分重要。建筑节能工程的质量检测(《规范》第十四章原文第 14. 1. 5 条外墙节能构造的现场实体检测除外)，应由具备资质的检测机构承担。为了方便施工，外墙节能构造的现场实体检测除可以委托有资质的检测单位来承担外，还可以由施工单位自行实施。但是不论由谁实施均应由监理(建设)人员见证，以确保检验的公正性。

(二)材料与设备

1. 材料和设备的技术要求

材料、设备是建筑节能工程的物质基础，建筑节能工程使用的材料和设备，既要符合设计要求，同时又要符合国家有关产品质量标准的规定，即对其质量进行双控。对于设计未提出要求或尚无国家和行业标准的材料和设备，则应该在合同中约定，或在施工方案中明确，并且应该得到监理或建设单位的同意或确认。对于尚未列入国家和行业标准的材料和设备，必须符合地方或企业标准中的质量要求。

由于采暖、空调系统及其他建筑机电设备的技术性能参数对于节能效果影响较大，故应严格要求其符合国家有关标准的规定。近年来，国家对于技术指标落后或质量存在较大问题的材料、设备明令禁止使用，节能工程施工应严格遵守这些规定，施工中不得使用。

2. 材料和设备的进场验收要求

材料和设备的进场验收是把好材料合格关的重要环节，材料和设备进场验收的 3 个步骤见表 1-5。

表 1-5 材料和设备进场验收步骤

序号	步骤	内 容	备 注
1	检查可视质量	材料和设备的品种、规格、包装、外观和尺寸的可视质量检查验收，并应经监理工程师(建设单位代表)核准，进场验收应形成相应的质量记录	材料和设备的可视质量是指可以通过目视和简单的尺量、称重、敲击等方法检查的质量
2	核查质量证明文件	核查材料和设备的质量证明文件是进场验收的一项重要内容。质量证明文件通称为技术资料，主要包括质量合格证、中文说明书及相关性能检测报告、型式检验报告等；进口材料和设备的出入境商品检验。质量证明文件应纳入工程技术档案	由于可视质量的检查，只能核查材料和设备的外观质量，其内在质量则需由质量证明文件加以证明
3	抽样复验	对建筑节能效果影响较大的部分材料和设备见证取样送检，以验证质量是否符合要求	由于抽样复验需要花费较多的时间和费用，故复验数量、频率和参数应控制到最少，主要针对那些直接影响节能效果的材料、设备的部分参数

建设部建建字[2000]211号文件规定，为了提高抽样复验的真实性和公正性，重要项目复验应实行见证取样送检，基于此《规范》规定建筑节能工程进场材料和设备的复验项目应为见证取样送检。各分项工程材料和设备的复验项目见附录A。

3. 材料安全性能要求

耐火性能是建筑工程最重要的性能之一，直接影响用户安全，因此建筑节能工程使用材料的燃烧性能等级和阻燃性处理，应符合设计要求和相应国家标准的要求。

为了保护环境，国家制定了建筑装饰材料有害物质限量标准，建筑节能工程使用的材料与建筑装饰材料类似，往往附着在结构的表面，容易造成污染，故应符合国家标准《民用建筑室内环境污染控制规范》(GB50325—2001)对材料有害物质限量的规定，不得对室内外环境造成污染。

4. 材料施工要求

1)现场配制材料的要求

建筑节能工程现场配制材料如保温浆料、聚合物砂浆等，由于现场施工条件的限制，其质量较难保证。为了保证现场配制材料的质量，要求必须按设计要求或实验室给出的配合比进行现场配制。当无上述要求时，可以按照产品说明书配制。执行中应注意上述配置要求，均应具有可追溯性，并应写入施工方案中。不得按照经验或口头通知配置。

2)节能保温材料的含水率要求

多数节能保温材料的含水率对节能效果有明显的影响。为了控制节能保温材料的含水率，节能保温材料在施工使用时的含水率应符合设计要求、工艺标准要求及施工技术方案要求。考虑到施工管理水平的不同，《规范》给出控制节能保温材料含水率的最低要求：节能保温材料的含水率不应大于正常施工环境湿度下的自然含水率，否则应采取降低含水率的措施。因此，雨季施工、材料受潮或泡水等情形下，应采取适当措施控制保温材料的含水率。

(三)施工与验收

1. 建筑节能工程施工的基本要求

设计文件和施工技术方案是节能工程实际上也是所有工程施工均应遵循的基本要求。设计文件由设计审查机构审查，施工技术方案则应通过建设或监理单位的审查。施工中的变更同样需要经过审查。

2. 样板间(或样板件)法

制作样板间的方法是在长期施工中总结出来的行之有效的方法。不仅可以直观地看到和评判其质量与工艺状况，还可以对材料、做法、效果等进行直接检查，并可以作为验收的实物标准。因此，节能工程施工也应借鉴和采用。样板间方法主要适用于重复采用同样建筑节能设计的房间和构造的做法。制作时应采用相同材料和工艺在现场制作，经有关各方确认后方可进行施工。样板间或样板件的技术资料(材料、工艺、验收资料)应纳入工程技术档案。

3. 施工作业环境条件

建筑节能工程部分节能材料对环境条件的要求较高，如保温材料对环境湿度及施工时气候的要求等都较高。这些要求多数在工艺标准或施工技术方案中规定，因此建筑节能工程的施工作业环境条件，应满足相关标准和施工工艺的要求。

（四）验收的划分

验收的划分是指建筑节能验收与其他已有的各分部分项工程验收的关系并确定节能验收在总体验收中的定位。

由于建筑节能验收属于专业验收的范畴，其许多验收内容与原有建筑工程的分部分项验收有许多交叉，故建筑节能工程验收的定位有一定困难。为了与《建筑工程施工质量验收统一标准》（GB50300—2001）一致，《规范》将建筑节能工程作为单位建筑工程的一个独立的分部工程进行划分和验收，并规定包含的各分项工程的四个划分原则。

一是直接将节能分部工程划分为10个分项工程，给出10项分项工程名称及需要验收的主要内容。划分原则与《建筑工程施工质量验收统一标准》和各专业工程施工质量验收规范原有划分尽量一致。各个分项工程是指其节能性能。

二是明确节能工程应按分项工程验收。由于节能工程验收内容复杂，综合性较强，验收结果如果对检验批直接给出，易造成分散和混乱。故《规范》的各项验收要求直接对分项工程提出。当分项工程较大时，可以划分成检验批，其验收要求不变。

三是考虑到在某些特殊情况下，节能验收的实际内容或情况难以按照上述要求进行划分和验收，如遇到某建筑物分期或局部进行节能改造时，不易划分分部、分项工程，此时允许采取建设、监理、设计、施工等各方协调一致的划分方式进行节能工程的验收。但验收项目验收标准和验收记录应遵守《规范》的规定。

四是规定有关节能的项目应单独填写检查验收表格，做出节能项目验收记录并单独组卷，以与建设部要求节能审图单列的规定一致。

第二章　围护结构节能工程验收基本知识

第一节　名词术语

为方便建筑节能设计、施工、监理、检测、监督等技术和管理人员使用《规范》，在《规范》术语基础上，还应了解一些与围护结构节能工程验收有关的名词术语。

1. 建筑节能工程　energy – efficiency engineering for building

建筑节能工程是为节约建筑使用能耗所进行的建筑施工及安装工程。

2. 围护结构　building envelope

围护结构可从两个方面定义，一是指建筑物及房间各面的围挡物；二是指两侧分别面向不同空间，如室内和室内或室内和室外的建筑构造层。包括外围护结构如外墙、屋面、外窗、外门、地面等；内围护结构如内门窗、内墙、顶棚和楼板等。

3. 导热系数（λ）　thermal conductivity coefficient

导热系数是在稳态条件下，单位厚度（1 m）物体，两侧表面温差为 1 K，单位时间（1 h）内通过单位面积（1 m^2）传递的热量。单位：W/（m · K）。

4. 传热系数（K）　overall heat transmission coefficient

传热系数是在稳态条件下，围护结构两侧空气温差为 1 K，单位时间（1 h）内通过单位面积（1 m^2）传递的热量。单位：W/（m^2 · K）。

5. 传热阻（R_0）　total thermal resistance

传热阻是在稳态条件下，围护结构两侧阻抗传热能力的物理量，为传热系数的倒数。单位：m^2 · K/W。

6. 热桥　heat bridge

热桥是外墙和屋顶等围护结构中的金属、钢筋混凝土或混凝土梁、柱、肋等部位，在室内外两侧温差作用下，形成热流密集、内表面温度较低的部位。在建筑热工学中形象地将这些传递热量的部位，称为热桥。

7. 透明幕墙　transparent curtain wall

可见光能直接透射入室内的幕墙，如玻璃幕墙。

8. 非透明幕墙　untransparent curtain wall

不能将可见光透射入室内的幕墙，如石材幕墙、金属幕墙和板材幕墙等。

9. 可见光透射比　visible transmittance

标准光源透过门窗或幕墙构件成为室内的人眼可见光与投射到门窗或幕墙构件上的人眼可见光，采用人眼视见函数加权的比值。

10. 中空玻璃　sealed insulating glass unit

两片或多片玻璃以有效支撑均匀隔开并粘接密封，使玻璃层间形成有干燥气体空间的制品。

11. 露点温度　dew point temperatures

在恒定压力、恒定的水蒸气含量条件下，当空气发生饱和水蒸气状态时（相对湿度等于100%，在物体表面有水汽凝结时）的温度。

12. 气密性能　air permeability performance

外窗在关闭状态下，阻止空气渗透的能力。

13. 保温隔热材料　insulation material

保温隔热材料又称绝热材料，是指对热流有明显阻抗性的材料或材料复合体。

14. 密度　density

密度是指材料在绝对密实状态下，单位体积所具有的质量。绝对密实状态下的体积是指不包括空隙体积在内的固体所占有的体积。

15. 表观密度　apparent density

表观密度是指材料在自然状态下，单位体积所具有的质量。表观体积是指包含内部空隙的体积。表观密度主要针对板状保温隔热材料而言。

16. 堆积密度　accumulation density

堆积密度是指粉状、粒状和纤维材料在堆积状态下，单位体积所具有的质量。堆积体积是不仅包含所有颗粒内的空隙，还包括颗粒间空隙的体积。堆积密度主要针对松散保温隔热材料而言。

17. 含水率　water ratio

含水率是指材料中含水量和材料干燥状态下的质量百分比。

18. 抗压强度　compression strength

抗压强度是指材料在承受压应力下，对破坏的抵抗能力。

19. 压缩强度　compression strength

针对受压缩变形较大的材料力学性能的一项参数，当材料的压缩率为10%时的抗压强度值。

20. 抗拉强度　tensile strength

抗拉强度是指材料在承受拉应力下，对破坏的抵抗能力。

21. 抗剪强度　shear strength

抗剪强度是指材料抵抗剪切破坏的能力。

22. 燃烧性能　combustibility

燃烧性能是指材料或制品遇火燃烧时所发生的一切物理或化学变化，即对火反应特性。

23. 氧指数　oxygen index

氧指数是在规定的实验条件下，材料在氧氮混合气流中保持燃烧状态所需要的氧浓度，以氧的百分数表示。

24. 自熄性　self - extinguishness

自熄性是在规定的实验条件下，移开火源后，材料停止燃烧的特性。

25. 阻燃性　combustibility proofing

阻燃性是材料所具有的减慢、终止或防止有焰燃烧的特性。

26. 验收　acceptance

建筑工程在施工单位自行质量检查评定的基础上，参与建设活动的有关单位共同对检验批、分项、分部、单位工程的质量进行抽样复验，根据相关标准以书面形式对工程质量达到合格与否做出确定的活动。

27. 检验　inspection

对检验项目中的性能进行量测、检查、试验等，并将结果与标准规定要求进行比较，以确定每项性能是否合格所进行的活动。

28. 检验批　inspection lot

按同一的生产条件或按规定的方式汇总起来供检验用的、由一定数量样本组成的检验体。

29. 抽样方案　sampling scheme

根据检验项目的特性所确定的抽样数量和方法。

30. 抽样检验　sampling inspection

按照规定的抽样方案，随机地从进场的材料、构配件、设备或建筑工程检验项目中，按检验批抽取一定数量的样本所进行的检验。

31. 计数检验　counting inspection

在抽样检验的样本中，记录每一个体有某种属性或计算每一个体中的缺陷数目的检查方法。

32. 主控项目　dominant item

建筑工程中对安全、卫生、环境保护和公众利益起决定性作用的检验项目。

33. 一般项目　general item

除主控项目以外的检验项目。

34. 保温系统　insulation system

由保温层、保护层和固定材料（胶粘剂、锚固件等）构成并且适用于安装在基体表面的非承重保温构造总称。

35. 外墙外保温系统　outside thermal insulation system of outside wall

由保温层、保护层和固定材料（胶粘剂、锚固件等）构成并且适用于安装在外墙外表面的非承重保温构造总称。

36. 外墙内保温系统　inside thermal insulation system of outside wall

由保温层、保护层和固定材料（胶粘剂、锚固件等）构成并且适用于安装在外墙内表面的非承重保温构造总称。

37. 基层　substrate

保温系统所依附的围护结构。

38. 保温层　thermal insulation layer

由保温材料组成，在围护结构中起保温隔热作用的构造层。

39. 隔汽层　insulation vapour layer

在围护结构中为防止保温隔热材料受潮而专门设置的起隔绝蒸汽作用的构造层。

40. 隔离层　isolation layer

在围护结构中为防止楼、屋面渗漏而专门设置的附加构造层。

41. 护面层　rendering coat

抹在保温层上，中间夹有增强网，保护保温层并起防裂、防水和抗冲击作用的构造层。抹面层可分为薄抹面层和厚抹面层。如用于 EPS 板和胶粉 EPS 颗粒保温浆料时为薄抹面层，用于 EPS 钢丝网架板时为厚抹面层。

42. 饰面层　finish coat

保温系统外装饰层。

43. EPS 板　expanded polystyrene board

由可发性聚苯乙烯珠粒经加热预发泡后在模具中加热成型而制得的具有闭孔结构的聚苯乙烯泡沫塑料板材。

44. 胶粉保温颗粒保温浆料　insulating mortar consisting of gelatinous powder and insulation material pellets

由胶粉料和保温材料颗粒集料组成并且保温材料颗粒体积比不小于 80% 的保温灰浆。

45. EPS 钢丝网架板　EPS board with metal network

由 EPS 板内插腹丝，外侧焊接钢丝网构成的三维空间网架芯板。

46. 胶粘剂　adhesive

用于保温板与基层之间黏结的材料。

47. 抹面砂浆　rendering coat mortar

在抹灰外墙外保温系统中用于做薄抹面层的材料。

48. 抗裂砂浆　anti - crack mortar

以由聚合物乳液和外加剂制成的抗裂剂、水泥和砂按一定比例制成的能满足一定变形和抗裂功能的水泥砂浆材料。

49. 界面砂浆　interface treating mortar

用以改善基层与保温层表面黏结性能的聚合物砂浆。

50. 倒置式屋面　inversion type roof

将保温层设置在防水层上的屋面。

51. 架空屋面　elevated roof

在屋面防水层上采用薄型制品架设一定高度的空间，起到隔热作用的屋面。

52. 蓄水屋面　impouded roof

在屋面防水层上蓄一定高度的水，起到隔热作用的屋面。

53. 种植屋面　planted roof

在屋面防水层上铺以种植介质，并种植植物的屋面。

54. 周边地面　perimeter ground

指距外墙内表面 2 m 以内的地面。

第二节　围护结构节能基本知识

为了方便建筑节能设计、施工、监理、检测、监督等技术和管理人员使用《规范》，应对与围护结构节能工程验收有关的基础知识有所掌握。

一、建筑热工设计分区和建筑节能设计标准

为明确建筑与气候两者的科学联系，使各类建筑能更充分地利用和适应气候条件，做到因地制宜，我国于 1993 年颁布并实施了《民用建筑热工设计规范》(GB50176—93)，从建筑热工设计的角度，对各地气候做出分区，并提出相应的设计要求。各个分区热工设计要求见表 2-1。我国热工设计分区图见图 2-1。

表 2-1　我国建筑热工设计分区及设计要求

分区名称	分区指标		设计要求
	主要指标	辅助指标	
严寒地区	最冷月平均温度≤－10 ℃	日平均温度≤5 ℃的天数≥145 d	必须充分满足冬季保温要求，一般可以不考虑夏季防热
寒冷地区	最冷月平均温度 0 ～－10 ℃	日平均温度≤5 ℃的天数为 90～145 d	应满足冬季保温要求，部分地区兼顾夏季防热
夏热冬冷地区	最冷月平均温度 0～10 ℃，最热月平均温度 25～30 ℃	日平均温度≤5 ℃的天数为 0～90 d，日平均温度≥25 ℃的天数为 40～110 d	必须满足夏季防热要求，适当兼顾冬季保温
夏热冬暖地区	最冷月平均温度＞10 ℃，最热月平均温度 25～29 ℃	日平均温度≥25 ℃的天数为 100～200 d	必须充分满足夏季防热要求，一般可不考虑冬季保温
温和地区	最冷月平均温度 0～13 ℃，最热月平均温度 18～25 ℃	日平均温度≤5 ℃的天数为 0～90 d	部分地区应考虑冬季保温，一般可不考虑夏季防热

结合河南省气候特征，我省地跨寒冷地区和夏热冬冷地区，具体分区见表 2-2。

随着我国经济总量的持续稳步增长，能源供需矛盾日益凸现，已成为制约我国经济持续健康发展的瓶颈。因此，为了贯彻执行国家可持续发展战略，改善建筑室内热环境质量，提高人民居住、生活和工作水平，提高采暖、空调能源利用效率，从设计环节控制建筑能耗，自 20 世纪 80 年代起我国建设部针对不同的热工设计分区，从北向南、从居住建筑到公共建筑先后颁布了一系列国家建筑节能设计标准，建筑节能设计标准颁布情况见表 2-3。我国各个气候区、各类建筑的节能标准的颁布、实施，有利于从设计层面规范和指导建筑节能工作。

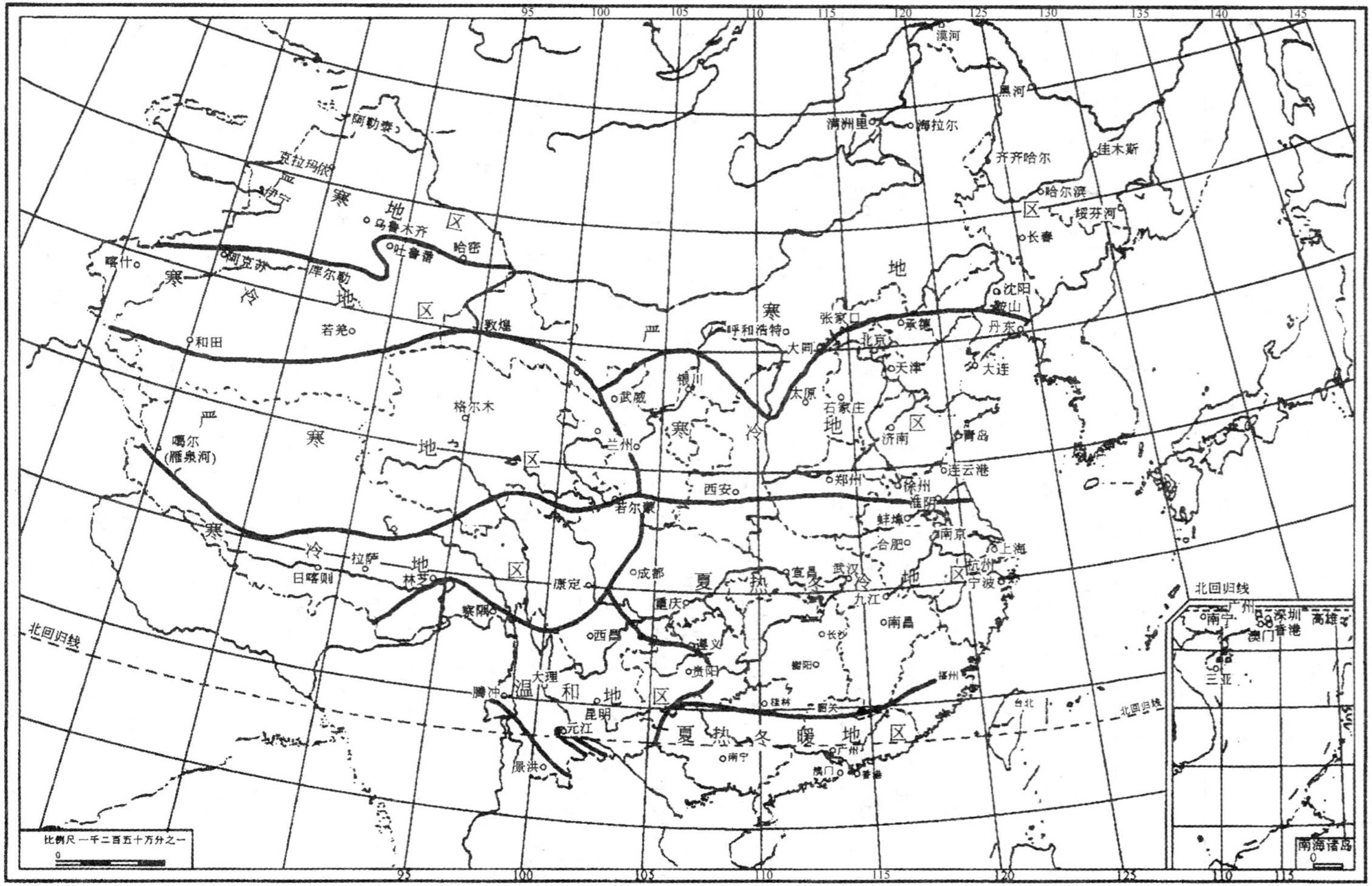

图2-1 全国建筑热工设计分区

表 2-2　河南省建筑热工设计分区情况

分区名称	代表性城市
寒冷地区	郑州、安阳、濮阳、新乡、洛阳、商丘、开封、三门峡、许昌、周口、漯河、济源、鹤壁、焦作
夏热冬冷地区	南阳、平顶山、信阳、驻马店

表 2-3　国家建筑节能标准一览

序号	标准名称	类型	颁布时间
1	《民用建筑节能设计标准(采暖居住建筑部分)》(JGJ26—86)	行标	1986.7
2	《民用建筑节能设计标准(采暖居住建筑部分)》(JGJ26—95)	行标	1995.7
3	《夏热冬冷地区居住建筑节能设计标准》(JGJ134—2001)	行标	2001.7
4	《夏热冬暖地区居住建筑节能设计标准》(JGJ75—2003)	行标	2003.7
5	《公共建筑节能设计标准》(GB50189—2005)	国标	2005.7

二、保温隔热材料和保温构造做法

为了达到良好的保温隔热效果，常常在围护结构中加设保温隔热层。这种结构是由保温隔热材料和主体结构复合而成。主体结构可以选用各种混凝土空心砌块、非黏土砖、多孔黏土砖及现浇混凝土等，保温隔热层则可选用各种保温隔热材料。

（一）保温隔热材料

保温隔热材料（又称绝热材料）是指对热流具有明显阻抗性的材料或材料复合体。绝热材料具有容重小、多孔疏松、导热系数低的特点。材料的容重和导热系数越小，其保温隔热性能越好。

1. 影响材料导热系数的主要因素

绝热材料导热系数 λ 的物理意义是在稳态传热状况下，当材料层厚度为 1 m，两表面的温度差为 1 K 或 1 ℃时，在 1 h 内通过 1 m^2 表面积的导热量。导热系数 λ 的大小反映绝热材料的性能好坏。影响材料导热系数的因素主要有材质、密度和湿度等。

1）材质的影响

由于不同材料的组成成分或结构的不同，其导热性能也就各不相同。气体的导热系数最小，其数值为 0.006 ~0.6 W/(m · K)，如空气在常温常压下的导热系数为 0.029 W/(m · K)，静止不流动的空气具有很好的保温能力；液体的导热系数则一般大于气体，其数值为 0.07 ~0.7 W/(m · K)，如水在常温常压下的导热系数为 0.58 W/(m · K)；金属的导热系数最大，其数值为 2.2 ~ 420 W/(m · K)，如建筑钢材的导热系数为 58.2 W/(m · K)；非金属固体材料，如大多数建筑材料的导热系数一般均低于金属材料，介于 0.3 ~3.5 W/(m · K)。

工程中常把导热系数 λ <0.3 W/(m · K) 的材料作为保温隔热材料，如矿棉、玻璃

棉、泡沫塑料、膨胀珍珠岩、膨胀蛭石等。

2）材料密度的影响

密度表征材料的密实程度，密度小的材料内部孔隙多，由于空气导热系数很小，故密度小的材料一般导热系数也小，良好的保温材料多数都是孔隙多，密度小的轻质材料。但是当密度小到一定程度后，如果再加大孔隙率，则导热系数不仅不会降低，而且还会增大。原因在于太大的孔隙率不仅意味着孔隙率数量多，而且孔隙也会越来越大，大的孔隙中空气对流作用增强，对流换热增加，从而加大材料的相当导热能力。因此，轻质材料，尤其是纤维材料，对应于最低导热系数存在最佳密度。

3）材料湿度的影响

绝热材料受潮后，其导热系数将显著增加，原因在于材料孔隙中有了水分后，不但增加了水蒸气扩散的传热量，还增加了毛细孔中液态水分的导热。一般情况下，水和冰的导热系数都远远大于空气的导热系数，因此水和冰取代孔隙中的空气必将使导热系数加大。

因为绝热材料受潮后，其孔隙中存在水蒸气和水，而水的导热系数（$\lambda=0.5$ W/(m·K)）比静态空气的导热系数（$\lambda=0.02$ W/(m·K)）要大 20 多倍，因此材料的导热系数也必然增大。若材料孔隙中的水分受冻成冰，冰的导热系数（$\lambda=2.0$ W/(m·K)）相当于水的导热系数的 4 倍，则材料的导热系数更大。有资料显示：加气混凝土导热系数与含水率的关系见表 2-4。

表 2-4　加气混凝土导热系数与含水率的关系

含水率 ω(%)	导热系数 λ[W/(m·K)]	含水率 ω(%)	导热系数 λ[W/(m·K)]
0	0.13	15	0.21
5	0.16	20	0.24
10	0.19		

从表 2-4 可以看出：当材料的含水率增加 1% 时，其导热系数则相应增大 5% 左右；而当材料的含水率从干燥状态（$\omega=0$）增加到 20% 时，其导热系数则几乎增大一倍。

需特别指出的是：材料在干燥状态下，其导热系数是随着温度的降低而减少；而材料在潮湿状态下，当温度降到 0 ℃以下，其中的水分冷却成冰，则材料的导热系数必然增大。

由此可见，湿度对材料导热系数的影响颇大，特别是负温度下更使导热系数增大。由于建筑围护结构所用保温隔热材料为多孔材料，因此为保证建筑物的保温效果，保温材料的生产、运输、堆放、保管及施工过程都应对湿度的影响予以重视。保温隔热层施工完成后，应尽快进行防水层施工，以便施工过程中防止保温层受潮。

2. 绝热材料的种类

绝热材料种类很多，按材质可以分为无机材料、有机材料、金属；按形态可分为纤维状、微孔状、气泡状、层状材料等。其中无机材料具有不燃、使用温度范围宽的特点，有机材料则具有强度较高、吸水率较低、不透水性较佳的特点。主要绝热材料分类情况见表 2-5。

表 2-5　主要绝热材料分类

形态	材　质		材　料
纤维状	无机质	天然	石棉纤维
		人造	矿物纤维(矿渣棉、岩棉、玻璃棉、硅酸铝棉)
	有机质	天然	软质纤维板(木纤维板、草纤维板)
微孔状	无机质	天然	硅藻土
		人造	硅酸钙、硅酸镁
气泡状	有机质	天然	软木
		人造	泡沫聚苯乙烯塑料、泡沫聚氨酯塑料、泡沫酚醛树脂、泡沫尿酸树脂、泡沫橡胶、钙塑绝热板、聚乙烯塑料
	无机质	人造	膨胀珍珠岩、膨胀蛭石、加气混凝土、泡沫玻璃、泡沫硅玻璃、火山灰微珠、泡沫黏土
层状	金属	人造	铝箔

3. 常用保温隔热材料

目前建筑节能工程常用的保温隔热材料,按形状主要有松散、整体现浇和板状保温隔热材料三种类型。

1) 松散保温隔热材料

常用的松散保温隔热材料有膨胀珍珠岩、膨胀蛭石(粒径 3 ~ 15 mm)、矿棉、岩棉、玻璃棉、炉渣(粒径 3 ~ 15 mm)等。

2) 整体现浇保温隔热材料

整体现浇保温隔热材料通常用水泥或沥青等胶结材料与松散材料拌和,整体浇筑在需要保温的部位,如水泥膨胀珍珠岩、沥青膨胀珍珠岩、水泥膨胀蛭石、水泥炉渣等;现场喷涂的硬泡聚氨酯泡沫塑料。

3) 板状保温隔热材料

板状保温隔热材料主要有膨胀聚苯乙烯泡沫塑料板(EPS)、挤塑聚苯乙烯泡沫塑料板(XPS)、硬泡聚氨酯泡沫塑料板、加气混凝土板、泡沫混凝土板、膨胀珍珠岩板、膨胀蛭石板、矿棉板、岩棉板、玻璃棉板等。

常用保温隔热材料的品种、性能见表 2-6。

(二) 保温和隔热的区别

1. 定义

保温和隔热都是为保持室内具有适当温度而采取的措施。保温一般是指围护结构(包括屋顶、外墙、门窗等)在冬季阻止室内向室外传热而使室内保持适当温度。而隔热通常是指围护结构在夏季隔离太阳辐射热和室外高温的影响,使其内表面保持适当温度。

2. 区别

保温与隔热的主要区别见表 2-7。

表 2-6　常用保温隔热材料的品种、性能

材料名称	主要性能及特点
泡沫塑料	挤塑聚苯乙烯泡沫塑料板(XPS)是以聚苯乙烯树脂或其共聚物为主要成分,添加少量添加剂,通过加热挤塑而形成的具有闭孔结构的硬质泡沫塑料板材。表观密度≥35 kg/m³,抗压强度0.15~0.25 MPa,导热系数≤0.035 W/(m·K)。具有密度大、压缩性高、导热系数小、吸水率低、水蒸气渗透系数小、耐冻融和抗压缩变形等特点
	模压聚苯乙烯泡沫塑料板(EPS)是用可发性聚苯乙烯珠粒经加热预发泡后,再放入模具中加热成型而制成的具有微闭孔结构的泡沫塑料板材。表观密度≥18 kg/m³,抗压强度≥0.1 MPa,导热系数≤0.042 W/(m·K)。具有质轻、保温隔热、吸声、吸水性小、耐低温、耐碱性好等特点
	硬质聚氨酯泡沫塑料是以多元醇/多异氰酸酯为主要原料,加入发泡剂、抗老化剂等多种制剂,而制成的硬质泡沫塑料板材,或者在屋面工程上直接喷涂发泡剂而成的硬质泡沫塑料。表观密度≥35~40 kg/m³,压缩强度>150 MPa,导热系数<0.3 W/(m·K)。具有质轻、导热系数小、压缩强度大等优点
加气混凝土	加气混凝土是用钙制材料(水泥、石灰)、硅质材料(石英砂、粉煤灰、高炉炉渣等)和发气剂(铝粉、锌粉)等原料,经磨细、配料、搅拌、浇注、发气、静停、切割、蒸压等工序生产而成的轻质混凝土材料。表观密度400~600 kg/m³,导热系数≤0.3 W/(m·K)
泡沫混凝土	泡沫混凝土一种是水泥加入泡沫剂和水,经搅拌、成型、养护而成;另一种是用粉煤灰加入适量石膏及泡沫剂和水拌制而成,又称硅酸盐泡沫混凝土。表观密度350~400 kg/m³,抗压强度0.3~0.5 MPa,导热系数介于0.088~0.116 W/(m·K)。具有多孔、质轻、保温隔热、吸声等性能
泡沫玻璃	泡沫玻璃是采用石英矿粉或废玻璃经煅烧形成独立闭孔的发泡体。表观密度≥150 kg/m³,抗压强度≥0.4 MPa,导热系数≤0.062 W/(m·K)。具有质轻、抗压强度高、耐腐蚀、吸水率低、导热系数、膨胀系数小、不燃烧等特点
微孔硅酸钙	微孔硅酸钙是以二氧化硅粉状材料、石灰等增强材料和水搅拌、凝胶化成型、蒸压养护、干燥等工序制作而成的。具有容重轻、导热系数小、耐水性好、防水性能强等特点

表 2-7　保温与隔热的主要区别

类型	传热过程	评价指标	构造措施
保温	冬季传热过程,通常按稳定传热考虑,同时考虑不稳定传热的影响	保温性能一般用传热系数作为评价指标	保温性能取决于围护结构传热系数的大小,采用轻质材料
隔热	夏季传热过程,通常按以24 h为周期的周期性不稳定传热考虑	隔热性能一般用在夏季室外温度影响下围护结构内表面的最高温度作为评价指标	采用热稳定性好的重质材料,其内表面温度受太阳辐射和室外温度波动影响较小

（三）保温构造做法

1. 单一材料结构

单一材料结构如空心板、空心砌块、轻质空心砌块、加气混凝土砌块等，结构保温与承重相结合，既能承重又能保温，因此又称自保温。

只要建筑材料导热系数比较小，强度能满足承重要求，又有足够的耐久性，则选用单一材料结构构造方案，在构造、施工等方面比较简单、方便。单一保温构造如图 2-2 所示。

但随着建筑节能标准的提高，许多单一材料结构很难达到节能标准所规定的要求。因此，必须大力发展高效节能的复合保温结构。

2. 复合保温结构

复合保温结构由保温层和结构层复合而成，保温层主要起保温作用，不起承重作用。它可以是单一保温材料层，也可以是复合保温材料层。这种结构的保温材料选择的灵活性比较大，纤维状、板块状和松散颗粒状均可采用。同时也可用封闭的空气间层做保温层、或者封闭空气层和实体保温层及主体结构复合以满足较高的保温要求。封闭的空气间层有良好的绝热作用，围护结构中的空气层厚度一般以 4 ~ 5 cm 为宜。为提高空气层的保温能力，间层表面可采用强反射材料如铝箔，可以大大加强间层的保温能力。复合保温构造如图 2-3 所示。

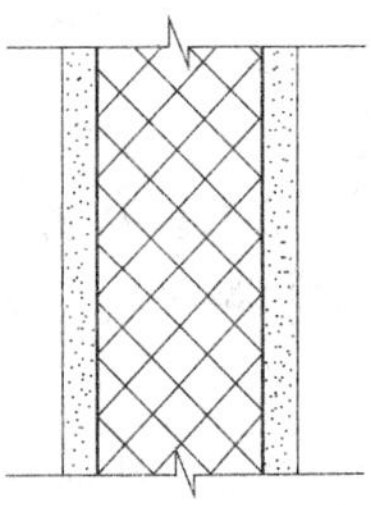

图 2-2　单一保温构造

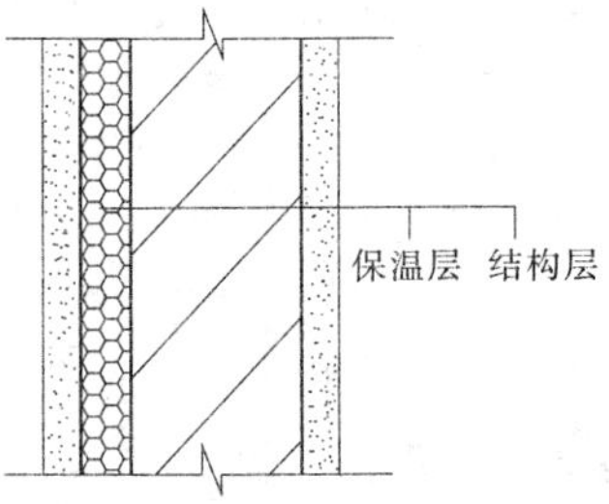

图 2-3　复合保温构造

保温层的位置对围护结构的使用质量、造价、施工等都有很大的影响。复合保温结构布置方式主要有三种类型：外保温（保温层在承重层的外侧）、内保温（保温层在承重层的内侧）、夹芯保温（保温层在承重层的中间）。为便于建筑保温设计方案中选择最优的构造，了解这三种类型的特点是十分必要的。

1）外保温做法

外保温做法是指保温层在承重层外侧。外保温具有保温节能和防潮方面的优越性。外保温的优越性体现在以下几个方面：

（1）外保温基本消除热桥影响，防止热桥内表面局部结露。内保温常使内外墙连接部位及外墙与楼板连接部位得不到有效的保护。而外保温正好弥补这一缺陷，外保温使整个围护结构得到保护，热桥部位热损失大大减少。

（2）外保温对防止或减少保温层内部产生水蒸气凝结十分有利。外保温结构的材料层次布置正好使水蒸气“进难出易”。内侧承重层为密实材料，水蒸气不易渗透。因此，可以防止保温材料由于蒸汽渗透而受潮。

（3）外保温做法使房间的热稳定性好。外保温由于围护结构内侧为蓄热系数大的重质结构层，当供热不均匀时，重质结构层较大的蓄热能力，可以保证围护结构内表面温度不致急剧变化，因而可使室温避免出现忽冷忽热的变化。外保温较好的热稳定性适用于经常使用的房间。

(4)外保温保护主体结构，大大减少温度应力变化，提高围护结构的耐久性。外保温由于保温层位于围护结构外侧，减少了因外界温度变化导致结构变形产生的应力，避免了雨雪、冻融和干湿循环造成的结构破坏，防止了空气中有害气体和紫外线对结构的侵蚀。事实证明，只要墙面和屋面保温隔热材料选择恰当，厚度合理，外保温可以有效防止和减少墙面和屋面的温度变形，有效地消除顶层横墙常见的斜裂缝或八字裂缝。因此，外保温既可减少围护结构的温度应力，又对主体结构起保护作用，从而有效地提高主体结构的耐久性。

(5)外保温可以减少保温材料用量，增加建筑的使用面积。

①在达到同样节能效果的条件下，采用外保温，由于基本消除了热桥的影响，故可以节约保温材料用量。据统计，以北京、沈阳、哈尔滨和兰州四城市的塔式建筑为例，与内保温相比，外保温保温材料用量分别可节省44%、48%、58%和45%。

②由于保温材料贴在外侧，其保温、隔热效果优于内保温和夹心保温，故可使主体结构墙体减薄，从而可适当增加每户的使用面积。据统计，以北京、沈阳、哈尔滨和兰州地区的塔式建筑为例，当主体结构为实心黏土砖墙时，每户使用面积分别可增加1.2 m^2(北京)、2.4 m^2(沈阳)、4.2 m^2(哈尔滨)和1.3 m^2(兰州)；当主体结构为混凝土空心砌块时，每户使用面积分别可增加1.6 m^2(北京)、2.5 m^2(沈阳)、4.6 m^2(哈尔滨)和1.7 m^2(兰州)。可见外保温的经济效益十分显著。

(6)特别适用于既有建筑改造。为了节约能源而加强既有建筑的保温性能，可在基本不影响住户生活的情况下进行施工，并且不会占用住户的使用面积。外保温的缺点在于由于外保温材料可能受雨水冲刷及污染的影响，因此需有保护层或饰面层。外保温不适合于间歇性使用的房间。

2)内保温做法

内保温做法是指保温层在承重层内侧。围护结构采用内保温做法的房间室温对外界的气温和供热变化的反映较为灵敏，室温波动较快。适用于间歇使用的房间，如体育馆、影剧院等。这类房间往往是使用前临时供热，要求室温尽快达到所需要求。内保温的室温变化的特征正好符合要求。此外，保温层在内侧，不存在雨水渗入保温材料的危险，所以对保温层的面层材料要求不高。

3)夹芯保温做法

夹芯保温做法是指保温层布置在两个承重结构层中间，又称中间保温。这种方式可使保温层两侧都有所防护，不存在雨水渗入保温材料的危险，所以对保温层的面层材料要求不高。保温材料放置在结构中间，是一种最广泛使用的墙体保温方法。其优点是保温材料不需要具有特别高的强度，而且保温材料不会受大气侵蚀，也不致受建筑物室内潮气的侵害。但如果保温墙体的外层墙体属于气孔性的，大雨时，雨水往往会渗入保温层。由于保温层两侧都为密实材料，因此一旦保温材料受潮，则潮气将很难散发出去。

内保温施工方便，夹芯保温则有利于松散填充材料作保温层。但是从建筑节能的角度看，外保温的优点较多。因此，国内外都积极主张发展外保温围护结构。基于外保温的优势，目前国内围护结构节能构造普遍采用成熟的外保温体系。

（四）保温隔热材料防潮构造做法

建筑围护结构所使用的保温隔热材料受潮将会使保温节能效果有很大降低，因此应避免保温隔热材料受潮。为了防止保温隔热层材料受潮或内部冷凝水，可以采取相应的构造措施来防止和控制内部冷凝。其基本原则是减少蒸汽进入，加快蒸汽排出，尽量使蒸汽渗透通路符合“进难出易”的原则。冬季通常室内温度高、湿度大；室外气温低、空气相对干燥，因此室内外水蒸气含量不同，当围护结构两侧存在水蒸气压力差时，则水蒸气分子便从分压力高的一侧通过围护结构向分压力低的一侧渗透扩散，这种现象称为蒸汽渗透。

1. 采用外保温构造做法

围护结构材料层相对位置的布置，应符合“进难出易”的原则。保温材料层位置的布置对蒸汽的进难出易有很大的影响。围护结构材料层位置不同，其防止冷凝的效果将不同。将导热系数 λ 小、渗透系数 μ 大的材料分别布置于围护结构的内侧、外侧，如图 2-4（a）、（b）所示。图 2-4（a）中，由于第一层材料的 λ 小、μ 大，故材料层的温度变化大，则 P_s 变化也大，而 P 则变化平缓；第二层的情况正好相反，P_s 线与 P 线可能出现相交而出现冷凝，蒸汽进易出难。图 2-4（b）中，线 P_s 与 P 线不相交故不会出现冷凝，蒸汽进难出易。

因此，从冷凝的角度，保温材料应尽量布置在蒸汽渗透通路中围护结构的外侧，使蒸汽进难出易。由上述分析可知：从防止内部出现冷凝水的角度，外保温优于内保温。当保温层外侧未设密实材料层（外保温），不致出现材料内部冷凝受潮情况时，可以不设隔汽层。

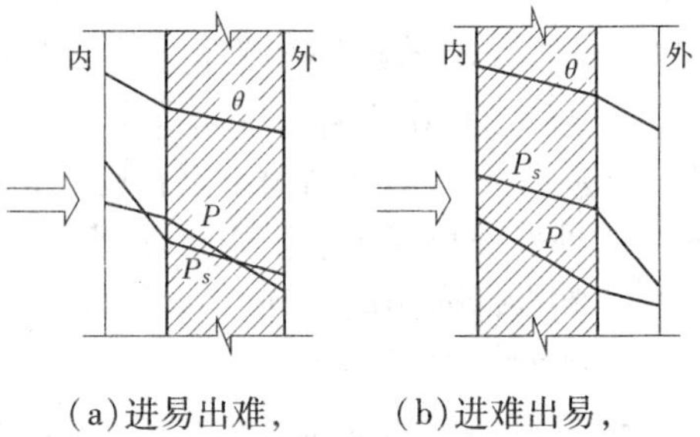

（a）进易出难，有内部冷凝　　（b）进难出易，无内部冷凝

图 2-4　材料层次布置对内部冷凝的影响

θ—内部温度分布线；P_s—饱和水蒸气分压力线；P—水蒸气分压力线

2. 内保温时在蒸汽流入一侧设置隔汽层

在具体的构造方案中，材料层的布置往往不能完全符合“进难出易”的要求。为了消除或减弱围护结构内部的冷凝现象，可在保温层蒸汽流入一侧设置隔汽层使蒸汽难以进入。

3. 隔汽层的要求

隔汽层材料一般可以用油毡卷材、隔汽涂料及铝箔等做成，但必须做得十分严密，并且做隔汽层之前严格控制保温材料的含湿量，还要尽量避免湿作业和雨天施工，这样才能起到较好的效果。采用隔汽层防止或控制内部冷凝是目前设计中应用最普遍的一种措施。

在纬度 40°以北地区且室内湿度大于 75%，或其他地区室内空气湿度常年大于 80%时，若选用吸湿性保温材料作保温层，应选用气密性、水密性好的防水卷材或防水涂料做隔汽层。

第三节　围护结构节能构造做法

一、外墙节能构造做法

提高建筑围护结构的热工性能，是降低建筑能耗的重要手段。围护结构中，外墙所占面积最大，一般住宅建筑外墙面积约为建筑面积的50%，相对而言屋面面积要小得多。因此，外墙节能占有重要地位。

外墙节能主要是提高墙体的保温隔热性能，以减少其传热损失。基于此，外墙节能可采用不同的保温材料与基层墙体复合，构成复合保温墙体。从节能效果考虑，外墙外保温优于内保温。外墙外保温已经成为一项重要而主导性的建筑节能措施，被大量应用于建筑工程项目。

行业标准《外墙外保温工程技术规程》（JGJ144—2004）中规定：外墙外保温系统是指由保护层、保温层和固定材料（胶粘剂、锚固件等）构成，适用于安装在外墙外表面的非承重保温构造总称。同时《外墙外保温工程技术规程》将外墙外保温划分为五大系统：胶粉聚苯颗粒保温浆料外墙保温、EPS板薄抹灰外墙外保温、EPS板现浇混凝土外墙外保温、EPS板钢丝网架板外墙外保温、机械固定EPS钢丝网架板外墙外保温。五大外墙外保温系统和现场喷涂硬泡聚氨酯外墙外保温系统是目前国内常用的体系。

（一）胶粉聚苯颗粒保温浆料外墙保温系统

胶粉聚苯颗粒保温浆料是一种墙体保温材料，由胶粉料和聚苯颗粒轻料组成，现场加水即可使用，施工简单，黏结力强。其外墙外保温系统构造图如图2-5所示。

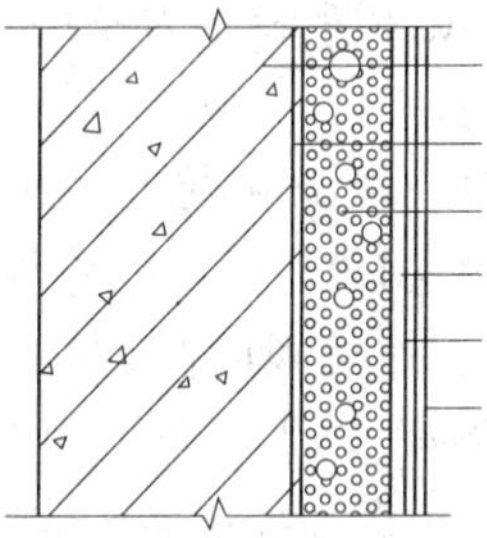

图2-5　胶粉聚苯颗粒保温浆料系统

1. 构造组成（从内向外）

（1）基层：外保温系统所依附的外墙，如砖墙、混凝土墙。

（2）胶粘剂：用于胶粉聚苯颗粒与基层之间的黏结。

（3）保温层：胶粉聚苯颗粒保温浆料。

（4）抹面层：抹在保温层上，中间夹有增强网，保护保温层，并起到防裂、防水和抗冲击作用的构造层。

（5）饰面层：弹性光面腻子，墙面涂料。

2. 适用范围

胶粉聚苯颗粒保温浆料可用于外墙外保温和内保温工程，但由于胶粉聚苯颗粒保温浆料内含有水泥、粉煤灰等导热系数大的材料，其保温效果相对较差，导热系数约为0.059 W/（m·K）。胶粉聚苯颗粒保温浆料保温层的设计厚度不宜超过100 mm。

（二）膨胀聚苯板（EPS板）薄抹灰外墙外保温系统

膨胀聚苯板（EPS板）薄抹灰外墙外保温系统发展于20世纪60年代初的德国。适用于抗震设防烈度不大于Ⅷ度地区，建筑高度在100 m以下的各类民用建筑的新建及既有建筑的改造工程。EPS 薄抹灰外墙外保温系统构造如图 2-6 所示。

1. 构造组成(从内向外)

(1)基层:指外保温系统所依附的外墙,如砖墙、混凝土墙。

(2)胶粘剂:用于 EPS 板与基层之间的黏结材料。

(3)保温层:膨胀聚苯板(EPS 板)。

(4)抹面层:抹在保温层上,中间夹有增强网,保护保温层,并起到防裂、防水和抗冲击作用的构造层。

(5)饰面层:弹性光面腻子,墙面涂料。

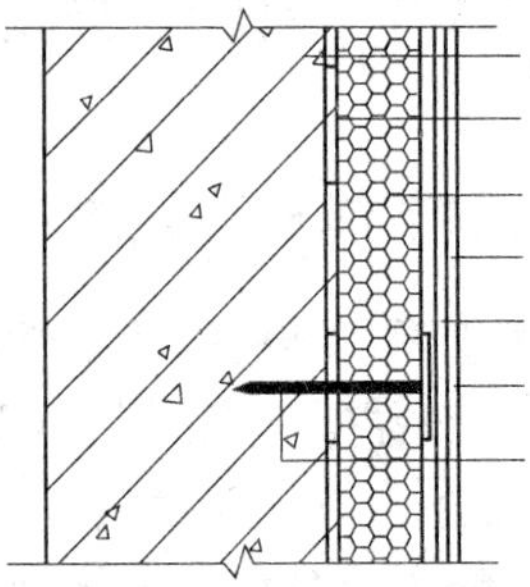

图 2-6 EPS 板薄抹灰系统

2. 施工环境

施工现场环境温度和基层表面温度,在施工中及施工后 24 h 内不得低于 5℃,5 级以上大风天气和雨天不得施工。

(三)现浇混凝土模板内置保温板外墙外保温系统

现浇混凝土模板内置保温板外墙外保温系统主要是针对现浇混凝土外墙而开发的。系统在浇注混凝土前把聚苯板放在外模板内侧,再浇注混凝土,分为无网和有网体系。

1. EPS 板现浇混凝土外墙外保温系统

EPS 板现浇混凝土外墙外保温系统(简称无网现浇系统)以现浇混凝土外墙作为基层,EPS 板为保温层。其构造见图 2-7。

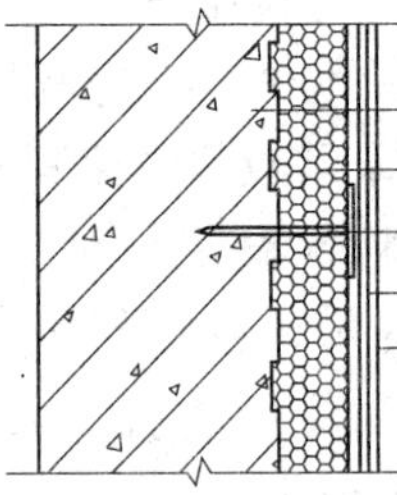

图 2-7 无网现浇系统

EPS 板内表面与现浇混凝土接触的表面沿水平方向开有矩形齿槽,内外表面均满涂界面砂浆。在施工时将 EPS 板置于外模板内侧,并安装锚栓作为辅助固定件。浇灌混凝土后,墙体与 EPS 板以及锚栓结合为一体。EPS 板表面抹抗裂砂浆薄抹灰层。外表以涂料为饰面层,薄抹面层中满铺玻纤网。

2. EPS 板钢丝网架板外墙外保温系统

EPS 钢丝网架板现浇混凝土外墙外保温系统(简称有网现浇系统),其构造见图 2-8。以现浇混凝土为基层,单面 EPS 钢丝网架板置于外墙外模板内侧并安装 $\phi6$ 钢筋作为辅助固定件。浇灌混凝土后单面 EPS 钢丝网架板挑头钢丝和钢筋与混凝土结合为一体。单面 EPS 钢丝网架板表面抹掺外加剂的水泥砂浆形成厚抹灰层,外表做饰面层。以涂料做饰面层时应加抹玻纤网抗裂砂浆薄抹面层。

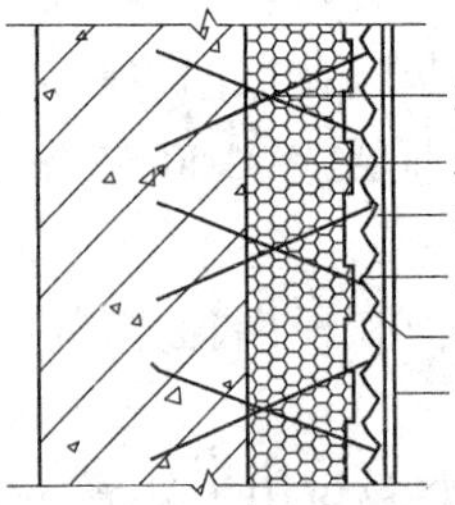

图 2-8 有网现浇系统

3. 机械固定 EPS 钢丝网架板外墙外保温系统

机械固定 EPS 钢丝网架板外墙外保温系统(简称机械固定系统),由机械固定装置、腹丝非穿透型 EPS 钢丝网架板、掺外加剂的水泥砂浆厚抹灰层和饰面层构成，其构造如图 2-9 所示。以涂料做饰面层时应加抹玻纤网抗裂砂浆薄抹面层。机械固定 EPS 钢丝网架板外墙外保温系统不适合于作为加气混凝土和轻集料混凝土墙体的基层。

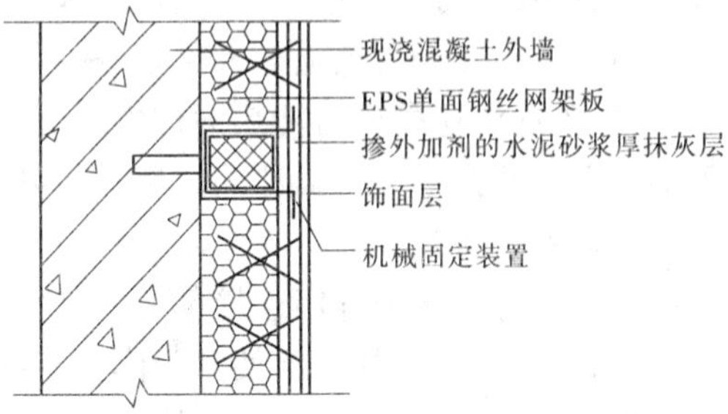

图 2-9　机械固定系统

(四) 现场喷涂硬泡聚氨酯外墙外保温系统

1. 适用范围

现场喷涂硬泡聚氨酯外墙外保温系统根据饰面层做法不同，可以分为涂料饰面体系和面砖饰面体系两种类型，适用于需要冬季保温、夏季隔热的新建建筑、既有建筑外墙外保温工程，建筑高度可以不受限制。基层墙体可以是混凝土空心砌块、多孔砖、空心砖、实心砖、加气混凝土砌块等砌体或全现浇钢筋混凝土外墙。

2. 构造做法

硬泡聚氨酯外墙外保温系统采用无溶剂型硬泡聚氨酯进行主体施工，采用胶粉聚苯颗粒保温材料找平和补充保温，充分利用聚氨酯优质的保温和防水性能及胶粉聚苯颗粒外墙外保温系统的柔性抗裂性能，具有保温性能良好、稳定性好、防火性能好、抗湿热性能及耐撞击性能优良、对主体结构变形适应能力强、抗裂性能好等优点。

系统基本构造为：聚氨酯防潮底漆、聚氨酯硬泡保温层、聚氨酯界面砂浆层、胶粉聚苯颗粒保温浆料找平层、抗裂砂浆复合涂塑耐碱玻纤网格布（涂料饰面）或抗裂砂浆复合热镀锌电焊网尼龙膨胀锚栓（面砖饰面）抗裂防护层，表面刮涂抗裂柔性耐水腻子、涂料饰面层或面砖黏结砂浆粘贴面砖构成饰面层，其构造如图 2-10 所示。

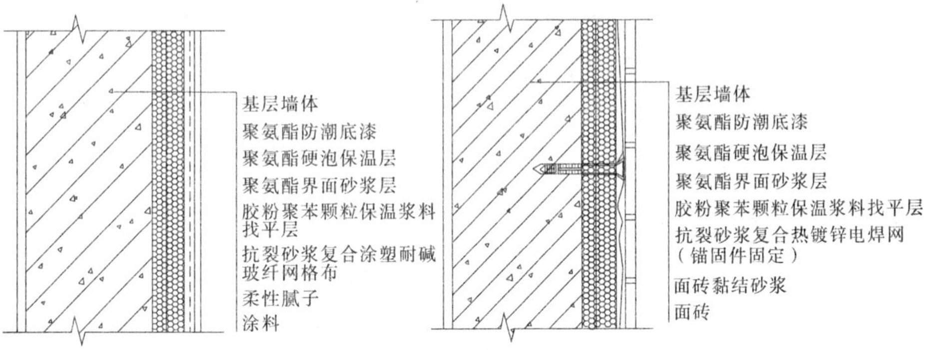

(a)涂料饰面　　　　(b)面砖饰面

图 2-10　现场喷涂硬泡聚氨酯外墙外保温系统

(五) 外墙热桥构造

1. 热桥定义

围护结构中，常有保温隔热性能远低于主体部分的嵌入构件，如外墙体中的钢或钢筋混凝土梁、柱及剪力墙、圈梁、过梁、楼板和墙板中板材的肋等。这些构件或部位的热损失比相同面积主体部分的热损失大得多，所以它们的内表面温度比主体部分低。在建筑热工学中，形象地将这类容易传热的构件或部位称为热桥。为了防止热桥带来的热量损失，必须加强围护结构中热桥部位的隔断热桥处理。

2. 热桥构造措施

由于内保温常使内外墙连接部位及外墙与楼板连接部位得不到有效的保护。而外保温正好弥补热工缺陷，外保温使整个围护结构得到保护，热桥部位热损失大大减少。围护结构内保温内外墙热桥构造、层顶挑檐热桥屋顶女儿墙及檐沟部位热桥构造如图2-11所示。

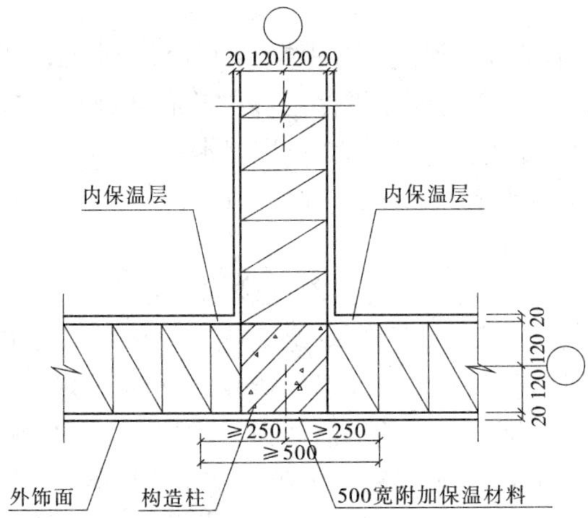

(a)内保温内外墙热桥构造1

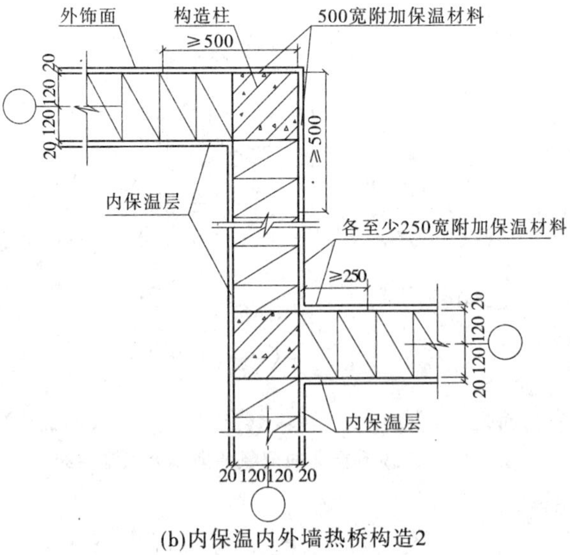

(b)内保温内外墙热桥构造2

图2-11　热桥构造措施

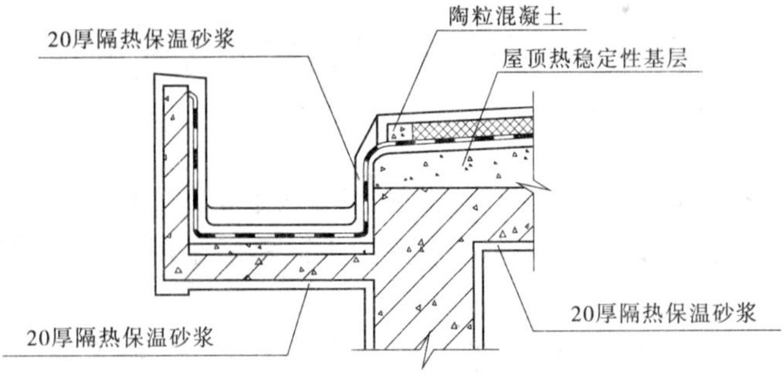

(c)屋顶挑檐热桥构造

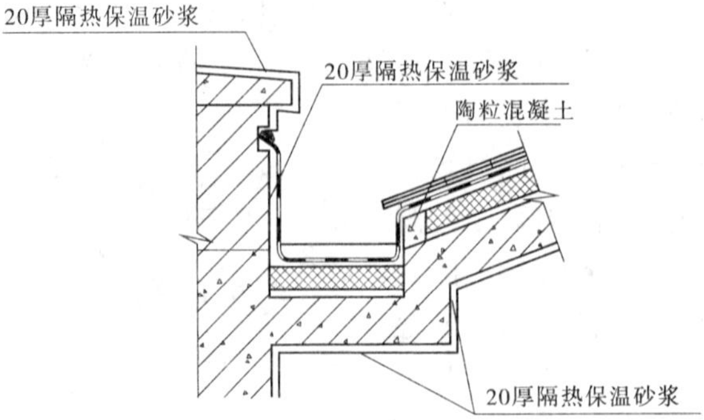

(d)屋顶女儿墙及檐沟热桥构造

续图 2-11

二、幕墙节能构造做法

建筑幕墙是将各种板材悬挂在主体结构上的不承重的建筑外围护结构。幕墙承受自重、风荷载、地震作用及温度作用。幕墙板材有玻璃、金属、石板、复合材料墙板等。根据所使用板材的不同,幕墙包括透明幕墙(玻璃幕墙)和非透明幕墙(金属幕墙、石材幕墙、其他板材幕墙)两种类型,作为建筑的外围护结构,它们在建筑节能的要求方面有一定的共性,各种节能标准对其性能指标有明确的要求。

玻璃幕墙属于透明幕墙,与建筑外窗在节能方面有着共同的要求。但玻璃幕墙的节能要求与外窗有着明显的不同,玻璃幕墙常与其他非透明幕墙是一体的,所以玻璃幕墙不适合和门窗的施工验收放在一起。非透明幕墙虽与墙体有着同样的节能指标要求,但由于其构造的特殊性,施工与墙体有着很大的不同,所以非透明幕墙不适合和墙体的施工验收放在一起。建筑幕墙的设计施工往往是另外进行专业分包。因此,幕墙不适合和门窗、墙体的施工验收放在一起,而宜单独进行节能施工验收。

(一)幕墙材料

幕墙材料需要保证建筑幕墙质量和安全。有框幕墙的组成材料有骨架材料、面层材料、填缝密封材料、结构黏结材料和其他辅助材料。

1. 骨架材料

幕墙骨架材料有两类：构成骨架的各种型材；各种用于连接与固定型材的连接件和紧固件。

1）型材

型材为构成骨架的材料，幕墙骨架主要有竖梃（立柱）、横档（横杆）、副框料及特殊型材，规格大小依框架刚度要求和风压大小选用。不同幕墙采用不同的骨架型材。常用的有型钢、铝型材、不锈钢型材三类。

（1）型钢：常用 A3 普通碳素钢，断面形式有角钢、槽钢、空腹方钢等。钢龙骨有足够的强度，但暴露在大气环境中易生锈，需在其表面进行热浸镀锌或涂刷防腐涂料等防腐处理。钢结构幕墙高度超过 40 m 时，应采用高耐候结构钢。

（2）铝型材：铝合金具有良好的延伸性和适应性，并且具有各种复杂断面。铝合金型材按尺寸允许偏差有普通级、高精级和超高精级三种。幕墙应选用高精级。为防腐蚀，铝合金应作阳极氧化处理，使型材表面形成银白色的氧化膜，具有保护和装饰双重作用。为了减少铝合金热传导，铝合金型材采用强化聚酰胺尼龙进行隔断，形成断热铝合金型材，该类型材具有良好的隔断热桥能力。一般用于气候条件要求高的幕墙型材。隔断热桥铝合金型材断面构造如图 2-12所示。

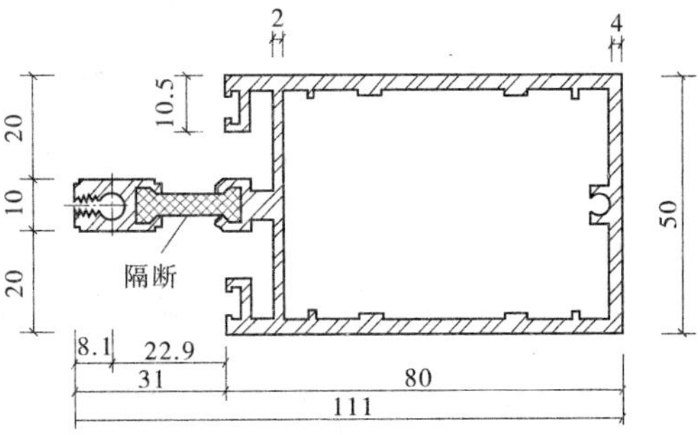

图 2-12　隔断热桥铝合金型材

（3）不锈钢型材：采用不锈钢薄板轧制成横框或竖框。价格昂贵，规格少，但耐久性好、装饰性强。幕墙骨架最好采用不锈钢，其屈服强度、抗拉强度、伸长率、硬度等物理性能都优于其他类型钢材。

2）连接件

常用的角钢、槽钢及钢板或特制的连接件加工而成。用于骨架与主体结构的连接。

3）紧固件

常用的紧固件有膨胀螺栓、普通螺栓、铝拉钉、射钉等。膨胀螺栓和射钉用来将连接件固定在主体结构上。螺栓用于骨架之间或骨架与连接件之间的固定。铝拉钉用于骨架型材之间的连接。

2. 面层材料

幕墙面层材料有玻璃、铝合金板、不锈钢和石板等。

1）玻璃材料

幕墙玻璃是玻璃幕墙的主要材料，其性能直接影响着幕墙的装饰效果及使用功能。目前玻璃有普通平板玻璃、钢化玻璃、吸热玻璃、热反射镀膜玻璃、低辐射镀膜玻璃（Low－E玻璃）、中空玻璃、夹层玻璃、夹丝玻璃等种类。其中吸热玻璃、热反射镀膜玻璃、低辐射镀膜玻璃（Low－E 玻璃）、中空玻璃属于节能玻璃；而钢化玻璃、夹层玻璃、夹丝玻璃属于安全玻璃。

(1)钢化玻璃。钢化玻璃是把浮法玻璃在 650 ℃温度下加热,并同时在玻璃表面统一吹入空气,而使玻璃迅速冷却制成的。钢化玻璃的强度是普通玻璃的 1.53 ~3 倍,当被打破时变成许多细小、无锐角的碎片,从而避免伤人。

(2)吸热玻璃。吸热玻璃是在透明玻璃生产时,在原料中加入极微量的金属氧化物,便成带颜色的吸热玻璃,其能透过可见光而限制带热量的红外线通过,具有较好的热工性能。

(3)热反射镀膜玻璃。热反射镀膜玻璃是在透明玻璃、钢化玻璃、吸热玻璃一侧镀反射膜,通过反射太阳光热辐射而达到隔热目的。

(4)低辐射镀膜玻璃。低辐射镀膜玻璃(Low - E 玻璃)是在玻璃表面镀低辐射材料银及金属氧化物膜,使玻璃无色透明或呈现灰、蓝、绿、金等色彩。其主要作用是降低玻璃的传热系数 *K* 值,同时可有选择地降低遮阳系数 *SC* 值。不同的 Low - E 玻璃适用于不同的气候区,就节能效果而言,其功能远优于热反射镀膜玻璃。

(5)中空玻璃。中空玻璃是将两片以上的透明玻璃、钢化玻璃、吸热玻璃、热反射镀膜玻璃、Low - E 玻璃等与边框焊接、胶接或熔接密封而成。玻璃之间有一定距离,通常 6 ~12 mm,形成干燥空气间层,或充以惰性气体,以取得良好的隔热和保温效果。中空玻璃单元如图 2-13 所示。

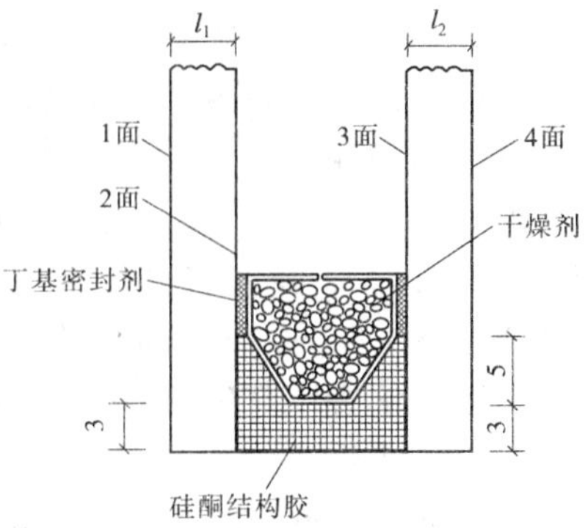

图 2-13 中空玻璃单元

l_1、l_2—第一、二层玻璃厚度

(6)夹层玻璃。夹层玻璃是一种性能优良的安全玻璃,是由两片或多片玻璃用透明的聚乙烯醇酯丁醛(PVB)胶片牢固黏结而成。当受冲击时,碎片粘在中间的 PVB 膜上,不会有玻璃碎片伤人。

2)铝合金板材

将铝板表面涂饰处理,耐久性好,装饰效果好。幕墙使用的铝合金板材分为铝合金单板(简称单层铝板)、铝塑复合板(简称复合铝板)、铝合金蜂窝铝板(简称蜂窝铝板)三种。三种板材构造特征、性能及规格见表 2-8,复合铝板和蜂窝铝板构造示意分别如图 2-14、图 2-15 所示。

表 2-8 三种板材构造特征、性能及规格

板材类型	构造特征及性能	常用规格
单层铝板	表面采用阳极氧化膜或氟碳树脂喷涂。多为纯铝板或铝合金板,常在其后面加矿棉、岩棉或其他发泡材料	厚度 3 ~4 mm
复合铝板	内外层 0.5 mm 厚铝板,中间加 2 ~7 mmPVC 或其他化学材料,表面滚涂氟碳树脂,喷涂罩面漆。颜色均匀,表面平整,加工制作方便	厚度 3 ~6 mm
蜂窝铝板	两块厚 0.8 ~1.2 mm 及 1.2 ~1.8 mm 铝板夹在不同材料制成的蜂窝状芯材两面制成,芯材有铝箔、混合纸芯材。表面涂树脂类金属聚合物着色涂料,强度较高,保温、隔声性能较好	总厚度 10 ~25 mm

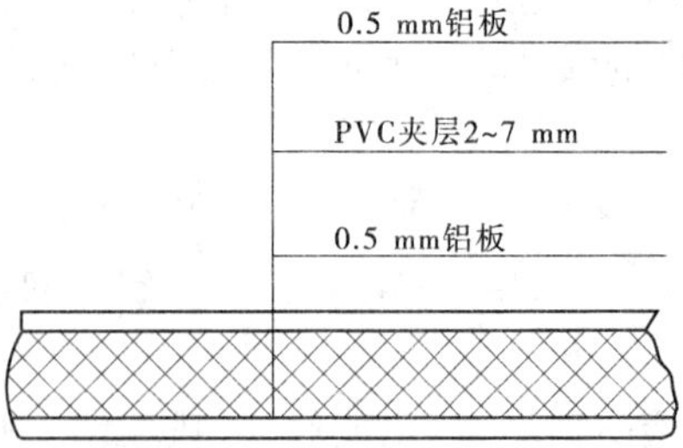

图 2-14　复合铝板构造示意

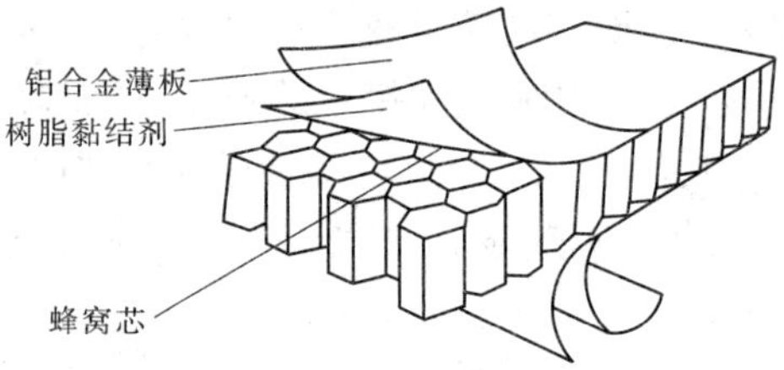

图 2-15　蜂窝铝板构造示意

3）不锈钢板

采用不锈钢薄板冲压成槽形板。耐久性好，装饰效果好。

4）石板

幕墙石材常用花岗岩，因其质地坚硬，具有耐酸碱、耐腐蚀、耐高温、耐磨性好，耐用年限长的优点。从适用建筑物结构和经济方面考虑，用于幕墙的天然石材应采用厚度不小于25～30 mm的薄板。但石板重量太大，连接构造要求较高，多采用干挂的构造。干挂法石材幕墙构造做法如图2-16所示。石材幕墙常与玻璃幕墙组合使用，产生虚实对比的效果。

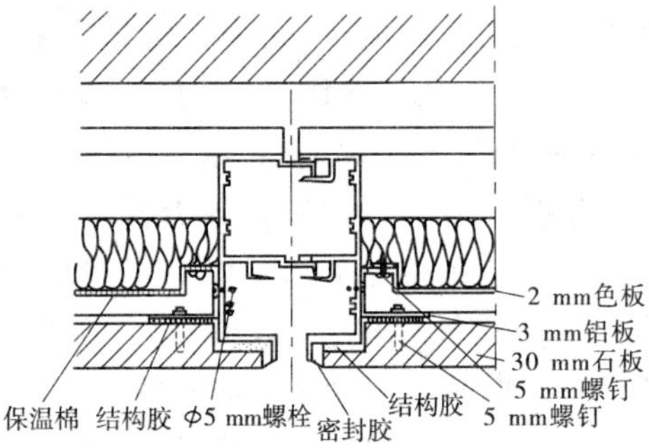

图 2-16　干挂法石材幕墙构造

3. 填缝密封材料

填缝密封材料是指幕墙安装和块与块之间缝隙处理的各种材料。通常由填充材料、密封固定材料、防水密封材料组成。

1）填充材料

幕墙填充材料主要有聚乙烯泡沫胶系、聚苯乙烯泡沫胶系、氯丁二烯胶等。用于框架凹槽内，起填充间隙和定位作用。规格有片状、板状、圆柱状等。幕墙可以采用聚乙烯发泡材料（小圆棒）作为填充材料，在用硅酮密封胶嵌缝之前，用小圆棒垫衬空隙，然后再进行注胶。聚乙烯发泡材料（小圆棒）起固定和填充作用。其构造见图2-17。

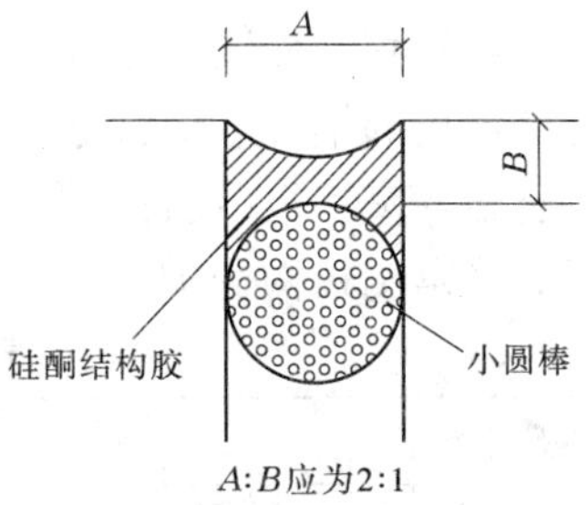

图 2-17　聚乙烯发泡材料构造

A—填充缝隙宽度；*B*—填充缝隙厚度

2）密封固定材料

密封固定材料嵌入板材两侧，起密封缓冲和固定压紧作用。常用橡胶密封条，根据框架材料选用。

当前国内明框玻璃幕墙玻璃的密封，主要采用合成橡胶密封条，依靠胶条自身的弹性在槽内起密封作用。要求胶条具有耐紫外线、耐老化、耐永久变形、耐污染等特征。明框玻璃幕墙密封层、密封衬垫层、定位垫块间的关系见图2-18。

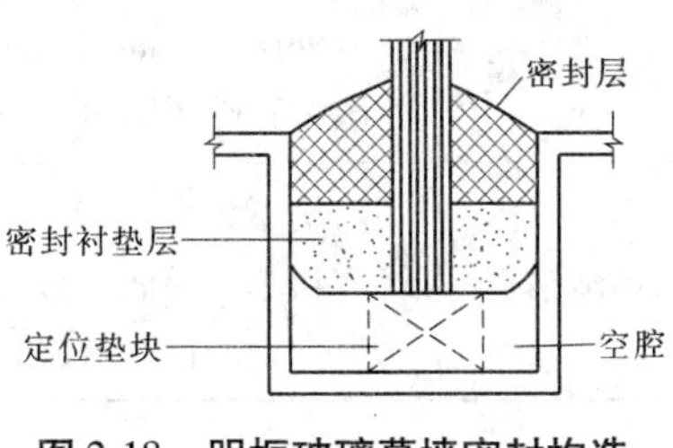

图 2-18　明框玻璃幕墙密封构造

3)防水密封材料

防水密封材料是指聚硫橡胶封缝料、硅酮封缝料，起封闭活动缝隙作用。根据框架料的材质、玻璃的品种、施工方法、封缝料的特点选用。

硅酮耐候胶，又称硅酮耐候密封胶。主要用于各类幕墙表面的密封嵌缝。具有优质的耐水性和耐候性，耐紫外线照射，且在低温时弹性好，高温时不流淌，耐污染和低透气率的特点。幕墙玻璃、铝合金副框、定位胶条、密封层间关系构造见图2-19，玻璃幕墙、竖框、定位胶条、密封层间关系构造见图2-20。

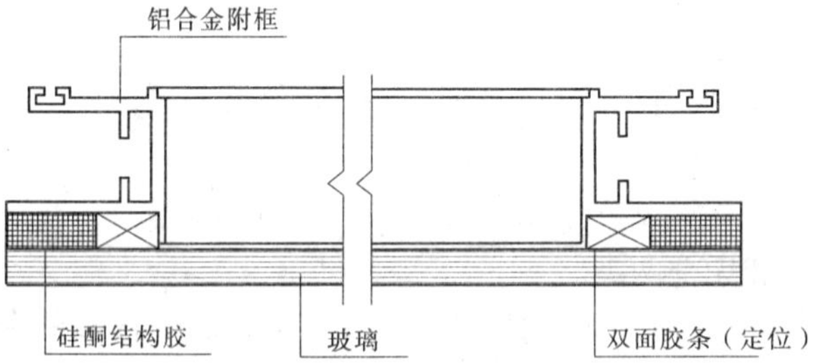

图2-19　玻璃幕墙密封构造1

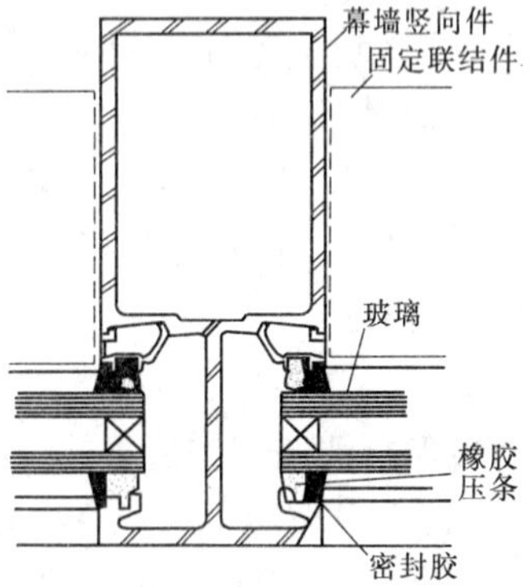

图2-20　玻璃幕墙密封构造2

4. 结构黏结材料

1)结构硅酮密封胶

结构硅酮密封胶将建筑幕墙板材黏结到支撑性的结构上。结构硅酮密封胶既起结构黏结作用，又起幕墙密封胶作用。因此，在幕墙设计中如何选用合适的结构硅酮胶产品对确保幕墙的安全性和耐久性是至关重要的。幕墙所用各种胶料必须进行相容性试验和性能检验，并出具试验检验报告。

2)低发泡间隔双面胶带

低发泡间隔双面胶带的作用与结构硅酮胶相同。目前国内使用的双面胶带有聚胺基甲酸乙酯低发泡间隔双面胶带和聚乙烯低发泡间隔双面胶带两种产品。需要根据幕墙承受的风荷载、高度和玻璃大小、重量、铝型材的重量及注胶厚度来选用双面胶带。

5. 保温隔热材料

幕墙中应采用岩棉、矿棉、玻璃棉等不燃烧性或难燃烧性材料作为保温隔热材料。松散类材料采用铝箔等进行包封处理，以防水和防潮。常用保温隔热材料的干密度和导热系数见表2-9。

表2-9　常用保温隔热材料的干密度和导热系数

材料名称	干密度 ρ_0（kg/m^3）	导热系数 λ[W/(m·K)]
沥青玻璃棉板	80～100	0.045
沥青矿棉板	120～160	0.050
矿棉、岩棉、玻璃棉	80以下	0.045
棉、岩	80～200	0.050
泡沫玻璃块	140	0.045

6. 垫片隔绝材料

在建筑结构与幕墙结构之间，应加设耐热的硬质有机材料垫片；幕墙立柱与横梁之间的连接处，加设橡胶片，并安装严密。以防幕墙受多种因素的影响发生层间位移，影响幕墙质量和安全。因此，在幕墙安装施工过程中，除焊接外，凡是用螺丝连接的，应加设耐热的硬质有机材料垫片。垫片既要有一定的柔性，又要有一定的硬度，还应具备耐热性、耐久性和防腐、绝缘性能。

不同金属材料接触处，铝合金面板、铝框、铝质连接件与型钢之间接触会引起电化腐蚀，应设置绝缘垫片或其他防电化学腐蚀措施。不同金属材料接触处可在接触面之间设胶木、PVC 或不锈钢垫片隔离，或采用不锈钢连接件、不锈钢螺栓等。

(二)幕墙类型

1. 幕墙按材料分类

按面板材料的不同，幕墙可以分为玻璃幕墙、金属幕墙、石材幕墙及上述材料组合而成的组合幕墙。

1)玻璃幕墙(透明幕墙)

玻璃幕墙按照构造方式分为有框和无框两类。

(1)有框玻璃幕墙。有框玻璃幕墙分为明框、隐框两种类型。明框玻璃幕墙的金属框暴露在室外，形成外观上可见的金属格构；隐框玻璃幕墙的金属框隐藏在玻璃的背面，室外看不见金属框。隐框玻璃幕墙又可分为全隐框和半隐框玻璃幕墙两种，半隐框玻璃幕墙可以分为横明框隐、竖明框隐两种。

(2)无框玻璃幕墙。无框玻璃幕墙根据构造不同分为全玻璃幕墙和点支承式玻璃幕墙两种。

①全玻璃幕墙不设边框，以高强黏结胶将玻璃连成整片墙，为增强玻璃刚度，每隔一定距离用条形玻璃板作为加强肋板，玻璃板加强肋垂直于玻璃幕墙表面设置。由于完全没有其他构件，因此更为通透，多用于建筑首层大厅。全玻璃幕墙的高度一般可达到12 m。为避免玻璃自重造成变形，当全玻璃幕墙高度大于 5 m 时，应采用悬挂支撑体系。

②点支承式玻璃幕墙是指幕墙的钢化玻璃面板通过不锈钢爪连接件连接到支承钢结构上。由于幕墙的钢化玻璃面板与支承结构通过不锈钢爪连接件分离开来，玻璃面板之间用透明硅胶嵌缝，没有铝合金框架，因此点连接式玻璃幕墙建筑会产生更加通透的建筑效果。

以下介绍双层通风玻璃幕墙。

双层通风玻璃幕墙主要针对玻璃幕墙能耗高、室内空气质量差等问题，采用双层体系做围护结构，利用夹层通风的方式来解决玻璃幕墙夏季遮阳隔热的同时，达到改善室内热舒适度、降低建筑能耗的目的。

双层通风玻璃幕墙实质上是在双层皮间留有一定宽度的空气层，冬季利用温室效应和夏季利用双层皮温差形成烟囱效应，从而形成气候缓冲区。因此，双层通风玻璃幕墙具有优良的节能效果。双层通风玻璃幕墙主要有封闭式双层幕墙和开敞式双层幕墙两种形式。其中，封闭式双层幕墙内外层间距 150 ~ 300 mm，可在两层幕墙之间加电动百叶，进一步提高遮阳隔热效果。开敞式通风幕墙又称可呼吸式幕墙，是在封闭式双层幕墙的基础上增加下部进气口和上部排气口，一方面可以排走夹层热量，另一方面可使室内自然通风成为可能。进气和排气口的位置可以按层设置，也可全楼统一从下部进气，从上部排气。室内一侧只要打开窗就可以实现自然通风。通风幕墙内外两层之间的距离一般在500 ~ 1 000 mm，也可结合遮阳设计，其构造示意见图 2-21。

2）非透明幕墙（金属和石材幕墙）

（1）金属幕墙。金属幕墙根据其使用面层材料不同分为铝合金幕墙、钢板幕墙和其他金属幕墙。其中铝合金幕墙最为常用，铝板重量轻，易加工，着色均匀，是幕墙型材和面层的常用材料，适用于大部分中高档建筑的外装饰选用。

金属幕墙的保温层一般与幕墙一起设计和施工，保温层可以连接在幕墙龙骨和框架上，也可以附着在墙体上（如果幕墙内侧有实墙）。铝板幕墙保温做法见图 2-22。

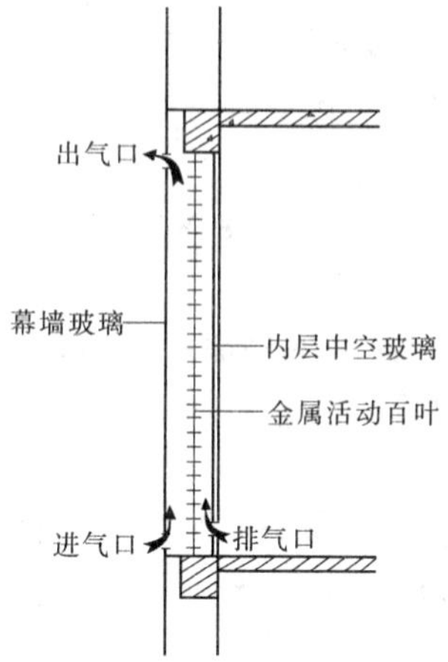

图 2-21　双层通风玻璃幕墙构造

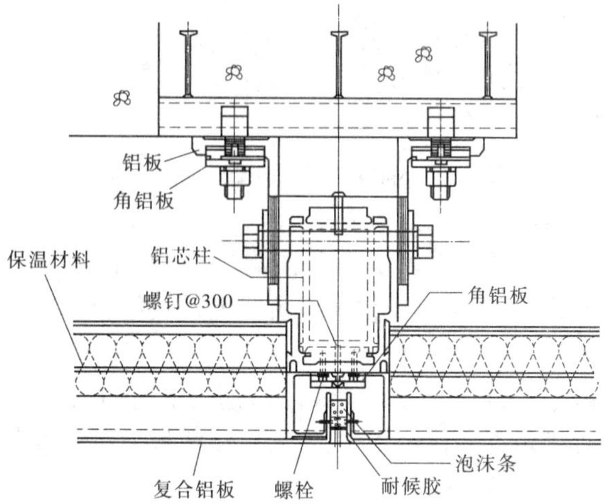

图 2-22　铝板幕墙保温做法

（2）石材幕墙。石材幕墙宜选用花岗岩，常用连接方式有钢销式连接、插槽式连接和背栓式连接三种方式。

①钢销式连接在每块石材上下两边各开两个小圆孔，钢销插入其中以固定石材；由于钢销与石材接触面积小，连接强度不够，只适用于幕墙高度小于20 m、石板面积小于 1.0 m^2 的幕墙。钢销式连接详图见图 2-23。

②插槽式连接在石板的上下边开槽，宽度 6 mm，深度 17 ~ 20 mm，开槽可通长开槽或开设不连续短槽，不锈钢板式挂件插入槽中固定石材，此种连接挂件与石材接触面积大，能承受较大的力量，适于较高和石材分块较大的幕墙。插槽式连接详图见图2-24。

③背栓式连接在石板背面增设后切式螺栓，并使螺栓与幕

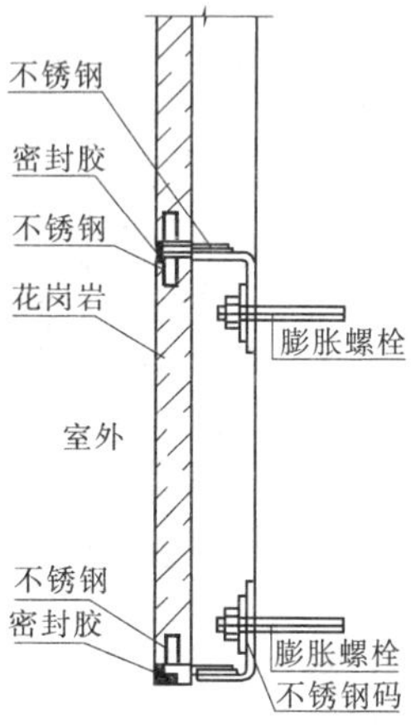

图 2-23　钢销式幕墙构造

墙龙骨组合成可拆卸式连接。背栓式连接详图见图 2-25。

板缝处理有密闭缝和开放式两种,其中密闭缝是先用泡沫条填塞板缝,再用密封胶将板缝封严;开放式的板缝不打胶,完全敞开,可以避免出现密封胶挂灰的弊端,但要求板内保温材料要做防水处理。一般用黑色防水布覆在保温层外,并固定牢靠。这种做法可避免出现密封胶污染的问题,是更为理想的板缝处理方式。

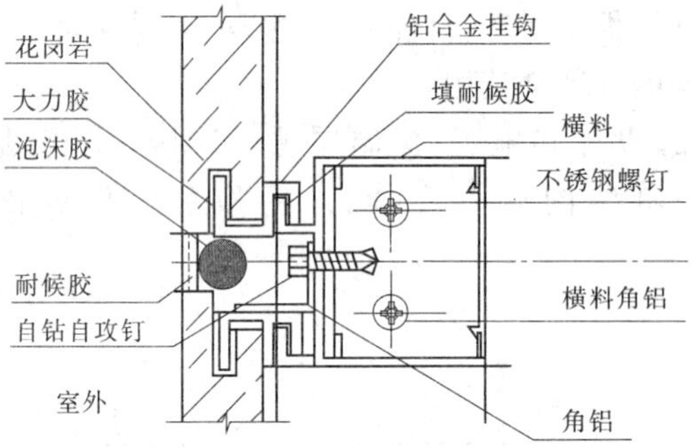

图 2-24　插槽式幕墙构造

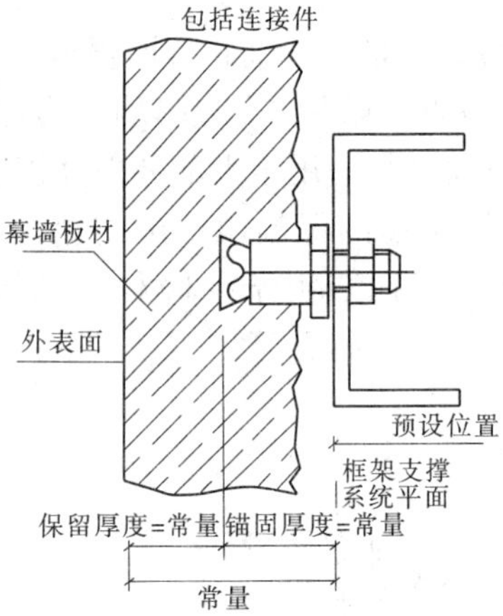

图 2-25　背栓式幕墙构造

2. 幕墙按构造体系分类

按照构造体系幕墙分为框架式幕墙和单元式幕墙两类。这两种幕墙设计原理相同,施工制作、安装方法不同。前者为元件式组装,后者为预制单元式安装。

1) 框架式幕墙

框架式幕墙又称元件式幕墙,由工厂加工生产元件,先将金属型材骨架借助连接件和紧固件固定在主体结构上,然后再将面板通过配件及密封材料安装到骨架上,完成幕墙安装。框架式幕墙构造见图 2-26。

框架式幕墙基本上在现场作业,受气候和作业条件的影响较大,适用于一般多层和高度不超过 100 m 的高层建筑。框架式幕墙节点构造见图 2-27。

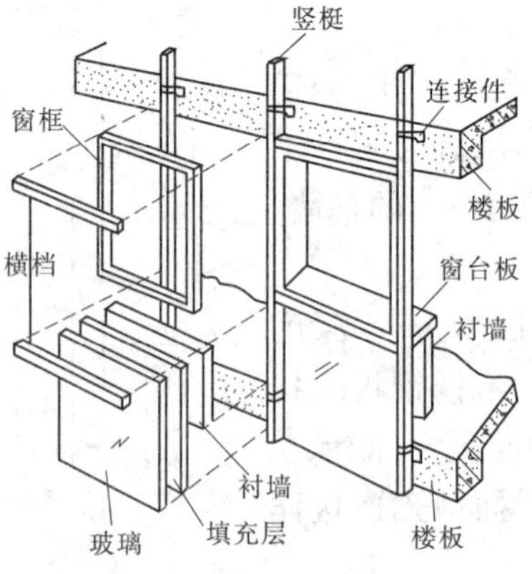

图 2-26　框架式幕墙构造

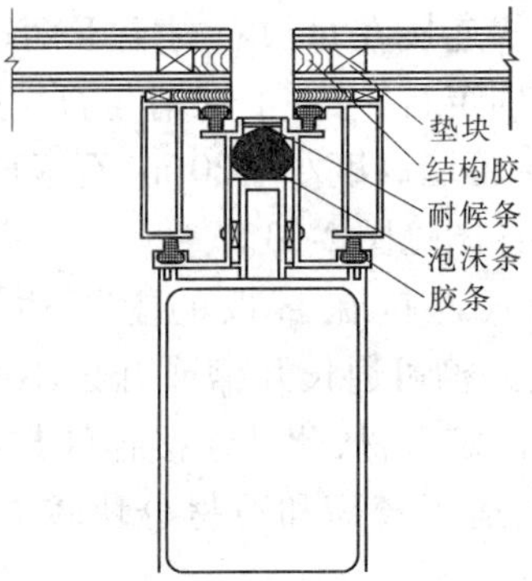

图 2-27　框架式幕墙节点构造

2)单元式幕墙

根据单元件组成和安装方法的不同,单元式幕墙可以分为整体单元式幕墙和半单元式幕墙。

(1)整体单元式幕墙。整体单元式幕墙是在工厂将各种面板、金属骨架组装成一块块的幕墙定型单元,每一单元一般为一个层高;然后运至工地进行整体吊装,与主体结构预埋的挂接件精确连接与调校后即完成幕墙安装。特点是直接支撑在主体结构上。其施工方式为预制单元。如图 2-28 所示。

单元式幕墙现场工作量小,安装速度快。可以不用脚手架,比一般框架式幕墙技术含量高,是高层和超高层建筑常用的幕墙类型。但其用材量大,加工精度要求高,因此价格也较框架式高。

(2)半单元式幕墙(立柱 + 分片单元组合幕墙)。半单元式幕墙是介于框架式幕墙与单元式幕墙之间的一种幕墙结构,指饰面材料与部分主龙骨在工厂内组装,在施工现场将组装好的板块安装到与主体结构连接的主要构件上,完成幕墙安装。

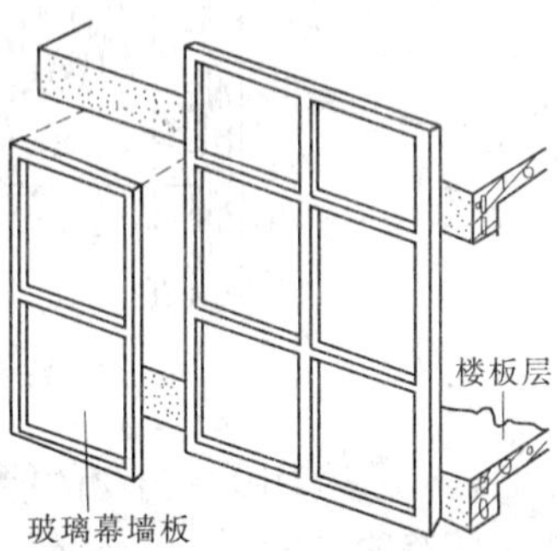

图 2-28　整体单元式幕墙

(三)幕墙性能

1. 玻璃幕墙的节能指标

玻璃幕墙的可视部分属于透明幕墙,玻璃选用可以从热工性能方面考虑,可以选择吸热玻璃、热反射镀膜玻璃、低辐射玻璃(Low - E 玻璃)、中空玻璃等;从安全性能方面考虑,可以选用钢化玻璃、夹层玻璃等。

玻璃的传热系数、遮阳系数、可见光透射比对于玻璃幕墙都是主要的节能指标,因此节能设计标准中主要对传热系数、遮阳系数、可见光透射比、气密性能、抗结露等做出要求。

夏季炎热地区为遮挡过多的太阳辐射热,玻璃幕墙常设有遮阳设施,幕墙的遮阳设施主要有百叶、遮阳板、遮阳挡板、卷帘、花格等。

2. 玻璃幕墙排冷凝水构造

在明框玻璃幕墙中,由于金属框外露,不可避免会形成“冷桥”,从而在玻璃、金属铝框、楼板外侧等处,寒冷天气会出现凝结水。因此,要设法将冷凝水及时排走,可将幕墙的横档做成排水沟槽,并设滴水孔。同时还应在楼板侧壁设一道铝制披水板,把凝结水引导至横档中排走。幕墙排水构造见图 2-29。

3. 非透明幕墙节能性能

玻璃幕墙的不可视部分及金属幕墙、石材幕墙、板材幕墙等都是属于非透明幕墙。在非透明幕墙中,保温材料是保证幕墙达到节能设计要求的关键。因此,对于非透明幕墙而言,建筑节能的指标主要是传热系数。

三、门窗节能构造做法

在建筑围护结构的门窗、墙体、屋面、地面四大围护部件中,门窗的绝热性能最差,是影响室内热环境质量和建筑节能的主要因素之一。就我国 20 世纪 80 年代典型的围护部

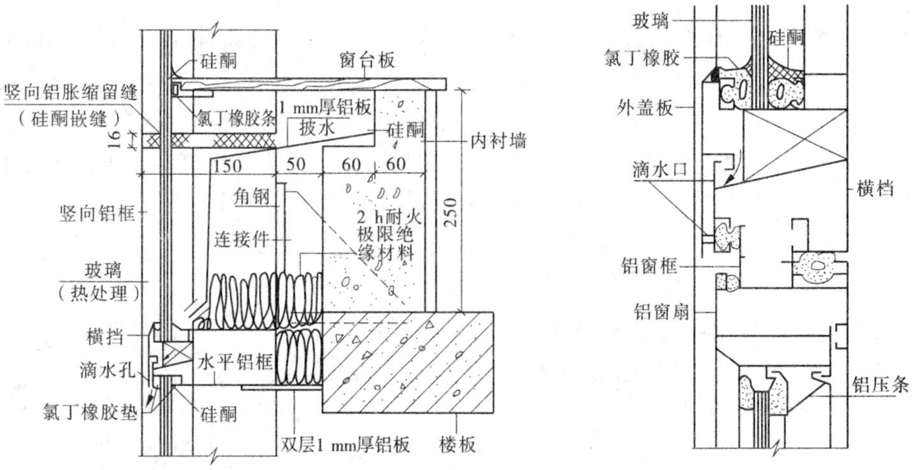

图 2-29　玻璃幕墙排水构造

件而言（见表 2-10），门窗的能耗约为墙体的 4 倍、屋面的 5 倍、地面的 20 多倍，占建筑围护部件总能耗的 40% ~50%。据统计，在有采暖或空调的条件下，冬季单玻窗所损失的热量占供热负荷的 30% ~50%，夏季因太阳辐射热透过单玻窗射入室内而消耗的冷量占空调负荷的 20% ~30%。因此，增强门窗的保温隔热性能，减少门窗能耗，是改善室内热环境质量和提高建筑节能水平的重要环节。

表 2-10　20 世纪 80 年代典型围护部件的传热系数

部件名称	构件形式	传热系数 K[W/(m^2·K)]
外墙	黏土、页岩实心砖 240 mm	1.95
	黏土、页岩实心砖 370 mm	1.57
屋面	混凝土通风屋面	1.45
外窗	单玻金属窗	6.40
地面	土壤	0.30
门	金属门	6.40
	木门	2.70

（一）外窗节能

从建筑节能的角度看，建筑外窗一方面是能耗大的构件，另一方面它也可能成为得热构件，即通过太阳光透射入室内而获得太阳热能，因此应该根据当地的建筑气候条件、功能要求以及其他围护部件的情况等因素来选择适当的门窗材料、窗型相应的节能技术，从而取得良好的节能效果。

窗户一方面引进太阳辐射，另一方面又通过冷风渗透和结构本身损失大量的热量。据统计，一般居住建筑通过窗户的散热量约占总散热量的 1/3。同时，由于窗户传热量大，其热阻远小于其他围护结构，因此造成冬季窗户表面温度过低，对靠近窗口的人体进行冷辐射,形成辐射吹风感,严重影响室内热舒适度。

1.提高窗户保温隔热能力的措施

从围护结构的保温隔热性能来看,窗户是保温隔热能力最差的部件。主要原因一是通过玻璃、窗框等的传热引起的热量交换;二是通过缝隙的空气渗透而引起的热损失。传统门窗和节能门窗传热比较示意分别见图2-30、图2-31。

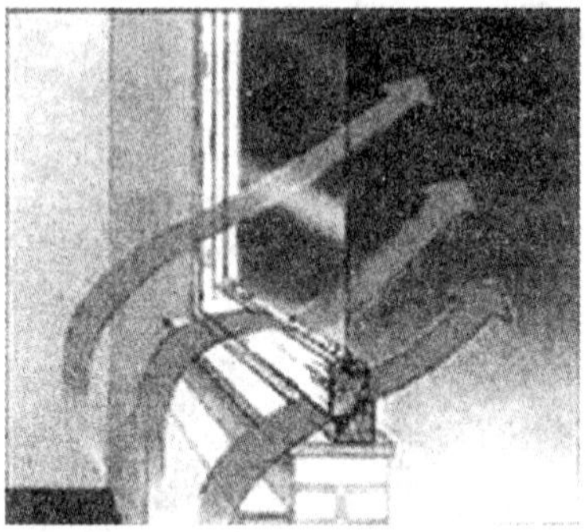

图2-30　传统门窗传热

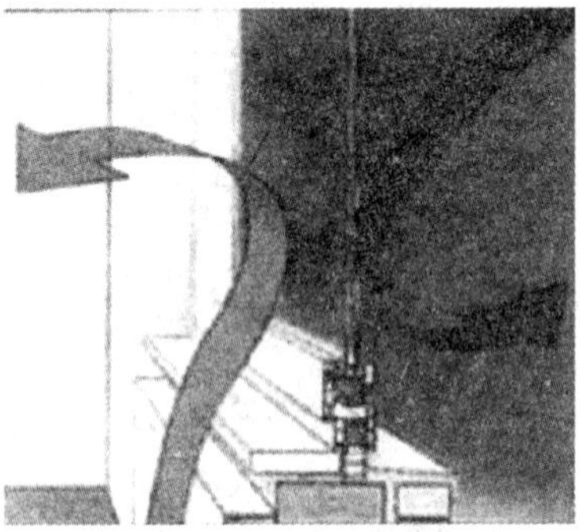

图2-31　节能门窗传热

1)提高窗框的保温隔热性能

加强窗框的保温隔热能力可以采取以下三种途径:一是选择导热系数小的框材;二是采用导热系数小的材料截断金属框扇材的热桥制成断热桥式窗框;三是利用框料内的空气腔室或利用空气层截断金属框扇的热桥。

目前,市场上常用的中空玻璃为双道密封的中空玻璃,即采用热塑性的丁基胶做内层密封,聚硫胶用于外层密封,同时在支撑框架(铝隔条)内填充防腐剂。由于铝隔条为热的良导体,使中空玻璃的周边,传热强度远大于中部,因此在制作时,一定要在玻璃与铝条之间均匀涂抹丁基胶,它是热的不良导体,起到冷桥作用,此外在中空玻璃之间充惰性气体可降低中空玻璃的导热系数,提高保温性能。

采用的塑料、塑钢和断热铝合金窗较钢窗在保温隔热性能上均有较大的改善,各种窗框的窗户性能比较见表2-11。

表2-11　窗户性能比较

性能	窗户类型				
	钢窗	铝合金窗	木窗	塑料窗	塑钢窗
保温性	差	差	优	优	优
空气渗透性	差	良	差	良	优
抗风性	优	良	良	差	良
雨水渗透性	差	差	差	良	良
耐火性	优	优	差	差	差

双面抹灰的普通实心黏土24砖墙的传热系数约为2.028 W/(m^2 · K),而单层普通玻璃窗的传热系数在4.5~6.5 W/(m^2 · K)之间,其传热损失为一砖墙的2~3倍。即使

是单层中空玻璃窗、双层普通玻璃窗,其传热系数也远远大于普通实心黏土砖的传热系数。窗的传热系数直接关系到建筑能耗的大小,因此各地区建筑节能设计标准中对窗户的传热系数均做出具体规定,建筑节能设计中可以参照各地区的节能标准合理选择窗户类型。各种类型窗户的传热系数、遮阳系数见表2-12。

表2-12 各种类型窗户的传热系数、遮阳系数

窗框材料	窗户类型	空气层厚度(mm)	窗框、窗洞面积比(%)	传热系数 K [W/(m² · K)]	遮阳系数 SC
钢、铝合金	单层普通玻璃窗	—	20~30	6.0~6.5	0.8~0.9
	单框普通中空玻璃窗	9~16	20~30	3.6~4.2	0.75
	单框低辐射中空玻璃窗	9~16	20~30	2.7~3.4	0.45~0.55
	双层普通玻璃窗	100~140	20~30	3.0	0.8
断热铝合金	单框普通中空玻璃窗	9~16	20~30	3.3~3.5	0.70
	单框低辐射中空玻璃窗	9~16	20~30	2.3~3.0	0.45~0.55
木、塑料、塑钢	单层普通玻璃窗	—	30~40	4.5~4.9	0.80
	单框普通中空玻璃窗	9~16	20~30	2.7~3.0	0.70
	单框低辐射中空玻璃窗	9~16	20~30	2.0~2.4	0.40~0.50
	双层普通玻璃窗	100~140	30~40	2.3	0.80

2)改善玻璃的保温隔热性能

住宅建筑的外窗中,玻璃面积占70%~80%。因此,玻璃的选用在外窗节能中占有重要位置。目前,建筑外窗选用的玻璃主要有普通单层玻璃、热反射玻璃、低辐射玻璃(Low-E玻璃),及由它们组成的各种双层中空玻璃。

玻璃的节能参数是表征温差传热的传热系数 K 和太阳直接辐射部分的遮阳系数 SC。在相同的室内外温差条件下,传热系数 K 值越小,则通过对流传导的热量越少。但玻璃的 K 值与玻璃的辐射率有关,辐射率越低,K 值越小。因为辐射率表征玻璃吸收能力的强弱,辐射率低的玻璃不易吸收外来的太阳辐射能量(包括远红外热能)。因此,降低传热系数 K 值的方法是在玻璃表面上镀低辐射膜或贴膜,或合成中空玻璃结构。

玻璃的遮阳系数 SC 是通过玻璃的太阳辐射热与通过3 mm厚无遮阳透明玻璃的太阳辐射热之比值,反映玻璃对阳光的遮蔽效果。因此,控制玻璃遮阳系数 SC 值的方法是在玻璃表面上镀膜或贴膜,或在制造玻璃过程中加入着色剂形成着色玻璃,但着色玻璃属于吸热玻璃,其热吸收率偏高,因而传热系数大。

(1)普通单层玻璃。普通单层玻璃的热阻很小,而且对远红外热辐射几乎完全吸收,其辐射率为0.84,故传热系数很大。通过计算可得3 mm厚单层玻璃的传热系数 K 为6.17 W/(m² · K)。普通单层玻璃对阳光的透过范围正好与太阳辐射光谱区域重合,在透过可见光的同时,阳光中的红外线热能也大量通过,因此不能有效阻挡太阳辐射能。因此,3 mm厚单层玻璃的遮阳系数 SC 为1。该值被作为衡量玻璃系统及其他遮阳设施的基准值。

(2)透明中空玻璃(双层白玻)。透明中空玻璃由双层玻璃组成,与普通单层玻璃相比,除多一层玻璃,还有中间空气层的热阻,因而传热系数可有较大的降低。但因两层都是普通玻璃,故遮阳系数 SC 降低不大。通过 $3+12A+3$ 中空玻璃的参数计算,可得其传热系数 K 为 3.14 W/(m^2 · K)。其遮阳系数 SC 约为 0.90。

密封中空玻璃的密封工作是在工厂预制形成,空气完全被密封在中间。由于密封空间内装有一定量的干燥剂,在寒冷的季节,玻璃内表面温度虽然较低,但仍然可不低于其中干燥空气的露点温度。这样就可避免玻璃表面结露,并保证窗户的清洁性和透明度。内部空气因是密封、静止的,所以对提高整个窗玻璃的保温非常有利。

(3)镀膜玻璃。热反射玻璃是在玻璃表面镀金属或金属化合物膜,使玻璃呈现出丰富的颜色,同时具有新的光、热性能。但其主要作用是降低遮阳系数 SC 值,限制太阳辐射的直接透过,因此可称其为阳光控制玻璃。热反射膜层对远红外线没有反射作用,故对传热系数 K 值降低不多。

在夏季白天和光照较强的地区,热反射玻璃的隔热作用十分明显,可有效限制进入室内的太阳辐射。但在不存在阳光的环境中,其隔热作用与白玻璃无异。

低辐射玻璃(Low - E 玻璃)是在玻璃表面镀低辐射材料银及金属氧化物膜,使玻璃无色透明或呈现灰、蓝、绿、金等色彩。其主要作用是降低玻璃的传热系数 K 值,同时可有选择地降低遮阳系数 SC 值。不同的 Low - E 玻璃适用于不同的气候区,就节能效果而言,其功能远优于热反射膜玻璃。

通过计算 3 mm 的 Low - E 单层玻璃,当低辐射镀膜层设在外侧时,可得其传热系数 K 为 5.92 W/(m^2 · K);当低辐射镀膜层设在内侧时,可得其传热系数 K 为 3.3 W/(m^2 · K)。其节能性明显不同,主要是由于低辐射镀层设在外表面时,外表面换热阻以对流为主,故传热阻提高很少。同理,玻璃双面均设镀层时,由于外侧面镀层对降低传热系数作用不大,其效果比内侧单设镀层改善很少,可得其传热系数 K 为 3.17 W/(m^2 · K)。因此,低辐射镀膜玻璃的镀膜层在安装时镀膜层必须在室内一侧。

镀膜中空玻璃是集镀膜和中空两种优点于一身的玻璃系统。不但能有效限制对流传导传热,而且对太阳直接辐射能很好地控制,因而是窗玻璃结构的一种理想组合。主要品种有低辐射镀膜中空玻璃、热反射镀膜中空玻璃。镀膜中空玻璃构造图见图 2-32。

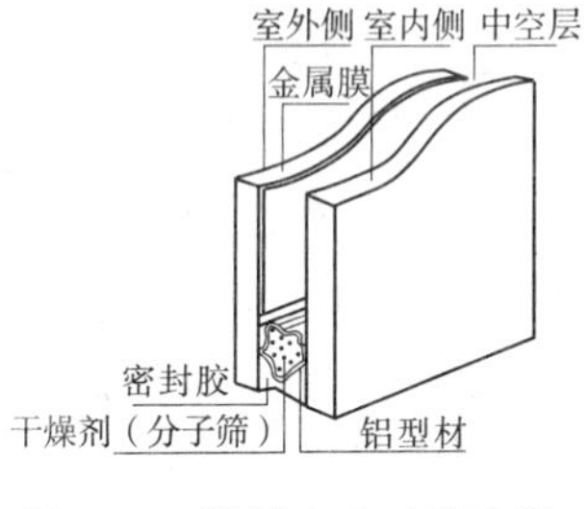

图 2-32　镀膜中空玻璃构造

贴膜玻璃是在玻璃上粘贴建筑节能膜的技术。

建筑节能膜是玻璃功能膜的一种,是经过深加工并赋于多功能和带有安装胶层、表面具有防划伤涂层的复合聚酯薄膜。建筑节能膜有反射型、低反射型、高性能通用型、低辐射型等,其主要作用在于降低玻璃的遮阳系数 SC,但低辐射型膜对降低 K 值有一定作用。

3)提高气密性,减少冷风渗透

我国多数门窗,特别是钢窗气密性较差,冬季室外冷空气通过门窗缝进入室内,使供暖能耗增加。改进门窗设计,提高制作安装质量,采用自粘性密封条,是提高门窗密封性的重要措施。加强窗户气密性，可以采取以下措施：

(1)通过提高窗用型材的规格尺寸、准确度、尺寸稳定性和组装的准确度以增加开启缝隙部位的搭接量，以减少开启缝的宽度达到减少空气渗透的目的。

(2)采用气密条，提高外窗气密水平。各种气密条效果见表2-13。

表2-13　各种钢窗气密性能比较

气密条种类	材料	气密水平表征值[$m^3/(m \cdot h)$] ($\Delta P = 10$ Pa)	开关力	耐火性
实腹钢窗用标准型气密条	橡胶	7.0	偏大	好
空腹钢窗用标准型气密条	橡胶	10.7	偏大	好
实腹钢窗用新型粘接式气密条	泡沫氯丁橡胶	1.4	正常	较好
空腹钢窗用新型粘接式气密条	泡沫氯丁橡胶	1.3	正常	较好
聚乙烯泡沫密封条	聚乙烯	0.48	偏大	较好
聚氨酯泡沫密封条	聚氨酯	0.97	正常	较差

(3)改进密封方法，对于框与扇和扇与玻璃之间的缝隙处理，目前国内均采用双级密封的方法，而国外在框与窗之间却已普遍采用三级密封的做法。通过三级密封措施，使窗的空气渗透量降低到1 $m^3/(m \cdot h)$以下，而国内同类窗的空气渗透量却为1.6 $m^3/(m \cdot h)$左右，因此应逐步推广采用三级密封方式。

(4)应注意各种密封材料和密封方法的互相配合。研究表明：在封闭效果上，密封料优于密封件。建议采用如下密封方法：在玻璃下安设密封的衬垫材料；在玻璃两侧以密封条加以密封；在密封条上方再加注密封料。

国家标准《建筑外窗空气渗透性能分级及其检测方法》(GB7107—2002)中将窗户的气密性等级分为五级。各气候区建筑节能设计标准中分别对外窗的气密性等级做出相应的规定。

4)采取适当的窗墙面积比

一方面，由于门窗的传热系数大大高于墙体，所以增加门窗面积必定会增加冬季采暖能耗；另一方面，太阳可以通过门窗玻璃直接进入室内，从而增加夏季空调能耗。因此，针对不同的气候区应采取适当的窗墙面积比。

在寒冷地区，窗户损失的热量太多会使窗的内表面温度太低，低温的内表面以辐射换热方式从位于窗口附近的人体夺走热量，使人感到很不舒服。如果不注意保温处理，窗户将成为热工性能最薄弱的环节。因此，在严寒、寒冷地区《民用建筑节能设计标准(采暖居住建筑部分)》(JGJ26—95)和《夏热冬冷地区居住建筑节能设计标准》(JGJ134—2001)中分别对居住建筑各个朝向的窗墙面积比有所控制，以便采取适当的比例。

但是在南方炎热地区，自然通风也是非常有效的节能措施，大面积的开窗有利于夏季自然通风。因此，《夏热冬暖地区居住建筑节能设计标准》(JGJ75—2003)中对居住建筑各个朝向的窗墙面积比没有做出限制，原因在于考虑到夏季自然通风降温的节能措施，从而达到降低夏季空调能耗的目的。

其中窗墙面积比是指窗户洞口面积与房间立面单元面积的比值,而房间单元面积为房间层高与开间定位线围成的面积。

(二)建筑门窗的主要节能指标

建筑门窗的节能指标包括传热系数、遮阳系数、可见光透射比、气密性能、抗结露性能等。其中,传热系数和遮阳系数是外门窗的主要节能性能。因此,《民用建筑节能设计标准采暖居住建筑部分》(JGJ26—95)、《夏热冬冷地区居住建筑节能设计标准》(JGJ134—2001)、《夏热冬暖地区居住建筑节能设计标准》(JGJ75—2003)和《公共建筑节能设计标准》(GB50189—2005)四个建筑节能设计标准中均对门窗传热系数和遮阳系数提出具体要求,见表2-14~表2-20。

表2-14 不同地区采暖居住建筑外门窗传热系数限值 K (单位:W/(m^2·K))

主要代表城市	外墙传热系数		不采暖楼梯间户门	窗户(含阳台门上部)	阳台门下部门芯板	外门
	体形系数≤0.3	体形系数>0.3				
郑州、洛阳	1.10(1.40)	0.80(1.10)	2.7	4.70(4.00)	1.70	—
西安、济南	1.00(1.28)	0.70(1.00)	2.7	4.70(4.00)	1.70	—
石家庄	1.00(1.28)	0.70(1.00)	2.7	4.70(4.00)	1.70	—
北京、天津	1.00(1.28)	0.70(1.00)	2.7	4.70(4.00)	1.70	—
兰州、太原	1.00(1.28)	0.70(1.00)	2.7	4.70(4.00)	1.70	—
沈阳	0.68	0.56	1.50	3.00	1.35	—
呼和浩特	0.65	0.50	—	3.00	1.35	2.50
乌鲁木齐	0.56	0.45	—	2.5	1.35	2.50
哈尔滨	0.52	0.40	—	2.5	1.35	2.50

注:括号外数据与传热系数为4.70的单层玻璃相对应;括号内数据与传热系数为4.00的单框双玻金属窗相对应。

表2-15 夏热冬冷地区不同朝向、不同窗墙面积比的外窗传热系数 K (单位:W/(m^2·K))

朝向	室外环境条件	外墙传热系数				
		窗墙比≤0.25	窗墙比>0.25且≤0.3	窗墙比>0.30且≤0.35	窗墙比>0.35且≤0.45	窗墙比>0.45且≤0.5
北(偏东60°到偏西60°)	冬季最冷月室外平均气温>5℃	4.7	4.7	3.2	2.5	—
	冬季最冷月室外平均气温≤5℃	4.7	3.2	3.2	2.5	—
东、西(东或西偏北30°到偏南60°)	无外遮阳措施	4.7	3.2	—	—	—
	有外遮阳(太阳辐射透过率≤20%)措施	4.7	3.2	3.2	2.5	2.5
南(偏东30°到偏西30°)		4.7	4.7	3.2	2.5	2.5

表 2-16　夏热冬暖地区北区居住建筑外窗平均传热系数 K[W/(m^2·K)]和平均遮阳系数 S_W 限值

建筑外墙平均	建筑物平均遮阳系数 S_W	建筑外窗平均传热系数 K				
		窗墙比≤0.25	0.25<窗墙比≤0.3	0.30<窗墙比≤0.35	0.35<窗墙比≤0.40	0.40<窗墙比≤0.45
K≤2.0 D≥3.0	0.9	≤2.0	—	—	—	—
	0.8	≤2.5	—	—	—	—
	0.7	≤3.0	≤2.0	≤2.0	—	—
	0.6	≤3.0	≤2.5	≤2.5	≤2.0	—
	0.5	≤3.5	≤2.5	≤2.5	≤2.0	≤2.0

注：D 为热惰性指标，表 2-17 中 D 的意义同此。

表 2-17　夏热冬暖地区南区居住建筑外窗平均综合遮阳系数限值

建筑外墙平均 K(ρ≤0.8)	建筑外窗综合遮阳系数 S_W				
	窗墙比≤0.25	0.25<窗墙比≤0.3	0.30<窗墙比≤0.35	0.35<窗墙比≤0.40	0.40<窗墙比≤0.45
K≤2.0,D≥3.0	≤0.6	≤0.5	≤0.4	≤0.4	≤0.3
K≤1.5,D≥3.0	≤0.8	≤0.7	≤0.7	≤0.6	≤0.4
K≤1.0,D≥2.5 或 K≤0.7	≤0.9	≤0.8	≤0.7	≤0.6	≤0.5

注：综合遮阳系数 S_W 为外窗遮阳系数 SC 与窗口建筑外遮阳系数 SD 的乘积；ρ 为外墙外表面的太阳辐射吸收系数。

表 2-18　严寒地区公共建筑门窗节能性能限值

单一朝向外窗(包括透明幕墙)		传热系数 K[W/(m^2·K)]	
		体形系数≤0.3	0.3<体形系数≤0.4
严寒地区A区	窗墙面积比≤0.2	≤3.0	≤2.7
	0.2<窗墙面积比≤0.3	≤2.8	≤2.5
	0.3<窗墙面积比≤0.4	≤2.5	≤2.2
	0.4<窗墙面积比≤0.5	≤2.0	≤1.7
	0.5<窗墙面积比≤0.7	≤1.7	≤1.5
	屋顶透明部分	≤2.5	
严寒地区B区	窗墙面积比≤0.2	≤3.2	≤2.8
	0.2<窗墙面积比≤0.3	≤2.9	≤2.5
	0.3<窗墙面积比≤0.4	≤2.6	≤2.2
	0.4<窗墙面积比≤0.5	≤2.1	≤1.8
	0.5<窗墙面积比≤0.7	≤1.8	≤1.6
	屋顶透明部分	≤2.6	

表 2-19　寒冷地区公共建筑门窗节能性能限值

单一朝向外窗（包括透明幕墙）		体形系数≤0.3		0.3＜体形系数≤0.4	
		传热系数 K [W/(m²·K)]	遮阳系数 SC（东、南、西向/北向）	传热系数 K [W/(m²·K)]	遮阳系数 SC（东、南、西向/北向）
寒冷地区	窗墙面积比≤0.2	≤3.5	—	≤3.0	—
	0.2＜窗墙面积比≤0.3	≤3.0	—	≤2.5	—
	0.3＜窗墙面积比≤0.4	≤2.7	≤0.70/—	≤2.3	≤0.70/—
	0.4＜窗墙面积比≤0.5	≤2.3	≤0.60/—	≤2.0	≤0.60/—
	0.5＜窗墙面积比≤0.7	≤2.0	≤0.50/—	≤1.8	≤0.50/—
	屋顶透明部分	≤2.7	≤0.50	≤2.7	≤0.50

表 2-20　夏热冬冷地区、夏热冬暖地区公共建筑门窗节能性能限值

单一朝向外窗（包括透明幕墙）		传热系数 K [W/(m²·K)]	遮阳系数 SC（东、南、西向/北向）
夏热冬冷地区	窗墙面积比≤0.2	≤4.7	—
	0.2＜窗墙面积比≤0.3	≤3.5	≤0.55/—
	0.3＜窗墙面积比≤0.4	≤3.0	≤0.50/0.60
	0.4＜窗墙面积比≤0.5	≤2.8	≤0.45/0.55
	0.5＜窗墙面积比≤0.7	≤2.5	≤0.40/0.50
	屋顶透明部分	≤3.0	≤0.40
夏热冬暖地区	窗墙面积比≤0.2	≤6.5	—
	0.2＜窗墙面积比≤0.3	≤4.7	≤0.50/0.60
	0.3＜窗墙面积比≤0.4	≤3.5	≤0.45/0.55
	0.4＜窗墙面积比≤0.5	≤3.0	≤0.40/0.50
	0.5＜窗墙面积比≤0.7	≤3.0	≤0.35/0.45
	屋顶透明部分	≤3.5	≤0.35

注：有外遮阳时，遮阳系数＝玻璃遮阳系数 SC × 外遮阳系数 SD；无外遮阳时，遮阳系数＝玻璃遮阳系数 SC。

（三）门窗遮阳构造

夏季建筑门窗暴露在太阳辐射之下，因此建筑门窗需要进行遮阳处理。门窗遮阳的目的在于阻断直射阳光透过玻璃进入室内，防止阳光过分照射或加热建筑围护结构，为室内营造舒适的热环境，降低室温和空调能耗。国内外研究表明：窗口遮阳所获得的节能收益为 10% ~24%，而用于遮阳的建设投资则不足 2%。因此，在建筑节能方面，建筑遮阳是最为立竿见影的有效方法。

窗口遮阳根据遮阳所处位置的不同，分为玻璃或透明材料自身遮阳、外遮阳、内遮阳等几种形式，采用综合遮阳系数来衡量。综合遮阳系数 = 玻璃自身遮阳系数 × 外遮阳系数。有效的遮阳能够消除 90% 以上的太阳辐射作用。

1. 玻璃自身遮阳

玻璃自身遮阳系数是指实际透过窗玻璃的太阳辐射量与透过 3 mm 透明玻璃的太阳辐射量的比值，用 *SC* 表示。*SC* 越小，说明遮阳性能越好。

2. 外遮阳

外遮阳能够减少夏季进入到室内的太阳辐射，改善室内热环境，降低空调能耗。

根据遮阳构件所在位置不同，可分为外遮阳和内遮阳。实践证明，外遮阳构件比内遮阳构件对室内太阳辐射热的减弱更为有效。

根据遮阳构件是否能固定，可分为固定遮阳和活动遮阳。固定遮阳能在夏季有效地遮挡阳光的不利影响，但冬季将会遮挡阳光的有利影响。

外遮阳包括固定外遮阳、活动外遮阳。外遮阳系数跟外遮阳的形式有关，如遮阳百叶、遮阳篷、遮阳板等。外遮阳还可以结合建筑构件来达到遮阳的目的，如挑檐、外走廊、阳台板及其他建筑构件。

不同朝向的外窗，应该采用不同的专门门窗外遮阳构造形式。从结构形式看，外遮阳一般分为水平遮阳、垂直遮阳、综合遮阳、挡板遮阳等几种类型，如图 2-33 所示。具体适用朝向及特点见表 2-21。

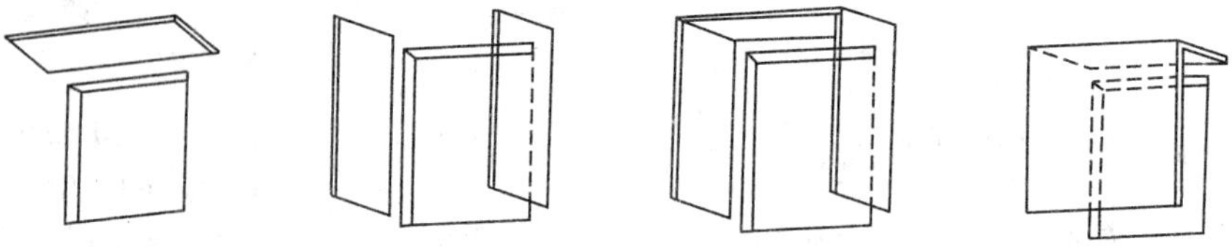
(a)水平遮阳　(b)垂直遮阳　(c)综合遮阳　(c)挡板遮阳

图 2-33　遮阳的基本形式

表 2-21　外遮阳形式、适用朝向及特点

外遮阳形式	适用朝向	特点
水平遮阳	南向窗口以及北回归线以南地区的北向附近的窗口	能够有效地遮挡高度角较大、从窗户上方照射下来的阳光
垂直遮阳	东北、北、西北的窗口	能够有效阻挡高度角较小、从窗户侧面照射过来的阳光
综合遮阳	东南、西南附近的窗口	能够有效遮挡高度角中等、从窗前斜射下来的阳光
挡板遮阳	东、西向附近的窗口	能够有效遮挡高度角比较低、正射入窗口的阳光

1）百叶遮阳

安装在窗外的百叶遮阳形式多样，有卷帘、折叠、平开、推拉等开启方式。可以是手动控制、电动控制，甚至是自动控制。百叶遮阳不仅能够在夏季遮挡太阳光，冬季还能够起到保护窗户的作用，避免寒风的侵袭。百叶的材料很多，可以采用金属材料（铝合金、轻钢、铝、镀锌铁皮等）、PVC 塑料、木材等。金属百叶还能够制作成中空、填充膨胀聚苯乙烯等保温材料，提高保温隔热性能。百叶遮阳，是目前广泛使用的一种遮阳方式。

2）遮阳篷

遮阳篷一般采用织物、帆布制成，其遮阳效果根据其安装方式、材料的透光率和颜色不同而不同。遮阳篷能够手动、电控或自动开关和调节角度，且形式多样，是目前广泛使用的一种遮阳方式。

3. 内遮阳

内遮阳是指安装在室内的遮阳形式。内遮阳的遮阳效果较差，不能将热量阻挡在室外，但是能够使得热峰值有所延迟和衰减。同时，内遮阳也是室内装饰的一个重要部分。如百叶帘、卷帘、风琴帘等。通常可以升降、可卷或者可以调节角度。对于内遮阳而言，颜色越浅，效率越高。

4. 双层玻璃间的遮阳

在双层玻璃之间设置的遮阳，包括软百叶帘、褶片和可卷的遮阳。通常可以调节或在内部伸缩。

窗口遮阳设计可以结合建筑气候来选择，在冬冷夏暖的严寒地区，如何利用太阳能是主要方面，一般可以不设遮阳；中纬度地区应加强夏季遮阳，在冬季寒冷、夏季炎热的寒冷地区和夏热冬冷地区建议采用活动遮阳，夏季打开遮阳构件以便遮挡阳光的不利影响，而冬季收起遮阳构件，以吸收阳光使室内升温；而在夏热冬暖地区，太阳辐射很强，为减少太阳辐射热和夏季空调能耗，应设置固定遮阳设施。

（四）外门节能

1. 住宅外门节能

1）户门节能

户门一般采用金属门板，采用 15 mm 厚玻璃棉板或 18 mm 厚岩棉板作为保温隔热材料。

2）阳台门节能

目前阳台门有两种类型：一是落地玻璃门，可以按照外窗作节能处理；二是有门芯板及部分玻璃扇的阳台门，玻璃扇部分按外窗处理。

2. 公共建筑外门节能

目前公共建筑外门多数采用落地玻璃门，可以按照外窗作节能处理。

四、屋面节能构造做法

在建筑围护结构中，墙体传热占围护结构传热的 25% ~30%，门窗传热占围护结构传热的 25%，屋面传热占围护结构传热的 6% ~10%，对于多层建筑约占 10%，高层建筑约占6%。因此，做好屋面节能是建筑围护结构节能的重要组成部分。

屋顶保温是为了降低严寒、寒冷地区和夏热冬冷地区顶层建筑的采暖能耗和改善顶层冬季的热环境质量；屋顶隔热是为了降低严寒、寒冷夏热冬暖和夏热冬冷地区顶层建筑的空调能耗和改善顶层夏季的热环境质量。因此，良好的屋面保温隔热做法不仅能提高建筑节能效果，同时还能改善顶层建筑室内热环境。若不注重屋面的保温隔热做法，则北方严寒、寒冷地区顶层建筑冬季室温比中间层低2～3℃；南方夏热冬冷和夏热冬暖地区顶层建筑夏季室温比中间层高2～3℃。

保温隔热材料既能阻止冬季室内热量通过屋面散发到室外，同时，又能防止夏季室外热量传入室内，起到保温隔热双重作用。屋面常用的保温隔热材料品种及应用见表2-22。

表2-22　屋面保温隔热材料品种及应用

分类方法	类型	品种	屋面应用情况
按形状分	松散材料	炉渣、膨胀珍珠岩、膨胀蛭石、矿棉、岩棉	很少
	整体现浇材料	现浇水泥膨胀珍珠岩、沥青膨胀珍珠岩、水泥膨胀蛭石、沥青膨胀蛭石、泡沫混凝土、现场喷涂硬泡聚氨酯	近几年发展
	板块材料	聚苯乙烯泡沫板（EPS、XPS）、硬质聚氨酯泡沫板、加气混凝土块、泡沫玻璃、泡沫混凝土板、微孔硅酸钙、矿棉板	EPS、XPS最常用
按材料性质分	有机材料	聚苯乙烯泡沫板、硬泡聚氨酯	
	无机材料	膨胀珍珠岩、膨胀蛭石、泡沫玻璃、加气混凝土、泡沫混凝土	
按吸水率分	高吸水率（>20%）	加气混凝土、膨胀珍珠岩、泡沫混凝土、微孔硅酸钙	
	低吸水率（<6%）	聚苯乙烯泡沫板、硬泡聚氨酯、泡沫玻璃	倒置保温屋面

保温隔热屋面可分为保温屋面和隔热屋面。将防止室内热量散发出来的屋面称为保温屋面；将防止室外热量进入室内的屋面称为隔热屋面。保温屋面按其保温层所在位置可分为外保温屋面和内保温屋面、单一保温屋面和夹芯保温屋面。外保温屋面是指保温层在屋面板之上的保温屋面；内保温屋面是指保温层在屋面板之下的保温屋面；单一保温屋面是指保温层与屋面板合二为一的保温屋面，如加气混凝土屋面板；夹芯保温屋面是指保温层在屋面之内的保温屋面。

目前，我国绝大多数均为外保温屋面，外保温屋面的保温层一般置于防水层下面即顺置式屋面；如将保温层做在防水层之上称为倒置式屋面。

隔热屋面主要有架空隔热屋面、蓄水隔热屋面和种植隔热屋面等。保温隔热屋面的分类见表2-23。

表 2-23　保温隔热屋面分类

种类	屋面类型	构造分类
保温屋面	外保温屋面	顺置式保温屋面 倒置式保温屋面
	内保温屋面	
	单一保温屋面	
	夹芯保温屋面	
隔热屋面	架空隔热屋面	大阶砖架空隔热层 预制混凝土板架空隔热层
	蓄水隔热屋面	敞开式蓄水、封闭式蓄水
	种植隔热屋面	有土种植隔热层 无土种植隔热层 蓄水种植隔热层

(一)平屋面保温隔热构造

平屋面保温隔热做法绝大多数为外保温构造,这种构造受周边热桥的影响较小。平屋面保温隔热构造做法主要采用轻质高效吸水率低或不吸水的绝热材料作为保温隔热层。

1.保温屋面构造

平屋面按保温层所处的位置不同可分为顺置式保温屋面和倒置式保温屋面。保温屋面主要有松散材料保温屋面、板状材料保温屋面和整体现浇保温屋面。

1)顺置式保温屋面

顺置式保温屋面是一种传统保温屋面。屋面构造一般由结构层、找坡层、保温层、防水层和保护层等组成。因此,保温材料在屋顶楼板的外侧,防水层在保温层之上,属于外保温构造做法。因此,可以使屋顶的楼板受到保温层的保护而不致受到过大的温度应力,整个屋顶的热工性能能够得到保证。其构造如图 2-34 所示。顺置式保温屋面构造适用于严寒、寒冷地区和夏热冬冷地区的屋顶保温形式。

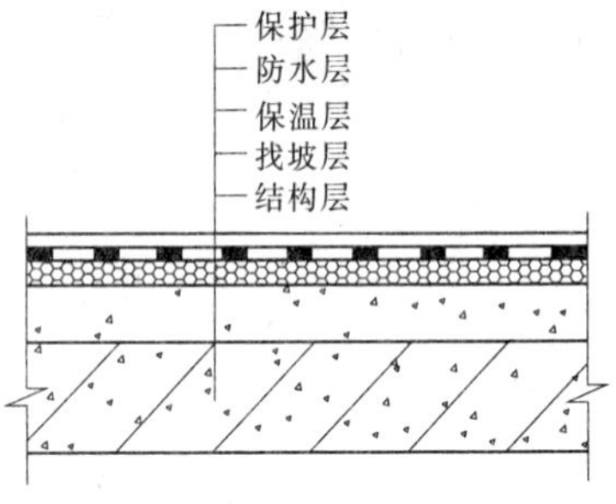

图 2-34　顺置式保温屋面构造

属于外保温构造的顺置式保温屋面,防水层设在保温层上方,而卷材防水要求铺设在坚实平整的表面上,因此保温层上需要设置密实的水泥砂浆找平层。同时防水层是不透气材料,顺置式保温屋面不能有效地避免屋顶构造层次出现内部冷凝。基于上述原因,可以在保温层下方设置隔汽层,以防止室内水蒸气进入保温层内使保温隔热材料受潮。

2)倒置式保温屋面

倒置式保温屋面是传统外保温屋面的一个倒置形式,将传统外保温屋面构造中的保温隔热层与防水层倒置,即保温隔热层位于防水层的上部,防水层作在保温层和楼板的界面上,保温层上部的保护层有良好的透水性和透气性。其构造如图 2-35 所示。

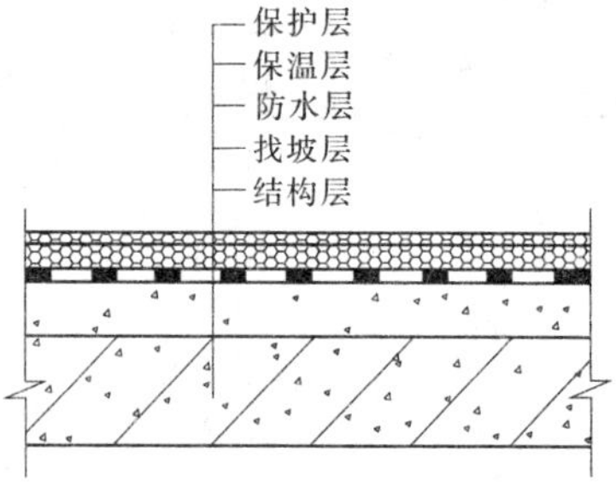

图 2-35　倒置式保温屋面构造

倒置式保温屋面能有效地避免内部结露,也使防水层得到很好的保护,屋面构造的耐久性得到提高,但对保温材料的拒水性能有较高要求。保温材料选择时应以保温材料本身绝热性能受雨水浸泡影响最小为原则。可用于倒置式保温屋面做法的保温材料主要有挤塑型聚苯乙烯泡沫板、硬质聚氨酯泡沫塑料和泡沫玻璃等。

倒置式屋面的防水等级不应低于Ⅱ级。保护层可采用卵石、水泥砂浆、细石混凝土或地砖等有一定重量,足以压住保温层的材料,使不至于被风刮动或被雨水漂浮起来。保温层上采用卵石保护层时,保护层和保温板间应铺设隔离层。隔离层选用聚酯纤维无纺布或纤维织物。倒置保温屋面构造适用于严寒、寒冷地区和夏热冬冷地区的屋顶保温形式。

2. 隔热屋面构造

隔热屋面主要包括架空隔热通风屋面、蓄水隔热屋面和种植隔热屋面。

1)架空隔热屋面

架空隔热屋面属于双层屋面,通过两层屋面之间的空气流动带走太阳辐射热和室内对楼板的传热,从而降低屋顶内表面温度及空调能耗。其构造做法是屋面上采用砖墩或砖垄墙架设大阶砖、预制水泥板或混凝土板,最常用的是砖墩架空大阶砖或混凝土板。架空隔热屋面架空高度以 200 mm 为宜,为保证间层内良好的通风效果,每段风道长度不宜超过 15 m,风道正对的女儿墙上开设足够大的可通风面积。其构造如图 2-36 所示。架空隔热屋面的坡度≤5%,适用于夏热冬冷和夏热冬暖地区的屋顶隔热形式。

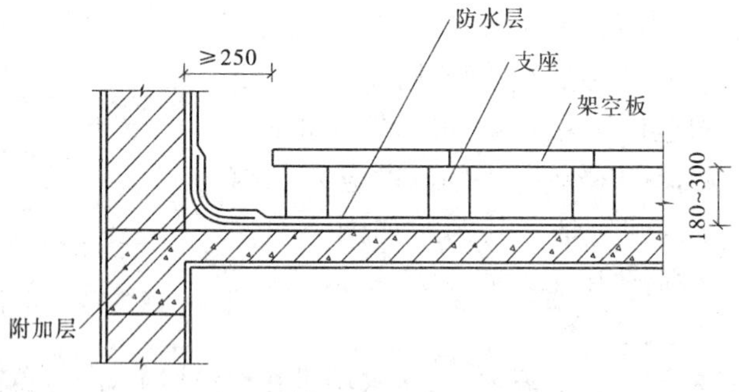

图 2-36　架空隔热屋面

2)蓄水隔热屋面

蓄水隔热屋面是利用水蒸发需吸收汽化热,从而大量消耗到达屋面的太阳辐射热。其构造示意见图 2-37。蓄水屋面宜采用刚性防水,蓄水深度宜保持 150 ~ 200 mm,蓄水隔热屋面的坡度≤0.5%,适用于夏热冬冷和夏热冬暖地区的屋顶隔热形式。

3）种植隔热屋面

种植隔热屋面是利用屋面上种植的植物阻隔太阳能，防止室内过热的一项隔热措施，是一种生态型的节能屋面，其保温隔热性能优良。其隔热原理有三个方面：一是植被茎叶的遮阳作用，可以有效地降低屋面的室外综合温度，减少屋面的温差传热；二是植物光合作用消耗太阳能用于叶面的蒸腾；三是植被基层的土壤或水体的蒸发消耗太阳能。其构造示意如图 2-38所示。

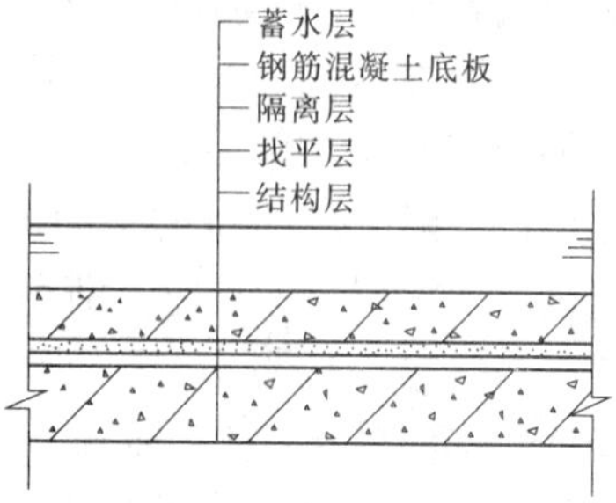

图 2-37 蓄水屋顶构造

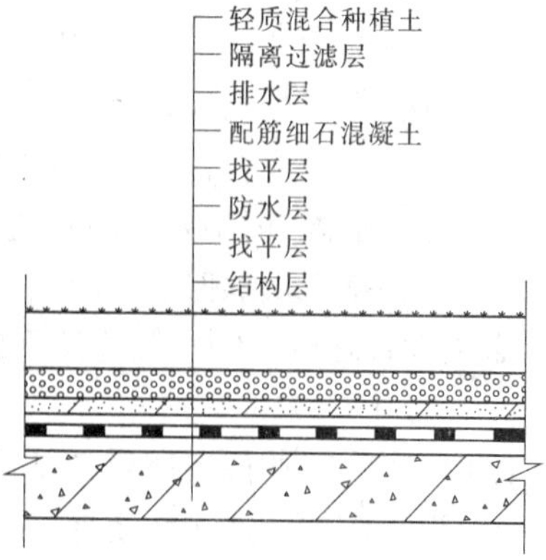

图 2-38 种植屋面构造

因此，种植屋面是一种非常有效的隔热节能屋面。种植隔热屋面的坡度≤3%，适用于夏热冬冷和夏热冬暖地区的屋顶隔热形式。

种植屋面构造层次自上而下有种植介质、隔离过滤层、排水层、配筋细石混凝土耐根系穿刺防水层、卷材或涂膜防水层、找平层、结构层。种植屋面的防水等级不低于Ⅰ级。排水层宜采用陶粒、卵石或排水塑料夹层板等，上铺无纺布（土工布）过滤层。

（二）坡屋面保温隔热构造

坡屋面的保温隔热层可以设在结构层的上侧（屋面外保温）和下侧（屋面内保温）。

1. 屋面外保温

对于以钢筋混凝土为结构基层的坡屋顶，保温层宜设置在结构层上侧而构成复合保温屋面。保温隔热材料可以采用膨胀聚苯乙烯泡沫塑料板（EPS）、挤塑聚苯乙烯泡沫塑料板（XPS）、矿（岩）棉板、水泥膨胀珍珠岩（蛭石）板等。其构造示意见图 2-39。

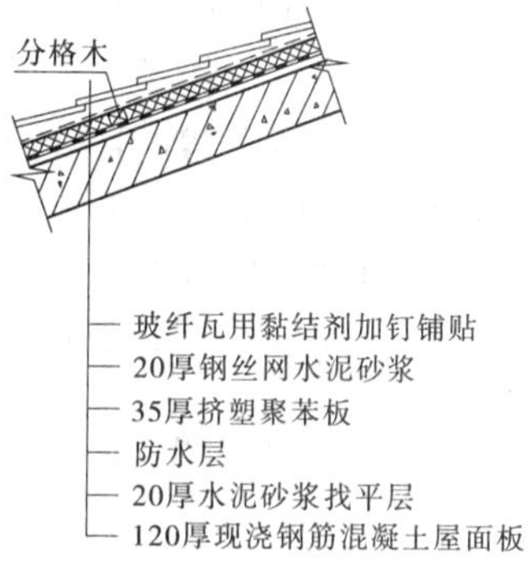

图 2-39 坡屋顶外保温

2. 屋面内保温

对于传统坡屋顶，保温层铺设在瓦材和檩条间，或铺设在吊顶顶棚上面而构成复合保温屋面。保温隔热材料可以采用矿棉、岩棉、玻璃棉毡或板等。

3. 带阁楼空间的保温坡屋面

采用带阁楼的坡顶屋面，既可以当储藏空间使用，也能达到保温、隔热效果。如国外绝大多数在阁楼楼板上铺设玻璃棉毡、岩棉毡或聚苯板等保温材料。目前带阁楼空间的节能坡屋面在国内已较为流行。

4. 彩钢保温夹芯板屋面构造

彩钢保温夹芯板是由上、下两层 0.6 mm 厚的彩色压型钢板为表层，中间填充阻燃泡沫塑料（多用 EPS、XPS、聚氨酯硬质泡沫塑料）复合而成。用彩钢保温夹芯板做屋面板，既是承重结构，又是围护结构，因此具有承重、防水、保温、饰面多种功能。不需另设保温层，其构造示意见图2-40。彩钢保温夹芯板屋面的坡度一般为10%～35%，多用于轻钢结构坡屋面。

（三）屋面隔汽层构造

设置隔汽层的目的是阻隔室内湿汽通过结构层进入保温层。如果湿汽滞留在保温层的空隙中，遇冷将结露为冷凝水，从而增大保温层的含水率，降低了保温效果；当气温升高时，保温层中的水分受热后变为水蒸气，将导致防水层起鼓。

图2-40　彩钢保温夹芯板屋面

1. 设置原则

（1）在纬度40°以北地区，且室内空气温度大于75%时，保温屋面应设置隔汽层。

（2）在其他地区，空气湿度常年大于80%时，保温屋面应设隔汽层。

（3）有恒温、恒湿要求的建筑物屋面应设置隔汽层。

（4）根据《民用建筑热工设计规范》（GB50176—93），对屋面结构进行防潮验算后，确认必须设置隔汽层的有关建筑物应设置隔汽层。

2. 设计措施

（1）隔汽层的位置应设在结构层上、保温层下，即与两者直接接触。

（2）隔汽层应选用水密性、气密性好的防水材料。可选用各类防水卷材铺贴，但不宜用气密性不好的水乳型薄质涂料。

（3）当采用沥青基防水涂料做隔汽层时，其耐热度应比室内或室外的最高温度高出20～25℃。

（4）屋面泛水处，隔汽层应沿墙面上连续铺设，高出保温层上表面不得小于150 mm，以便严密封闭保温层。

（5）对于卷材防水屋面，为使保温材料达到设计要求的含水率或干密度，在设计中应采取与室外相通的排湿措施。

五、地面保温构造做法

在建筑围护结构中，通过建筑地面向外传递的冷热量占围护结构传热量的3%～5%，在北方严寒地区其所占比例更高。

实践证明：寒冷地区的采暖建筑物，接触室外空气的地板及不采暖地下室上面的地板如果不进行保温构造处理，则不仅增加采暖能耗，而且因地面温度过低，将会严重影响底层居民室内热环境。而严寒地区的建筑物，直接接触土壤的周边地面如果不做保温处理，则接近墙角的周边地面因温度过低，不仅可能出现结露，而且可能出现结霜，严重影响底层居民使用。节能标准从改善室内热环境和控制采暖能耗出发，对地板和地面的保温提出了相应的要求。

（一）地面分类及要求

1. 地面的分类

地面按其是否直接接触土壤分为两类：一类是直接接触土壤的地面、地下室、半地下室和与土壤直接接触的外墙；另一类是不直接接触土壤的地面，如接触室外空气的楼地板、接触室外空气的底部架空楼板底面、不采暖地下室上部的地板。

2. 地面的保温要求

当地面的温度高于地下土壤温度时，热流便从室内传入土壤中。居住建筑室内地面下部土壤温度的变化并不太大，变化范围为：一般从冬季到春季仅有10 ℃左右，从夏季至秋季也只有20 ℃左右，且变化十分缓慢。但是，在房屋与室外空气相邻的四周边缘部分的地下土壤温度的变化是相当大的。冬季，受室外空气及建筑周围低温土壤的影响，将有较多的热量由该部分被传递出去。

（二）地面保温及绝热

1. 地面保温构造做法

与土壤接触的地面和外墙主要是针对北方严寒和寒冷地区而言，《民用建筑节能设计标准采暖居住建筑部分》（JGJ26—95）中对与土壤接触的地面和外墙的传热系数（热阻）做出了规定。而对于夏热冬冷和夏热冬暖地区居住建筑节能设计标准《夏热冬冷地区居住建筑节能设计标准》（JGJ134—2003）和《夏热冬暖地区居住建筑节能设计标准》（JGJ75—2003）中对与土壤接触的地面和外墙的传热系数没有规定。而对于底面与室外空气接触的架空楼板各地区节能标准均有相应的规定。

对应于公共建筑，《公共建筑节能设计标准》（GB50189—2005）中针对不同热工分区，与土壤接触的地面、外墙的热阻和底面与室外空气接触的架空楼板的传热系数均做出相应的规定。

节能标准对接触室外的地板及不采暖地下室上部的地板，规定应采取保温措施，使地板的传热系数小于限定值。对于直接接触土壤的非周边地面（即从外墙内侧算起2.0 m范围外的地面），一般不需要进行保温处理；对于直接接触土壤的周边地面（即从外墙内侧算起2.0 m范围内的地面）应采取保温措施，使地面热阻大于限定值。

常见的地面保温构造如图2-41所示。从下到上依次是素土夯实、混凝土垫层、防潮层、保温层（膨胀型聚苯板、挤塑型聚苯板）、防潮层、混凝土80～100 mm、水泥砂浆。两层防潮层包夹着保温层，既能阻挡土壤的潮气进入保温层，又能阻挡室内湿气进入保温层，从而保证了保温材料的保温效果。

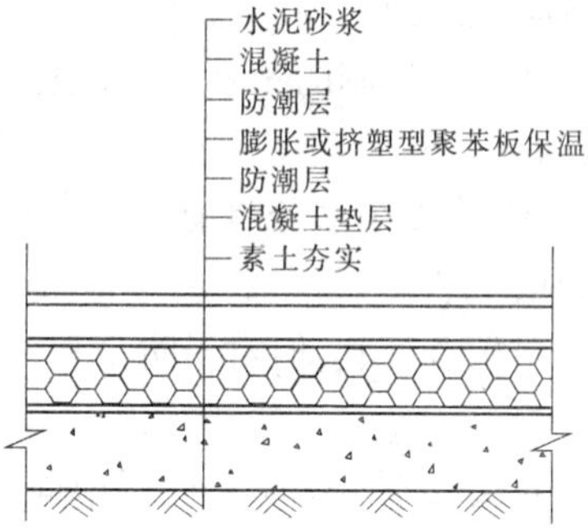

图2-41　地面保温构造

2. 地面绝热构造

仅考虑减少冬季的热损失，只要对地面四周部分进行保温处理就足够。但是，对于江南地区，还必须考虑到高温高湿气候的特点，因为高温高湿的天气容易引起夏季地面结露。一般土壤的最高、最低温度，与室外空气的最高、最低温度出现的时间相比，延迟2～3个月（延迟时间因土壤深度而异）。所以，在夏天，即使是混凝土地面，温度也几乎不上升。当这类低温地面与高温高湿的空气接触时，地表面就会出现结露。

地面与普通地板相比，冬季热损失较少，从节能的角度来看是有利的。但当考虑到南方湿热的气候因素，对地面进行全面绝热处理是必要的。在这种情况下，可采取室内侧地面绝热处理的方法，或在室内侧布置随温度变化快的材料（热容量较小的材料）做饰面层。

（三）地面防潮构造

夏热冬冷地区地面防潮是不可忽视的问题，从围护结构的保护、环境舒适度和节能等方面都需认真考虑，予以重视。尤其是当采用空铺实木地板或强化木地板面层时，更应特别注意下面垫层的防潮设计。

1. 地面防潮采取措施

（1）防止和控制地表面温度不要过低，室内空气湿度不能过大，避免湿空气与地面发生接触；

（2）室内地表面材料宜采用蓄热系数小的材料，减少地表温度与空气温度的差值；

（3）地表采用带有微孔的面层材料处理。

2. 地面防潮构造做法

1）采用材料层防潮构造

采用材料层防止结露，即采用蓄热系数小的材料和多孔吸湿材料做地板的表面材料。采用蓄热系数小的材料，其热惰性小，当室外气温升高时，其温度也迅速上升，从而可减少地板表面温度与空气温度的差值，从而减少表面结露的可能性。其构造图如图 2-42 所示。

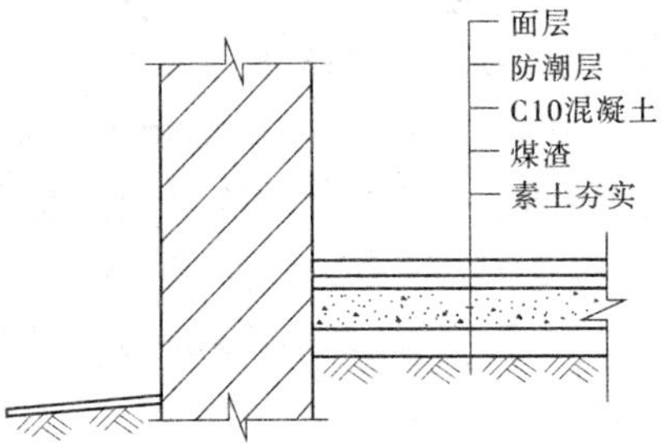

图 2-42　普通防潮构造

采用多孔吸湿材料做地板面层，当表面出现暂时冷凝时，面层会吸收水分，表面不会形成明显的水珠。当室内外空气干燥时，水分会自动地从饰面材料中蒸发出去，从而减轻或防止地面返潮。

从防止返潮的角度考虑，地面面层应尽量避免采用水泥、水磨石和瓷砖等蓄热系数大而无孔隙的材料。防潮砖、大阶砖等对水分具有一定的吸收作用，可以减轻返潮引起的危害。素混凝土、木地板等饰面材料，虽然在夏季对降温稍有不利，但对于防止和控制返潮有良好的效果。

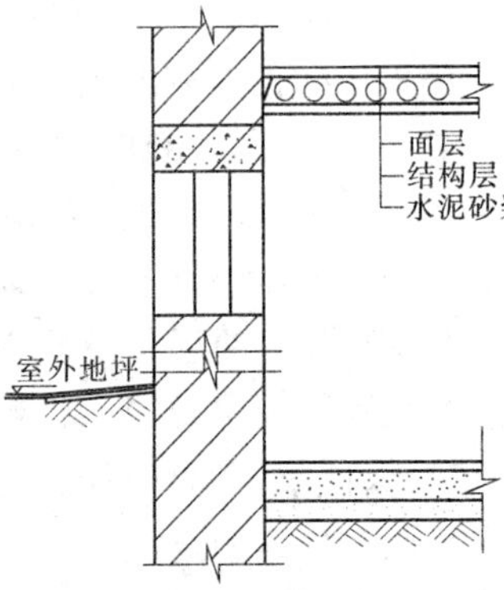

图 2-43　架空防潮构造

2）采用架空层防潮构造

底层架空对于防止底层地面、墙面夏季结露有一定作用。近年来，广大南方地区多将住宅底层设为车库等公共设施，从而使地板脱离土地，提高住宅地面温度，降低居室地面夏季结露的强度。其构造图如图 2-43 所示。

3）采用空气层防潮构造

采用空气间层防止和控制地面返潮的传统做法为木地板架空通风或混凝土架空通风。但是由于空气层下面仍有冷凝水产生，而且木地板垫块未做绝热绝湿处理，长期垫块可能因潮湿霉烂变腐朽。近年来，随着空气层防潮理论的提出，出现了利用空气层防止地面返潮的新方法。其构造图如图2-44所示。

空气层防潮新做法中首先要保持空气层的温差。即要沿着墙基脚进行热绝缘，以造成地板下架空空气层有温差；架空垫块需由热绝缘材料做成，其热阻应与空气间层热阻相当，不起热桥作用，且做防水处理，不使水分从地坪向上迁移。如可以用密度为700 kg/m^3，50 mm厚的加气混凝土做垫块，形成50 mm厚的空气层。同时多孔地面砖浮筑于垫块上形成防潮空气层。该方法是目前较为可行的方法。

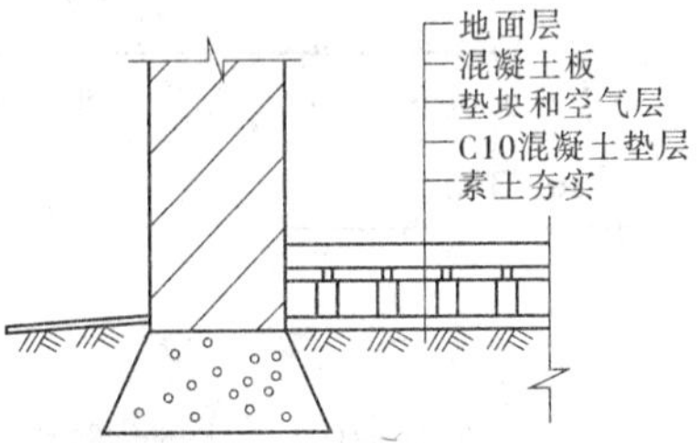

图2-44　空气层防潮构造

第四节　围护结构节能检测方法

一、保温层保温材料性能检测方法

结合《规范》保温层保温材料性能检测主要包括厚度、密度、导热系数、抗压强度等内容。

（一）保温材料厚度检测方法

保温层材料的厚度在施工现场抽检，每层施工完毕的同时进行检测，可采用针插法、剖开法进行检测。

1. 针插法

当保温材料比较松散时，保温层施工完毕后即可采用针插法检测，用钢针沿与墙面垂直的方向插入测量层，插至间隔层，用游标卡尺测量保温层的厚度。

2. 剖开法

当保温层采用的板材比较硬时，保温层施工完毕后即可采用剖开法检测，用刀具使各层材料显露，用游标卡尺测量保温层的厚度。

（二）保温材料密度检测方法

1. 检测依据

国家标准《泡沫塑料和橡胶表观（体积）密度的测定》（GB/T6343—1995）。

行业标准《膨胀聚苯板薄抹灰外墙外保温系统》（JG149—2003）。

行业标准《胶粉聚苯颗粒外墙外保温系统》（JG158—2004）。

2. 检测仪器

电子天平，游标卡尺，烘箱。

3. 检测项目及方法

保温材料试样尺寸（100 ± 1）mm ×（100 ± 1）mm ×（50 ± 1）mm，试样数量3个，试样的体积至少100 cm^3。

1）尺寸测量

按照表2-24进行试样的尺寸测量。测量的位置取决于试样的形状和尺寸，但至少5个点，为了得到一个可靠的平均值，测量点尽可能分散些；取每个点上3个读数的中值，并用5个或5个以上的中值计算平均值。

表 2-24　被测尺寸相应的精度及量具选择

尺寸范围(mm)	精度要求(mm)	推荐量具一般用法	读数的中值精确度(mm)
10～100	0.1	游标卡尺	0.2

2)质量测量

试样的质量用电子天平称量,称量允许误差在0.5%之内。

3)表观(体积)密度计算

由公式(2-1)计算表观(体积)密度,取平均值,精确至0.1 kg/m³。

$$\rho_a = \frac{m}{V} \times 10^6 \qquad (2\text{-}1)$$

式中　ρ_a——表观(体积)密度,kg/m³;

m——试样的质量,g;

V——试样的体积,m³。

密度低于30 kg/m³ 闭孔泡沫塑料的表观密度,可用公式(2-2)计算。

$$\rho_a = \frac{m + m_a}{V} \times 10^6 \qquad (2\text{-}2)$$

式中　ρ_a——表观(体积)密度,kg/m³;

m——试样的质量,g;

m_a——排出空气的质量,g;m_a为常压、一定温度下空气密度乘以试样的体积,一般空气密度取1.2 kg/m³;

V——试样的体积,m³。

(三)保温材料导热系数检测方法

目前测量保温材料导热系数的方法主要是基于稳态传热理论的防护热板法和热流计法。本部分仅介绍常用的热流计法。

1.测试依据

《绝热材料稳态热阻及有关特性的测定热流计法》(GB/T10294—1988)。

2.测试基本原理

热流计法是基于傅立叶定律的一种比较法,当热板和冷板在恒定温度的稳定状态下,热流计的热装置在热流传感器中心测量部分和试件中心部分建立类似于无限大平壁中存在的单向一维稳定热流。热流计法的基本原理见图2-45。

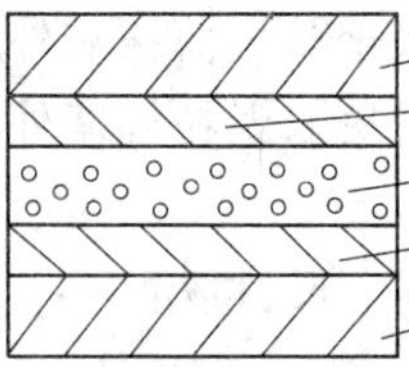

图 2-45　热流计法的基本原理

假设测量时具有稳定的热流密度 q,平均温度为 T_m 和温差 ΔT,标准试件测出的热流密度 q_0,被测试件测得的热流量 q,则标准试件的热阻 R_0 和被测试件热阻 R 的比值关系式为 $\frac{R}{R_0} = \frac{q}{q_0}$。其中标准试件的热阻须单独用防护热板装置测得。

若满足定义导热系数的条件,已知试件厚度,则可以用公式(2-3)计算出试件的导热

系数 λ。

$$\lambda = \frac{f \cdot q \cdot d}{\Delta t} \tag{2-3}$$

$$\Delta t = t_1 - t_2 \tag{2-4}$$

式中 q——热流计的读数，W/m^2；

d——试件的厚度，m；

Δt——试件两面的温差，K；

t_1——试件热面温度，K；

t_2——试件冷面温度，K；

f——热流计式导热仪在设定工况下的标定系数。

由于存在侧向热损失，不可能在试件与热流传感器的整个面积上建立一维传热，因此在测试时要特别注意通过试件和热流传感器边缘的热损失，它与试件材料、尺寸及装置构造有关。

3. 测试装置

北京东方奥达仪器设备有限公司 JW－Ⅲ热流计式导热仪，主要由主体部分、冷热源控制部分和智能化测量仪三部分组成。图 2-46 为 JW－Ⅲ热流计式导热仪。

图 2-46 JW－Ⅲ热流计式导热仪

4. 测试前准备

1）状态调节

把待测试件放在(10.5±5)℃的电热干燥箱内干燥，反复称至恒重，放入干燥器备用。为保护标样，用聚乙烯薄膜包裹试样，测试时薄膜的热阻可以忽略不计。

2）测量质量

用天平测量，准确到±5%，测好后即把试样放入仪器。

3）测量厚度

密度较大的试件在试样装入仪器后，用游标卡尺直接测量厚度；密度较小且较松软的试件在试样装入仪器后，于试样四周设置等高的绝热材料如有机玻璃条，以起支承作用，同时确定其厚度。

4）计算密度

根据试样的尺寸和厚度可以计算密度。

5. 测试仪器工作参数的设定

根据要求调整仪器的冷、热板温度控制器的设定值。为减少边缘的热损失，一般要使测量时的环境温度和试件的平均温度尽可能接近，或采取保温措施。

6. 测试

1）稳态判断

对于大多数绝热材料而言，仪器都能在 2 h 内完成测量，具体的时间取决于仪器的初始状态和试样的导热系数、比热、厚度与密度。

测量时判断仪器是否达到稳定状态，可采用下述方法。每隔 5 ~ 10 min 测定一次热流和温度值，直到 5 次读数得到的导热系数在 1% 之内，并且不在一个方向上变化。

2）计算导热系数

判定达到稳定状态后，计算 5 次热流和温度读数的平均值。

3）测量质量和厚度

测出试件最后的质量和厚度。

7. 计算

单个试件对称和不对称结构的布置方式，都可按公式（2-3）计算。

8. 标定

仪器的标定系数 f 是用已知导热系数的具有一定厚度的标准试件进行标定，操作步骤与测试类似得到的，其计算见公式（2-5）。

$$f = \frac{\lambda_0 \Delta t_0}{q_0 d_0} \tag{2-5}$$

式中 λ_0——标准试件的导热系数，W/（m · K）；

q_0——热流计的读数，W/m^2；

d_0——试件的厚度，m；

Δt_0——标准试件两面的温差，K；

f——热流计式导热仪在设定工况下的标定系数。

标定系数 f 不仅反映了热流计传感器的性能，也反映了冷热板的温度、测试时外界环境条件和边缘热损失等一系列因素的影响。在不同的情况下，可能具有不同的 f 值。仪器测试之前用被测试样具有类似传热性能和接近厚度的标准试样进行标定，得到标定系数，然后用于测试结果计算。

（四）保温材料抗压强度或压缩强度检测方法

1. 检测依据

国家标准《硬质泡沫塑料压缩试验方法》（GB/T8813—1988）。

行业标准《膨胀聚苯板薄抹灰外墙外保温系统》（JG149—2003）。

行业标准《胶粉聚苯颗粒外墙外保温系统》（JG158—2004）。

2. 检测仪器

万能试验机，游标卡尺。

3. 检测方法

按 GB/T8813—1988 的规定进行，压缩强度是材料相对变形为 10% 时的压缩应力。试样尺寸（100 ± 1）mm ×（100 ± 1）mm ×（50 ± 1）mm，试样数量 5 个。调整万能试验机试验速度为 5 mm/min，并设定压缩量。其中试验机或压力机的精度为 ± 1%。相对形变 10% 时的压缩应力，可用公式（2-6）计算。

$$\delta_{10} = \frac{F_{10}}{S_0} \times 10^3 \tag{2-6}$$

式中 δ_{10}——相对形变 10% 时的压缩应力，kPa；

F_{10}——使试样产生10%相对形变时的力,N;

S_0——试样横截面初始面积,mm^2。

二、保温层其他材料性能检测方法

结合《规范》,保温层其他材料性能检测主要包括黏结材料的黏结强度、增强网的力学性能等内容。

(一)黏结材料的黏结强度检测方法

1. 检测依据

行业标准《外墙外保温工程技术规程》(JGJ144—2004)。

行业标准《膨胀聚苯板薄抹灰外墙外保温系统》(JG149—2003)。

行业标准《胶粉聚苯颗粒外墙外保温系统》(JG158—2004)。

2. 检测仪器

万能试验机。

3. 检测项目及方法

黏结材料的主要性能指标见表2-25。

表2-25　黏结材料的主要性能指标

项目		性能指标
拉伸黏结强度(与水泥砂浆)	原强度	≥0.60 MPa
	耐水强度	≥0.40 MPa
拉伸黏结强度(与聚苯板)	原强度	≥0.10 MPa,破坏界面在膨胀聚苯板上
	耐水强度	≥0.10 MPa,破坏界面在膨胀聚苯板上

1)检测方法一

该方法结合《膨胀聚苯板薄抹灰外墙外保温系统》(JG149—2003)进行。

(1)试样尺寸及数量。试样尺寸如图2-47所示,胶粘剂厚度为3.0 mm,膨胀聚苯板厚度为20 mm;每组试样由6块水泥砂浆试块和6个水泥砂浆或膨胀聚苯板试块粘接而成。

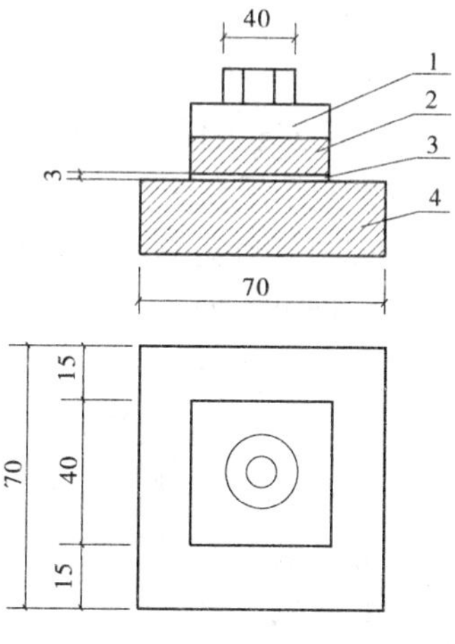

图2-47　试样尺寸　(单位:mm)

1—拉伸用钢质夹具;2—水泥砂浆块;3—胶粘剂;4—膨胀聚苯板或砂浆块

(2)试样制备。①用普通硅酸盐水泥与中砂按1:3(重量比),水灰比按0.5制作水泥砂浆试块,养护28 d后,备用;②用表观密度为18 kg/m^3的、按规定经过陈化后合格的膨胀聚苯板作为试验用标准板,切割成试验所需尺寸;③按产品说明书制备胶粘剂后粘接试件,粘接厚度为3 mm,面积为40 mm×40 mm;④夹具强度和测耐水拉伸粘接强度的试件各一组,粘接后在试验条件下养护。养护条件:a. 原强度:在试验条件空气中养护 14 d。b. 耐水强度:F 级(较快具有耐水性)试件,在试验条件空气中养护 7 d;S 级(较慢具有耐水性)试件,在试验条件空气中养护14 d,然后在水中浸泡 2 d,到期后把试件从水中取出,并擦拭表面水分。

(3)试验过程。养护期满后进行拉伸粘接强度测定,拉伸速度为(5 ±1)mm/min。记录每个试样的测试结果及破坏界面,并取 4 个中间值计算算术平均值。

2)检测方法二

该方法结合《外墙外保温工程技术规程》(JGJ144—2004)进行。

(1)试样尺寸及数量。①水泥砂浆底板尺寸为 80 mm ×40 mm ×40 mm。底板的抗拉强度应不小于 1.5 MPa。②EPS 板密度应为 18 ~22 kg/m^3,抗拉强度应不小于 0.1 MPa。③与水泥砂浆黏结的试样数量为 5 个。

(2)试样制备。

①在水泥砂浆底板中部涂胶粘剂,尺寸为 40 mm ×40 mm,厚度为(3 ±1) mm。经过养护后,用适当的胶粘剂(如环氧树脂)按十字搭接方式在胶粘剂上黏结砂浆底板。②将 EPS 板切割成 100 mm × 100 mm × 50 mm,在 EPS 板一个表面上涂胶粘剂,厚度为(3 ±1) mm。经过养护后,两面用适当的胶粘剂(如环氧树脂)黏结尺寸为 100 mm × 100 mm的钢底板。

(3)试验过程。①试验应在以下两种试样状态下进行:干燥状态;水中浸泡 48 h,取出后 2 h。②将试样安装于拉力试验机上,拉伸速度为 5 mm/min,拉伸至破坏,并记录破坏时的拉力及破坏部位。

3)计算

拉伸黏结强度应按公式(2-7)进行计算:

$$\delta_b = \frac{P_b}{A} \tag{2-7}$$

式中 δ_b——拉伸黏结强度,MPa;

P_b——破坏荷载,N;

A——试样面积,mm^2。

试验结果以 5 个试验数据的算术平均值表示。

(二)增强网黏结强度检测方法

1. 检测依据

行业标准《外墙外保温工程技术规程》(JGJ144—2004)。

行业标准《膨胀聚苯板薄抹灰外墙外保温系统》(JG149—2003)。

行业标准《胶粉聚苯颗粒外墙外保温系统》(JG158—2004)。

标准《耐碱玻璃纤维网格布》(JC/T841—1999)。

2. 检测仪器

万能试验机。

3. 检测项目及方法

增强网(耐碱玻璃纤维网格布)的力学性能指标见表 2-26。

表 2-26　耐碱玻璃纤维网格布的力学性能指标

试验项目	性能指标
耐碱断裂强力(经向、纬向)(N/50 mm)	≥750
耐碱断裂强力保留率(经向、纬向)(%)	≥50
断裂应变(经向、纬向)(%)	≤5.0

(1)试样制备应符合下列规定:①试样尺寸:试样宽度为 50 mm,长度为 300 mm。②试样数量:纬向、经向各 20 片。

(2)标准方法:

首先对 10 片纬向试样和 10 片经向试样测定初始拉伸断裂强力。其余试样放入(23 ±2) ℃、浓度为 5% 的 NaOH 水溶液中浸泡(10 片纬向和 10 片经向试样,浸入 4 L 溶液中)。

浸泡 28 d 后,取出试样,放入水中漂洗 5 min,接着用流动水冲洗 5 min,然后在(60 ±5) ℃烘箱中烘 1 h 后取出,在 10 ~25 ℃环境条件下放置至少 24 h 后测定耐碱拉伸断裂强力,并计算耐碱拉伸断裂强力保留率。

拉伸试验机夹具应夹住试样整个宽度。卡头间距为 200 mm,加载速度为(100 ±5) mm/min,拉伸至断裂并记录断裂时的拉力。试样在卡头中有移动或在卡头处断裂时,其试验值应被剔除。

(3)快速法:使用混合碱溶液。碱溶液配比如下:0.88 g NaOH,3.45 g KOH,0.48 g $Ca(OH)_2$,1 L 蒸馏水(pH 值 12.5)。80 ℃下浸泡 6 h,其他步骤同标准法要求。

(4)耐碱拉伸断裂强力保留率按公式(2-8)计算。

$$B = \frac{F_1}{F_0} \times 100\% \qquad (2\text{-}8)$$

式中　B——耐碱拉伸断裂强力保留率(%);

F_1——耐碱拉伸断裂强力,N/50 mm;

F_0——初始拉伸断裂强力,N/50 mm。

耐碱拉伸断裂强力试验结果分别以经向和纬向 5 个试样测定值的算术平均值表示,精确至 1 N/50 mm。耐碱拉伸断裂强力保留率,精确至 0.1%。

(5)断裂应变:测定断裂伸长值 ΔL;断裂应变按公式 $D = \frac{\Delta L}{L}$ 计算,以 5 个试验结果的算术平均值表示,精确至 0.1%。其中 L 为试样初始受力长度,ΔL 为断裂伸长值,D 为断裂应变。

三、外墙外保温系统型式检验方法

(一)外墙外保温系统型式检验依据标准

行业标准《外墙外保温工程技术规程》(JGJ144—2004)。

行业标准《膨胀聚苯板薄抹灰外墙外保温系统》(JG149—2003)。

行业标准《胶粉聚苯颗粒外墙外保温系统》(JG158—2004)。

(二)外墙外保温系统型式检验内容

外墙外保温系统型式检验包括耐候性能、抗风压性能、抗冲击性能、吸水量、耐冻融性能、热阻、抹面层不透水性、保护层水蒸气渗透阻等内容。

(三)耐候性试验

1. 试样制备、养护和状态调节

外保温系统试样应按照生产厂家说明书规定的系统构造和施工方法进行制备。材料试样应按产品说明书规定进行配制。

试样养护和状态调节环境条件应为:温度 10 ~ 25 ℃,相对湿度不应低于 50%,试样养护时间应为 28 d。

2. 系统耐候性试验方法

试样由混凝土墙和被测外保温系统构成,混凝土墙用做基层墙体。试样宽度不应小于 2.5 m,高度不应小于 2.0 m,面积不应小于 6 m^2。混凝土墙上角处应预留一个宽 0.4 m、高 0.6 m 的洞口,洞口距离边缘 0.4 m。外保温系统应包住混凝土墙的侧边,侧边保温板最大厚度为 20 mm。预留洞口处应安装窗框。如有必要,可对洞口四角做特殊加强处理。试样尺寸要求如图 2-48所示。

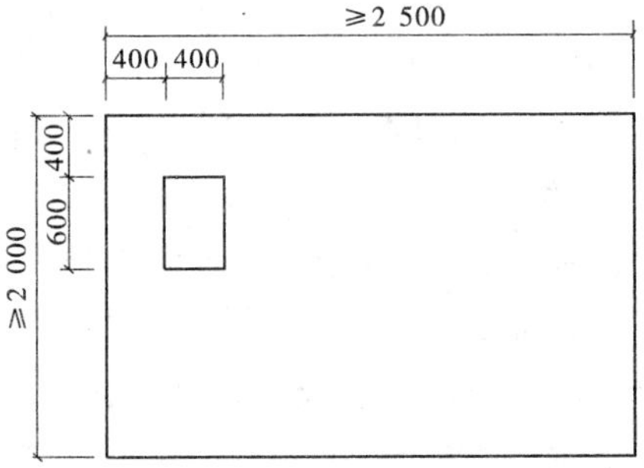

图 2-48　试样尺寸要求　(单位:mm)

3. 试验步骤应符合的规定

1)EPS 板薄抹灰系统和无网现浇系统试验步骤

(1)高温—淋水循环 80 次,每次 6 h。①升温 3 h:使试样表面升温至 70 ℃,并恒温在(70 ± 5)℃(其中升温时间为 1 h)。②淋水 1 h:向试样表面淋水,水温为(15 ± 5)℃,水量为 1.0 ~ 1.5 L/(m^2 · min)。③静置 2 h。

(2)状态调节至少 48 h。

(3)加热—冷冻循环 5 次,每次 24 h。①升温 8 h:使试样表面升温至 50 ℃,并恒温在(50 ± 5)℃(其中升温时间为 1 h)。②降温 16 h:使试样表面降温至 -20 ℃,并恒温在(-20 ± 5)℃(其中降温时间为2 h)。

2)保温浆料系统、有网现浇系统和机械固定系统试验步骤

(1)高温—淋水循环 80 次,每次 6 h。①升温 3 h:使试样表面升温至 70 ℃,并恒温在(70 ± 5)℃,恒温时间不应小于 1 h。②淋水 1 h:向试样表面淋水,水温为(15 ± 5)℃,水量为 1.0 ~ 1.5 L/(m^2 · min)。③静置 2 h。

(2)状态调节至少 48 h。

(3)加热—冷冻循环 5 次,每次 24 h。①升温 8 h:使试样表面升温至 50 ℃,并恒温在(50 ± 5)℃,恒温时间不应小于 5 h。②降温 16 h:使试样表面降温至 -20 ℃,并恒温在(-20 ± 5)℃,恒温时间为 12 h。

4. 观察记录和检验时应符合的规定

(1)每4次高温—淋水循环和每次加热—冷冻循环后观察试样是否出现裂缝、空鼓、脱落等情况并做记录。

(2)试验结束后,状态调节7 d,按现行行业标准《建筑工程饰面砖黏结强度检验标准》(JGJ110—2008)规定检验抹面层与保温层的拉伸黏结强度,断缝应切割至保温层表面,并同时进行系统抗冲击性能检验。

5. 需要仪器

耐候性试验装置。

(四)系统抗风荷载性能试验方法

1. 试样

试样应由基层墙体和被测外保温系统组成,试样尺寸应不小于2.0 m×2.5 m。基层墙体可为混凝土墙或砖墙。为了模拟空气渗漏,在基层墙体上每平方米应预留一个直径15 mm的孔洞,并应位于保温板接缝处。

2. 试验设备

试验设备是一个负压箱。负压箱应有足够的深度,以保证在外保温系统可能的变形范围内能使施加在系统上的压力保持恒定。试样安装在负压箱开口中并沿基层墙体周边进行固定和密封。

3. 试验步骤

每级试验包含1 415个负风压脉冲,加压图形以试验风荷载Q的百分数表示。试验以1 kPa的级差由低向高逐级进行,直至试样破坏。有下列现象之一时可视为试样破坏:①保温板断裂;②保温板中或保温板与其保护层之间出现分层;③保护层本身脱开;④保温板被从固定件上拉出;⑤机械固定件从基底上拔出;⑥保温板从支撑结构上脱离。

4. 计算

系统抗风压值按公式(2-9)进行计算。

$$R_d = \frac{Q_1 C_s C_a}{K} \tag{2-9}$$

式中 R_d——系统抗风压值,kPa;

Q_1——试样破坏前一级的试验风荷载值,kPa;

K——安全系数,当外墙外保温系统为EPS板薄抹灰、胶粉EPS颗粒保温浆料、EPS板现浇混凝土和EPS钢丝网架板现浇混凝土时,安全系数K应不大于1.5;当机械固定EPS钢丝网架板外墙外保温系统时,安全系数K应不小于2。

C_a——几何因数,$C_a=1$;

C_s——统计修正系数,按表2-27取值。

表2-27 保温板为黏结固定时的统计修正系数C_s

黏结面积B(%)	C_s
$50 \leq B \leq 100$	1
$10 < B < 50$	0.9
$B \leq 10$	0.8

（五）系统抗冲击性能试验方法

1. 试样的构成和数量

（1）试样由保温层和保护层构成。试样尺寸不应小于 1 200 mm×600 mm，保温层厚度不应小于 50 mm，玻纤网不得有搭接缝。试样分为单层网试样和双层网试样。单层网试样抹面层中应铺一层玻纤网，双层网试样抹面层中应铺一层玻纤网和一层加强网。

（2）试样数量。单层网试样：2 件，每件分别用于 3J 级和 10J 级冲击试验；双层网试样：2 件，每件分别用于 3J 级和 10J 级冲击试验。

2. 试验方法

试验可采用摆动冲击或竖直自由落体冲击方法。

（1）摆动冲击方法可直接冲击经过耐候性试验的试验墙体。

（2）竖直自由落体冲击方法按下列步骤进行试验：①将试样保护层向上平放于光滑的刚性底板上，使试样紧贴底板。②试验分为 3J 和 10J 两级，每级试验冲击 10 个点。3J 级冲击试验使用质量为 500 g 的钢球，在距离试样上表面 0.61 m 高度自由降落冲击试样。10J 级冲击试验使用质量为 1 000 g 的钢球，在距离试样上表面 1.02 m 高度自由降落冲击试样。冲击点应离开试样边缘至少 100 mm，冲击点间距不得小于 100 mm。以冲击点及其周围开裂作为破坏的判定标准。

3. 结果判定

10J 级试验 10 个冲击点中破坏点不超过 4 个时判定为 10J 级。10J 级试验 10 个冲击点中破坏点超过 4 个，3J 级试验 10 个冲击点中破坏点不超过 4 个时判定为 3J 级。

（六）系统耐冻融性能试验方法

1. 试验方法

（1）当采用以纯聚合物为黏结基料的材料做饰面涂层时，应对以下两种试样进行试验：①由保温层和抹面层构成（不包含饰面层）的试样；②由保温层和保护层构成（包含饰面层）的试样。

（2）当饰面层材料不是以纯聚合物为黏结基料的材料时，试样应包含饰面层。如果不只使用一种饰面材料，应按不同种类的饰面材料分别制样。如果仅颗粒大小不同可视为同种类材料。

试样尺寸为 500 mm×500 mm；试样数量为 3 件。试样周边涂密封材料密封。

2. 试验步骤

试验步骤应符合下列规定：

（1）冻融循环 30 次，每次 24 h。①在（20±2）℃自来水中浸泡 8 h，试样浸入水中时，应使抹面层或保护层朝下，使抹面层浸入水中，并排除试样表面气泡。②在（-20±2）℃冰箱中冷冻 16 h。试验期间如需中断试验，试样应置于冰箱中在（-20±2）℃下存放。

（2）每 3 次循环后，观察试样是否出现裂缝、空鼓、脱落等情况，并做记录。

（3）试验结束后，状态调节 7 d，并进行拉伸黏结强度检验。

（七）系统吸水量试验方法

1. 试样制备应符合的规定

试样分为两种：一种由保温层和抹面层构成；另一种由保温层和保护层构成。

试样尺寸为200 mm×200 mm,保温层厚度为50 mm,抹面层和饰面层厚度应符合受检外保温系统构造规定。每种试样数量各为3件。试样周边涂密封材料密封。

2. 试验步骤应符合的规定

(1)测量试样面积A。

(2)称量试样初始重量m_0。

(3)使试样抹面层或保护层朝下浸入水中,并使表面完全湿润,分别浸泡1 h和24 h后取出,在1 min内擦去表面水分,称量吸水后的重量m。

3. 系统吸水量的计算

系统吸水量应按公式(2-10)进行计算。

$$M=\frac{m-m_0}{A} \tag{2-10}$$

式中 M——系统吸水量,kg/m^2;

m——试样吸水后的重量,kg;

m_0——试样初始重量,kg;

A——试样面积,m^2。

试验结果以3个试验数据的算术平均值表示。

4. 试验设备

电子天平,游标卡尺。

(八)抗拉强度试验方法

1. 试样制备应符合的规定

(1)EPS板试样在EPS板上切割而成。

(2)胶粉EPS颗粒保温浆料试样在预制成型的胶粉EPS颗粒保温浆料板上切割而成。

(3)胶粉EPS颗粒保温浆料外保温系统试样由混凝土底板(作为基层墙体)、界面砂浆层、保温层和抹面层组成,并切割成要求的尺寸。

(4)EPS板现浇混凝土外保温系统试样应按以下方法制备:①在EPS板两表面喷刷界面砂浆;②界面砂浆固化后将板平放于地面,并在其上浇筑30 mm厚豆石混凝土;③混凝土固化后在板外表面抹厚胶粉EPS颗粒保温浆料找平层;④找平层固化后做抹面层;⑤充分养护后按要求的尺寸切割试样。

(5)试样尺寸为100 mm×100 mm,保温层厚度50 mm。每种试样数量各为5个。

2. 抗拉强度进行试验应符合的规定

(1)用适当的胶粘剂将试样上下表面分别与尺寸为100 mm×100 mm的金属试验板黏结。

(2)通过万向接头将试样安装于拉力试验机上拉伸速度为5 mm/min,拉伸至破坏并记录破坏时的拉力及破坏部位,破坏部位在试验板黏结界面上时试验数据无效。

(3)试验应在以下两种试样状态下进行:①干燥状态;②水中浸泡48 h,取出后干燥7 d。

3. 抗拉强度的计算

抗拉强度应按公式(2-11)进行计算。

$$\delta_t = \frac{P_t}{A} \tag{2-11}$$

式中 δ_t——抗拉强度,MPa;

P_t——破坏荷载,N;

A——试样面积,m^2。

试验结果以5个试验数据的算术平均值表示。

(九)拉伸黏结强度试验方法

1. 胶粘剂拉伸黏结强度试验方法

(1)水泥砂浆底板尺寸为80 mm×80mm×40 mm,底板的抗拉强度应不小于1.5 MPa。

(2)EPS板密度应为18~22 kg/m^3,抗拉强度应不小于0.1 MPa。

(3)与水泥砂浆黏结的试样数量为5个,制备方法如下:

在水泥砂浆底板中部涂胶粘剂,尺寸为40 mm×40 mm,厚度为(3±1)mm。经过养护后,用适当的胶粘剂(如环氧树脂)按十字搭接方式在胶粘剂上黏结砂浆底板。

(4)与EPS板黏结的试样数量为5个,制备方法如下:将EPS板切割成尺寸为100 mm×100 mm×50 mm,在EPS板一个表面上涂胶粘剂,厚度为(3±1) mm。经过养护后,两面用适当的胶粘剂(如环氧树脂)黏结尺寸为100 mm×100 mm的钢底板。

(5)试验应在以下两种试样状态下进行:①干燥状态;②水中浸泡48 h,取出后2 h。

(6)将试样安装于拉力试验机上,拉伸速度为5 mm/min,拉伸至破坏并记录破坏时的拉力及破坏部位。

2. 抹面材料与保温材料拉伸黏结强度试验

(1)试样尺寸为100 mm×100 mm,保温板厚度为50 mm。试样数量为5件。①当保温材料为EPS保温板时,将抹面材料抹在EPS板一个表面上,厚度为(3±1)mm。经过养护后,两面用适当的胶粘剂(如环氧树脂)黏结尺寸为100 mm×100 mm的钢底板。②当保温材料为胶粉EPS颗粒保温浆料板时,将抗裂砂浆抹在胶粉EPS颗粒保温浆料板一个表面上,厚度为(3±1)mm。经过养护后两面用适当的胶粘剂(如环氧树脂)黏结尺寸为100 mm×100 mm的钢底板。

(2)试验应在以下3种试样状态下进行:①干燥状态;②经过耐候性试验后;③经过冻融试验后。

(3)将试样安装于拉力试验机上拉伸速度为5 mm/min,拉伸至破坏并记录破坏时的拉力及破坏部位。

(4)拉伸黏结强度应按公式(2-12)进行计算。

$$\delta_b = \frac{P_b}{A} \tag{2-12}$$

式中 δ_b——拉伸黏结强度,MPa;

P_b——破坏荷载,N;

A——试样面积，m^2。

试验结果以5个试验数据的算术平均值表示。

(十)系统热阻试验方法

系统热阻应按现行国家标准《建筑构件稳态热传递性质的测定　标定和防护热箱法》(GB/T13475)的规定进行试验。制样时板拼缝缝隙宽度单位面积内锚栓和金属固定件的数量应符合受检外保温系统构造的规定。

(十一)抹面层不透水性试验方法

1. 试样制备应符合的规定

试样由EPS板和抹面层组成，试样尺寸为200 mm×200 mm，EPS板厚度为60 mm，试样数量2个。将试样中心部位的EPS板除去并刮干净，一直刮到抹面层的背面，刮除部分的尺寸为100 mm×100 mm。将试样周边密封，抹面层朝下浸入水槽中，使试样浮在水槽中，底面所受压强为500 Pa。浸水时间达到2 h时，观察是否有水透过抹面层(为便于观察，可在水中添加颜色指示剂)。

2. 结果判定

2个试样浸水时均不透水时，判定为不透水。

(十二)保护层水蒸气渗透性能试验方法

1. 试样制备应符合的规定：

(1)EPS板试样在EPS板上切割而成。

(2)胶粉EPS颗粒保温浆料试样在预制成型的胶粉EPS颗粒保温浆料板上切割而成。

(3)保护层试样是将保护层做在保温板上，经过养护后，除去保温材料并切割成规定的尺寸。

当采用以纯聚合物为黏结基料的材料做饰面涂层时，应按不同种类的饰面材料分别制样。如果仅颗粒大小不同，可视为同类材料。当采用其他材料做饰面涂层时，应对具有最厚饰面涂层的保护层进行试验。

2. 试验方法

保护层和保温材料的水蒸气渗透性能应按现行国家标准《建筑材料水蒸气透过性能试验方法》(GB/T17146)中的干燥剂法规定进行试验。

试验箱内温度应为(23±2)℃，相对湿度可为(50±2)%(23 ℃下含有大量未溶解重铬酸钠或磷酸氢铵($NH_4H_2PO_4$)的过饱和溶液或(85%±2)%(23 ℃下含有大量未溶解硝酸钾)的过饱和溶液。

四、建筑玻璃性能检测方法

结合《规范》建筑外窗、玻璃幕墙中使用的玻璃性能检测主要包括玻璃的可见光透射比、遮阳系数和中空玻璃露点温度等内容。

(一)玻璃的可见光透射比检测方法

1. 检测依据

国家标准《建筑玻璃可见光透射比测定》(GB/T2860—1994)。

2. 检测仪器

分光光度计。

3. 检测条件

1）试样

一般建筑玻璃和单层窗玻璃构件的试样，均采用同材质玻璃的切片；多层窗玻璃构件的试样，采用同材质单片玻璃切片的组合体。

2）标样

在光谱透射比测定中，采用与试样相同厚度的空气层做参比标准。

3）波长范围

可见区 380 ~ 780 nm。

4）照明和探测的几何条件

光谱透射比测定中，照明光束的光轴与试样表面法线的夹角不超过 10°，照明光束中任一光线与光轴的夹角不超过 5°。采用垂直照明和垂直探测的几何条件，表示为垂直/垂直（缩写为 0/0）。

4. 可见光透射比计算

玻璃可见光透射比可按公式（2-13）计算。

$$\tau_v = \frac{\sum_{380}^{780} D_\lambda \cdot \tau(\lambda) \cdot V(\lambda) \cdot \Delta\lambda}{\sum_{380}^{780} D_\lambda \cdot V(\lambda) \cdot \Delta\lambda} \tag{2-13}$$

式中 τ_v——试样的可见光透射比（%）；

D_λ——标准照明体 D_{65} 的相对光谱功率分布；

$V(\lambda)$——明视觉光谱光视效率；

$\Delta\lambda$——波长间隔，取 10 nm；标准照明体 D_{65} 的相对光谱功率 D_λ、明视觉光谱光视效率 $V(\lambda)$、波长间隔 $\Delta\lambda$ 的乘积见表 2-28；

$\tau(\lambda)$——试样的可见光光谱透射比（%）。

当采用单片玻璃或单层窗玻璃构件时，$\tau(\lambda)$ 是实测的可见光光谱透射比；双层窗玻璃构件时，试样的可见光光谱透射比 $\tau(\lambda)$ 可以按公式（2-14）计算。

$$\tau(\lambda) = \frac{\tau_1(\lambda) \cdot \tau_2(\lambda)}{1 - \rho_1(\lambda)\rho_2(\lambda)} \tag{2-14}$$

式中 $\tau(\lambda)$——双层窗玻璃构件的可见光透射比（%）；

$\tau_1(\lambda)$——第一片（室外侧）玻璃的可见光透射比（%）；

$\tau_2(\lambda)$——第二片（室内侧）玻璃的可见光透射比（%）；

$\rho_1(\lambda)$——第一片玻璃，在光由室内侧射向室外侧条件下，所测定的可见光光谱反射比（%）；

$\rho_2(\lambda)$——第二片玻璃，在光由室内侧射向室外侧条件下，所测定的可见光光谱反射比（%）。

表 2-28　标准照明体 D_{65} 相对光谱功率 D_λ、光谱光视效率 $V(\lambda)$、波长间隔 $\Delta\lambda$ 的乘积

波长 λ(nm)	$D(\lambda)\cdot V(\lambda)\cdot\Delta\lambda$	波长 λ(nm)	$D(\lambda)\cdot V(\lambda)\cdot\Delta\lambda$
380	0.000 0	590	8.330 6
390	0.000 5	600	5.354 2
400	0.003 0	610	4.849 1
410	0.010 3	620	3.150 2
420	0.035 2	630	2.081 2
430	0.094 8	640	1.381 0
440	0.227 4	650	0.807 0
450	0.419 2	660	0.461 2
460	0.666 3	670	0.248 5
470	0.985 0	680	0.125 5
480	1.518 9	690	0.053 6
490	2.133 6	700	0.027 6
500	3.349 1	710	0.014 6
510	6.139 3	720	0.005 7
520	7.052 3	730	0.003 5
530	8.799 0	740	0.002 1
540	9.442 7	750	0.000 8
550	9.807 7	760	0.000 1
560	9.430 6	770	0.000 0
570	8.689 1	780	0.000 0
580	7.899 4		

(二)建筑外遮阳系数检测方法

1. 检测依据

国家标准《公共建筑节能设计标准》(GB50189—2005)。

2. 检测仪器

游标卡尺、钢板尺。

3. 遮阳系数计算

随着建筑节能工作的深入,建筑外遮阳在夏季炎热地区的建筑中会越来越普遍。检测遮阳设施是否满足要求,是节能检测的内容之一。遮阳设施的遮阳系数主要取决于遮阳设施的几何尺寸和安装位置,针对几种常见的遮阳形式,《公共建筑节能设计标准》(GB50189—2005)中提供了相应的外遮阳系数计算方法。

1)水平遮阳板遮阳系数的计算

水平遮阳板遮阳系数的计算见公式(2-15),水平遮阳板外挑系数计算示意如图 2-49

所示。

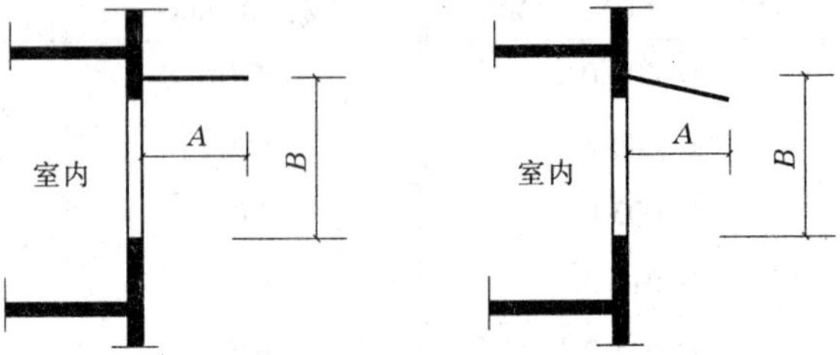

图 2-49　水平遮阳板外挑系数计算示意

$$SD_H = a_h PF^2 + b_n PF + 1 \tag{2-15}$$

$$PF = \frac{A}{B} \tag{2-16}$$

式中　SD_H——水平遮阳板夏季外遮阳系数；

a_h、b_h——计算系数，其值见表 2-29；

PF——遮阳板外挑系数，外挑系数计算见公式(2-16)，当计算出的 $PF>1$ 时，取 $PF=1$；

A——遮阳板外挑长度；

B——遮阳板根部到窗对边距离。

表 2-29　水平和垂直遮阳计算系数

气候区	遮阳装置	计算系数	东	东南	南	西南	西	西北	北	东北
寒冷地区	水平遮阳板	a_h	0.35	0.53	0.63	0.37	0.35	0.35	0.29	0.52
		b_h	-0.76	-0.95	-0.99	-0.68	-0.78	-0.66	-0.54	-0.92
	垂直遮阳板	a_v	0.32	0.39	0.43	0.44	0.31	0.42	0.47	0.41
		b_v	-0.63	-0.75	-0.78	-0.85	-0.61	-0.83	-0.89	-0.79
夏热冬冷地区	水平遮阳板	a_h	0.35	0.48	0.47	0.36	0.36	0.36	0.30	0.48
		b_h	-0.75	-0.83	-0.79	-0.68	-0.76	-0.68	-0.58	-0.83
	垂直遮阳板	a_v	0.32	0.42	0.42	0.42	0.33	0.41	0.44	0.43
		b_v	-0.65	-0.80	-0.80	-0.82	-0.66	-0.82	-0.84	-0.83
夏热冬暖地区	水平遮阳板	a_h	0.35	0.42	0.41	0.36	0.36	0.36	0.32	0.43
		b_h	-0.73	-0.75	-0.72	-0.67	-0.72	-0.69	-0.61	-0.78
	垂直遮阳板	a_v	0.34	0.42	0.41	0.41	0.36	0.40	0.32	0.43
		b_v	-0.68	-0.81	-0.72	-0.82	-0.72	-0.81	-0.61	-0.83

注：其他朝向的计算系数按表中最接近的朝向选取。

2）垂直遮阳板遮阳系数的计算

垂直遮阳板遮阳系数的计算见公式(2-17)，垂直遮阳板外挑系数计算示意如图2-50所示。

$$SD_V = a_v PF^2 + b_v PF + 1 \tag{2-17}$$

式中 SD_V——垂直遮阳板夏季外遮阳系数；

a_v、b_v——计算系数，其值见表2-29；

PF——遮阳板外挑系数，外挑系数计算见公式(2-16)，当计算出的 $PF>1$ 时，取 $PF=1$；

A——遮阳板外挑长度；

B——遮阳板根部到窗对边距离。

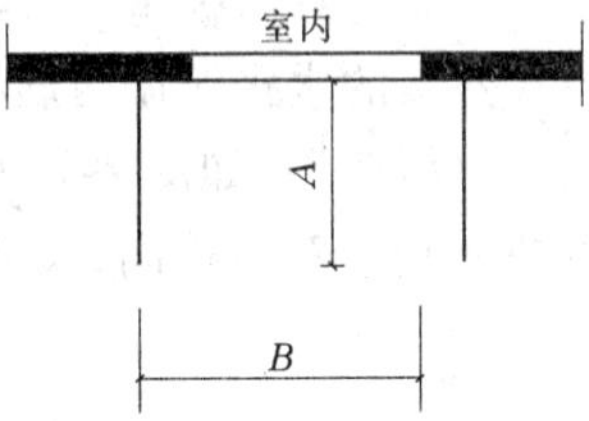

图2-50 垂直遮阳板外挑系数计算示意

3）综合遮阳板遮阳系数的计算

由水平遮阳板和垂直遮阳板组合成的综合遮阳板，其遮阳系数值应取水平遮阳板和垂直遮阳板的遮阳系数的乘积。

4）挡板遮阳板遮阳系数的计算

窗口前方所设置的，并与窗面平行的挡板或花格遮阳的遮阳系数计算见公式(2-18)。

$$SD = 1-(1-\eta)(1-\eta^*) \tag{2-18}$$

式中 SD——挡板遮阳夏季外遮阳系数；

η——挡板轮廓透光比，即窗洞口面积减去挡板轮廓由太阳光线投影在窗洞口上所产生的阴影面积后的剩余面积与窗洞口面积的比值。挡板各朝向的轮廓透光比按该朝向上的4组典型太阳光线入射角，采用平行光透射方法分别计算或试验测定，其轮廓透光比取4个透光比的平均值，典型的太阳光线入射角按表2-30选取；

η^*——挡板构造透射比，取值见表2-31。

表2-30 典型的太阳光线入射角 （单位:°）

窗口朝向	南				东、西				北			
	1组	2组	3组	4组	1组	2组	3组	4组	1组	2组	3组	4组
太阳高度角	0	0	60	60	0	0	45	45	0	30	30	30
太阳方位角	0	45	0	45	75	90	75	90	180	180	135	-135

表2-31 挡板构造透射比 η^* 取值

序号	项目	η^*取值
1	混凝土、金属类挡板	0.1
2	厚帆布、玻璃钢类挡板	0.4
3	深色玻璃、有机玻璃类挡板	0.6
4	浅色玻璃、有机玻璃类挡板	0.8
5	金属或其他非透明材料制作的花格、百叶类构造	0.15

5）幕墙遮阳板遮阳系数的计算

幕墙的水平遮阳可转换为水平遮阳加挡板遮阳，幕墙的垂直遮阳可转换成垂直遮阳加挡板遮阳，如图2-51所示。图中标注的尺寸 A 为遮阳板外挑长度；尺寸 B 为遮阳板根部到窗对边距离；尺寸 C 为挡板的高度或宽度。挡板遮阳的轮廓透光可以近似取为1。

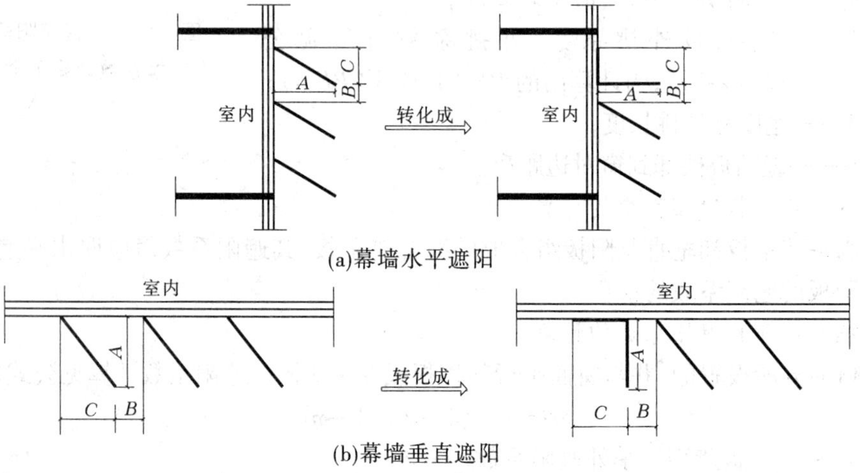

图2-51 幕墙遮阳计算示意

（三）玻璃的中空玻璃露点温度检测方法

1. 检测依据

国家标准《中空玻璃》（GB/T11944—2002）。

2. 检测仪器

测量中空玻璃的仪器为露点仪，如图2-52所示。露点仪测量管的高度为300 mm，测量表面直径为50 mm。温度计测量范围为－80～30 ℃，精度为1 ℃。

3. 试验原理

放置露点仪后玻璃表面局部冷却，当达到一定温度后，内部水汽在冷点部位结露，该温度为露点。

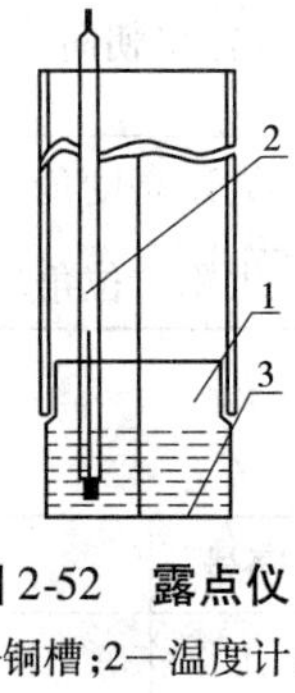

图2-52 露点仪

1—铜槽；2—温度计；3—测量面

4. 试验条件

试样为制品或20块与制品在同一工艺条件下制作的尺寸为510 mm×360 mm的样品。试验在温度（23±2）℃，相对湿度30%～75%的条件下进行，进行试验前将全部试样在该环境条件下放置一周以上。

5. 试验步骤

向露点仪的容器中注入约25 mm的乙醇或丙酮，再加入干冰，使其温度冷却到等于或低于－40 ℃，并在试验中保持该温度。

将试样水平放置，在上面涂一层乙醇或丙酮使露点仪与该表面紧密接触，停留时间按表2-32的规定。

表 2-32 接触时间规定

原片玻璃厚度(mm)	接触时间(min)
≤4	3
5	4
6	5
8	7
≥10	10

五、围护结构现场实体检验方法

《规范》在门窗节能工程主控项目、建筑节能工程现场检验围护结构现场实体检测中明确规定:建筑围护结构施工完成后,应对围护结构的外墙节能构造和严寒、寒冷、夏热冬冷地区的建筑外窗气密性做现场实体检测。当条件具备时,也可直接对围护结构的传热系数进行检测。

本部分将对外墙节能构造的现场实体检测方法和建筑外门窗气密性能检测方法进行较为详尽的阐述,以便于正确理解和把握《规范》。

(一)外墙节能构造钻芯检验方法

1. 钻芯检验适用范围

钻芯检验方法适用于检验带有保温层的建筑外墙节能构造是否符合设计要求。

2. 钻芯检验目的

钻芯检验外墙节能构造应在外墙施工完工后,节能分部工程验收前进行。其检验目的为:

(1)验证墙体保温材料的种类是否符合设计要求;

(2)验证保温层厚度是否符合设计要求;

(3)检查保温层构造做法是否符合设计和施工方案要求。

3. 钻芯检验取样部位和数量

(1)取样部位应由监理(建设)与施工双方共同确定,不得在外墙施工前预先确定。

(2)取样部位应选取节能构造有代表性的外墙上相对隐蔽的部位,并宜兼顾不同朝向和楼层;取样部位必须确保钻芯操作安全,且应方便操作。

(3)外墙取样数量为一个单位工程每种节能保温做法至少取 3 个芯样。取样部位宜均匀分布,不宜在同一房间外墙上取 2 个或 2 个以上芯样。

4. 钻芯检验取样要求

(1)钻芯检验外墙节能构造应在监理(建设)人员见证下实施。

(2)钻芯检验外墙节能构造可采用空心钻头,从保温层一侧钻取直径 70 mm 的芯样。钻取芯样深度为钻透保温层到达结构层或基层表面,必要时也可钻透墙体。外墙节能构造钻芯检验试验见图 2-53。

(3)当外墙的表面坚硬不易钻透时,也可局部剔除坚硬的面层后取芯钻样。但钻取芯样后应恢复原有外墙的表面装饰层。

(4)钻取芯样时应尽量避免冷却水流入墙体内及污染墙面。从空心钻头中取出芯样时应谨慎操作,以保证芯样完整。当芯样严重破损难以准确判断节能构造或保温层厚度时,应重新取样检验。

(a)外墙钻孔试验

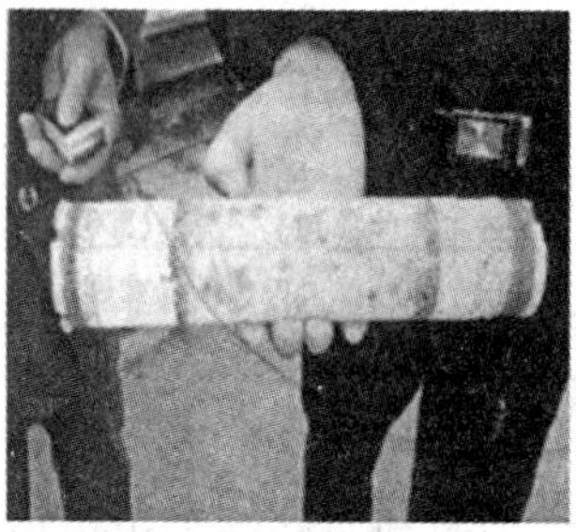

(b)钻孔试验芯样

(c)芯样直尺检查

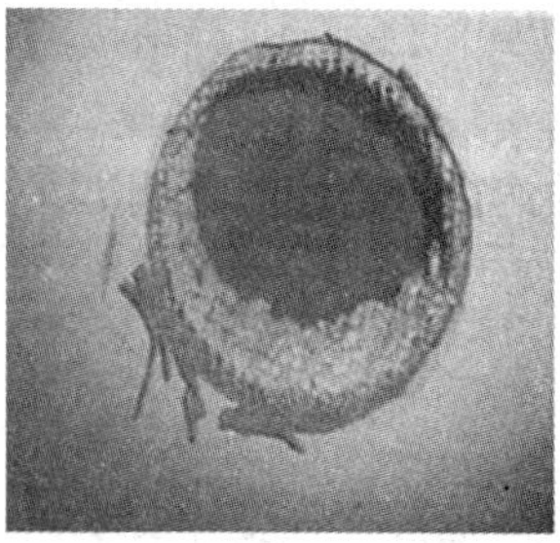

(d)外墙钻孔试验

(e)钻孔试验芯样

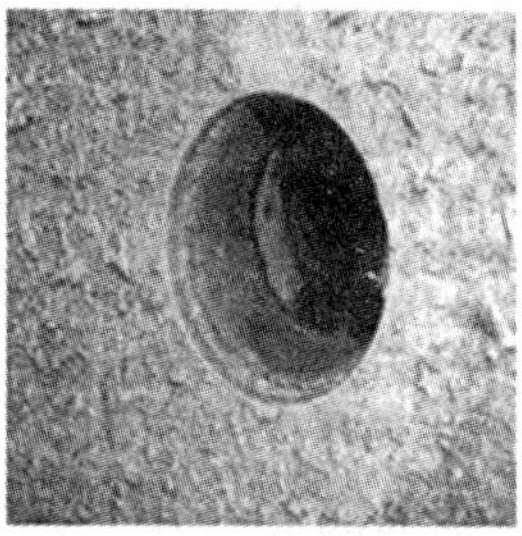

(f)芯样直尺检查

图 2-53　外墙节能构造钻芯检验试验

5. 芯样检查内容

对钻取的芯样,应按照下列规定进行检查:

(1)对照设计图纸观察、判断保温材料种类是否符合设计要求;必要时也可采用其他方法加以判断;

(2)用分度值为 1 mm 的钢尺,在垂直于芯样表面(外墙面)的方向上量取保温层厚度,精确到 1 mm;

(3)观察或剖开检查保温层构造做法是否符合设计和施工方案要求。

6. 芯样质量判定

在垂直于芯样表面(外墙面)的方向上实测芯样保温层厚度,当实测芯样厚度的平均值达到设计厚度的 95% 及以上且最小值不低于设计厚度的 90% 时,应判定保温层厚度符合设计要求。否则,应判定保温层厚度不符合设计要求。

7. 检验报告格式及内容

实施钻取检验外墙节能构造的机构应出具检验报告。检验报告的格式可参照《规范》附录 C 外墙节能构造钻芯检验方法表 C.0.1。

外墙节能构造钻芯检验报告至少应包括的内容见表 2-33。

表 2-33　外墙节能构造钻芯检验报告内容

序号	报告内容
1	抽样方法、抽样数量与抽样部位
2	芯样状态的描述
3	实测保温层厚度,设计要求厚度
4	按照检验目的给出是否符合设计要求的检验结论
5	附有带标尺的芯样照片并在照片上注明每个芯样的取样部位
6	监理(建设)单位取样见证人的见证意见
7	参加现场检测的人员及现场检测时间
8	检测发现的其他情况和相关信息

8. 事后处理

(1)取样检验结果不符合设计要求时,应委托具备检测资质的见证检测机构增加一倍数量再次取样检验。仍不符合设计要求时应判定围护结构节能构造不符合设计要求。此时应根据检测结果委托原设计单位或其他有资质的单位重新验算房屋的热工性能,提出技术处理方案。

(2)外墙取样部位的修补,可采用聚苯板或其他保温材料制成的圆柱形塞填充并用建筑密封胶密封。修补后宜在取样部位挂贴注有“外墙节能构造检验点”字样的标志牌。

(二)建筑外门窗气密性能检测

1. 检测依据

国家标准《建筑外窗气密性能分级及检测方法》(GB/T7107—2002)。

2. 基本概念

(1)气密性能:外窗在关闭状态下,阻止空气渗透的能力。

(2)标准状态:标准状态条件为:温度 293 K(20 ℃);压力 101.3 kPa;空气密度 1.202 kg/m^3。

(3)单位缝长空气渗透量:外窗在标准状态下,单位时间通过单位缝长的空气量。单位为立方米每米每小时(m^3/(m·h))。

(4)单位面积空气渗透量:外窗在标准状态下,单位时间通过单位面积的空气量。单位为立方米每平方米每小时(m^3/(m^2·h))。

(5)压力差:外窗室内外表面所受到的空气压力的差值。当室外表面空气压力大于室内表面时,压力差定为正值;反之定为负值。压力单位以帕(Pa)表示。

(6)附加空气渗透量:指除通过试件本身的空气渗透量以外的通过设备和镶嵌框,以及各部分之间连接缝等部位的空气渗透量。

3. 气密性能分级

(1)分级指标:采用压力差为 10 Pa 时的单位缝长空气渗透量 q_1 和单位面积空气渗透量 q_2 作为分级指标。

(2)分级指标值:建筑外窗气密性能分级见表 2-34。

表 2-34 建筑外窗气密性能分级

分 级	1	2	3	4	5
单位缝长分级指标值 q_1 [$m^3/(m \cdot h)$]	$6.0 \geq q_1 > 4.0$	$4.0 \geq q_1 > 2.5$	$2.5 \geq q_1 > 1.5$	$1.5 \geq q_1 > 0.5$	$q_1 \leq 0.5$
单位面积分级指标值 q_2 [$m^3/(m^2 \cdot h)$]	$18 \geq q_2 > 12$	$12 \geq q_2 > 7.5$	$7.5 \geq q_2 > 4.5$	$4.5 \geq q_2 > 1.5$	$q_2 \leq 1.5$

4. 气密性能检测装置

外窗气密性能检测装置主要包括压力箱、供压和压力控制系统、压力测量仪器和空气流量测量装置四大部分。检测装置示意图如图 2-54 所示。

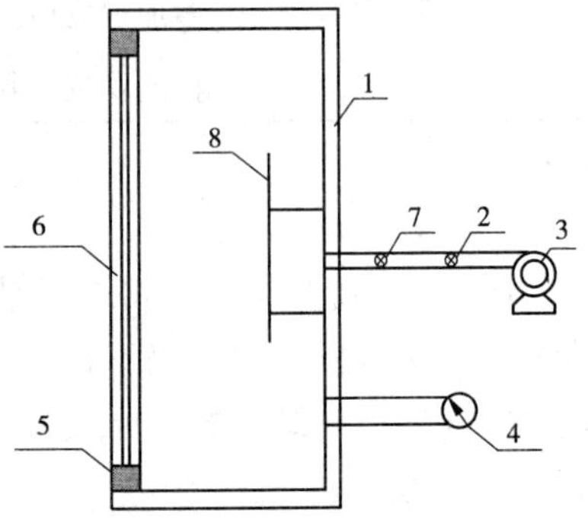

图 2-54 检测装置示意图

1—压力箱;2—调压系统;3—供压设备;4—压力监测系统;5—镶嵌框;6—试件;7—流量测量装置;8—进气口挡板

1)压力箱

压力箱一侧开口部位可安装试件,箱体要有足够的刚度和良好的密封性能;安装框要求能容易、迅速地安装,并能很好地与要测房间敞开的窗密封。同时也能使连接压力表的管道与安装框很好地密封连接上。上述要求既要符合加压试验,又要符合负压试验,如使用可调节的活动框。

2)供压和压力控制系统

供压和压力控制系统的供压和压力控制能力必须满足要求。供压设备,如可调速风机的启动可使建筑物内外产生压差,当空气通过风机流入室内,则室内压力大于室外大气压,可进行加压试验;当空气通过风机流出室外,室内压力小于室外大气压,可进行负压试验。

3)压力测量仪器

压差测量装置如压差计或其他的电子、机械的压差指示仪,用来测量建筑物内外的压差,压力测量仪器测值的误差不应大于 1 Pa。

4)空气流量测量装置

空气流量测量仪器是能测量风机出口的流量的仪器,该测量仪器是否可用于气密性测量,主要看其精度能力,并且仪表的使用不应改变风机的工况性能。

当空气流量不大于 3.5 m^3/h 时,测量误差不应大于 10%;当空气流量大于 3.5 m^3/h 时,测量误差不应大于 5%。

目前用于建筑外门窗气密性检测的仪器主要是建筑门窗现场三性检测仪。

5. 试件检测数量及要求

同一窗型、规格尺寸应至少检测三樘试件。

(1)试件应为生产厂按所提供的图样生产的合格产品或研制的试件。不得附有任何多余的零配件或采用特殊的组装工艺或改善措施。

(2)试件镶嵌应符合设计要求。

(3)试件必须按照设计要求组合、装配完好,并保持清洁、干燥。

6. 试件安装

(1)试件应安装在镶嵌框上,镶嵌框应具有足够的刚度。

(2)试件与镶嵌框之间的连接应牢固并密封。安装好的试件要求垂直,下框要求水平,不允许因安装而出现变形。

(3)试件安装完毕后,应将试件可开启部分开、关5次,最后关紧。

六、建筑非透明围护结构传热系数检测方法

《规范》在建筑节能工程现场检验围护结构现场实体检测中明确规定:建筑围护结构施工完成后,应对围护结构的外墙节能构造和严寒、寒冷、夏热冬冷地区的建筑外窗气密性做现场实体检测。当条件具备时,也可直接对围护结构的传热系数进行检测。基于此,本部分主要介绍用于检测围护结构传热系数的现场热流计法。

(一)概述

热流计法是建筑热工设计及节能专业中最常用的测量构件热阻、传热系数的方法之一。该方法采用热流计及温度传感器测量通过构件的热流值和表面温度,计算得出该构件的传热系数。

热流计法是国家检测标准首选的方法,也是国际上公认的方法,但是这种方法必须在采暖期才能进行测试。国内采用此方法测量建筑节能效果的标准是《采暖居住建筑节能检测标准》(JGJ132—2001);国际上的标准有《绝热—建筑构件—现场热阻和传热测量》(ISO9869);美国标准有《建筑围护结构构件热流和温度的现场测量》(ASTMC1046—95)和《由现场数据确定建筑围护结构构件热阻》(ASTMC1155—95)。

为使测试结果准确,室内外温差要求必须大于20 ℃,这样其测量误差相对较小。其缺点是受季节限制,只能在连续采暖期间检测。该方法是目前国内外常用的现场检测方法。

(二)检测原理

热流计法是在稳定传热条件下,测量通过外围护结构的热流量及其内外表面温度,依此确定外围护结构的热阻或传热系数。当精确地测量给定时间内通过建筑构件的热量及其内外表面温度,即可求得建筑构件的热阻。该方法只能测得建筑构件某一部位的热阻,若要测得整个建筑构件的热阻,则应测量具有代表性的多个部位,以加权法计算出建筑构件的平均热阻。测定构件传热系数的热流计法的原理见图2-55。

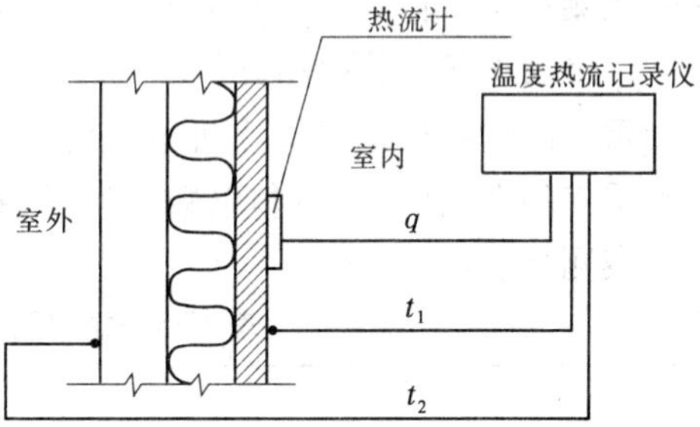

图2-55 热流计法原理

q—热流强度;t_1,t_2—表面温度

(三)主要装置

1. 热流计

热流计用于测量通过构件的热流。为使热流传感器与被测物表面紧密相贴,热流计

应直接贴在建筑构件的表面上,可采用宽胶带纸把热流计粘贴在建筑构件的表面上。热流计应粘贴在不受阳光直接照射的建筑构件内表面部位。热流计测点应设在围护结构内表面上,测点位置不应靠近热桥、裂缝和有空气渗透的部位,不应受加热、制冷装置和风扇的直接影响。通常检测外墙的保温性能应选取北向外墙,以避免日照的影响。

2. 温度传感器

温度传感器用于测量构件表面温度及室内、室外空气温度。由于热电偶测量端体积小,对温度场分布影响较小,故测量内外表面温度的温度传感器一般用热电偶。热电偶一般粘贴在建筑构件相对应的内外表面上,内表面温度传感器贴在热流计旁边,相距不得超过 50 mm,外表面温度传感器应贴在与热流计粘贴位置相对应的外表面上,与对应的热流计位置相距不得超过 50 mm。一般热流计与温度传感器粘贴位置不能太靠近热桥,热桥部位主要包括墙体内的梁柱、楼板交接部位、阳台及内外墙角。

3. 数据巡回记录仪

数据巡回记录仪可与计算机接口,自动记录温度及热流(电压)。常用的仪器是建筑热工温度与热流巡回自动检测仪,如北京世纪建通 JTRG－Ⅱ型建筑热工温度与热流自动测试系统,见图 2-56。该仪器用于记录各路温度和热流强度。

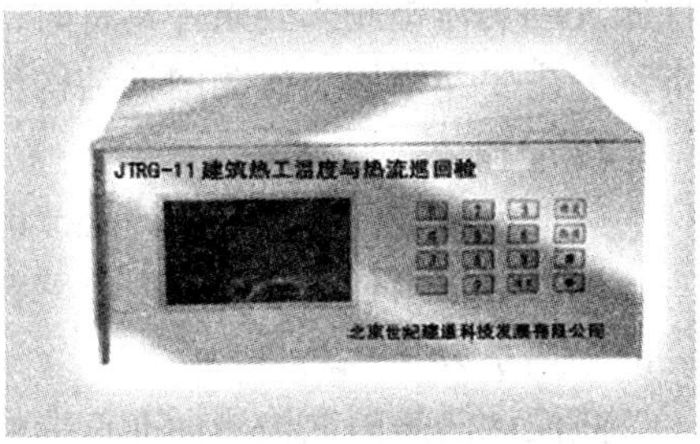

图 2-56　JTRG－Ⅱ型建筑热工温度与热流自动测试系统

(四)检测时间

测量包括瞬变过程及若干测量周期,瞬变过程的长短和测量周期是由试件、控制状况、计量仪表及所要求的精度确定的。瞬变过程一直持续到接近达到准稳定状态之前,然后进入准稳定状态。

1. 轻型围护结构检测时间

轻型围护结构是指单位面积比热容小于 20 KJ/(m^2·K)的围护结构。宜使用夜间采集的数据(日落后 1 h 至日出)计算围护结构的热阻。当经过连续 4 个夜间测量之后,相邻两次测量的计算结果相差不大于 5% 时即可结束测量。

2. 重型围护结构检测时间

重型围护结构是指单位面积比热容大于或等于 20 KJ/(m^2·K)的围护结构。应使用全天采集的数据(24 h 的整倍数)计算围护结构的热阻,且只有在满足表 2-35 的条件时方可结束测量。

表 2-35　重型围护结构测量结束满足条件

序号	条　件
1	末次测量热阻与 24 h 之前的热阻计算值相差不大于 5%
2	检测期间内第一个 INT(2 × *DT*/3)天内与最后一个同样长的天数内的热阻计算值相差不大于 5%

注:INT 表示取整部分;*DT* 为检测持续天数。

（五）传热系数计算公式及数据分析

1. 传热系数计算

传热系数计算见公式（2-19）~公式（2-21）。

$$R = \frac{\theta_i - \theta_e}{q} \tag{2-19}$$

$$R_0 = R_i + R + R_e \tag{2-20}$$

$$K = \frac{1}{R_0} \tag{2-21}$$

式中 θ_i——构件内表面平均温度，K；

θ_e——构件外表面平均温度，K；

q——流过构件的平均热流密度，W/m^2；

R_i——内表面换热阻，一般取值为 0.11，$m^2 \cdot K/W$；

R_e——外表面换热阻，一般取值为 0.04，$m^2 \cdot K/W$；

R——构件热阻，$m^2 \cdot K/W$；

R_0——传热阻，$m^2 \cdot K/W$；

K——传热系数，$W/(m^2 \cdot K)$。

2. 数据分析处理法

1）平均法

热流计法在不同部位设置测点，平均法是将不同测点测量的热流密度及内、外表面温度进行加权平均。

$$\bar{q} = \sum \frac{q_t}{N} \tag{2-22}$$

$$\overline{\Delta t} = \sum \frac{\Delta t}{N} \tag{2-23}$$

式中 q_t——t 时刻的实测热流密度，W/m^2；

Δt——t 时刻结构内、外表面温差，℃；

N——总测量次数。

2）动态法

当温度和热流变化范围较大时，采用动态分析方法可以通过分析热流计测量的数据，求得建筑物围护结构的稳态热性能。

动态分析方法是利用热平衡方程对热性能的变化进行分析计算的。在数学模型中围护结构的热工性能是用热阻 R 和一系列时间常数 t 表示的。未知参数（$R, t_1, t_2, t_3, \cdots$）是通过一种识别技术利用所测得的热流密度和温度求得的。

由于动态分析法计算相当复杂，当需要采用动态分析法时，必须采用相应的软件进行计算。

（六）测量中应注意问题

（1）测点不应靠近热桥部位，不应受加热和风扇设备的直接影响。

（2）热流计应与构件表面完全接触，热流计安装位置一般在被测构件的中央部位附近，用黄油粘贴在围护结构的内表面上。

(3)温度传感器应与被测表面紧密接触，至少要有0.1 m长的引线和传感器与构件相互固定，使其不致从被测表面脱落。

(4)宜选在背阳的一面构件上进行测量。

(5)检测房间加热稳定后持续时间不应小于72 h，重质材料构件房间持续时间宜更长。

(6)检测应在冬季连续采暖期进行，室内外温差要求必须大于20 ℃。

(七)测试报告要求

测试报告应包括的内容见表2-36。

表2-36　测试报告内容

序号	类别	编号	内　容
1	构件	1	被测建筑的地点
		2	被测构件在建筑中的位置
		3	检测目的
		4	构件形式名称
		5	尽可能完整的构件构造
		6	构件的厚度
2	一般项目	1	检测单位名称
		2	温度传感器名称型号、热流计型号及校正
		3	固定温度传感器的方法
		4	温度传感器、热流计的精度
		5	表面温度、辐射温度和环境温度
		6	测量开始和结束的时间
		7	记录间隔时间
		8	温度、热流、时间曲线图

第五节　相关标准规范

一、与建筑节能工程验收相关的节能设计标准

(1)行业标准《民用建筑节能设计标准(采暖居住建筑部分)》(JGJ26—95)；

(2)行业标准《夏热冬冷地区居住建筑节能设计标准》(JGJ134—2001)；

(3)行业标准《夏热冬暖地区居住建筑节能设计标准》(JGJ75—2003)；

(4)国家标准《公共建筑节能设计标准》(GB50189—2005)。

二、与建筑围护结构节能工程验收相关的标准

(1)国家标准《建筑工程施工质量验收统一标准》(GB50300—2001)；

(2)国家标准《建筑装饰装修工程质量验收规范》(GB50210—2001)；

(3)行业标准《外墙外保温工程技术规程》(JGJ144—2004)；

(4)行业标准《膨胀聚苯板薄抹灰外墙外保温系统》(JG149—2003);

(5)行业标准《胶粉聚苯颗粒外墙外保温系统》(JG158—2004);

(6)国家标准《建筑幕墙物理性能分级》(GB/T15225—94);

(7)国家标准《建筑幕墙空气渗透性能检测方法》(GB/T15226—94);

(8)行业标准《玻璃幕墙工程技术规定》(JGJ102—2003);

(9)国家标准《中空玻璃》(GB/T11944—2002);

(10)国家标准《建筑玻璃　可见光透射比　太阳光直接透射比　太阳能总透射比　紫外线透射比以及有关窗玻璃参数的测定》(GB/T2680—1994);

(11)国家标准《建筑外窗气密性能分级及检测方法》(GB/T7107—2002);

(12)国家标准《建筑外窗保温性能分级及检测方法》(GB/T8484—2002);

(13)国家标准《屋面工程质量验收规范》(GB50207—2002);

(14)国家标准《建筑地面工程施工质量验收规范》(GB50209—2002);

(15)行业标准《地面辐射供暖技术规程》(JGJ142—2004);

(16)行业标准《采暖居住建筑节能检测标准》(JGJ132—2001)。

第三章　建筑设备系统节能工程验收基本知识

第一节　名词术语

为了方便建筑节能设计、施工、监理、检测、监督等技术和管理人员的使用，首先应了解一些与采暖、通风与空调、配电和照明节能工程验收有关的名词术语。

1. 制冷性能系数(COP)　coefficient of performance

制冷机在规定工况下的制冷量(W)与相应输入功率(W)的比值。

2. 热水采暖系统耗电输热比(EHR)　ratio of electricity consumption to transfer heat quantity

在采暖室内外计算温度条件下，全日理论水泵输送耗电量与全日系统供热量的比值。两者取相同单位，无因次。

3. 室外管网热输送效率(η_1)　heat transfer efficiency of outdoor heating network

供热系统在正常运行条件下，检测持续时间内的各热力入口处的总热量(MJ)(管网输入总热量减去管网各段热损失)与在锅炉房或热力站总管处测得的总热量(MJ)之比值。

4. 供热系统补水率(R_{mu})　rate of water makeup

供热系统在正常运行条件下，检测持续时间内系统的补水量(kg)与设计循环水量(kg)之比。

5. 水力平衡度(HB)　hydraulic balance level

采暖居住建筑物热力入口处循环水量(质量流量)的测量值与设计值之比。

6. 综合部分负荷性能系数(IPLV)　integrated part load value

用一个单一数值表示的空气调节用冷水机组的部分负荷效率指标，它基于机组部分负荷时的性能系数值、按照机组在各种负荷下运行时间的加权因素，通过计算获得。

7. 围护结构热工性能权衡判断　building envelope trade－off option

当建筑设计不能完全满足规定的围护结构热工设计要求时，计算并比较参照建筑和所设计建筑的全年采暖和空气调节能耗，判定围护结构的总体热工性能是否符合节能设计。

8. 参照建筑　reference building

对围护结构热工性能进行权衡判断时，作为计算全年采暖和空气调节能耗用的假想建筑。

9. 采暖期室外平均温度(t_e)　outdoor mean air temperature during heating period

在采暖期起至日期内，室外逐日平均温度的平均值。

10. 采暖期度日数(D_{di})　degreedays of heating period

室内基准温度 18 ℃与采暖期室外平均温度之间的温差，乘以采暖期天数的数值，单位：℃ · d。

11. 建筑物耗热量指标(q_H)　index of heat loss of building

在采暖期室外平均温度下，为保持室内计算温度，单位建筑面积在单位时间内消耗的、需由室内采暖设备供给的热量，单位：W/m^2。

12. 采暖耗煤量指标(q_c)　index of coal consumption for heating

在采暖期室外平均温度条件下，为保持室内计算温度，单位建筑面积在一个采暖期内消耗的标准煤量，单位：kg/m^2。

13. 采暖设计热负荷指标(q)　index of design load for heating of building

在采暖期室外计算温度条件下，为保持室内计算温度，单位建筑面积在单位时间内需由锅炉房或其他供热设施供给的热量，单位：W/m^2。

14. 采暖供热系统　heating system

锅炉机组、室外管网、室内管网和散热器等设备组成的系统。

15. 锅炉机组容量　capacity of boiler plant

又称为额定出力。锅炉铭牌标出的出力，单位：MW。

16. 锅炉效率　boiler efficiency

锅炉产生的、可供有效利用的热量与其燃烧的煤所含热量的比值。在不同条件下，又可分为锅炉铭牌效率和运行效率。

17. 锅炉铭牌效率　rating boiler efficiency

又称额定效率，是指锅炉在设计工况下的效率。

18. 锅炉运行效率(η_2)　rating of boiler efficiency

锅炉实际运行工况下的效率。

19. 通风工程　ventilation works

送风、排风、除尘、气力输送以及防、排烟系统工程的统称。

20. 空调工程　air conditioning works

空气调节、空气净化与洁净室空调系统的总称。

21. 漏风量　air leakage rate

风管系统中，在某一静压下通过风管本体结构及其接口，单位时间内泄出或渗入的空气体积量。

22. 漏光检测　air leak check with lighting

用强光源对风管咬口、接缝、法兰及其他连接处进行透光检查，确定孔洞、缝隙等渗漏部位及数量的方法。

23. 整体式制冷设备　package refrigerating unit

制冷剂、冷凝器、蒸发器及系统辅助设备组装在同一机座上，而构成整体形式的制冷设备。

24. 组装式制冷设备　assembling refrigerating unit

制冷剂、冷凝器、蒸发器及其辅助设备采用部分集中、部分分开安装形式的制冷设备。

25. 低温热水地面辐射供暖　low temperature hot water floor radiant heating

以温度不高于60 ℃的热水为热媒,在加热管内循环流动,加热整个地板,通过地面以辐射和对流的传热方式向室内供热的供暖方式。

26. 分水器　manifold

水系统中,用于连接各路加热管供水管的配水装置。

27. 集水器　manifold

水系统中,用于连接各路加热管回水管的汇水装置。

28. 铝塑复合管　polyethylene - aluminum compound pipe

内层和外层为交联聚乙烯或耐高温聚乙烯、中间层为增强铝管、层级采用专用热熔胶,通过挤出成型的方法复合成一体的加热管。根据铝管焊接方式的不同,分为搭接焊和对接焊两种形式,通常以 XPAP 或 PAP 标记。

29. 聚丁烯管　polybutylene pipe

由聚丁烯 -1 树脂添加适量助剂,经挤压成型的热塑性加热管,通常以 PB 标记。

30. 交联聚乙烯管　cross linked polyethylene pipe

以密度大于等于0.94 g/ cm^3 的聚乙烯或乙烯共聚物,添加适量助剂,通过化学的或物理的方法,使其线型的大分子交联成三维网状的大分子结构的加热管,通常以 PE - X 标记。按照交联方式的不同,可分为过氧化物交联聚乙烯(PE - Xa)、硅烷交联聚乙烯(PE - Xb)、辐照交联聚乙烯(PE - Xc)、偶氮交联聚乙烯(PE - Xd)。

31. 无规共聚聚乙烯管　polypropylene random copolymer pipe

以丙烯和适量乙烯的无规共聚物,添加适量助剂,经挤压成型的热塑性加热管,通常以 PP - R 标记。

32. 嵌段共聚聚丙烯管　polypropylene block copolymer pipe

以丙烯和适量乙烯嵌段共聚物,添加适量助剂,经挤压成型的热塑性加热管,通常以 PP - B 标记。

33. 耐热聚乙烯管　polyethylene of raised temperature resistance pipe

以乙烯和辛烯共聚制成的特殊的线型中密度乙烯聚合物,添加适量助剂,经挤出成型的一种热塑管,通常以 PE - RT 标记。

34. 黑球温度　black globe temperature

由黑球温度计指示的温度数值,习惯上也称为实感温度。

35. 发热电缆　heating cable

以供暖为目的、通电后能够发热的电缆,由冷线、热线和冷热线接头组成,其中热线由发热导线、绝缘层、接地屏障和外保套等部分组成。

36. 分户热计量　household - based heat metering

以住宅的户(套)为单位,分别计量向户内供给的热量的计量方式。

37. 热计量装置　heat metering device

用以测量热媒的供热量的成套仪表及构件。

38. 金属热强度指数　metal heat intensity index

散热器在热媒平均温度与室内空气温度差为1 ℃时,每1 kg 散热器每小时所放散的热量。

39. 光通量　luminous flux

根据辐射对标准光度观察者的作用导出的光度量，符号为 Φ，单位：流明，lm。

40. 照度　illuminance

表面上一点的照度是入射在包括该点的面元上的光通量 $d\Phi$ 除以该面元面积 dA 所得的商，符号为 E，$E=\frac{d\Phi}{dA}$，单位：勒克斯，lx。

41. 照明功率密度值（LPD）　lighting power density

单位面积上的照明安装功率（包括光源、镇流器或变压器），单位：瓦特每平方米，W/m^2。

42. 灯具效率　luminaire efficiency

在相同的实验条件下，灯具发出的总光通量与灯具内所有光源发出的总光通量之比，符号为 η，也称灯具光输出比。

43. 高强气体放电灯　high - intensity gas discharge luminaire

按照灯的发光管壁负荷对气体放电灯进行分类，凡管壁负荷大于 $3W/cm^2$ 的灯称为高强气体放电灯。包括荧光高压汞灯、金属卤化物灯、高压钠灯等。

第二节　采暖、通风与空调节能基本知识

为了方便建筑节能设计、施工、监理、检测、监督等技术和管理人员使用《规范》，应对与采暖、空调、通风节能工程验收有关的基础知识有所掌握。

采暖、通风与空调节能设计时，要特别注意以下两点：

(1)采暖、空调设计中室内设计参数的选用。目前，业主、设计人员往往在取用室内设计参数时选用过高的标准，而温湿度取值的高低，与能耗多少有密切关系。在加热工况下，室内计算温度每降低 1 ℃，可节能 5% ~10%；在冷却工况下，每升高 1 ℃，可节能 10% ~15%。为了节省能源，应避免冬季采用过高的室内温度，夏季采用过低的室内温度。因此，设计人员应选用合适的设计计算参数，并应用于冷（热）负荷计算。

(2)负荷计算方法。目前，有些设计人员错误地把设计手册中供方案设计或初步设计时估算冷、热负荷用的单位建筑面积冷、热负荷指标，直接作为施工图设计阶段确定空调冷、热负荷的依据。由于总负荷偏大，从而导致了装机容量偏大、管道直径偏大、水泵配置偏大、末端设备偏大的“四大”现象。其结果是初投资增高、能量消耗增加，给国家和投资人造成巨大损失。因此，在设计阶段，必须进行热负荷和逐项逐时的冷负荷计算。

一、采暖系统节能

采暖系统由热媒制备（热源）、热媒输送和热媒利用（散热设备）三个主要部分组成。当热媒和散热设备分别设置，由热媒管道相连时，称为集中式采暖系统，即由热源通过热力管道向各个房间或各栋建筑物供给热量的采暖系统。如图 3-1 所示。

热水锅炉 1 和散热器 4 分别设置，通过热水管道（供水管和回水管）3 相连。循环水

泵2把采暖系统的回水送入热水锅炉1中加热，并送到散热器，热水在散热器中冷却后，返回锅炉重新加热。膨胀水箱5，用于容纳采暖系统升温后的膨胀水量，并使系统保持一定的压力。

采暖系统中室内散热设备供暖方式可分为对流供暖和辐射供暖两种。其中对流供暖是以散热器为散热设备采取对流换热的供暖方式。辐射供暖是以辐射传热为主的一种供暖方式，其散热设备主要采用金属辐射板或以建筑物顶棚、地板、墙壁作为辐射散热面。

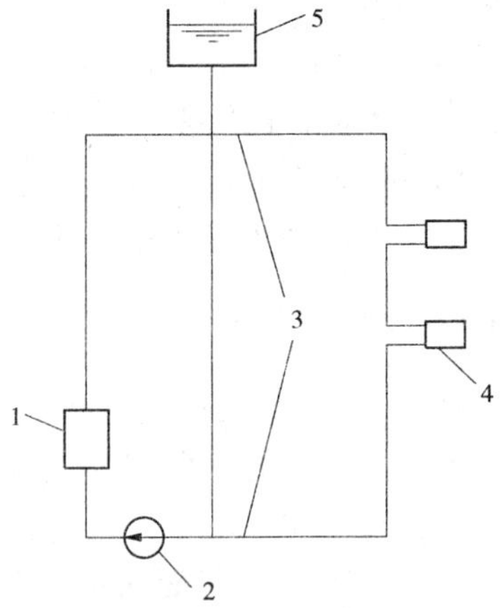

图3-1　集中式采暖系统示意图

1—热水锅炉；2—循环水泵；3—热水管道；4—散热器；5—膨胀水箱

(一)热媒的选择

集中采暖系统应采用热水作为热媒。国家节能指令第四号明确规定："新建采暖系统应采用热水采暖。"实践证明，采用热水作为热媒，不仅采暖质量有明显的提高，而且便于进行节能调节。

(二)采暖系统的设计

1. 采暖系统的管路布置

设计集中采暖系统时，管路宜按南、北向分环供热原则进行布置并分别设置室温调控装置。在采暖系统南、北向分环布置的基础上，各向选择2~3个房间作为标准间，取其平均温度作为控制温度，通过温度调控调节流经各向的热媒流量或供水温度，不仅具有显著的节能效果，而且还可以有效地平衡南、北向房间因太阳辐射导致的温度差异，从而从根本上克服南热北冷的现象。

2. 采暖系统制式的选择

选择采暖系统制式的主要原则有：一是采暖系统应能保证各个房间(楼梯间除外)的室内温度能进行独立调控；二是便于实现分户或分室(区)热量(费)分摊的功能；三是管路系统简单、管材消耗量少、节省初投资。

新建和既有改造建筑室内热水集中采暖系统的制式，在保证室温可调控、满足热计量要求且方便运行管理的前提下，可采用下列任一制式：

(1)新建住宅采用共用立管的分户独立系统时，常用的室内采暖系统制式有：①下供下回(下分式)水平双管系统；②上供上回(上分式)水平双管系统；③下供下回(下分式)全带跨越管的水平单管系统；④放射式(章鱼式)系统；⑤低温热水地面辐射采暖系统。

(2)新建公共建筑常用的室内采暖系统制式有：①上供下回垂直双管系统；②下供下回垂直双管系统；③下供下回水平双管系统；④上供下回垂直单双管系统；⑤上供下回全带跨越管(或装置H分配阀)的垂直单管系统；⑥下供下回全带跨越管的水平单管系统；⑦低温热水地面辐射采暖系统。

(3)既有住宅和既有公共建筑的室内采暖系统改造可采用的制式有：①原系统为垂直单管顺流系统时，宜改造为在每组散热器的供回水管之间均设跨越管(或装置H分配阀)的系统；②原系统为垂直双管系统时，宜维持原系统形式；③原系统为单双管系统时，既有住宅宜改造为垂直双管系统，或改造为在每组散热器的供回水管之间均设跨越管（或装置H分配阀）的垂直单管系统；④既有公共建筑宜维持原系统形式；⑤当室内管道更新时，既有住宅的以上三种原有系统形式也可改造为设共用立管的分户独立系统；⑥原系统为低温热水地面辐射式采暖系统时，需在每一分支环路上设置室内远传型自力式恒温阀或电子式恒温控制阀等温控装置。

供暖系统的设计和划分应充分考虑实现分区热计量的灵活性、方便性和可能性，确保实现按用热量多少进行收费。

（三）散热器的选择

1. 散热器宜明装

散热器暗装在罩内时，不但散热器的散热量会大幅度减少，而且由于罩内空气温度远远高于室内空气温度，从而使罩内墙体的温差传热损失大大增加。因此，应避免这种做法。

散热器暗装还会影响温控阀的正常工作。如工程确实需要暗装时（如幼儿园），则必须采用带外置式温度传感器的温控阀，以保证温控阀能根据室内温度进行工作。

2. 散热器的外表面应刷非金属性涂料

实验证明：散热器外表面涂刷非金属性涂料时，其散热量比涂刷金属性涂料时能增加10%左右。

3. 评价和选择散热器的主要依据

散热器的单位散热量、金属热强度指标和单位散热量的价格，是评价和选择散热器的主要依据，特别是金属热强度指标，是衡量同一材质散热器节能性和经济性的重要标志。

4. 散热器的安装数量

散热器的安装数量，应与设计负荷相适应，不应盲目增加。有些人以为散热器装得越多就越安全，实际效果并非如此；盲目增加散热器数量，不但浪费能源，还很容易造成系统热力失匀和水力失调，使系统不能正常供暖。扣除室内明装管道的散热量，也是防止供热过多的有效措施。

（四）辐射供暖方式

公共建筑内的高大空间，如大堂、候车（机）厅、展厅等处的采暖，如果采用常规的对流采暖方式供暖时，室内沿高度方向会形成很大的温度梯度，不但建筑热损耗增大，而且人员活动区的温度往往偏低，很难保持设计温度。而采用辐射供暖时，室内高度方向的温度梯度很小；同时，由于有温度和辐射照度的综合作用，既可以创造比较理想的热舒适环境，又可以比对流采暖时减少15%左右的能耗。因此，公共建筑内的高大空间，宜采用辐射供暖方式。

（五）量化管理

量化管理是节约能源的重要手段，按照用热量的多少来计收采暖费用，既公平合理，又有利于增强用户的节能意识。设置水力平衡配件后，可以通过对系统水力分布的调整与设定，保持系统的水力平衡，保证获得预期的供暖效果。因此，集中采暖系统供水或回水管的分支管路上，应根据水力平衡要求设置水力平衡装置。必要时在每个供暖系统的入口处，都应设置热计量装置。

散热器恒温阀(又称温控阀、恒温器等)安装在每台散热器的进水管上,用户可根据对室温高低的要求,调节并设定室温。图 3-2 显示其安装于散热器上的外形,图 3-3 则为作用原理图。

图 3-2　散热器恒温阀外形

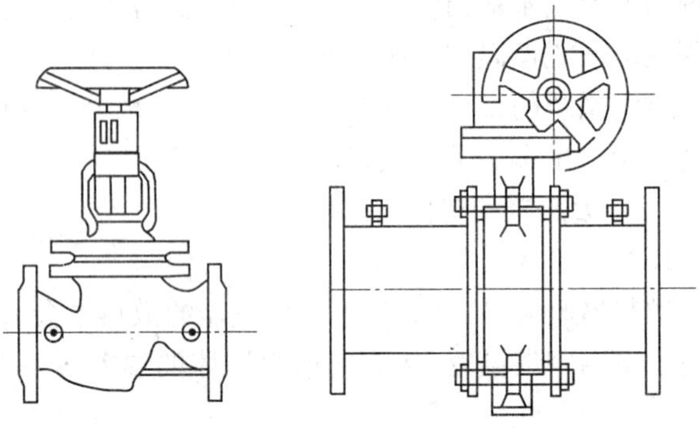

图 3-3　散热器恒温阀原理

恒温阀的恒温控制器是一个带少量液体的充气波纹管膜盒,当室温升高时,部分液体蒸发变为蒸汽,它压缩波纹管关小阀门开度,减少了流入散热器的水量。当室温降低时,其作用相反,部分蒸汽凝结为液体,波纹管被弹簧推回而使阀门开度变大,增加了流经散热器的水量,恢复室温。恒温阀可确保各房间的室温,避免了立管水量不平衡,以及单管系统上层及下层室温不匀问题。同时,更重要的是当室内获得"自由热"(Free Heat,又称"免费热",如阳光照射,室内热源——炊事、照明、电器及居民等散发的热量)而使室温有升高趋势时,恒温阀会及时减少流经散热器的水量,不仅保持室温合适,而且达到节能目的。

二、通风与空调系统节能

(一)通风与空调系统的节能途径

通风与空调系统是将经过各种空气处理设备(空调设备)处理后的空气送入要求的建筑物内,并达到室内气候环境控制要求的空气参数即温度、湿度等。不同功能的建筑采用的空调方式有所不同,空调设备在运行中会消耗很大的能量,据有些国家对公共建筑和居住建筑能耗的统计表明:有 1/4 能耗用于空调,所以空调节能十分重要。随着我国经济的快速发展和城市化进程的加快,全国各地大量兴建的现代化办公楼和综合性服务建筑群(包括商业娱乐设施)及住宅小区多设置空调设备,空调节能逐步成为建筑节能的重要问题之一。

空调系统一般可以分为集中式和分散式两大类,表 3-1 给出主要的空调方式。我国目前应用最多的空调方式为集中的定风量全空气系统和新风加风机盘管机组系统两种。

集中式空调系统由集中冷热源、空气处理机组(又称组合式空调机组)、末端设备和输送管道组成。表 3-1 依据传媒介质参数和方式将集中式空调分成不同的系统形式,这些空调形式中都包含有空气处理设备和末端设备,因此空调设备高效节能是必不可少的措施。具体的空调节能途径如下。

1. 空调设备节能措施

组合式空调机组是集中式空调方式的主要设备,也是主要的耗热设备。其技术性能

表 3-1　主要的空调方式

类别	空调系统型式	空调输送方式
集中空调方式	全空气系统	定风量方式 变风量方式(VAV 系统) 分区、分层空调方式 冰蓄冷低温送风方式
	空气－水系统	新风系统加风机盘管机组 诱导机组系统
	全水系统	水源热泵系统 冷热水机组加末端装置
分散空调方式	直接蒸发式	单元式空调机加末端设备(如风口) 分体式空调器(VRV)系统 窗式空调器系统
	辐射板式	辐射板供冷加新风系统 辐射板供冷或供暖系统

指标主要有机组的风量、风压、供冷量和供热量，如果匹配不当，将耗能较大且达不到效果。因此，要求做好如下设计：

(1)机组风量、风压匹配。选择机组最佳的经济点运行，要求生产厂生产风机噪声低、效率高。

(2)机组整机漏风要少。根据国家标准《组合式空调机组》(GB/T14294—93)的规定，机组内静压保持在 700 Pa 时，机组漏风量不大于 3%，用于空气净化空调系统的机组；机组内静压保持在 1 000 Pa 时，机组漏风量不大于 2%，用于高洁净度要求不大于 1% 的机组。

(3)空气热回收设备的利用。空气热回收设备有显热回收器和全热回收器两种，每一种又有静止式和转轮式热回收器。无论哪一种都是两种不同状态的空气同时进行热湿交换的设备，主要用于回收空调系统中排风的能量，并将其回收的能量直接传递给新风。夏季利用排风或回风比新风温湿度低来降低新风的温湿度；而冬季则相反，利用排风或回风比新风温湿度高来提高新风的温湿度。空气热回收设备可单独设置在空调新排风系统中，也可作为组合式空调机组的一个功能段，一般可节省新风负荷量 70% 左右。

(4)尽量利用可再生能源，如太阳能、地热、空气自身供冷能力。在春秋季节，尽量加大新风量，以节省冷量。因此，设计空调机组时要考虑加大新风量的可能性。

2. 空调系统和室内送风方式

空调系统和末端设备随建筑特征和要求不同会有很大差别。

(1)体育馆、影剧院、会堂、博物馆、商场等类公共建筑。该类公共建筑特点为人员较多，空间高大，有舒适性空调要求，但空调负荷较大，设计时可以从空调方式和室内送风方式两方面考虑，从而达到节能目的。

①该类建筑空调方式可采用分层空调技术。分层空调技术是在高大空间建筑物中，利用空气密度随着垂直方向温度变化而自然分层的现象，仅对下部工作区域进行空调，而

上部较大空间(非空调区)不予空调或通风排热。实践证明:分层空调技术既能保持下部工作所要求的环境条件,又能有效地减少空调负荷,从而节省初始投资和运行费用。相对于全室空调而言,一般可节省冷量30% ~40%。空间越大,节能效果越显著。

②室内送风方式主要有两种,一种是高速喷口诱导送风方式,由于送风速度大,一般在4~10 m/s,诱导室内空气量多,送风射程长,因此可以加大送风温差,一般可取8~10 ℃,这样可以减少送风量,从而节省能量。另一种是下送风方式或座椅送风方式,下送风方式或座椅送风方式是由房间下部或座椅风口向上送风,只考虑工作区或人员所在处的负荷,而且又是直接送入需要空调部位。因此,也是一种节能措施,但这种方式只能应用于一般的舒适性空调如影剧院等。

(2)现代化办公和商业服务建筑群、宾馆。

目前现代化办公和商业服务建筑群、宾馆建筑主要有新风机组加末端风机盘管机组和变风量两种空调方式。

新风机组加末端风机盘管机组是目前现代化办公建筑应用最广泛的一种空调方式,这种空调方式的最大特点是灵活性大,对于不同建筑平面布置形式,特别是层高较低时,都可以适应,而且可根据不同朝向房间进行就地控制,不同时使用房间的空调可关闭,有利于节约能源。

变风量空调方式是另一种节能空调方式,是按各个空调房间的负荷大小和相应室内温度变化,自动调节各种送风量,达到所需要的空气参数。它可以利用室外空气冷却的办法达到(在春秋过渡季节)节约制冷量的目的。由于变风量空调的冷却量不必按全部冷负荷值之和来确定,而是按某一时间各朝向冷负荷之和来确定,因此比风机盘管系统的冷却能力可减少20%左右。国外1960年开始使用变风量空调方式,并得到广泛推广,但我国推广不多,主要原因在于价格高昂和维护保养技术复杂,比风机盘管加新风量空调方式价格高2.5倍。

(二)新风量的确定

空调系统新风量的多少是影响空调负荷的重要因素之一。空调系统需要的新风主要有两个用途:一是稀释室内有害物质的浓度,满足人员的卫生要求;二是补充室内排风和保持室内正压。前者的指示性物质是CO_2,使其日平均值保持在0.1%以内;后者通常根据风平衡计算确定。

当房间内人员密度变化较大时,如果一直按照设计的较大的人员密度供应新风,将浪费较多的新风处理用冷、热量。所以,在人员密度相对较大且变化较大时,宜采用新风需求控制,即根据室内CO_2浓度检测值增加或减少新风量,使CO_2浓度始终维持在卫生标准规定的限值内。二氧化碳并不是污染物,但可以作为室内空气品质的一个指标值。

参考美国采暖制冷空调工程师学会标准ASHRAE 62-2001《Ventilation for acceptable indoor air quality》第6.1.3.4条,对于出现最多人数的持续时间少于3 h的房间,所需新风量可按室内的平均人数确定,平均人数不应少于最多人数的1/2。例如:一个设计最多容纳人数为100人的会议室,开会时间不超过3 h,假设平均人数为60人,则该会议室的新风量可取30 m^3/(h·p) ×60 p=1 800 m^3/h,而不是按30 m^3/(h·p)×100 p=3 000 m^3/h计算。另外假设平均人数为50人,则该会议室的新风量可取30 m^3/(h·p)×

50 p = 1 500 m^3/h。

考虑到一些设计采用新风比最大的房间的新风比作为整个空调系统的新风比，这将导致系统新风比过大，浪费能源。因此，当一个空气调节风系统负担多个使用空间时，系统的新风量应按公式(3-1)～公式(3-4)计算确定。

$$Y = \frac{X}{1 + X - Z} \tag{3-1}$$

$$Y = \frac{V_{ot}}{V_{st}} \tag{3-2}$$

$$X = \frac{V_{on}}{V_{st}} \tag{3-3}$$

$$Z = \frac{V_{oc}}{V_{sc}} \tag{3-4}$$

式中 Y——修正后的系统新风量在送风量中的比例；

V_{ot}——修正后的总新风量，m^3/h；

V_{st}——总送风量，即系统中所有房间送风量之和，m^3/h；

X——未修正的系统新风量在送风量中的比例；

V_{on}——系统中所有房间的新风量之和，m^3/h；

Z——需求最大的房间的新风比(%)；

V_{oc}——需求最大的房间的新风量，m^3/h；

V_{sc}——需求最大的房间的送风量，m^3/h。

采用上述计算公式将使得各房间在满足要求的新风量的前提下，系统的新风比最小，因此可以节约空调风系统的能耗。

假定一个全空气空调系统为表3-2中的几个房间送风。

表3-2 全空气空调系统的送风房间

房间用途	在室人数	新风量(m^3/h)	总风量(m^3/h)	新风比(%)
办公室	20	680	3 400	20
办公室	4	136	1 940	7
会议室	50	1 700	5 100	33.3
接待室	6	156	3 120	5
合计	80	2 672	13 560	19.7

如果为了满足新风量需求最大的会议室的用风量，则须按该会议室的新风比设计空调风系统。其需要的总新风量变成：13 560 × 33% = 4 475 (m^3/h)，比实际需要的新风量 2 672 m^3/h 增加了 67 %。

系统的新风量按公式(3-1)～公式(3-4)计算，其中 V_{ot} 未知，V_{st} = 13 560 m^3/h，V_{on} = 2 672 m^3/h，V_{oc} = 1 700 m^3/h，V_{sc} = 5 100 m^3/h。计算得到：

$$Y = \frac{V_{ot}}{V_{st}} = \frac{V_{ot}}{13\ 560}$$

$$X = \frac{V_{on}}{V_{st}} = \frac{2\ 672}{13\ 560} = 19.7\%$$

$$Z = \frac{V_{oc}}{V_{sc}} = \frac{1\ 700}{5\ 100} = 33.3\%$$

代入方程 $Y = \frac{X}{1 + X - Z}$中，得到：

$$Y = \frac{V_{ot}}{V_{st}} = \frac{V_{ot}}{13\ 560} = \frac{0.197}{1 + 0.197 - 0.333} = 0.228$$

可以得出：$V_{ot} = 3\ 092\ m^3/h$，比较接近实际需要的新风量。

另外，采用人工冷、热源进行预热或预冷运行时新风系统应能关闭，其目的在于减少处理新风的冷、热负荷，节省能量消耗；在夏季的夜间或室外温度较低的时段，直接采用室外温度较低的空气对建筑进行预冷时，应尽量利用新风系统，这是节省能耗的一个有效方法，应该推广应用。

（三）空调系统的内外分区

空调系统的内外进行分区是多分区空调方式，属于空调设计合理化的一种节能措施，特别适用于具有不同负荷变化特点的多个分区的空调系统。建筑物空气调节内、外区应根据室内进深、分隔、朝向、楼层以及围护结构特点等因素划分。内、外区宜分别设置空气调节系统并注意防止冬季室内冷热风的混合损失。

建筑物外区和内区的负荷特性不同。外区由于与室外空气相邻，围护结构的负荷随季节改变有较大的变化；内区则由于远离围护结构，室外气候条件的变化对它几乎没有影响，常年需要供冷。冬季内、外区对空调的需求存在很大的差异，因此宜分别设计和配置空调系统。这样，不仅可以方便运行管理，获得最佳的空调效果，而且还可以避免冷热抵消，节省能源的消耗，减少运行费用。

对于办公建筑来说，办公室内、外区的划分标准与许多因素有关，其中房间分隔是一个重要的因素，设计中需要灵活处理。例如，如果在进深方向有明确的分隔，则分隔处一般为内、外区的分界线；房间开窗的大小、房间朝向等因素也对划分有一定影响。在设计没有明确分隔的大开间办公室时，根据国外有关资料介绍，通常可将距外围护结构 3 ~ 5 m的范围内划为外区，其所包容的为内区。为了使设计尽可能满足不同的使用需求，也可以将上述 3 ~5 m 的范围作为过渡区，在空调负荷计算时，内、外区都计算此部分负荷，这样只要分隔线在 3 ~5 m 之间变动，都是能够满足要求的。

对有较大内区且常年有稳定的大量余热的办公、商业等建筑，宜采用水环热泵空气调节系统。水环热泵空调系统具有在建筑物内部进行冷、热量转移的特点。对于冬季的建筑供热来说，实际上是利用了建筑内部的发热量，从而减少了外部供给建筑的供热量需求，是一种节能的系统形式。但其运行节能的必要条件是在冬季建筑内部有较为稳定、可观的余热。在实际设计中，应进行供冷、余热和供热需求的热平衡计算，以确定是否设置辅助热源及其大小，并通过适当的经济技术比较后确定是否采用此系统。

（四）空调系统的风系统设计

1. 风系统的分区

使用时间、温度、湿度等要求不同的空气调节区，不应划分在同一个空气调节风系统中。

温、湿度要求不同的空调区不应划分在同一个空调风系统中是空调风系统设计的一个基本要求，这也是多数设计人员都能够理解和考虑到的。但在实际工程设计中，一些设计人员有时忽视了不同空调区在使用时间等要求上的区别，出现了把使用要求不同（如明显地不同时使用）的空调区划分在同一空调风系统中的情况，不仅给运行与调节造成困难，同时也增大了能耗，为此强调应根据使用要求来划分空调风系统。

2. 送风温度

空调系统的送风温度通常应以 $h-d$ 图的计算为准。对于湿度要求不高的舒适性空调而言，降低一些湿度要求，加大送风温差，可以达到很好的节能效果。送风温差加大1倍，送风量可减少一半左右，风系统的材料消耗和投资相应可减40%左右，动力消耗则下降50%左右。送风温差在4~8 ℃之间时，每增加1 ℃，送风量可减少10%~15%。

3. 送风方式

研究表明：置换通风系统是一种通风效率高，既带来较高的空气品质，又有利于节能的有效通风方式。置换通风是将经过处理或未经过处理的空气，以低风速、低紊流度、小温差的方式直接送入室内人员活动区的下部。置换通风型送风模式比混合式通风模式节能，根据有关资料统计，对于高大空间来说，其节约制冷能耗费20%~50%。

（五）空气调节冷、热水系统的设计

空气调节冷、热水系统的节能设计应符合下列规定：

（1）应采用闭式循环水系统。闭式循环水系统不仅初投资比开式系统少，输送能耗也低，故推荐选用。

（2）只要求按季节进行供冷和供热转换的空气调节系统，应采用两管制水系统；在季节变化时只是要求相应做供冷/采暖空调工况转换的空调系统，采用两管制水系统，工程实践已充分证明完全可以满足使用要求。

（3）当建筑物内有些空气调节区需全年供冷水，有些空气调节区则冷、热水定期交替供应时，宜采用分区两管制水系统。

对规模（进深）大的建筑，由于存在负荷特性不同的外区和内区，往往存在需要同时分别供冷和供暖的情况，常规的两管制显然无法同时满足以上要求。若采用分区两管制水系统（分区两管制水系统，是一种根据建筑物的负荷特性，在冷热源机房内，预先将空调水系统分为专供冷水和冷热合用的两个两管制系统的空调水系统制式），就可以在同一时刻分别对不同区域进行供冷和供热，这种系统的初投资比四管制低，管道占用空间也少，因此推荐采用。

（4）全年运行过程中，供冷和供热工况频繁交替转换或需同时使用的空气调节系统，宜采用四管制水系统。

（5）系统较小或各环路负荷特性或压力损失相差不大时，宜采用一次泵系统；在经过包括设备的适应性、控制系统方案等技术论证后，在确保系统运行安全可靠且具有较大的市场潜力和经济性的前提下，一次泵可采用变速调节方式。

采用一次泵方式时，管路比较简单，初投资也低，因此推荐采用。过去，一次泵与冷水机组之间都采用定流量循环，节能效果不大。近年来，随着制冷机的改进和控制技术的发展，通过冷水机组的水量已经允许在较大幅度范围内变化，从而为一次泵变流量运行创造了条件。为了节省更多的能量，也可采用一次泵变流量调节方式。但为了确保系统及设备的运行安全可靠，必须针对设计的系统进行充分的论证，尤其要注意的是设备（冷水机组）的变水量运行要求和所采用的控制方案及相关参数的控制策略。

（6）系统较大、阻力较高、各环路负荷特性或压力损失相差悬殊时，应采用二次泵系统。二次泵宜根据流量需求的变化采用变速变流量调节方式。

当系统较大、阻力较高，且各环路负荷特性相差较大，或压力损失相差悬殊（差额大于 50 kPa）时，如果采用一次泵方式，水泵流量和扬程要根据主机流量和最不利环路的水阻力进行选择，配置功率都比较大；部分负荷运行时，无论流量和水流阻力有多小，水泵（一台或多台）都要满负荷配合运行，管路上多余流量与压头只能采用旁通和加大阀门阻力予以消耗，因此输送能量的利用率较低，能耗较高。若采用二次泵方式，二次水泵的流量与扬程可以根据不同负荷特性的环路分别配置，对于阻力较小的环路来说可以降低二次泵的设置扬程（举例：在空调冷、热水泵中，扬程差值超过 50 kPa 时，通常来说其配电机的安装容量会变化一挡；同时，对于水阻力相差 50 Pa 的环路来说，相当于输送距离 100 m 或送回管道长度在 200 m 左右），做到"量体裁衣"，最大地避免无谓的浪费。而且二次泵的设置不影响制冷主机规定流量的要求，可方便地采用变流量控制和各环路的自由启停控制，负荷侧的流量调节范围也可以更大；尤其是当二次泵采用变频控制时，其节能效果更好。

（7）冷水机组的冷水供、回水设计温差不应小于 5 ℃。在技术可靠、经济合理的前提下宜尽量加大冷水供、回水温差。

冷水机组的冷水供、回水设计温差通常为 5 ℃。研究结果表明：加大冷水供、回水设计温差对输送系统减少的能耗，大于由此导致的设备传热效率下降所增加的能耗，因此对于整个空调系统来说具有一定的节能效益。目前有的实际工程已用到 8 ℃温差，从其运行情况看也反映出良好的节能效果。由于加大冷水供、回水温差需要设备的运行参数发生变化（不能按通常的 5 ℃温差选择），因此采用此方法时，应进行技术经济的分析比较后确定。

（8）空气调节水系统的定压和膨胀，宜采用高位膨胀水箱方式。

采用高位膨胀水箱定压，具有安全、可靠、消耗电力相对较少、初投资低等优点，因此推荐优先采用。

三、采暖、空调系统冷热源的选取

采暖、空调系统在公共建筑中是能耗大户，而空调冷热源机组的能耗占整个空调、采暖系统的大部分。当前各种机组、设备品种繁多，电制冷机组、溴化锂吸收式机组及蓄冷蓄热设备等各具特色。但采用这些机组和设备时都受到能源、环境、工程状况、使用时间及要求等多种因素的影响和制约，为此必须客观全面地对冷热源方案进行分析比较后合理确定。

因此，在冷、热源的选取中，空气调节与采暖系统的冷、热源宜采用集中设置的冷（热）水机组或供热、换热设备。机组或设备的选择应根据建筑规模、使用特征，结合当地能源结构及其价格政策、环保规定等按下列原则经综合论证后确定：

(1)具有城市、区域供热或工厂余热时，宜作为采暖或空调的热源。

发展城市热源是我国城市供热的基本政策，北方城市发展较快，较为普遍，夏热冬冷地区少部分城市也在规划中，有的已在实施，具有城市或区域热源时应优先采用。我国工业余热的资源也存在潜力，应充分利用。

(2)具有热电厂的地区，宜推广利用电厂余热的供热、供冷技术。《中华人民共和国节约能源法》明确提出："推广热电联产，集中供热，提高热电机组的利用率，发展热能梯级利用技术，热、电、冷联产技术和热、电、煤气三联供技术，提高热能综合利用率。"大型热电冷联产是利用热电系统发展供热、供电和供冷为一体的能源综合利用系统。冬季用热电厂的热源供热，夏季采用溴化锂吸收式制冷机供冷，使热电厂冬夏负荷平衡，高效经济运行。

(3)具有充足的天然气供应的地区，宜推广应用分布式热电冷联供和燃气空气调节技术，实现电力和天然气的削峰填谷，提高能源的综合利用率。

原国家计委、原国家经贸委、建设部和国家环保总局联合发布的《关于发展热电联产的规定》(计基础[2000]1268号文)中指出："以小型燃气发电机组和余热锅炉等设备组成的小型热电联产系统，适用于厂矿企业、写字楼、宾馆、商场、医院、银行、学校等分散的公共建筑。它具有效率高、占地小、保护环境、减少供电线路损失和应急突发事件等综合功能，在有条件的地区应逐步推广。"

分布式热电冷联供系统以天然气为燃料，为建筑或区域提供电力、供冷、供热(包括供热水)三种需求，实现天然气能源的梯级利用，能源利用效率可达到80%以上，大大减少SO_2、固体废弃物、温室气体、NO_X和TSP的排放，减少占地面积和耗水量，还可应对突发事件确保安全供电，在国际上已经得到广泛应用。我国已有少量项目应用了分布式热电冷联供技术，取得较好的社会和经济效益。国家制定的《国家十一五规划》、《国家中长期能源规划》、《国家中长期科技规划》，都把分布式燃气热电冷联供作为发展的重点。

大量电力驱动空调的使用是导致高峰期电力超负荷的主要原因之一。同时由于空调负荷分布极不均衡、全年工作时间短、平均负荷率低，如果为满足高峰期电力需求大规模建设电厂，将会导致发输配电设备的利用率低、电网的技术和经济指标差、供电的成本提高。随着国家西气东输等天然气工程的建设，夏季天然气出现大量富余，北京冬季供气高峰和夏季低谷的供气量相差7~8倍。为平衡负荷，不得不投巨资建设调峰储气库，天然气输配管网和设施也必须按最大供应能力建设，在夏季供气低谷时，造成管网资源的闲置和浪费。可见燃气与电力都存在峰谷差的难题。但是燃气峰谷与电力峰谷有极大的互补性。发展燃气空调和楼宇冷热电三联供可降低电网夏季高峰负荷，填补夏季燃气的低谷，同时降低电力和燃气的峰谷差，平衡能源利用负荷，实现资源的优化配置，是利学合理地利用能源的双赢措施。

(4)具有多种能源(热、电、燃气等)的地区，宜采用复合式能源供冷、供热技术。当具有电、城市供热、天然气、城市煤气等能源中两种以上能源时，可采用几种能源合理搭配作为空调冷热源。如"电+气"、"电+蒸汽"等，实际上很多工程都通过技术经济比较后采用复合能源方式，投资和运行费用都降低，取得了较好的经济效益。城市的能源结构若是几种共存，空调也可适应城市的多元化能源结构，用能源的峰谷季节差价进行设备选型，提高能源的一次能效，使用户得到实惠。

(5)具有天然水资源或地热源可供利用时，宜采用水(地)源热泵供冷、供热技术。

①水源热泵是一种以低位热能做能源的中小型热泵机组，可利用地下水、地表水或工业废水作为热源供暖和供冷，采暖运行时的性能系数 *COP* 一般大于4，优于空气源热泵，并能确保采暖质量。水源热泵需要稳定的水量，合适的水温和水质，在取水这一关键问题上还存在一些技术难题，目前也没有合适的规范、标准可参照，在设计上应特别注意。采用地下水时，必须确保有回灌措施和确保水源不被污染，并应符合当地的有关保护水资源的规定。

②采用地下埋管换热器的地源热泵可省去水质处理、回灌和设置板式换热器等装置。埋管换热器可以分为立式和卧式。我国对这一新技术还处于开发研究阶段，当前设计上还缺乏可靠的土壤热物性有关数据和正确的计算方法。在工程实施中宜由小型建筑起步，不断总结完善设计与施工的经验。

四、监测与控制

采暖与空调系统的自动控制的设置，是提高能源的有效利用率、保证能源按需分配、减少和节省不必要能耗的重要措施之一。统计表明：采用较为完善的自动控制系统，全年可节省约20%能耗。因此，为了节省运行中的能耗，供热与空调系统应配置必要的监测与控制，其内容主要包括参数检测、参数与设备状态显示、自动调节与控制、工况自动转换、能量计量以及中央监控与管理等。但实际情况错综复杂，作为一个总的原则，设计时要求结合具体工程情况通过技术经济比较确定具体的控制内容。

(一)冷热源系统的监控

(1)对系统冷、热量的瞬时值和累计值进行监测，冷水机组优先采用由冷量优化控制运行台数的方式。目前许多工程采用总回水温度来控制，但由于冷水机组的最高效率点通常位于该机组的某一部分负荷区域，因此采用冷量控制的方式比采用温度控制的方式更有利于冷水机组在高效率区域运行而节能，是目前最合理和节能的控制方式。但是，由于计量冷量的元器件和设备价格较高，因此规定在有条件时(当采用直接数字控制系统简称"DDC 系统"时)，优先采用此方式。同时，台数控制的基本原则是：①让设备尽可能处于高效运行状态；②让相同型号的设备的运行时间尽量接近，以保持其同样的运行寿命(通常优先启动累计运行小时数最少的设备)；③满足用户侧低负荷运行的需求。

(2)冷水机组或热交换器、水泵、冷却塔等设备连锁启停。设备的连锁启停主要是保证设备的运行安全性。

(3)对供、回水温度及压差进行控制或监测。目前绝大多数空调水系统控制是建立在变流量系统的基础上的，冷热源的供、回水温度及压差控制在一个合理的范围内是确保采暖空调系统正常运行的前提，当供、回水温度过小或压差过大的话，将会造成能源浪费，甚至系统不能正常工作，必须对它们加以控制与监测。回水温度主要用于监测(回水温度的高低由用户侧决定)和高(低)限报警。对于冷冻水而言，其供水温度通常是由冷水机组自身所带的控制系统进行控制，对于热水系统来说，当采用换热器供热时，供水温度应在自动控制系统中进行控制；如果采用其他热源装置供热，则要求该装置应自带供水温度控制系统。在冷却水系统中，冷却水的供水温度对制冷机组的运行效率影响很大，同时也会影响到机组的正常运行，故必须加以控制。

机组冷却水总供水温度控制可以采用下列方法：①控制冷却塔风机的运行台数（对于单塔多风机设备）；②控制冷却塔风机转速（特别适用于单塔单风机设备）；③通过在冷却水供、回水总管上设置旁通电动阀等方式进行控制。其中方法①节能效果明显，应优先采用。如环境噪声要求较高（如夜间），可优先采用方法②，它在降低运行噪声的同时，同样具有很好的节能效果，但投资稍大。在空气越来越凉，风机全部关闭后，冷却水温仍然下降时，可采用方法③进行旁通控制。在空气逐渐变热时，则反向进行控制。

（4）对设备运行状态进行监测及故障报警。设备运行状态的监测及故障报警是冷、热源系统监控的一个基本内容。

（5）技术可靠时，宜对冷水机组出水温度进行优化设定。当楼宇自控系统与冷冻机控制系统可实施集成的条件时，可以根据室外空气的状态，在一定范围内对冷水机组的出水温度进行再设定优化控制。

（二）空气调节冷却水系统的监控

（1）冷水机组运行时，冷却水最低回水温度的控制。从节能的观点来看，较低的冷却水进水温度有利于提高冷水机组的能效比，因此尽可能降低冷却水温对于节能是有利的。但为了保证冷水机组能够正常运行，提高系统运行的可靠性，通常冷却水进水温度有最低水温限制的要求。为此，必须采取一定的冷却水水温控制措施。

（2）冷却塔风机的运行台数控制或风机调速控制。通常有三种做法：①调节冷却塔风机运行台数；②调节冷却塔风机转速；③在供、回水总管上设置旁通电动阀，通过调节旁通流量保证进入冷水机组的冷却水温高于最低限值。在①、②两种方式中，冷却塔风机的运行总能耗也得以降低。

（3）采用冷却塔供应空气调节冷水时的供水温度控制。在停止冷水机组运行期间，当采用冷却塔供应空调冷水时，为了保证空调末端所必需的冷水供水温度，应对冷却塔出水温度进行控制。

（4）排污控制。冷却水系统在使用时，由于水分的不断蒸发，水中的离子浓度会越来越大。为了防止由于高离子浓度带来的结垢等种种弊病，必须及时排污。排污方法通常有定期排污法和控制离子浓度排污法。这两种方法都可以采用自动控制方法，其中控制离子浓度排污方法在使用效果与节能方面具有明显优点。

（三）空气调节风系统的监控

空气调节风系统（包括空气调节机组）应满足下列基本控制要求：

（1）空气温、湿度的控制和监测。空气温、湿度控制和监测是空调风系统控制的一个基本要求。在新风系统中，通常控制送风温度和送风（或典型房间取决于新风系统的加湿控制方式）的相对湿度。在带回风的系统中，通常控制回风（或室内）温度和相对湿度，如不具备湿度控制条件（如夏季使用两管制供水系统）时，舒适性空调的相对湿度可不做控制。在温、湿度同时控制的过程中，应考虑到人体的舒适性范围，防止由于单纯追求某一项指标而发生冷、热相互抵消的情况。当技术可靠时，可考虑夜间（或节假日）对室内温度进行自动再设定控制。

(2)采用定风量全空气调节系统时,宜采用变新风比焓值控制方式。在大多数民用建筑中,如果采用双风机系统(设有回风机),其目的通常是为了节能而更多地利用新风(直至全新风)。因此,系统应采用变新风比焓值控制方式。其主要内容是:根据室内、外焓值的比较,通过调节新风、回风和排风阀的开度,最大限度地利用新风来节能。技术可靠时,可考虑夜间对室内温度进行自动再设定控制。目前也有一些工程采用"单风机空调机组加上排风机"的系统形式,通过对新风、排风阀的控制以及排风机的转速控制也可以实现变新风比控制的要求。

(3)采用变风量系统时,风机宜采用变速控制方式。变风量采用风机变速是最节能的方式。尽管风机变速的做法投资有一定增加,但对于采用变风量系统的工程而言,这点投资应该是有保证的,其节能所带来的效益能够较快地回收投资。风机变速可以采用的方法有定静压控制法、变静压控制法和总风量控制法。第一种方法的控制最简单,运行最稳定,但节能效果不如后两种;第二种方法是最节能的办法,但需要较强的技术和控制软件的支持;第三种介于第一、二种之间。就一般情况来说,采用第一种方法已经能够节省较大的能源。但如果为了进一步节能,在经过充分论证控制方案和技术可靠时,可采用变静压控制模式。

(4)设备运行状态的监测及故障报警。

(5)需要时,设置盘管防冻保护。在冬季室外气温有可能低于0 ℃的地区,应该设置对盘管的防冻控制,包括空调机组停止运行时的防冻和运行过程中的防冻。

(6)过滤器超压报警或显示。

第三节　建筑配电与照明节能基本知识

为了方便建筑节能设计、施工、监理、检测、监督等技术和管理人员使用《规范》,应对与配电和照明节能工程验收有关的基础知识有所掌握。

建筑能耗已成为各个国家总能耗的重要组成部分,发达国家的建筑能耗占其总能耗的30%~40%,我国建筑能耗约占全国总能耗的1/4。就建筑运行能耗而言,电力消耗已成为建筑物的主要能耗,对部分沿海发达城市公共建筑的调研和统计表明:高级商场、办公楼和宾馆,每平方米面积的电力装机容量均在50 W以上,且电气照明的能耗也相当高,占到总能耗的1/4以上。建筑照明是建筑节能工程中的重要组成部分,因此应当引起足够重视。

据估计,我国年照明用电量占总发电量的12%左右,而且以低效照明为主,节能潜力很大。在我国照明电光源中,节能灯仅占很小的份额,应该大力发展高效节能灯具,杜绝照明中的浪费能源现象。

建筑照明节能的基本原则是在保证不降低视觉要求的条件下,最有效地利用照明用电。照明节能主要与光源光效、灯具效率、气体放电灯启动设备质量、照明方式、灯具控制方案和日常维护管理有关。

由于白炽灯具有低光效、使用时间短的缺点,因此在新建项目中应尽量减少白炽灯的使用量，优先选用有利于节能的高效光源、灯具和其附属装置，除设计要求或特殊装饰效果的需要外，原则上不应在新建项目中选择普通白炽灯。

一、照明光源

（一）主要光特性指标

为正确、合理地判断光源的质量和适用范围，应首先了解其特性指标。

（1）光通量：灯的发光能力用光通量表示，单位为 lm。灯具有额定光通量。

（2）发光效率（光效）：每瓦电能发出的光通量，又称为光效，单位为 lm/W。

（3）寿命：灯的使用时间称为灯的寿命，单位为 h。通常分为有效寿命和平均寿命。白炽灯、荧光灯一般以有效寿命为指标，高强放电灯一般以平均寿命为指标。

（4）平均亮度：灯的发光体的亮度平均值，称为平均亮度，单位为 cd/m^2。

（5）光源色：人们直观感到的灯光颜色称为光源色，以色温或相关色温表示，单位为 K。

（6）显色指数：用某一光源和标准光源照明时，在适当考虑色适应状态下，物体的心理物理色符合程度。符号，*Ra*。如灯 *Ra* 的最大值为 100，则在 80 以上时，灯的显色性为优良；在 79 ~ 40 时，灯的显色性为一般；在 40 以下时，灯的显色性较差。

（7）频闪现象：气体放电灯随着电压周期性变化，当物体转动周期与其一致时，使人眼观察转动物体时产生不转动的错觉。

（二）光源的种类

建筑照明中使用的光源包括热辐射光源和气体放电光源两大类。热辐射光源是电流通过灯丝，将灯丝加热到白炽状态而发光的光源；气体放电光源是由于气体、金属蒸汽或几种气体与蒸汽的混合物通过放电而发光的光源，按其所含气体的压力分为低压气体放电灯和高压气体放电灯。常见电光源分类、名称和代号见表 3-3。

表 3-3　常见电光源分类、名称和代号

光源类型	灯的名称	代号
热辐射光源	普通型白炽灯	PZ
	卤钨灯	LZG
气体放电光源	荧光灯	YZ
	荧光高压汞灯	GGY
	金属卤化物灯	NTY
	高压钠灯	NG
	低压钠灯	ND

1. 热辐射光源

1）普通白炽灯

普通白炽灯由灯丝、外玻壳、充入气体与灯头等部分组成。白炽灯是一种利用电流通过细钨丝所产生的高温而发光的热辐射光源。由于钨是一种熔点很高的金属（熔点 3 417 ℃），故当电流通过很细的灯丝时，将灯丝加热到温度为 2 300 K 以上而发光。

白炽灯的发光效率不高，仅为12～18 lm/W，只有2%～3%的电能转变为光，其余电能以热辐射的形式损失掉。由于材料、工艺等的限制，白炽灯的灯丝温度不能太高，故它发出的可见光以长波辐射为主，与天然光相比，其光色偏红，因此白炽灯不适合用于需要仔细分辨颜色的场所。

白炽灯虽然具有体积小，灯丝集中，易于控光，可在很宽的环境温度范围下工作，结构简单，使用方便，没有频闪现象等优点；但是存在红光较多，灯丝温度高，散热量大，寿命短（1 000 h），玻璃壳温度高，受电压变化和机械振动影响大的缺点，特别是发光效率很低，浪费能源。故国家标准《建筑照明设计标准》（GB50034—2004）中强调宾馆、饭店、商场、招待所、写字楼、工矿企业的车间、体育场馆、车站码头、广场与道路照明等公共场所，尽量取消白炽灯照明。

2）卤钨灯

卤钨灯是一个直径约12 mm的石英玻璃管，管内充有卤族元素（如碘、溴），在管的中轴支悬一根钨丝。

由于高温下普通白炽灯的钨丝会发生气化，气化后的钨粒子附着在灯的外玻壳上，使灯变黑，影响其光效。若将卤族元素充入灯泡内，它能和游离态的钨化合成气态的卤化钨。这种化合物很不稳定，当它们靠近高温的钨丝时就要分解，分解出来的钨又重新附着在灯丝上，而卤素又继续进行新的循环。这种卤钨循环作用可消除灯泡的黑化，延缓灯丝的蒸发，提高了光透光率，故其发光效率和光色都较白炽灯有所改善。其发光效率约为20 lm/W，寿命约为1 500 h。

卤钨灯使用场合与白炽灯相同。为了保证卤素循环的正常进行和防止灯丝振断，使用过程中，应注意保持灯管与水平面的倾角不大于4°，并注意防振。

2. 气体放电光源

1）荧光灯

荧光灯是一种低压汞放电灯。灯管两端各有一个密封的电极，管内充有低压汞蒸汽及少量帮助启燃的氩气。灯管内壁涂有一层荧光粉，当灯管两个电极加上电压以后，气体放电产生紫外线，紫外线激发荧光粉发出可见光。荧光粉的成分决定荧光灯的光效和颜色。根据不同的荧光粉成分，产生不同的光色，可制成接近天然光光色、显色性良好的荧光灯。荧光灯的光效较高，一般可达45 lm/W，寿命较长，一般灯管为2 000～8 000 h。

荧光灯的发光面积大，管壁负荷小，表面亮度低，寿命长，广泛用于办公室、教室、商店、医院和部分工业厂房。

2）荧光高压汞灯

荧光高压汞灯发光原理与荧光灯相同，只是构造不同，灯泡壳有两层，分透明泡壳和涂荧光粉层，由于它的管中汞蒸汽的压力为0.1～0.5 MPa而得名。荧光高压汞灯具有发光效率较高（一般可达50 lm/W），寿命较长（可达6 000 h）的优点，其主要缺点是显色性差，主要发绿、蓝色光。在此灯光照射下，物体都增加了绿、蓝色色调，使人不能正确分辨颜色，故通常用于街道、施工现场和不需要认真分辨颜色的大面积照明场所。

3）金属卤化物灯

金属卤化物灯与荧光高压汞灯的结构类似，只是在放电管内又添加了金属卤化物，如碘化铊、碘化铟、溴化钠等。由电子激发金属原子，直接发出与天然光相近的可见光，光效可达 80 lm/W 以上。金属卤化物灯与汞灯相比，不但提高了光效，显色性也有很大改进，但寿命较短。由于其光效高、光色好、单灯功率大，适用于高大厂房和室外运动场照明。

4）高压钠灯

高压钠灯是利用在高压钠蒸汽中放电时，发出可见光的特性制成的。其辐射光的波长集中在人眼最敏感的黄绿色范围内，因此其光效高（120 lm/W）、寿命长（20 000 h）、透雾能力强。所以，户外照明和道路照明均宜采用高压钠灯。

5）低压钠灯

低压钠灯是利用在低压钠蒸汽中放电，钠原子被激发而产生波长主要在 589 nm 的黄光制成的。由于辐射处于人眼最敏感的波段，故这种灯的发光效率特别高，可达 150 lm/W 以上。由于低压钠灯的光谱单一，所以显色性极差，在室内很少使用，但由于它在烟雾中难以形成光幕，故透视性能好，目前主要用于道路照明。

6）氙灯

氙灯是利用在氙气中高压放电时，发出强烈的连续光谱而制成的。其光谱与太阳光极为相似。由于其功率大，单灯光通量大，又放出紫外线，故安装高度不宜低于 20 m。常用在广场等大面积照明场所。

从上述各种灯的优缺点可看出：光效高的灯，往往单灯功率大，光通量因而很大，从而很难应用于一些小空间（如住宅）。近年来，市场上先后出现一些功率小，光效高、显色性好的新光源，如紧凑型荧光灯、无电极荧光灯等。它们的体积小，大小和 100 W 的白炽灯相近，灯头可做成白炽灯形状，附属配件安置在灯内，可以直接替换白炽灯，其显色指数达 80 左右，单灯光通量在 425 ~ 1 200 lm 范围内，很适宜用于低、小空间内使用。故建议在居住、公共建筑中广泛地取代白炽灯。

7）紧凑型荧光灯

紧凑型荧光灯的灯管直径小，其发光原理与荧光灯相同，区别在于以三基色荧光粉代替普通荧光灯使用的卤磷化物荧光粉。紧凑型荧光灯不但显色性能好，显色指数 $Ra>80$，而且发光效率较高，一般约为 60 lm/W，因此紧凑型荧光灯是一种节能荧光灯。结构紧凑，灯管、镇流器、启辉器组成一体化，灯头可以做成白炽灯形状，使用方便；单灯光通量可小于 2 000 lm，完全满足小空间照明对光通量大小的要求。因此，紧凑型荧光灯可直接替代白炽灯。

8）无电极荧光灯

无电极荧光灯简称无极灯，是一种新颖的微波灯。其发光原理与上述光源的发光原理均不相同，是由高频发射器产生高频电磁场能量，经过感应圈耦合到灯泡内，使汞蒸汽原子电离放电，并产生紫外线，射到管壁的荧光物质后，激发出可见光。无电极荧光灯的光效和光色较好，寿命很长。如荷兰飞利浦生产的无电极荧光灯，功率 85 W，辐射出的光通量约为 5 500 lm，光效达 65 lm/W，一般显色指数 Ra 为 80，额定寿命高达 60 000 h。特别适合于不能经常更换灯的场所。

现将常用照明光源的主要光电特性列于表 3-4 中，以资比较。

表 3-4　常用照明光源的主要特性比较

项目	光源					
	普通白炽灯	卤钨灯	荧光灯	荧光高压汞灯	金属卤化物灯	高压钠灯
光效(lm/W)	7～19	15～21	32～70	33～56	52～110	57～107
色温(K)	2 800	2 850	3 000～6 500	6 000	4 500～6 000	≥2 100
显色指数 *Ra*	95～99	95～99	50～93	40～50	60～95	>20
平均寿命(h)	1 000	800～2 000	2 000～5 000	3 500～20 000	300～20 000	3 000～24 000
表面亮度	较大	大	小	较大	较大	较大
启动及再启动时间	瞬时	瞬时	较短	长	长	长
受电压波动的影响	大	大	较大	较大	较大	较大
受环境温度的影响	小	小	大	较小	较小	较小
耐震性	较差	差	较好	好	较好	较好
所需附件	无	无	电容器、镇流器、启辉器	镇流器	镇流器	镇流器
频闪现象	无	无	有	有	有	有

二、照明灯具

（一）灯具的特性

灯具是光源、灯罩及附件的总称，灯具的特性主要用发光强度的空间分布、灯具效率来表示。

1. 发光强度的空间分布

灯具发光强度的空间分布通常用配光曲线表示。任何光源或灯具一旦处于工作状态，就必然向周围空间投射光通。灯具向各方向的发光强度在三度空间里可用矢量表示出来。把矢量的终端连接起来，则构成一封闭的光强体。当光强体被通过轴线的平面截割时，在平面上获得一封闭的交线。此交线以极坐标的形式绘制在平面图上，就是灯具的配光曲线，如图 3-4 所示。配光曲线上的每一点，表示灯具在该方向上的发光强度。因此，知道灯具对计算点的投光角 θ，就可查到相应的发光强度 I_θ，就可求出点光源在计算点上形成的照度。

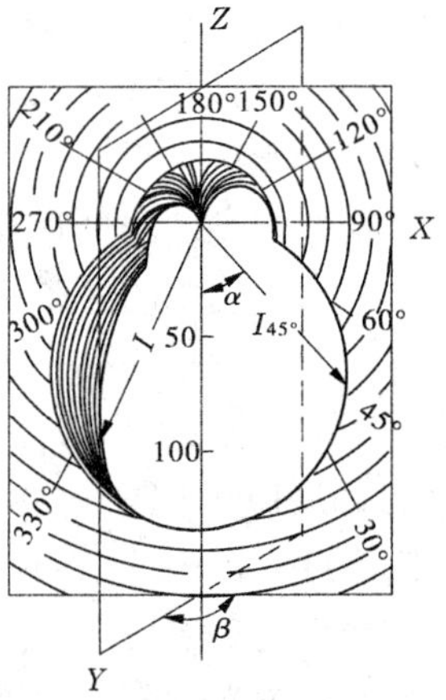

图 3-4　光强体与配光曲线

为了计算方便，通常配光曲线均按光源发出的光通量为 1 000 lm 来绘制。故实际光源发出的光通量不是 1 000 lm 时，查出的发光强度应乘以实际光通与 1 000 lm 之比。图 3-5 是扁圆吸顶天棚灯的配光曲线。

2. 灯具效率

任何材料制成的灯罩，都要吸收一部分投射在其表面的光通量，光源本身也要吸收少量的反射光，余下的才是灯具向周围空间投射的光通量。灯具效率 η 是指灯具向空间投射的光通量 Φ 与光源发出的光通量 Φ_0 之比，计算见公式(3-5)。

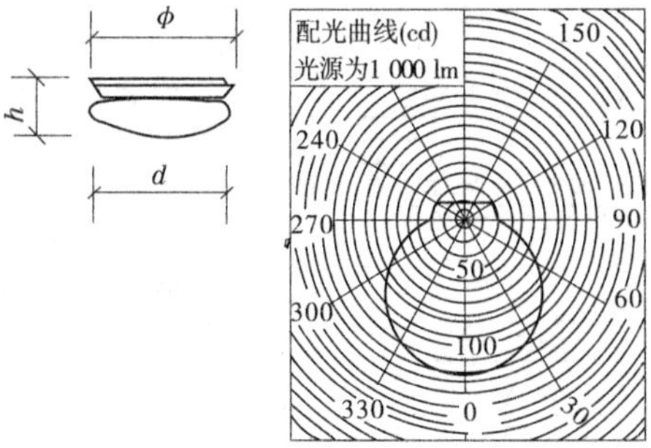

图 3-5　扁圆吸顶天棚灯的配光曲线

h—吸顶灯高度；d—吸顶灯直径；ϕ—扁圆吸顶灯座尺寸

$$\eta = \frac{\Phi}{\Phi_0} \tag{3-5}$$

灯具的效率反映出灯具对光源的利用程度。显然，η 是小于 1 的。它取决于灯罩开口的大小和灯罩材料的反光、透光系数。

（二）灯具的分类与选择

1. 灯具的附属装置

为保证不同类型电光源（热辐射光源和气体放电光源）在电网电压下正常可靠工作而配置的电器件统称为灯用电器附件，或称为灯的附属装置。灯用电器附件按用途分类如图 3-6 所示。

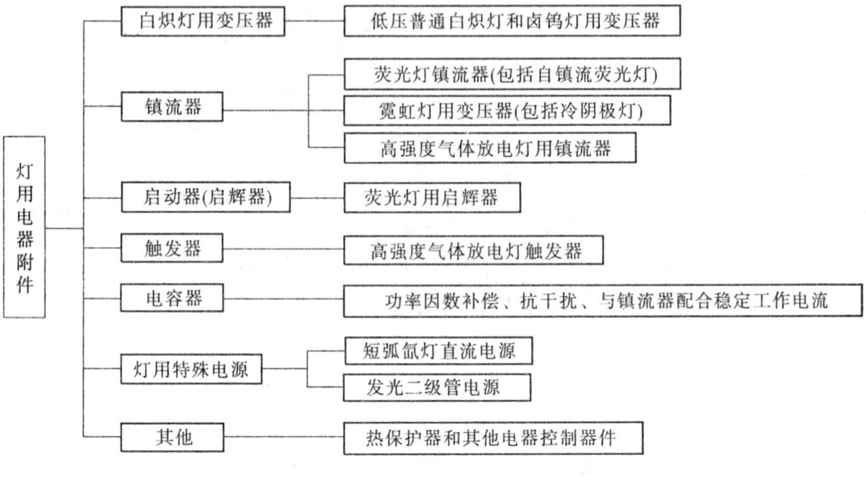

图 3-6　灯用电器附件按用途分类

灯用电器附件按工作原理分类如图 3-7 所示。

2. 镇流器的分类

镇流器按结构一般分为铁芯式镇流器和电子镇流器两种类型，根据其用途和性能的不同，又可分为不同的类型，具体见图 3-8。

气体放电灯电气特性对镇流器主要有两个方面的性能要求，一是应能承受镇流器输

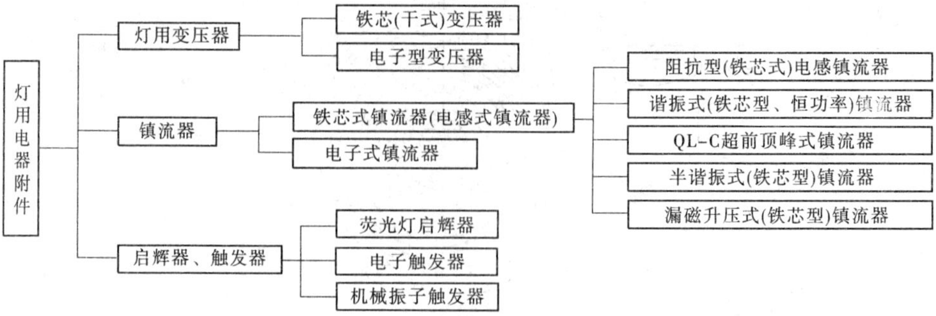

图 3-7　灯用电器附件按工作原理分类

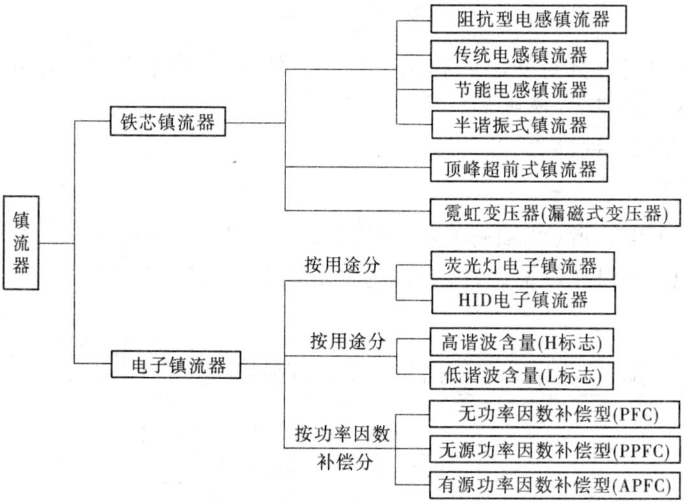

图 3-8　镇流器的分类

出端短路及可能出现的单向导电问题，二是不能产生过热而损坏。电感镇流器从结构原理上分析是完全可以承受的，电子镇流器在这方面存在一些问题，为了能抵御这种冲击，必须增加多种保护环节，因此质量好的电子镇流器的成本往往较高。

目前我国镇流器市场上，由于荧光灯产量的高速增长（每年超过 20%）和建筑行业的持续发展，镇流器的产量每年均以 10% ~15% 的速度在增长，而其中电感镇流器的市场份额约占 80%。电感镇流器由于价格便宜、无电磁干扰、性能稳定和使用寿命长（一般是电子镇流器的 2 ~4 倍）等原因，所以国内市场仍大量采用，并一直占据着主导地位。镇流器的功率损耗所占灯功率的百分比见表 3-5。

三、光源的选取

光源是建筑照明节能设计的重要环节之一。生产推广优质高效光源是技术进步的趋势，工程设计中选用先进光源又是一个易于实现的步骤。表 3-4 中列出常用光源的主要光电特性指标。从表中可以看出：高压钠灯的光效最高，但显色性最差，一般用于对辨色要求不高的场所，如道路、货场等；荧光灯和金属卤化物灯的光效低于高压钠灯，但显色性很好;白炽灯光效最低,相对能耗最大。由世界各种能源年消费比例和一些国家光源的应用比例可知,荧光灯和高压气体放电灯用量呈逐年增长趋势,而白炽灯呈逐年减少趋势。

表 3-5　镇流器的功率损耗所占灯功率的百分比

灯功率(W)	传统电感镇流器	节能电感镇流器	电子镇流器
<20	40~50	20~30	10~11
30	30~40	≦15	≦10
40	22~25	≦12	≦9
100	15~20	≦11	≦8
250	14~18	≦10	<8
400	12~14	≦9	≦7
1 000	10~11	≦8	

为减少能源浪费,光源的选取应在满足显色性、启动时间等要求条件下,根据光源、灯具及镇流器等的效率、寿命和价格在进行综合技术经济分析比较后确定。在选取光源方面可以遵循下述原则:

(1)要尽量减少白炽灯的使用量。由于白炽灯光效低、能耗大、寿命短,应尽量减少其使用量,在一些场所应禁止使用白炽灯,无特殊需要不应采用 150 W 以上的大功率白炽灯。如果需要采用白炽灯,宜采用光效较高的双螺旋白炽灯、充氩白炽灯、涂反射层白炽灯或小功率的高效卤钨灯。国家标准《建筑照明设计标准》(GB50034—2004)对 5 种可采用白炽灯的工作场所规定如下 :①要求瞬时启动和连续调光的场所,使用其他光源技术经济不合理时;②对防止电磁干扰要求严格的场所;③开关灯频繁的场所;④照度要求不高,且照明时间较短的场所;⑤对装饰有特殊要求的场所。

(2)倡导使用细管径荧光灯和紧凑型荧光灯。荧光灯光效较高、寿命长,得到普遍应用,在室内照明场所中重点推广细管径(26 mm)T8 型、T5 型荧光灯和各种形状的紧凑型荧光灯以代替粗管径(38 mm)荧光灯和白炽灯。

(3)积极推广高光效、长寿命的高压钠灯和金属卤化物灯。在大型公共建筑照明、工业厂房照明、道路照明及室外景观照明工程中,推广使用高光效、长寿命的高压钠灯和金属卤化物灯。逐渐减少高压汞灯的使用量,特别是不要随意使用自镇流高压汞灯。

国家标准《建筑照明设计标准》(GB50034—2004)对于各种场所光源的选择提出以下 7 点要求:

(1)高度较低的房间,如办公室、教室、会议室及仪表、电子等生产车间宜采用细径直管荧光灯。

(2)商店营业厅宜采用细管径荧光灯、紧凑型荧光灯或小功率金属卤化物灯。

(3)高度较高的工业厂房应按照生产使用要求,采用金属卤化物灯或高压钠灯,亦可采用大功率细管径荧光灯。

(4) 一般照明场所不宜采用荧光高压汞灯,不应采用自镇流荧光高压汞灯。

(5)一般情况下,室内外照明不应采用白炽灯;在特殊情况下需要采用时,其额定功率不应超过 100 W。

(6)应急照明应选用能快速点燃的光源。

(7)应根据识别颜色要求和场所特点，选用相应显色指数的光源。

四、节能灯具及其附属装置的选择

(一)节能照明灯具的选择

1. 基本规定

1)灯具效率

灯具效率会直接影响照明质量和能耗。在满足眩光限制和配光要求条件下，照明灯具应选用效率高的直接型灯具，尽量少采用格栅式和带有保护罩的灯具，室内灯具效率不宜低于70%，室外灯具效率不宜低于55%。表3-6～表3-7给出荧光灯和高强度气体放电灯具效率允许值。

表3-6 荧光灯灯具效率允许值

灯具出光口形式	开敞式	保护罩(玻璃或塑料)		格栅
		透明	磨砂、棱镜	
灯具效率	75%	65%	55%	60%

表3-7 高强度气体放电灯具效率允许值

灯具出光口形式	开敞式	格栅或透光罩
灯具效率	75%	60%

2)灯具配光曲线合理

根据使用场所的不同采用配光曲线合理的灯具，如蝙蝠翼型配光灯具、板块式高效灯具、多平面反光镜定向射灯等。

3)灯具光通量维持率好

选用光通量维持率好的灯具，如反射面涂氧化硅保护膜、防尘密封式灯具，反射器采用真空镀铝工艺，反射板蒸镀银反射材料和光学多层膜反射材料等。

4)灯具利用系数高

选用灯具利用系数高的灯具，所采用的灯具应尽量使光射到工作面上，以提高利用系数。

5)照明与空调一体化的灯具

选用照明与空调一体化的灯具，夏季时灯具所产生的热量不进入室内，由空调系统带到室外可以减少夏季室内的制冷负荷；而冬季时使灯具所产生的热量进入室内以减少冬季空调的制热负荷，从而减少用电量。

2. 灯具选用

国家标准《建筑照明设计标准》(GB50034—2004)根据照明场所的环境条件，对于灯具的选用做出如下规定：

(1)在潮湿的场所，应采用相应防护等级的防水灯具或带防水灯头的开敞式灯具；

(2)在有腐蚀性气体或蒸汽的场所，宜采用防腐蚀密闭式灯具。若采用开敞式灯具，各部分应有防腐蚀或防水措施；

(3)在高温场所，宜采用散热性能好，耐高温的灯具；

(4)在有尘埃的场所，应按防尘的相应防护等级选择适宜的灯具；

(5)在装有锻锤、大型桥式吊车等振动、摆动较大的场所使用的灯具，应有防振和防脱落措施；

(6)在易受机械损伤、光源自行脱落可能造成人员伤害或财物损失的场所使用的灯具，应有防护措施；

(7)在有爆炸或火灾危险场所使用的灯具，应符合国家现行标准和规范的有关规定；

(8)在有洁净要求的场所，应采用不易积灰、易于擦拭的洁净灯具；

(9)在需防止紫外线照射的场所，应采用隔紫灯具或无紫光源；

(10)直接安装在可燃材料表面的灯具，应用标有▽F标志的灯具。

(二)镇流器的选择

由于电子镇流器功耗比电感镇流器降低50% ~75%，同时具有启动电压低、噪声小、温升低、重量轻、无频闪等优点，节能效果显著，应多注意选用电子镇流器。建筑照明设计应按照下列原则选择镇流器：

(1)自镇流荧光灯应配用电子镇流器。

(2)直管型荧光灯应配用电子镇流器或节能型电感镇流器。

(3)高压钠灯、金属卤化物灯应配用节能型电感镇流器；在电压偏差较大的场所，宜配用恒功率镇流器；功率较小者可配用电子镇流器。

(4)采用的镇流器应符合该产品的国家能效标准。

(5)高强度气体放电灯的触发器与光源的安装距离应符合产品的要求。

五、照明设计及照明控制节能

(一)采用合理的照明设计节能

在室内照明设计中首先要正确选取合理的照度标准的高、中、低三档的照度值，依据不同的工作区域确定不同的照度。避免在设计中“以越亮越好”为指导思想。在照明方式上，对照度要求较高的场所要求采用混合照明的方式，尽量少采用一般照明方式，适当采取分区一般照明方式。在一些重要场所可以采用一般照明和重点照明相结合的方式，争取在设计环境中避免用灯浪费。

(二) 采用具有节能效果的照明控制系统

适用的照明控制方式和控制开关可以达到节能效果。控制方式上可以根据场所照明要求，使用分区控制灯光；灯具开启方式上可以充分利用天然光照度的变化，决定照明点亮的范围。同时可以使用定时开关、调光开关、光电启动自动控制开关等。公共场所照明、室外照明可以采用集中控制、遥控管理方式，或采用自动控光装置。

六、照明节能评价

(一) 评价指标

节能工作从设计到实施都应有相应的节能评价标准，国家标准《建筑照明设计标准》

(GB50034—2004)为了对建筑照明做出合理评价，将房间或场所一般照明的照明功率密度(LPD)作为照明节能的评价指标。

(二)照明功率密度值

居住建筑和常用类型的公共建筑的功率密度值具体规定如下。

(1)居住建筑每户照明功率密度值不宜大于表3-8的规定。

表3-8 居住建筑每户照明功率最大密度值

房间或场所	照明功率密度(W/m^2)		对应照度值(lx)
	现行值	目标值	
起居室	7	6	100
卧室	7	6	75
餐厅	7	6	150
厨房	7	6	100
卫生间	7	6	100

(2)办公建筑照明功率密度值不应大于表3-9的规定。

表3-9 办公建筑照明功率最大密度值

房间或场所	照明功率密度(W/m^2)		对应照度值(lx)
	现行值	目标值	
普通办公室	11	9	300
高级办公室、设计室	18	15	500
会议室	11	9	300
营业厅	13	11	300
文件整理、复印、发行室	11	9	300
档案室	8	7	200

(3)商业建筑照明功率密度值不应大于表3-10的规定。

表3-10 商业建筑照明功率最大密度值

房间或场所	照明功率密度(W/m^2)		对应照度值(lx)
	现行值	目标值	
一般商店营业厅	12	10	300
高档商店营业厅	19	16	500
一般超市营业厅	13	11	300
高档超市营业厅	20	17	500

(4)旅馆建筑照明功率密度值不应大于表3-11的规定。

表 3-11　旅馆建筑照明功率最大密度值

房间或场所	照明功率密度（W/m²）		对应照度值（lx）
	现行值	目标值	
客房	15	13	300
中餐厅	13	11	200
多功能厅	18	15	300
客房层走廊	5	4	50
门厅	15	13	300

（5）医院建筑照明功率密度值不应大于表 3-12 的规定。

表 3-12　医院建筑照明功率最大密度值

房间或场所	照明功率密度（W/m²）		对应照度值（lx）
	现行值	目标值	
治疗室、诊室	11	9	300
化验室	18	15	500
手术室	30	25	750
候诊室、挂号厅	8	7	200
病房	6	5	100
护士站	11	9	300
药房	20	17	500
重症监护室	11	9	300

（6）学校建筑照明功率密度值不应大于表 3-13 的规定。

表 3-13　学校建筑照明功率最大密度值

房间或场所	照明功率密度（W/m²）		对应照度值（lx）
	现行值	目标值	
教室、阅览室	11	9	300
实验室	11	9	300
美术教室	18	15	500
多媒体教室	11	9	300

七、电线与电缆标准

（一）电线、电缆标准

电线与电缆主要的基础标准是《电缆的导体》（GB/T3956—1997），标准规定了电缆和软线用的导体从 0.5 ~ 2 000 mm^2 的电阻值。需要重点检测的是建筑工程中使用数量大的电线、电缆，所以只规定了对固定敷设用电缆中，材料为不镀金属退火铜的单芯和多芯用第 1 种实心导体和第 2 种绞合导体进行见证取样送检，并且只规定检测其标称截面值和导体电阻值。一般建筑电气设计中采用的电缆最大截面一般不超过 300 mm^2，因此《规范》中给出电线电缆截面从 0.5 ~ 300 mm^2 的电阻值。

20 世纪 80 年代以来，我国对电能的质量日渐重视，陆续出台了多项电能质量标准。随着电力法的颁布，用电客户也开始关注供电部门能否提供合格的电能。由于非线性负荷（如晶闸管电力电子装置、电弧炉、家用电器等）对电网的谐波"污染"日益严重，已引发电网不少异常和事故（如电机的烧损，电度计量不准，电容器组不能正常投入运行，继电保护和自动装置误跳闸进而引起系统大面积停电事故等）。合理控制谐波不仅对电网，而且对广大用户均具有重要意义。1993 年我国颁布电能质量国家标准《电能质量公用电网谐波》（GB/T14549—93），介绍了公用电网各级（380 V ~ 220 kV）谐波电压限值以及对用户的谐波电流指标分配，并规定了测量仪器和测量方法以及相关的计算。

（二）三相照明配电干线的各相负荷建筑

三相照明配电干线的各相负荷宜分配平衡。在新建建筑设计中照明配电一般不会超过设计标准中的规定，但在一些改造项目中往往不注意照明负荷的平均分配，造成某一相负荷偏大，超过了设计标准中的限制值。这种情况不仅在照明配电系统中出现，而且有些改造项目在配电干线不做改动的情况下，随意增加单相用电设备，如增加房间分体式空调等，尤其是这些空调有些是增加在照明配电回路中，这些不对称负载会产生负序电流从而造成三相不平衡。三相不平衡会使零线电流增加，造成发热，增加线路的损耗，严重时还可能引发火灾。

（三）母线与母线或母线与电器接线端子

在母线搭接或母线与电器连接时要注意按照《规范》要求施工，当母线上流过大电流时，如果搭接处有虚接现象，会使虚接处电阻增加从而引起局部发热，不仅仅是增加了损耗，更严重的是随时可能引发火灾。

（四）闭合铁磁回路

导线通过金属闭合面形成闭合铁磁回路，导线通电时闭合铁磁回路会形成涡流和磁滞损耗。交流单芯电缆或分相后的每相电缆的敷设不能形成闭合铁磁回路。

采用预制电缆头做分支连接时，要防止分支处电缆芯线单相固定时，采用的夹具和支架形成闭合铁磁回路。线损是由多方面因素造成的，例如导线的电阻损耗，交流线路的电晕损耗，变压器铜、铁损耗，无功传输损失等。有些损耗是不可避免的，例如电阻损耗；有些损耗却是可以避免或降低的，如无功损耗可以采取就地补偿的办法来降低，变压器铜、铁损耗可采用新型铁芯材料及结构工艺来减少等。线路金具的耗能可采用节能金具来实现节能。

一般建筑物内设备供电为 380/220 V，但有时也会出现单相电缆供电的情况，如演播厅等需要大功率照明光源的场所，此时敷设的交流单芯电缆分相后的每相电缆如果敷设不当或金具和支架使用了铸铁材料就会造成局部发热。

第四节 监测与控制系统节能基本知识

一、建筑节能的主要技术措施

建筑节能的主要技术措施包括：建筑围护结构的改造（隔热隔冷、储能等）；可再生能源利用（太阳能集热器供应生活热水和采暖、建筑一体化太阳能发电（光电幕墙）、光伏电池太阳能庭院及草坪照明、中空幕墙太阳能动力烟囱用于自然通风、光纤太阳光照明、地热资源利用、地温照明及沼气利用等；冰蓄冷技术；建筑冷热电联供技术；建筑设备节能优化运行；供电与照明检测控制；建筑能源计量和建筑能源管理。

二、监测与控制系统的节能重点与效果

监测与控制系统节能主要是针对建筑耗能设备（包括供冷、供暖、通风、供应生活热水、照明、电器耗能、电梯和给排水）所采取的节能措施。

其中HVAC（采暖、通风与空调）和照明系统的能耗占建筑能耗总量的65%以上，是采取节能措施的重点系统设备；同时兼顾建筑围护结构的改造和可再生能源利用的监测与控制。

监测与控制系统不同于其他建筑节能工程，其最重要的功能是对建筑能源系统进行运行管理，主要包括建筑能源的计量和建筑能源管理系统（BEMS）。

三、监测与控制系统的节能措施

监测与控制系统常见节能控制策略见表3-14。

表3-14 常见监测与控制系统节能控制策略

分类	控制对象	节能控制策略及说明
冷冻站房	冷水机组	冷水机组变频运行：选用变频驱动式冷水机组； 变水温控制：根据空调末端负荷需求，提高冷冻供水温度。BAS系统（监测与控制系统）可根据所有空调末端表冷阀的开度状态进行空调负荷判断，通过与冷水机组自带控制器进行通信的方式实现冷冻供水温度再设定功能
	冷冻水系统	尽量避免二次泵系统设计或运行； 变流量控制：根据末端环路压差控制法、温差控制法等方法对冷冻水泵进行变频控制。变流量控制应保证冷水机组的最低流量限制ΔT恒定控制：尽量避免冷冻供回水直接混合，保证冷冻供回水温差$\Delta E \geqslant 5$ ℃
	冷却水系统	最佳冷却水温控制：根据冷水机组最高效率下的冷却水温范围对冷却塔风机进行启停控制； 变流量控制：根据最佳冷却水温范围、冷水机组和冷却水泵的综合能耗对冷却水泵进行变频控制
	冷冻站群控	根据空调侧负荷需求，启停冷水机组及辅联设备的台数，以保证冷水机组在最高效率所对应的负荷状态下运行
	安全连锁运行	以上各节能运行策略应考虑冷冻站房各设备之间的安全连锁运行

续表 3-14

分类	控制对象	节能控制策略及说明
热力站房	热交换站（城市热网集中供热）	根据二次侧供水温度需求对一次侧高温热水（或蒸汽）流量进行自动调节
	锅炉（蒸汽或热水）	台数群控：根据末端负荷需求，对锅炉运行台数进行群控，保证每台锅炉在最高效率下工作；对供水（汽）压力、温度进行优化控制
	循环水泵	根据末端负荷需求对循环水泵进行变频（变流量）控制，方法同冷冻水泵
	蒸汽凝结水热回收系统	根据蒸汽凝结水热回收系统的工艺特点（如开式系统、闭式系统），对系统上各装置的压力、温度进行优化控制
空调末端设备	空气处理机组、新风机组	变室温设定值控制（新风补偿控制）：根据室外温度的变化相应调整室内温度设定值，避免过大的室内外温差导致人体的不适感，同时应提高室内温度设定值带来节能效果； 等效温度（ET）舒适控制法：根据室内影响人体舒适度的温度、相对湿度、风速、辐射温度等组成的综合等效温度（ET）或 PMV 舒适指标对室内热环境进行调节，追求舒适与节能的最佳搭配； 全年多工况节能控制（最大限度利用新风冷源）：根据室外气象条件和空气处理机组的组合形式，将全年划分成若干个工况区域，优化空气热湿处理过程，最大限度利用室外新风冷源，避免冷热抵消现象； 最佳启停控制：根据季节、节假日时间、建筑物的蓄冷蓄热效果，合理制定出设备启动和停止运行的最佳时间； 室内空气品质控制：根据室内（或回风）的 CO_2 浓度或 VOC 浓度控制新风量； 变风量控制：根据室内热负荷变化或送风静压要求对风机进行变频节能控制；新风机组一般不采用变风量控制； 过滤器压差监测：空调机组应配置过滤效率至少不低于 CA（欧洲标准）的过滤器，以便对空调自身的换热盘管、BAS 系统传感器进行保护；过滤器阻力到达上限时，BAS 系统应提醒维护人员及时清洗或更换过滤器，节省风机运行能耗
	风机盘管	各房间配置独立的温控器和三速开关； 在风机盘管供回水管道上配置二通调节阀； 在无人值守的公共区域（如大堂、会议室）可配超声波人员探测器与风机盘管启停进行联动；或选择具有网络通信能力的温控器，由 BAS 系统集中管理
	VAV 末端装置	就地设置 VAV 控制器，VAV 控制器应具备网络通信能力，集成至 BAS 系统； 通过定静压、变静压等看计方式对 VAV 末端装置所对应的空气处理机组进行变风量调节
	新排风热回收装置	根据新排风焓值合理使用热回收装置，冬夏季最大限度发挥热回收效率，过渡季节调节旁通阀或转轮转速（转轮式热交换器），最大限度地利用新风冷源

续表 3-14

分类	控制对象	节能控制策略及说明
照明系统	照明回路	定时开关控制:室外环境照明、公共区域照明; 人员感应控制:小型会议室、大开间办公室区域控制; 根据室外光源照度控制:广场照明、室内大开间办公室、多功能厅的减光控制; 多种模式的场景控制:多功能厅、大会议室、外立面照明
能源管理	能耗计量	BAS 系统应对建筑物内的水、电、(蒸)汽、(煤、天然)气、油等耗量进行计量监测和统计,配置相应的电表、流量计、热量计等。按年、月、日进行统计,建立数据库、曲线趋势图
	能耗分析	BAS 系统应根据监测的原始能耗数据,对建筑物的能耗状态和运行费用进行分析、打印报表。和正常(标准)值、往年同期值相比,判断是否节能、节能效率以及改进方向等。 (1)(年、月、日)单位建筑平方米的能耗指标(或运行费用); (2)(年)供冷期间每吨(m^3)冷冻水流量空调系统所花费的用电量; (3)(年)供暖期间每吨(m^3)热水空调系统所花费的用电量; (4)(年、月、日)冷冻站房的总 COP 值(Total COP); (5)(年)新风冷源的节能率

四、围护结构与可再生能源的监测与控制

建筑可再生能源利用主要指在建筑物上利用太阳能、风能、生物质能、海洋能、地热能和水能等直接或间接来自太阳的可再生能源。用于建筑的可再生能源,可以分为 5 个部分:

(1)太阳能的光电利用,主要包括太阳能光伏发电系统和太阳能光伏照明系统。

(2)通过围护结构,充分利用太阳能,同时减少太阳辐射对建筑环境的影响,实现节能,并充分利用天然光采光和自然通风。

(3)太阳能光热利用,包括太阳能集热器供生活热水和采暖、太阳能热泵采暖和空调系统。

(4)其他可再生能源利用,主要指农村乡镇生物质燃料和沼气技术、风能、水能、地热能等。

(5)综合利用,指在同一建筑物上根据自然环境和周边可利用再生能源情况,进行总体设计,合理利用可再生能源,发挥节能效益。

(一)太阳能的光电利用

1. 太阳能光伏发电系统

太阳能光伏发电系统包括太阳能光伏电池组件阵列、逆变、并网及集中控制系统,利用半导体器件的光伏效应原理,直接实现太阳能的光电转换。通过建筑一体化设计,太阳能光伏发电系统已经成为现代节能建筑的重要组成部分。在标准日照条件($1\ 000\ W/m^2$)下,$1\ m^2$ 的太阳能电池板上可输出功率为 130 ~ 180 W,平均光电转换效率为 13% ~18%;同时,建筑一体化太阳能光伏发电系统可实现分布式发电,大量减少输配

电损失和投入，可形成与基地式电站互为补充的新型能源供应模式；安装了太阳能电池板的屋顶和外墙，直接降低了建筑物外围护结构的温升，从而减少了室内空调负荷。太阳能光伏发电系统的控制器是建筑设备监控系统的主要组成部分，主要用于监测整个系统的工作状态，保护蓄电池系统。在昼夜温差较大的地方，控制器应具备温度补偿功能，并实现太阳能光伏发电系统的并网发电。

2. 太阳能光伏照明系统

太阳能光伏照明系统包括太阳能光伏电池组件阵列、密封免维护蓄电池、太阳能照明控制器、节能绿色高效光源等，若要实现集中控制功能，还应包括集中控制器及控制网络。其中，太阳能光伏电源控制器采用最大功率点跟踪(MPPT)和脉宽调制(PMM)技术，以最大化地提高太阳能的转换效率和对蓄电池组的保护，实现系统的长期免维护运行。太阳能光伏照明系统主要用于路灯、园林灯等户外照明设施。

(二) 通过对围护结构的控制实现对太阳能、风能等可再生能源的充分利用

现代节能建筑中，一项重要的节能措施是利用天然光来减少照明负荷。通过建筑设备监控系统对窗帘、外遮阳板进行调节，并对邻近天然光的照明设备进行配合控制，可以实现照明系统节能。通过光导纤维，将太阳光直接导入室内，实现白天无天然光照明空间的照明，是太阳光照明技术的新产品。

通过合理开关门窗，充分利用自然通风，在过渡季节用自然通风代替空调，是建筑节能的重要举措。

在中空玻璃幕墙结构建筑的顶部设置动力烟囱，合理疏导建筑物内的气流等，实现控制和调节，都是现代智能建筑的主要课题。

(三) 太阳能的光热利用

1. 太阳能集热系统

太阳能集热器主要分为平板型太阳能集热器和真空管型太阳能集热器两种。

平板型太阳集热器的工作原理为：阳光透过透光盖板照射在表面涂有高太阳能吸收率涂层的吸热板上，吸热板吸收太阳辐射后温度升高，将热量传递给集热器内的工质，使工质温度升高。

真空管型太阳能集热器的工作原理为：太阳能通过外玻璃管照射到内管外表面吸热体上转换为热能，然后加热内玻璃管内的传热流体，由于夹层之间被抽成真空，有效降低了向周围环境的热损失，使集热器效率提高。其产品质量与选用的玻璃材料、真空性能和选择性吸收膜有重要关系。

2. 地源热泵

地源热泵利用大地表层中恒定的温度及储存于地下土壤层中的可再生低品味热能，通过输入少量的高品味热能，实现低温热源向高温热源的转移。地源热泵供暖与空调系统主要分 3 部分：室外低温能地下换热系统、水循环管路与水源热泵机组和室内采暖或制冷空调末端系统，如图 3-9 所示。室外换热系统包括埋地换热器、地下水换热器、地表水换热器等；室内末端输配系统包括加压送风系统或地板盘管、风机盘管等。

地源热泵系统主要采用岩土体、地下水、地表水为低温热源，以水或添加防冻剂的水溶液为传热介质，采用蒸汽压缩热泵技术进行供热、空调或加热生活热水。

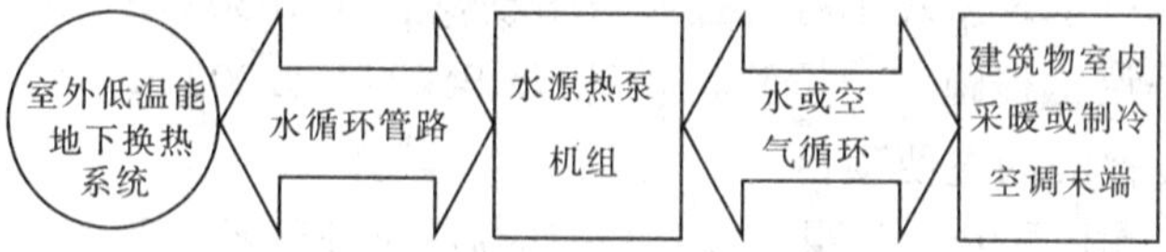

图3-9 地源热泵空调系统示意图

地源热泵系统设计与施工应注意以下内容：

(1)地源热泵系统方案设计前，应进行工程场地状况调查，并应对浅层地热能资源进勘查，通过调查来获取水文地质资料。对于地下水换热系统应该进行水文地质实验。

(2)地源热泵系统方案系统设计前，应该根据工程勘察结果，评估系统实施的可行性和经济性。

(3)地源热泵系统施工时，严禁损坏既有地下管线和构筑物。

(4)地源热泵系统地埋管换热器安装完成后，应该在埋管区域做出标志或标明管线的定位带，并应采用两个现场的永久目标进行定位。

(5)地源热泵系统地埋管换热系统施工前应具备埋管区域的工程勘察资料、设计文件和施工图纸，并完成施工组织设计。

(6)地源热泵系统地下水换热系统应根据水文地质勘察资料进行设计。必须采取可靠的回灌措施，确保已置换冷量或热量后的地下水全部回灌到统一含水层，并不得对地下水资源造成浪费及污染。系统投入运行后，应对抽水量、回灌量及其水质进行定期监测。

(7)若使用地源热泵系统地下水系统，应该保证地下水的持续储水量应满足地源热泵系统最大吸热或释热量的要求。

(8)地源热泵系统地表水换热系统设计前，应对地表水地源热泵系统运行对水环境的影响进行评估。

(9)地源热泵系统地表水换热系统设计方案应根据水面用途、地表水深度和面积、地表水水质(水位)和水温情况综合确定。

(10)地表水换热盘管的换热量应满足地源热泵系统最大吸热量或释热量的需要。

(11)地源热泵系统交付使用前，应进行整体运转、调试与验收。

(四)可再生能源的综合利用

可再生能源综合利用系统通常都采用建筑能源协调控制系统，即将整个建筑看成一个能源体系，调控组成建筑能源协调控制系统的各子系统，使之在保证性能、各功能要求和运行安全的前提下，尽量运行在高效运行特性区间内；也可将可再生能源利用系统与采暖、空调、照明控制系统进行协调控制，实现节能运行。

第五节 建筑设备系统节能性能检测方法

一、检测方法

(一)建筑设备系统节能性能检测依据标准

(1)《采暖居住建筑节能检测标准》(JGJ132—2001)；

(2)《建筑给水排水及采暖工程施工质量验收规范》(GB50242—2002);

(3)《通风与空调工程施工质量验收规范》(GB50243—2002)。

(二)系统性能检测的主要项目

采暖、通风与空调、配电与照明工程安装完成后,应进行系统节能性能的检测,且应由建设单位委托具有相应资质的检测机构检验并出具报告。受季节影响未进行的节能性能检测项目,应在保修期内补做。

采暖、通风与空调、配电与照明系统节能性能检测的主要项目及要求见表3-15,其检测方法应按国家现行有关标准规定执行。

系统节能性能检测的项目和抽样数量也可以在工程合同中约定,必要时可增加其他检验项目,但合同中约定的检测项目和抽样数量不应低于《规范》的规定。

表3-15　系统节能性能检测主要项目及要求

序号	检测项目	抽样数量	允许偏差或规定值
1	室内温度	居住建筑每户抽测卧室或起居室一间,其他建筑按房间总数抽测10%	冬季不低于设计计算温度2 ℃,且不应高于1 ℃;夏季不得高于设计计算温度2 ℃,且不应低于1 ℃
2	供热系统室外管网的水力平衡度	每个热源与换热站均不少于1个独立的供热系统	0.9~1.2
3	供热系统的补水率	每个热源与换热站均不少于1个独立的供热系统	0.5%~1%
4	室外管网的热输送效率	每个热源与换热站均不少于1个独立的供热系统	≥0.92
5	各风口的风量	按风管系统数量抽查10%,且不得小于1个系统	≤15%
6	通风与空调系统的总风量	按风管系统数量抽查10%,且不得小于1个系统	≤10%
7	空调机组的水流量	按系统数量抽查10%,且不得小于1个系统	≤20%
8	空调系统冷热水、冷却水总流量	全数	≤10%
9	平均照度与照明功率密度	按同一功能区不少于2处	≤10%

二、室内温度和相对湿度的检测

根据温度和相对湿度波动范围,应选择相应的具有足够精度的仪表进行测定。每次测定间隔不应大于30 min。

(一)室内测点布置

(1)送回风口处;

(2)恒温工作区具有代表性的地点(如沿着工艺设备周围布置或等距离布置);

(3)没有恒温要求的洁净室中心；

(4)测点一般应布置在距外墙表面大于0.5 m,离地面0.8 m的同一高度上；也可以根据恒温区的大小,分别布置在离地不同高度的几个平面上。

(二)测点数

测点数应符合表3-16的规定。

表3-16 温、湿度测点数

波动范围	室面积≤50 m^2	每增加20~50 m^2
$\Delta t=\pm0.5\sim\pm2$ ℃	5个	增加3~5个
$\Delta RH=\pm5\%\sim\pm10\%$		
$\Delta t\leq\pm0.5$℃	点间距不应大于2 m,点数不应少于5个	
$\Delta RH\leq\pm5\%$		

三、供热系统室外管网水力平衡度的检测

(一)定义

室外管网水力平衡度是指采暖居住建筑物热力入口处循环水量(质量流量)的测量值与设计值之比。所谓水力平衡系统是指系统运行时,所有用户都能获得设计水量；而水力不平衡则意味着水力失调,即流经用户或机组的实际流量与设计流量不相符合,并且各用户室温不一致,即近热源处室温偏高,远热源处室温低,从而造成能耗高,供热品种差。为了保证循环水量温度维持在设计值的90%~110%范围内,该项检测内容有着重要意义。

(二)检测技术要求

(1)水力平衡度的检测应在供热系统正常运行的基础上进行。

(2)检测过程中,循环水泵的运行状态应和设计相符。循环水泵出口总流量应稳定维持在设计值的90%~110%。

(3)流量计量装置,可依具体情况选用涡轮流量计、涡街流量计、电磁流量计、超声波流量计和水表等。流量计量装置应安装在供热系统相应的热力入口处。

(三)水力平衡度的计算

循环水量的测量应以相同的检测持续时间,一般以10 min内各热力入口处测得的结果为依据进行计算,水力平衡度计算见公式(3-6)。

$$HB_j=\frac{G_{wm,j}}{G_{wd,j}} \tag{3-6}$$

式中 HB_j——第j个热力入口处的水力平衡度；

j——热力入口编号；

$G_{wm,j}$——第j个热力入口处循环水量的测量值,kg/s；

$G_{wd,j}$——第j个热力入口处循环水量的设计值,kg/s。

（四）检测规则

1. 检测对象的确定

水力平衡度的检测应以独立的供热系统为对象。

2. 合格判据

室外管网各个热力出口处的水力平衡度应为0.9～1.2。热力入口不含锅炉房或热力站循环水泵出口总管。

四、供热系统补水率的检测

（一）定义

供热系统补水率是以系统采暖的设计循环水量为基础计算系统的补水率。

（二）检测技术要求

（1）补水率的检测应在采暖供热系统正常运行的基础上进行。

（2）检测持续时间不应少于72 h；试点小区应为整个采暖期。

（三）检测仪器的要求

（1）总补水量应采用具有累计流量显示功能的流量计量装置测量。

（2）流量计量装置应安装在系统补水管上适当的位置，且应符合相应产品的使用要求。

（四）采暖供热系统补水率计算

采暖供热系统补水率计算见公式（3-7）～公式（3-9）。

$$R_m = \frac{g_m}{g_d} \times 100\% \tag{3-7}$$

$$g_m = \frac{G_m}{A_0} \tag{3-8}$$

$$g_d = 0.861 \times \frac{q}{t_s - t_r} \tag{3-9}$$

式中 R_m——采暖供热系统补水率，无因次；

g_m——检测持续时间内采暖供热系统单位采暖建筑面积单位时间内的补水量，$kg/(m^2 \cdot h)$；

g_d——采暖供热系统设计循环水量指标，$kg/(m^2 \cdot h)$；

G_m——检测持续时间内采暖供热系统平均单位时间内的补水量，kg/h；

A_0——采暖建筑物的总建筑面积，m^2，按行业标准《民用建筑节能设计标准（采暖居住建筑部分）》（JGJ26—95）附录D的规定计算；

q——供热设计热负荷指标，W/m^2；

t_s——采暖供热系统设计供水温度，℃；

t_r——采暖供热系统设计回水温度，℃。

（五）检测规则

1. 检测对象的确定

供热系统的补水率检测应以独立的供热系统为对象。

2. 合格判据

采暖供热系统补水率不应大于0.5%。

五、室外管网热输送效率的检测

（一）定义

室外管网热输送效率是指在检测时间内，全部热力入口处测得的热量累计值与锅炉房或热力站总管处测得的热量累计值之比。室外管网热输送效率是建筑能耗的重要指标参数之一。

（二）检测技术要求

（1）室外管网热输送效率的检测应在最冷月进行，且检测持续时间宜取 72 h。最冷月采暖供水温度相应较高，也最接近设计工况，检测结果最具有代表性。试点小区还应检测整个采暖期供热系统实际运行条件下的平均热输送效率。

（2）检测期间，采暖供热系统应处于正常运行状态，且锅炉或换热器的热力工况应符合以下规定：锅炉或换热器出力的波动不应超过 10%；锅炉或换热器的供回水温度与设计值之差不应大于 10 ℃。

（3）各个热力包括锅炉房或热力站入口的热量应同时测量。

（三）室外管网热输送效率计算

室外管网热输送效率计算见公式(3-10)。

$$\eta_{m,t} = \sum Q_{m,j}/Q_{m,t} \tag{3-10}$$

式中 $\eta_{m,t}$——室外管网热输送效率，无因次；

$Q_{m,j}$——检测持续时间内在第 j 个热力入口处测得的热量累计值，MJ；

$Q_{m,t}$——检测持续时间内在锅炉房或热力站总管处测得的热量累计值，MJ；

j——热力入口的序号。

（四）检测规则

1. 检测对象的确定

供热系统的室外管网热输送效率检测应以独立的供热系统为对象。

2. 合格判据

室外管网热输送效率不应小于0.9。

六、漏风量的检测

（一）漏光法检测

漏光法检测是利用光线对小孔的强穿透力，对系统风管严密程度进行检测的方法。检测应采用具有一定强度的安全光源。手持移动光源可采用不低于 100 W 带保护罩的低压照明灯，或其他低压光源。

系统风管漏光法检测时，光源可置于风管内侧或外侧，但其相对侧应为暗黑环境。检测光源应沿着被检测接口部位与接缝做缓慢移动，在另一侧进行观察，当发现有光线射出时，则说明查到明显漏风处，则应做好记录。

对系统风管的检测，宜采用分段检测、汇总分析的方法。在严格安装质量管理的基础上，系统风管的检测以总管和干管为主。当采用漏光法检测系统的严密性时，低压系统风管以每 10 m 接缝，漏光点不大于 2 处，且 100 m 接缝平均不大于 16 处为合格；中压系统风管以每 10 m 接缝，漏光点不大于 1 处，且 100 m 接缝平均不大于 8 处为合格。

漏光检测中对发现的条缝形漏光，应做密封处理。

（二）测试装置

漏风量测试应采用经检验合格的专用测量仪器，或采用符合现行国家标准《流量测量节流装置》规定的计量元件搭设的测量装置。

测试装置可采用风管式或风室式。风管式测试装置采用孔板做计量元件；风室式测试装置采用喷嘴做计量元件。

测试装置的风机，其风压和风量应选择分别大于被测定系统或设备的规定试验压力及最大允许漏风量的 1.2 倍。装置试验压力的调节，可采用调整风机转速的方法，也可采用控制节流装置开度的方法。漏风量值必须在系统经调整后，保持稳压的条件下测得。

测试装置的压差测定应采用微压计，其最小读数分格不应大于 2.0 Pa。

1. 风管式漏风量测试装置

该测试装置由风机、连接风管、测压仪器、整流栅、节流器和标准孔板等组成，如图 3-10所示。

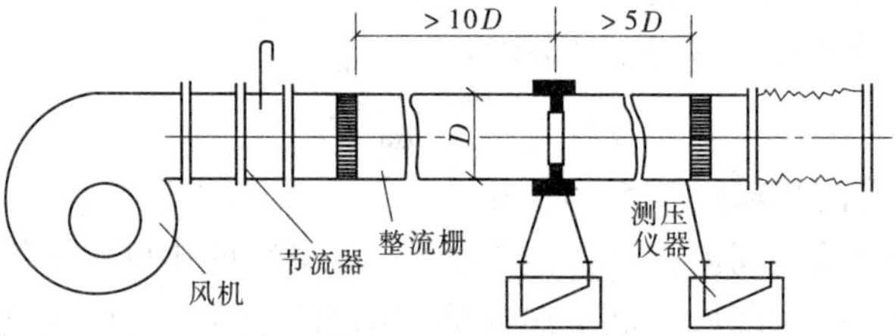

图 3-10　正压风管式漏风量测试装置

D—风管直径，mm

该装置采用角接取压的标准孔板。孔板 β 值范围为 0.22 ~ 0.7（$\beta = d/D$）；孔板至前、后整流栅及整流栅外直管段距离，应分别符合大于 10 倍和 5 倍圆管直径 D 的规定。

装置的连接风管均为光滑圆管。孔板至上游 $2D$ 范围内其圆度允许偏差为 0.3%；下游为 2%。

孔板与风管连接，其前端与管道轴线垂直度允许偏差为 1°；孔板与风管同心度允许偏差为 $0.015D$。

在第一整流栅后，所有连接部分应该严密不漏。

漏风量用公式(3-11)计算。

$$Q = 3\,600\varepsilon \cdot a \cdot A_n n \sqrt{\frac{2}{\rho}\Delta P} \tag{3-11}$$

式中　Q——漏风量，m^3/h；

ε——空气流速膨胀系数；

a——孔板的流量系数；

A_n——孔板开口面积，m^2；

ρ——空气密度，kg/m^3；

ΔP——孔板差压，Pa。

孔板的流量系数 a 与 β^2 值的关系根据图 3-11确定，其适用范围应满足公式(3-12)～公式(3-14)条件，在此范围内，不计管道粗糙度对流量系数的影响。

$$10^5 < R_e < 2.0 \times 10^6 \quad (3\text{-}12)$$

$$0.05 < \beta^2 \leqslant 0.49 \quad (3\text{-}13)$$

$$50\ \text{mm} < D \leqslant 1\ 000\ \text{mm} \quad (3\text{-}14)$$

雷诺数小于 10^5 时，则应按现行国家标准《流量测量节流装置》求得流量系数 a。

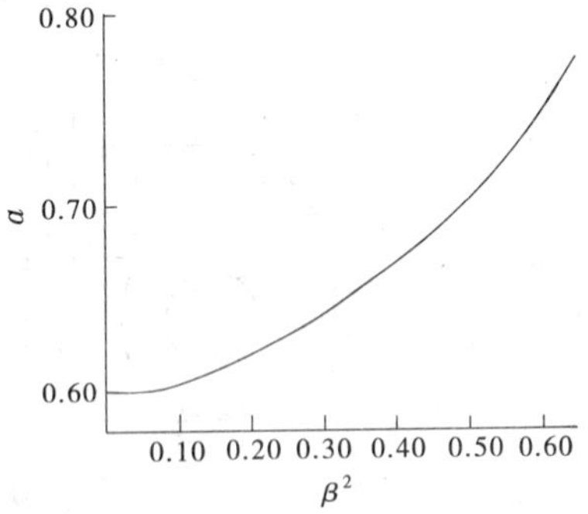

图 3-11 孔板流量系数与 β^2 值的关系

孔板的空气流束膨胀系数 ε 值可根据表 3-17 查得。

表 3-17 采用角接取压标准孔板流束膨胀系数 ε 值($k=1.4$)

P_2/P_1		1.0	0.98	0.96	0.94	0.92	0.90	0.85	0.80	0.75
β^4	0.08	1.000 0	0.993 0	0.986 6	0.980 3	0.974 2	0.968 1	0.953 1	0.938 1	0.923 2
	0.1	1.000 0	0.992 4	0.985 4	0.978 7	0.972 0	0.965 4	0.949 1	0.932 8	0.916 6
	0.2	1.000 0	0.991 8	0.984 3	0.977 0	0.969 8	0.962 7	0.945 0	0.927 5	0.910 0
	0.3	1.000 0	0.991 2	0.983 1	0.975 3	0.967 6	0.959 9	0.941 0	0.922 2	0.903 4

注：1. 本表允许内插，不允许外延。

2. P_2/P_1 为孔板后与孔板前的全压值之比。

当测试系统或设备负压条件下的漏风量时，装置连接应符合图 3-12 的规定。

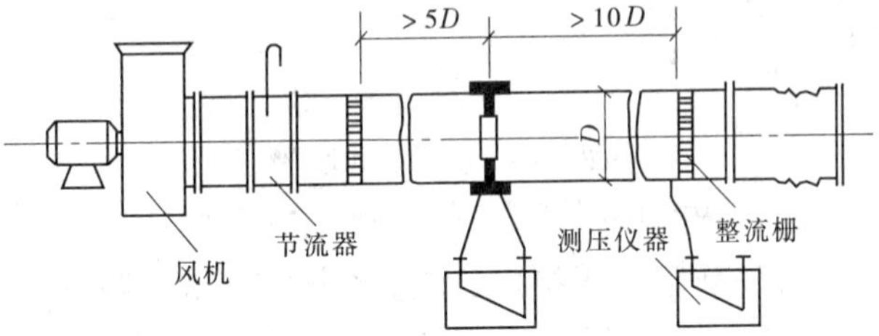

图 3-12 负压风管式漏风量测试装置

D—风管直径，mm

2. 风室式漏风量测试装置

(1)风室式漏风量测试装置由风机、连接风管、测压仪器、均流板、节流器、风室、隔板和喷嘴等组成，如图 3-13 所示。

(2)测试装置采用标准长颈喷嘴(见图 3-14)。喷嘴必须按图 3-13 的要求安装在隔板上，数量可为单个或多个。两个喷嘴之间的中心距离不得小于较大喷嘴喉部直径的 3 倍；任一喷嘴中心到风室最近侧壁的距离不得小于其喷嘴喉部直径的 1.5 倍。

(3)风室的断面面积不应小于被测定风量按断面平均速度小于0.75 m/s 时的断面面积。风室内均流板(多孔板)安装位置应符合图 3-13 的规定。

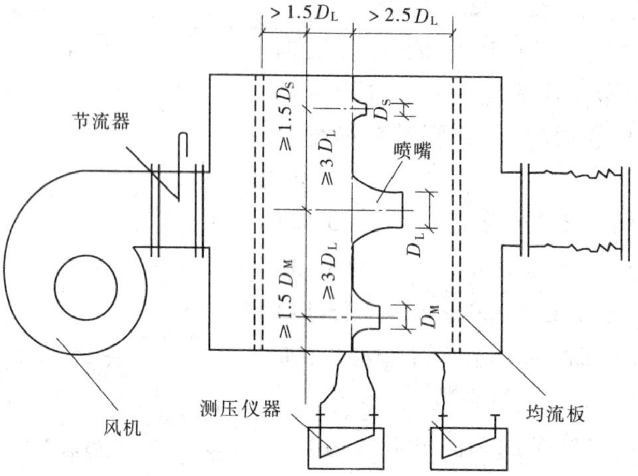

图 3-13　正压风室式漏风量测试装置

D_S—小号喷嘴直径;D_M—中号喷嘴直径;D_L—大号喷嘴直径

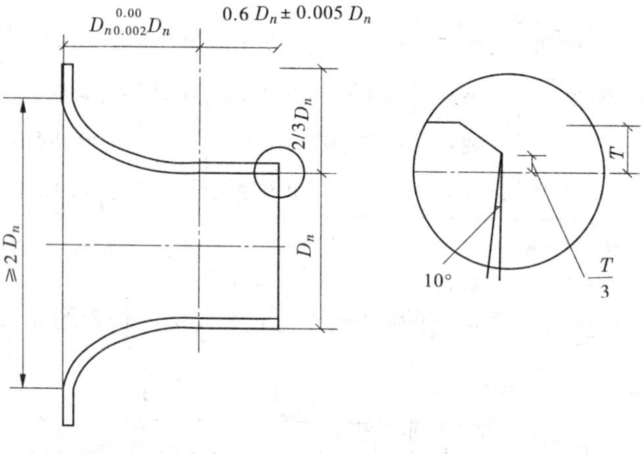

图 3-14　标准长颈喷嘴

D_n—标准长颈喷嘴直径,mm;T—厚度,mm

(4)风室中喷嘴两端的静压取压接口,应为多个且均布于四壁。静压取压接口至喷嘴隔板的距离不得大于最小喷嘴喉部直径的 1.5 倍。然后,并联成静压环,再与测压仪器相接。

(5)采用本装置测定漏风量时,通过喷嘴喉部的流速应控制在 15 ~ 35 m/s 范围内。

(6)本装置要求风室中喷嘴隔板后的所有连接部分应严密不漏。

(7)喷嘴风量可分别按公式(3-15)、公式(3-16)计算。

单个喷嘴风量:

$$Q_n = 3\,600 C_d \cdot A_d \sqrt{\frac{2}{\rho}\Delta P} \tag{3-15}$$

多个喷嘴风量：

$$Q = \sum Q_n \tag{3-16}$$

式中 Q_n——单个喷嘴漏风量，m^3/h；

C_d——喷嘴的流量系数，直径 127 mm 以上取 0.99；小于 127 mm 可按表 3-18 或图 3-15 查取；

A_d——喷嘴的喉部面积，m^2；

ΔP——喷嘴前后的静压差，Pa；

ρ——空气密度，kg/m^3。

表 3-18 喷嘴流量系数

Re	流量系数 C_d	*Re*	流量系数 C_d	*Re*	流量系数 C_d	*Re*	流量系数 C_d
12 000	0.950	40 000	0.973	80 000	0.983	200 000	0.991
16 000	0.956	50 000	0.977	90 000	0.984	250 000	0.993
20 000	0.961	60 000	0.979	100 000	0.985	300 000	0.994
30 000	0.969	70 000	0.981	150 000	0.989	350 000	0.994

注：不计温度系数。

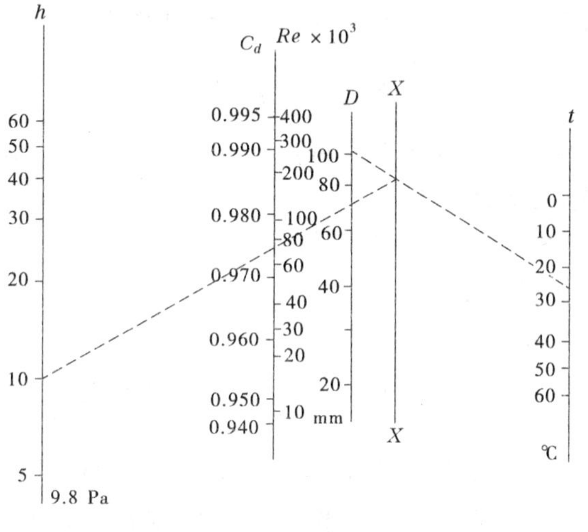

图 3-15 喷嘴流量系数推算

注：先用直径与温度标尺在指数标尺(X)上求点，再将指数与压力标尺相连，可求出流量系数值。

当测试系统或设备负压条件下的漏风量时，装置连接应符合图 3-16 的规定。

(三) 漏风量测试计算

正压或负压系统风管与设备的漏风量测试，分正压试验和负压试验两类。一般可采用正压条件下的测试值来检验。

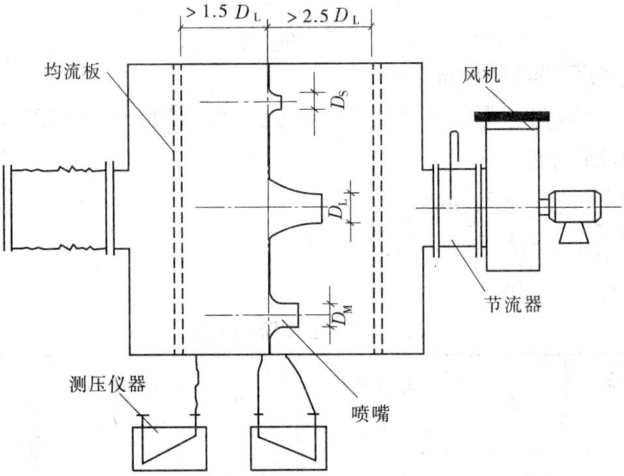

图 3-16　负压风室式漏风量测试装置

系统漏风量测试可以整体或分段进行。测试时，被测系统的所有开口均应封闭，不应漏风。被测系统的漏风量超过设计和规范的规定时，应查出漏风部位（可用听、摸、观察、水或烟检漏），做好标记；修补完工后，重新测试，直至合格。

漏风量测定值一般应为规定测试压力下的实测数值。特殊条件下，也可用相近或大于规定压力下的测试值代替，其漏风量可按公式(3-17)换算。

$$Q_0 = Q\left(\frac{P_0}{P}\right)^{0.65} \tag{3-17}$$

式中　Q_0——规定试验压力下的漏风量，$m^3/(h \cdot m^2)$；

P_0——规定试验压力，500 Pa；

Q——工作压力下的漏风量，$m^3/(h \cdot m^2)$；

P——风管工作压力，Pa。

第六节　相关标准规范

(1)国家标准《公共建筑节能设计标准》(GB50189—2005)；

(2)行业标准《民用建筑节能设计标准(采暖居住建筑部分)》(JGJ26—95)；

(3)国家标准《建筑给水排水及采暖工程施工质量验收规范》(GB50242—2002)；

(4)国家标准《采暖散热器散热量测定方法》(GB/T13754—96)；

(5)国家标准《通风与空调工程施工质量验收规范》(GB50243—2002)；

(6)国家标准《风机盘管机组》(GB/T19232—2003)；

(7)国家标准《建筑电气工程施工质量验收规范》(GB50303—2002)；

(8)国家标准《自动化仪表工程施工及验收规范》(GB50093—2002)；

(9)国家标准《智能建筑工程质量验收规范》(GB50339—2003)；

(10)行业标准《地面辐射采暖技术规程》(JGJ142—2004);
(11)国家标准《建筑采光标准》(GB/T50033—2001);
(12)国家标准《建筑照明设计标准》(GB50034—2004);
(13)行业标准《采暖民用建筑节能检验标准》(JGJ132—2001)。

第四章 墙体节能工程

第一节 《规范》原文

4.1 一般规定

4.1.1 本章适用于采用板材、浆料、块材及预制复合墙板等墙体保温材料或构件的建筑墙体节能工程质量验收。

4.1.2 主体结构完成后进行施工的墙体节能工程，应在基层质量验收合格后施工，施工过程中应及时进行质量检查、隐蔽工程验收和检验批验收，施工完成后应进行墙体节能分项工程验收。与主体结构同时施工的墙体节能工程，应与主体结构一同验收。

4.1.3 墙体节能工程当采用外保温定型产品或成套技术时，其型式检验报告中应包括安全性和耐候性检验。

4.1.4 墙体节能工程应对下列部位或内容进行隐蔽工程验收，并应有详细的文字记录和必要的图像资料：

(1)温层附着的基层及其表面处理；

(2)保温板黏结或固定；

(3)锚固件；

(4)增强网铺设；

(5)墙体热桥部位处理；

(6)预置保温板或预制保温墙板的板缝及构造节点；

(7)现场喷涂或浇注有机类保温材料的界面；

(8)被封闭的保温材料厚度；

(9)保温隔热砌块填充墙体。

4.1.5 墙体节能工程的保温材料在施工过程中应采取防潮、防水等保护措施。

4.1.6 墙体节能工程验收的检验批划分应符合下列规定：

(1)采用相同材料、工艺和施工做法的墙面，每 500 ~ 1 000 m^2 面积划分为一个检验批，不足 500 m^2 也为一个检验批。

(2)检验批的划分也可根据与施工流程相一致且方便施工与验收的原则，由施工单位与监理(建设)单位共同商定。

4.2 主控项目

4.2.1 用于墙体节能工程的材料、构件等，其品种与规格应符合设计要求和相关标准的规定。

检验方法：观察、尺量检查；核查质量证明文件。

检查数量：按进场批次，每批随机抽取 3 个试样进行检查；质量证明文件应按照其出厂检验批进行核查。

4.2.2　**墙体节能工程使用的保温隔热材料，其导热系数、密度、抗压强度或压缩强度、燃烧性能应符合设计要求。**

检验方法：核查质量证明文件及进场复验报告。

检查数量：全数检查。

4.2.3　墙体节能工程采用的保温材料和黏结材料等，进场时应对下列性能进行复验，复验应为见证取样送检：

(1)保温材料的导热系数、密度、抗压强度或压缩强度；

(2)黏结材料的黏结强度；

(3)增强网的力学性能、抗腐蚀性能。

检验方法：随机抽样送检，核查复验报告。

检查数量：同一厂家同一品种的产品，当单位工程建筑面积在20 000 m^2 以下时各抽查不少于3次；当单位工程建筑面积在20 000 m^2 以上时各抽查不少于6次。

4.2.4　严寒和寒冷地区外保温使用的黏结材料，其冻融试验结果应符合该地区最低气温环境的使用要求。

检验方法：核查质量证明文件。

检查数量：全数检查。

4.2.5　墙体节能工程施工前应按照设计和施工方案的要求对基层进行处理，处理后的基层应符合保温层施工方案的要求。

检验方法：对照设计和施工方案观察检查；核查隐蔽工程验收记录。

检查数量：全数检查。

4.2.6　墙体节能工程各层构造做法应符合设计要求，并应按照经过审批的施工方案施工。

检验方法：对照设计和施工方案观察检查；核查隐蔽工程验收记录。

检查数量：全数检查。

4.2.7　**墙体节能工程的施工，应符合下列规定：**

(1)保温隔热材料的厚度必须符合设计要求。

(2)保温板材与基层及各构造层之间的黏结或连接必须牢固。黏结强度和连接方式应符合设计要求。保温板材与基层的黏结强度应做现场拉拔试验。

(3)保温浆料应分层施工。当采用保温浆料做外保温时，保温层与基层之间及各层之间的黏结必须牢固，不应脱层、空鼓和开裂。

(4)当墙体节能工程的保温层采用预埋或后置锚固件固定时，锚固件数量、位置、锚固深度和拉拔力应符合设计要求。后置锚固件应进行锚固力现场拉拔试验。

检验方法：观察；手扳检查；保温材料厚度采用钢针插入或剖开尺量检查；黏结强度和锚固力核查试验报告；核查隐蔽工程验收记录。

检查数量：每个检验批抽查不少于3处。

4.2.8　外墙采用预置保温板现场浇筑混凝土墙体时，保温板的验收应符合本章《规范》原文第4.2.2条的规定；保温板的安装位置应正确、接缝严密，保温板在浇筑混凝土过程中不得移位、变形，保温板表面应采取界面处理措施，与混凝土黏结应牢固。

混凝土和模板的验收，应按《混凝土结构工程施工质量验收规范》（GB50204—2002）的相关规定执行。

检验方法：观察检查；核查隐蔽工程验收记录。

检查数量：全数检查。

4.2.9 当外墙采用保温浆料做保温层时，应在施工中制作同条件养护试件，检测其导热系数、干密度和压缩强度。保温浆料的同条件养护试件应见证取样送检。

检验方法：核查试验报告。

检查数量：每个检验批应抽样制作同条件养护试块不少于3组。

4.2.10 墙体节能工程各类饰面层的基层及面层施工，应符合设计和《建筑装饰装修工程质量验收规范》（GB50210—2001）的要求，并应符合下列规定：

（1）饰面层施工的基层应无脱层、空鼓和裂缝，基层应平整、洁净，含水率应符合饰面层施工的要求。

（2）外墙外保温工程不宜采用黏贴饰面砖做饰面层；当采用时，其安全性与耐久性必须符合设计要求。饰面砖应做黏结强度拉拔试验，试验结果应符合设计和有关标准的规定。

（3）外墙外保温工程的饰面层不得渗漏。当外墙外保温工程的饰面层采用饰面板开缝安装时，保温层表面应具有防水功能或采取其他防水措施。

（4）外墙外保温层及饰面层与其他部位交接的收口处，应采取密封措施。

检验方法：观察检查；核查试验报告和隐蔽工程验收记录。

检查数量：全数检查。

4.2.11 保温砌块砌筑的墙体，应采用具有保温功能的砂浆砌筑。砌筑砂浆的强度等级应符合设计要求。砌体的水平灰缝饱满度不应低于90%，竖直灰缝饱满度不应低于80%。

检验方法：对照设计核查施工方案和砌筑砂浆强度试验报告。用百格网检查灰缝砂浆饱满度。

检查数量：每楼层的每个施工段至少抽查一次，每次抽查5处，每处不少于3个砌块。

4.2.12 采用预制保温墙板现场安装的墙体，应符合下列规定：

（1）保温墙板应有型式检验报告，型式检验报告中应包含安装性能的检测；

（2）保温墙板的结构性能、热工性能及与主体结构的连接方法应符合设计要求，与主体结构连接必须牢固；

（3）保温墙板的板缝处理、构造节点及嵌缝做法应符合设计要求；

（4）保温墙板板缝不得渗漏。

检验方法：核查型式检验报告、出厂检验报告、对照设计观察和淋水试验检查；核查隐蔽工程验收记录。

检查数量：型式检验报告、出厂检验报告全数核查；其他项目每个检验批抽查5%，并不少于3块（处）。

4.2.13 当设计要求在墙体内设置隔汽层时，隔汽层的位置、使用的材料及构造做法应符合设计要求和相关标准的规定。隔汽层应完整、严密，穿透隔汽层处应采取密封措施。隔汽层冷凝水排水构造应符合设计要求。

检验方法:对照设计观察检查;核查质量证明文件和隐蔽工程验收记录。

检查数量:每个检验批应抽查5%,并不少于3处。

4.2.14 外墙或毗邻不采暖空间墙体上的门窗洞口四周的侧面,墙体上凸窗四周的侧面,应按设计要求采取节能保温措施。

检验方法:对照设计观察检查,必要时抽样剖开检查;核查隐蔽工程验收记录。

检查数量:每个检验批抽查5%,并不少于5个洞口。

4.2.15 严寒、寒冷地区外墙热桥部位,应按设计要求采取节能保温等隔断热桥措施。

检验方法:对照设计和施工方案观察检查;核查隐蔽工程验收记录。

检查数量:按照不同热桥种类,每种抽查20%,并不少于5处。

4.3 一般项目

4.3.1 进场节能保温材料与构件的外观和包装应完整无破损,符合设计要求和产品标准的规定。

检验方法:观察检查。

检查数量:全数检查。

4.3.2 当采用加强网做防止开裂的措施时,加强网的铺贴和搭接应符合设计和施工方案的要求。砂浆抹压应密实,不得空鼓,加强网不得皱褶、外露。

检验方法:观察检查;核查隐蔽工程验收记录。

检查数量:每个检验批抽查不少于5处,每处不少于2 m^2。

4.3.3 设置空调的房间,其外墙热桥部位应按设计要求采取隔断热桥措施。

检验方法:对照设计和施工方案观察检查;核查隐蔽工程验收记录。

检查数量:按不同热桥种类,每种抽查10%,并不少于5处。

4.3.4 施工产生的墙体缺陷,如穿墙套管、脚手眼、孔洞等,应按照施工方案采取隔断热桥措施,不得影响墙体热工性能。

检验方法:对照施工方案观察检查。

检查数量:全数检查。

4.3.5 墙体保温板材接缝方法应符合施工方案要求。保温板拼缝应平整严密。

检验方法:观察检查。

检查数量:每个检验批抽查10%,并不少于5处。

4.3.6 墙体采用保温浆料时,保温浆料层宜连续施工;保温浆料厚度应均匀、接茬应平顺密实。

检验方法:观察、尺量检查。

检查数量:每个检验批抽查10%,并不少于10处。

4.3.7 墙体上容易碰撞的阳角、门窗洞口及不同材料基体的交接处等特殊部位,其保温层应采取防止开裂和破损的加强措施。

检验方法:观察检查;核查隐蔽工程验收记录。

检查数量:按不同部位,每类抽查10%,并不少于5处。

4.3.8 采用现场喷涂或模板浇筑的有机类保温材料做外保温时,有机类保温材料应达到陈化时间后方可进行下道工序施工。

检查方法：对照施工方案和产品说明书进行检查。

检查数量：全数检查。

第二节　概　述

一、验收概述

一般外墙体在建筑的外围护结构中占的比例最大，墙体传热造成热损失占整个建筑热损失的比例也很大，北方严寒、寒冷地区在冬季严酷的风雪侵蚀下，冬季室内外温差可达到 30 ~ 60 ℃；夏热冬冷和夏热冬暖地区在夏季太阳强烈辐射下，外表面温度可能达到 60 ℃以上，墙体保温隔热是外围护结构节能的一个重要部分。因此，建筑墙体节能效果及节能质量验收具有重要意义。

本章格式与各专业验收规范保持一致，分为“一般规定”、“主控项目”、“一般项目”。本章共 29 条，分别叙述了墙体节能验收的基本要求，6 条一般规定、15 条主控项目和 8 条一般项目，其中强制性条文 3 条。

“一般规定”主要叙述墙体节能验收的适用范围、验收程序、隐蔽工程验收项目和检验批划分等基本要求。

“主控项目”是墙体分项工程节能验收的核心内容。分别给出对墙体节能材料的要求、重要材料进场复验的要求、基层处理和构造做法的要求等。

“一般项目”给出一般性验收要求。主要是对材料与构件的外观和包装、铺贴加强网、墙体的热工缺陷、墙体保温板材的接缝、保温浆料的厚度与接槎、墙体上容易碰撞的特殊部位处理及有机类保温材料的陈化时间等提出要求。

二、验收条件

（一）适用范围

墙体节能工程验收适用于目前所有常用的墙体节能工程，如采用板材、浆料、块材和预制复合墙板等做墙体节能构造，其他墙体节能材料应参照执行。

（二）验收程序

墙体节能工程验收程序，按照施工工艺的不同分为主体结构完成后验收、与主体结构同时验收两种情况。验收程序框图要求如图 4-1 所示。

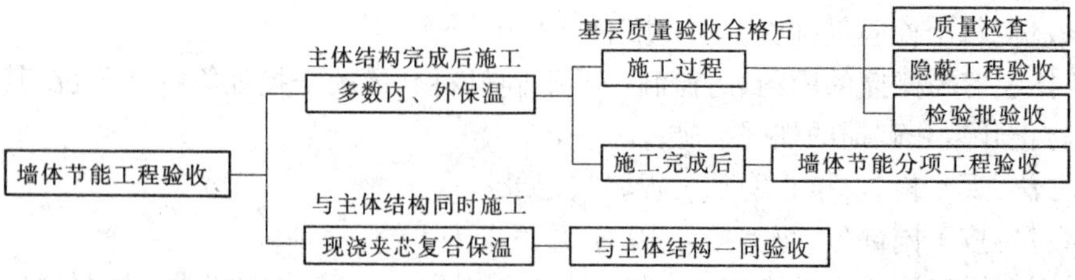

图 4-1　墙体节能验收程序要求

一种是主体结构完成后，进行墙体节能工程施工。施工过程中应及时进行质量检查、隐蔽工程验收、检验批验收，施工完成后应进行墙体节能分项工程验收。大多数墙体节能工程属于在主体结构内侧或外侧表面设置保温层，故多数墙体节能工程都属于该种情况。

另一种是与主体结构同时施工的墙体节能工程，如现浇夹芯复合保温墙板等，则无法分别验收，而应与主体结构一同验收。验收时，结构部分应符合相应的结构规范，而节能工程应符合《规范》要求。应与主体结构一同验收是指时间上和验收程序上的一同验收，验收标准则应遵守各自的要求。

三、验收基本要求

（一）外墙外保温系统型式检验报告内容

墙体节能工程采用的外保温成套技术或产品，是由供应方配套提供的。由于其生产过程中采用的材料、工艺难以在施工现场进行检查，耐久性在短期内更是难以判断，因此主要依靠厂方提供的型式检验报告加以证实。型式检验报告应包含耐久性能检验，但由于该项试验较为复杂，现实中有部分不规范的型式检验报告不做该项检验。故规定型式检验报告的内容应包括耐久性能检验。当供应方不能提供耐久性能检验参数时，应由具备资格的检测机构予以补做。

（二）隐蔽工程验收内容

为了规范隐蔽工程验收，在做施工组织设计、施工方案时，应加强隐蔽工程验收内容。

隐蔽工程验收不仅应有详细的文字记录，还应有必要的图像资料。图像资料是指反映隐蔽工程全貌和有代表性的局部（放大）照片，以便利用现代科技手段更好地记录隐蔽工程的真实情况。图像资料应作为隐蔽工程验收资料和文字资料一同归档保存。

（三）保温材料防潮、防水措施

保温材料受潮或浸水后会在很大程度上降低其节能保温性能。在施工过程中保温材料受潮或浸水会将水分带入建筑物的保温体系，从而降低保温体系的节能效果并发生层间结露现象。因此，保温材料应入库存放，雨雪天气应避免施工，铺设黏结保温板时，基层应干燥。

（四）检验批划分的规定

当墙体节能分项工程的工作量较大时，可以划分检验批。划分原则与国家现行标准《建筑装饰装修工程质量验收规范》（GB50210—2001）保持一致。

墙体节能工程检验批的划分并非是唯一或绝对的。当遇到较为特殊的情况时，检验批的划分也可根据方便施工与验收的原则，由施工单位与监理（建设）单位共同商定。

第三节　进场材料质量验收

一、材料、构件质量要求

墙体节能工程使用的材料、构件的品种、规格等应符合设计要求和相关标准的规定，不能随意改变和替代。材料、构件品种、规格等是否符合设计要求,一般采用两种方法来确认。具体见表4-1。

表4-1 材料和构件进场验收步骤

序号	步骤	内 容	验收目的
1	检查可视质量	材料和构件进场时,通过目视、尺量和称重等方法进行可视质量检查	材料、构件的品种与规格应符合设计要求和相关标准的规定
2	核查质量证明文件	质量证明文件主要包括质量合格证、中文说明书及相关性能检测报告、型式检验报告;进口材料和设备的出入境商品检验	

二、节能材料节能性能及进场复验要求

材料和设备的进场验收是把好材料质量关的重要环节。

从建筑节能的角度考虑,墙体节能工程使用的保温隔热材料的许多性能都会影响节能效果,其中导热系数对节能效果具有举足轻重的影响。保温隔热材料多数是多孔、松软、低强度、低密度材料,其导热系数与密度、抗压强度或压缩强度相互关联,都对工程质量和节能效果具有重要影响。因此,墙体节能工程使用的保温隔热材料的导热系数、密度、抗压强度或压缩强度及燃烧性能均应符合设计要求。

保温隔热材料的导热系数、密度、抗压强度或压缩强度及燃烧性能是否满足设计要求,主要依靠对各种质量证明文件的核查和进场复验。核查质量证明文件包括核查材料的出厂合格证、性能检测报告、构件的型式检验报告等。对有进场复验规定的要核查进场复验报告。

三、重要材料复验要求

进场复验是为了确保重要材料的质量符合要求而采取的一项特殊措施。进场复验主要针对的是影响到结构安全、消防、环境保护等重要功能的材料,由于建筑节能的重要性,因此墙体节能工程所使用的保温材料、黏结材料和增强网等重要材料进场需要复验。复验的试验方法应遵循相应产品的试验方法标准,复验是否合格应依据设计要求和产品标准判定。复验应为见证取样送检,由具备见证资质的检测机构进行试验,见证取样试验由建设单位委托。进场材料复验项目采用的试验设备与标准见附录D。

四、外保温黏结材料的质量要求

外墙外保温体系可以采用黏结方法与主体结构连接,通常采用聚合物砂浆粘贴自熄型聚苯板、挤塑聚苯板、膨胀珍珠岩保温板,属于粘贴型做法。因此,黏结材料的质量特别是黏结强度直接关系到保温体系的安全性。严寒、寒冷地区外保温黏结材料,由于处在较为严酷的气候条件下,反复冻融可能导致黏结材料强度降低或破坏其黏结牢固性,故对外保温黏结材料增加冻融试验要求。

严寒、寒冷地区外保温使用的黏结材料,所要求的冻融试验不是进场复验,而是由材

料生产、供应方委托送检的试验。对外保温黏结材料的冻融试验，应按照相应标准进行。其冻融试验可由生产或供应方委托通过计量认证、具备产品检验资质的检验机构进行检验并出具报告。

第四节　施工质量验收

一、墙体节能工程施工要求

（一）基层表面处理要求

保温层所附着的墙面，通常是主体结构的表面（如混凝土或砌块表面）。主体结构施工时，表面的平整度、光洁度及施工中产生的粉尘等附着物和污渍可能会给保温隔热材料的黏结带来困难。

因此为保证墙体节能工程质量，使节能材料牢固地黏结在主体结构表面，需要对墙体基层表面进行处理，然后进行保温层施工。

基层表面处理是保温节能施工的一个重要环节，对于保证安全和节能效果很重要。但是由于基层表面处理属于隐蔽工程，施工中容易被忽略，事后无法检查，因此基层表面处理应按照设计和施工方案的要求进行，以满足保温层施工工艺的需要。

（二）各层节能构造做法要求

墙体节能工程的各构造做法是否符合设计要求，是能否保证节能效果的关键因素之一。经审批通过的施工方案是节能工程施工的基本依据，因此墙体节能工程的各构造做法应遵循经审批的施工方案施工。

墙体节能工程各层构造做法除面层外，其他各层构造做法均为隐蔽工程，完工后难以检查。因此，可以采用两种检查方法：一是施工中应对照设计和施工方案目视观察检查；二是验收时应核查隐蔽工程验收记录。在施工过程中对于隐蔽工程验收应随做随验，并做好记录。检查的内容主要是墙体节能工程各层构造做法是否符合设计要求，以及施工工艺是否符合施工方案要求。验收时应核查隐蔽工程验收记录是否齐全有效，填写完整。

（三）墙体节能施工基本要求

对墙体节能工程施工提出 4 项基本要求，具体内容见表 4-2。由于这些基本要求主要关系到安全和节能效果，因此十分重要。

黏结强度和锚固拉拔力试验，当施工企业试验室有能力时可由施工企业施工试验室承担，也可委托给具备见证资质的检测机构进行试验。采用的试验方法可以在承包合同中约定，也可选择现行行业标准、地方标准推荐的相关试验方法。

保温浆料分层施工要求见表 4-3。

（四）预置保温板现场浇筑混凝土墙体施工要求

外墙采用预置保温板现场浇筑混凝土墙体属于现浇型外墙外保温，主要用于现浇混凝土剪力墙体系。在浇筑混凝土外墙时将聚苯板直接放在外模板内侧，并加以适当数量的钢筋锚栓与聚苯板连接，使保温板与墙体两者结合为一体。能对其热工性能、施工技术等形成一个完整的保温体系，是一种较为适用的外保温体系。在保温层外侧使用一层由耐碱玻璃布与聚合物水泥砂浆组成的抗裂保护层,然后再做涂料饰面层。其中内置聚苯板可以采用有钢丝网架的有网和无钢丝网架的无网体系。

表 4-2　墙体节能工程施工基本要求

序号	项　目	基本要求
1	保温隔热材料	厚度必须符合设计要求
2	保温板材与基层及各构造层间	黏结或连接必须牢固; 黏结强度和连接方式应符合设计要求; 保温板材与基层黏结强度应进行现场拉拔试验
3	保温浆料	应分层施工; 当采用保温浆料做外保温时,保温层与基层之间及各层之间的黏结必须牢固,不应脱层、空鼓和开裂
4	保温层采用预埋或后置锚固件固定	锚固件数量、位置、锚固深度和抗拉拔力应符合设计要求;后置锚固件应进行锚固力现场拉拔试验

表 4-3　保温浆料分层施工要求

序号	项目	基本要求
1	一般	保温浆料应分层作业施工完成,每次抹灰厚度宜控制在 20 mm 左右,分层抹灰施工至设计保温层厚度,每层施工时间间隔 24 h
2	底层抹灰	底层抹灰顺序应按照从上至下,从左至右抹灰,在压实的基础上可尽量加大施工抹灰厚度,抹至距保温标准贴饼差 1 cm 左右为宜
3	中层抹灰	中层抹灰要抹至与保温标准贴饼齐平。中层抹灰后,应用大杠在墙面上来回搓抹,去高补低,最后再用铁抹子压一遍,使保温浆料层表面平整,厚度与保温标准贴饼一致
4	面层抹灰	面层抹灰应在中层抹灰后 4～6 h 之后进行,施工前尽量用杠尺检查墙面平整度,墙面偏差应控制在 ±2 mm。面层抹灰应以修补为主,对于凹陷处用稀浆料抹平,对于凸起处可用抹子立起来将其刮平,最后用抹子分遍再赶压墙面,先用 2 m 杠尺检验水平,后用托线板检验垂直,要求平整度和垂直度达到验收标准

现浇型外保温做法不用人工逐块粘贴聚苯板,有利于文明施工,保温板与现浇混凝土结合牢固可靠,可缩短施工工期,聚苯板对现浇混凝土层有保护作用。适用于多层及高层建筑现浇混凝土剪力墙结构。

但是现浇型外保温做法施工保温层表面的垂直度和平整度较难控制,容易出现的主要问题是保温板移位及保温板与混凝土间的黏结问题。故要求施工单位安装保温板时应做到位置正确、接缝严密,在浇筑混凝土过程中应采取措施保证保温板不移位、不变形、不损坏等。

(五)外墙采用保温浆料做保温层的施工要求

外墙采用保温浆料做保温层属于抹灰型保温做法,可以采用的保温浆料主要有聚苯颗粒保温浆料和膨胀珍珠岩保温浆料。施工简便、造价低，适用于各种地区的基层为钢筋混凝土墙、混凝土空心砌块、砌体、烧结砖墙和非烧结砖墙的多层、高层建筑及节能改造工程。

外墙保温层采用保温浆料做保温层做法时，保温浆料的配制需要在现场完成，受施工现场条件的限制，保温浆料的配制与施工质量不易控制。为了正确把握浆料保温层的实际保温效果，规定在施工中制作同条件养护试件，以检测其导热系数、干密度、压缩强度等参数。保温浆料同条件试件应实行见证取样送检，由建设单位委托具备见证资质的检测机构进行试验。

（六）各类饰面层的施工要求

墙体节能工程的各类饰面层施工除应符合设计要求和《建筑装饰装修工程质量验收规范》（GB50210—2001）的规定外，还要遵守4项要求。提出这4项要求的主要目的在于防止外墙外保温出现安全和保温效果降低等问题。

1.饰面层基层的要求

目的是为了保证饰面层的施工质量。实践证明，饰面层的质量在很大程度上取决于基层质量。

2.外墙外保温工程不宜采用粘贴饰面砖做饰面层的要求

鉴于目前许多外墙外保温工程较多地采用饰面砖饰面。而考虑到外墙外保温工程中的保温层强度一般较低，如果表面粘贴较重的饰面砖，使用年限较长后容易变形脱落，高层建筑的危害更为严重，故《规范》建议不宜采用饰面砖。

从安全因素考虑，目前大多数外墙外保温系统特别是薄抹灰系统饰面层一般都推荐使用厚度较薄、重量较轻、施工较容易的涂料作为饰面层。当一定要采用面砖作为饰面层时，则规定必须有保证保温层与饰面砖安全性与耐久性的措施，其安全性与耐久性必须符合设计要求，饰面砖应进行黏结强度拉拔试验，试验结果应符合设计和有关标准的规定要求。如果饰面层用面砖、石材等材料时，需采取其他安全有效的技术措施来保证其可靠性，对面砖的重量、大小、胶粘剂的性能也有不同规定，且对建筑物高度应有一定限制，建议高层、小高层不用，多层谨慎使用。面砖要面积小、重量轻（20 kg/m^2），并应使用弹性勾缝剂。面砖性能应符合相应产品的现行国家和行业标准，施工质量应符合《外墙饰面砖工程施工及验收规程》（JGJ126—2000）的规定。胶粉聚苯颗粒外墙外保温系统贴面砖的具体要求见《胶粉聚苯颗粒外墙外保温系统》（JG158—2004）。

3.饰面层渗漏的要求

对外墙饰面层提出不应渗漏的要求，是为保证保温效果而设置的一条重要规定。外墙外保温工程的饰面层一旦渗漏，水分进入保温层内，将明显破坏保温效果。同时水分滞留在保温层内，难以散发，可能出现墙体内结露、发霉等问题。北方地区经过冻融还可能造成安全问题。

特别是在对外墙外保温工程的饰面层采用饰面板开缝安装时，特别规定保温层表面应具有防水功能，以防止保温层浸水失效。

4.收口密封的要求

外墙外保温层及饰面层与其他部位交接的收口处，应采用密封措施，主要考虑保温层及饰面层的防水和密封问题。这种防水和密封不仅影响保温效果，还将进而影响到外保温层的安全性和耐久性问题。

（七）保温砌块砌筑的墙体施工要求

保温砌块采用轻质、高强的保温材料，既能解决结构承重问题，又具有良好的保温隔热性能，根据选用的保温材料的不同，保温砌块通常分为轻骨料混凝土和轻质混凝土保温砌块两种类型。

1. 轻骨料混凝土保温砌块

轻骨料混凝土保温砌块是以发泡多孔颗粒为骨料的轻骨料混凝土。它具有重量轻、保温性能好的特点。选用的轻骨料有膨胀珍珠岩、膨胀蛭石、陶粒等。目前工程中常用的轻质混凝土保温砌块是粉煤灰陶粒混凝土、黏土陶粒混凝土和页岩陶粒混凝土。

2. 轻质混凝土保温砌块

轻质混凝土保温砌块是选用一种不用集料的轻混凝土，内部充满大量细小封闭的气孔，空隙率极大。根据气孔产生方法的不同，多孔混凝土可分为加气混凝土和泡沫混凝土。加气混凝土是用含钙的材料（水泥、石灰）、含硅材料（石英砂、粉煤灰、页岩等）和加气剂（铝粉）作为原料，经过磨细、配料、搅拌、浇筑、切割蒸汽养护或者蒸压养护等工序生产而成。泡沫混凝土是将水泥浆和泡沫剂拌和后硬化而成的一种多孔混凝土。目前工程中常用的轻质混凝土保温砌块是蒸压加气混凝土砌块。

为了达到良好的保温隔热效果，消除灰缝对砌块传热的热桥现象，因此采用保温砌块砌筑的墙体，设计时通常要求采用具有保温功能的砂浆砌筑。如果采用普通砂浆，墙体的灰缝部位将成为热桥，将严重降低墙体保温效果。同时其灰缝饱满度与密实性对节能效果也有一定的影响，故对于保温砌体灰缝砂浆饱满度的要求应严于普通灰缝。《规范》要求水平灰缝饱满度不应低于90%，竖直灰缝不应低于80%，实践证明可以起到良好的节能效果。

（八）预制保温墙板现场安装的墙体施工要求

预制保温墙板又称外挂式外保温，通常采用拉接钢筋或螺栓将预制保温板悬挂在外墙上面，再用钢丝网片压紧，铅丝绑扎，用水泥砂浆分 3 层进行抹灰，总厚度 25 mm，外饰面可以采用弹性涂料或粘贴面砖。预制保温墙板（见图 4-2）选用的外挂材料主要有岩棉、玻璃棉板、聚苯乙烯泡沫塑料等。

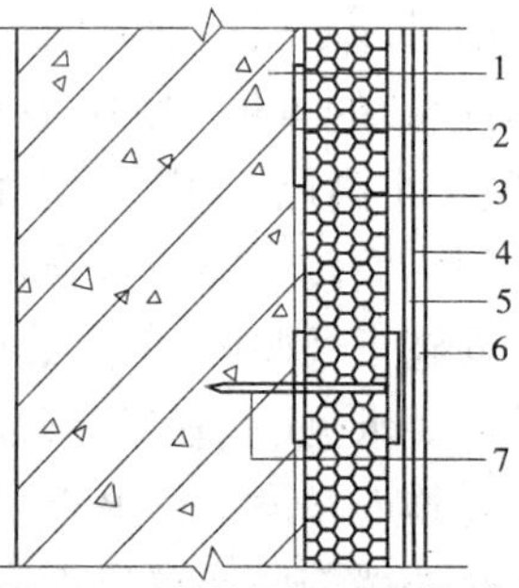

图 4-2 预制保温墙板构造

1—基层；2—胶粘剂；3—EPS 板塑料板；4—玻纤网；5—薄抹面层；6—饰面涂层；7—锚栓

由于预制保温墙板属于悬挂型外保温做法，因此具有施工进度快、结构安全可靠、防水性能好、采用机械锚固、可以满足多种建筑装饰要求的优点。但安装过程中容易出现连接、渗漏等问题。为保证安装质量，首先应有型式检验报告证明预制保温墙板产品及安装性能合格，包括预制保温墙板的结构性能、热工性能等均应合格；其次墙板与主体结构的连接方法应符合设计要求，墙板的板缝、构造节点及嵌缝做法应与设计一致。检查安装好的保温墙板板缝不得渗漏，可采用现场淋水试验的方法，对墙体板缝部位连续淋水 1 h，不渗漏为合格。

二、墙体内隔汽层构造要求

从冷凝的角度考虑,保温材料应尽量布置在蒸汽渗透通路中外墙外侧,可以使蒸汽进难出易。由于外墙外保温符合“进难出易”的原则,一般不致出现保温材料内部冷凝受潮现象,因此外墙外保温墙体可以不设隔汽层;而外墙内保温由于材料层的布置不能符合“进难出易”的要求,因此外墙内保温可以在保温层蒸汽流入一侧设置隔汽层使蒸汽难进。

墙体内隔汽层的作用,主要为防止空气中的水分进入保温层造成保温效果下降,进而形成结露等问题。针对隔汽层容易出现的破损、透气等问题,规定隔汽层设置的位置、使用的材料及构造做法,应符合设计要求和相关标准的规定。要求隔汽层应完整、严密,穿透隔汽层处应采取密封措施。隔汽层冷凝水排水构造应符合设计要求。

三、外墙热桥部位构造要求

单一材料和内保温复合节能墙体不可避免地会存在热桥,为了减少热桥对墙体热工性能的影响,避免低温和梅雨季节热桥部位结露,应加强热桥部位的保温措施。

(一)门窗洞口四周墙侧面构造要求

门窗洞口四周墙侧面,是指门窗洞口的侧面,即与外墙面垂直的4个小面。这些部位的保温施工较为复杂,尤其是墙体上凸窗四周的侧面,容易出现热桥或保温层缺陷。因此,这些部位是围护结构节能的“软肋”,处理不当会严重降低节能效果。在节能设计中,应给出需要采取的隔断热桥或节能保温措施。

对于外墙和毗邻不采暖空间墙体上的上述部位,以及凸窗外凸部分的四周墙面和地面,均应按设计要求采取隔断热桥或节能保温措施。当设计未对上述部位提出要求时,施工单位应与设计、建设或监理单位联系,确认是否应采取处理措施。

(二)墙体热桥构造要求

热桥是指外围护结构上的热工缺陷部位。在室内外温差作用下,热桥部位会出现局部热流密集的现象。墙体由于混凝土梁柱等周边热桥的存在,将在不同程度上使外墙传热系数增大。如果热桥部位不加强保温措施,室内采暖时,热桥部位内表面温度较其他主体部位低;而在室内空调降温时,热桥部位内表面温度较其他主体部位高。相应部位的内表面会因为温度降低而出现不同程度的结露、生霉现象,从而影响建筑物的使用性能和耐久性。应综合考虑消除外墙热桥的不利影响。外保温在消除热桥不利影响方面优于内保温。

严寒和寒冷地区由于室内外温差较大,热桥部位对节能效果影响更大。故要求严寒和寒冷地区外墙热桥部位,应按设计要求采取节能保温等隔断热桥措施。

第五节　一般项目

一、节能保温材料与构件的外观和包装要求

节能保温材料与构件的内在质量是主要的,其要求被列在主控项目中。而外观和包

装外观质量相对次要，但是如果有破损同样有可能影响到材料、构件的质量。因此，规定节能保温材料与构件的外观和包装应符合设计要求和产品标准的规定。

二、加强网施工的要求

加强网在节能工程中通常用在容易开裂的部位如面层、拐角等部位的砂浆中预防其开裂，并增强其整体性。加强网按照制作材料可分为金属网、耐碱玻璃纤维网格布两类。加强网的施工主要是针对耐碱玻璃纤维网格布，其施工工艺为抹灰时在底层抹灰中铺贴一层加强网，继续抹灰将加强网压入砂浆中。加强网铺贴要连接、平整，不得有皱褶、外露。需要搭接时应有 30 ~ 50 mm 的搭接长度。抹灰时应用力将加强网压入砂浆中不使外露，砂浆要压实，不允许空鼓。

由于加强网属于隐蔽工程（隐在砂浆中），其质量缺陷通常需较长时间才能发现。施工中应加强管理和要求。

三、墙体热桥构造一般要求

（一）空调房间热桥构造措施

外墙热桥是指外墙内部、附墙或挑出的各种部件、构造。对于墙体总体保温效果有一定影响。热桥对房间节能造成的影响，与所处地区环境有关。当所处地区环境的室内外温差不大时，影响较小；而当所处地区环境的室内外温差较大时，热桥的影响就会明显增加。因此，热桥部位均应按设计要求采取隔断保温措施。针对所有设置空调的房间，而不是严寒、寒冷地区，当缺少设计要求时，应按照施工技术方案进行处理。施工中采用红外成像仪可以清楚地了解热桥处理措施是否有缺陷。

（二）施工热工缺陷热桥构造措施

施工时可能造成的热工缺陷，主要有穿墙套管、脚手眼、孔洞等，施工造成的墙体缺陷主要特点是不可预知性即设计图纸上无法预知，设计也不会出具弥补措施，只能由施工单位自行处理。

施工单位在墙体施工前，应专门制定消除外墙热桥的措施，并在技术交底中加以明确。施工中应对施工产生的缺陷随时填塞密实，并按照施工方案采取隔断热桥措施进行处理，应列为隐蔽工程验收并应加以记录。完工后宜采用热工成像设备进行扫描检查，辅助了解其处理措施是否有效。

四、墙体保温板材接缝构造做法

墙体保温板材的接缝做法主要有两种，一是保温板接缝处使用黏结剂粘接；二是保温板接缝处不粘接，只需将接缝挤严并将保温板牢固固定。对于保温板的接缝最主要的是要挤紧、可靠固定并使接缝处平整严密，以免在抹灰或浇筑混凝土时砂浆或水泥进入缝隙内。

五、外墙保温浆料层的施工

从施工工艺角度看，除配制外，保温浆料的抹灰与普通装饰抹灰基本相同。保温浆料层的施工，包括对基层和面层的要求、对接茬的要求、对分层厚度和压实的要求等，均应按照抹灰工艺执行。

六、保温层特殊部位构造措施

针对容易碰撞、破损的保温层特殊部位要求采取加强措施，防止被损坏。具体防止开裂和破损的加强措施通常由设计或施工技术方案确定。

与普通砂浆相比，保温砂浆强度相对较低。采取的加强措施通常有：在面层砂浆中增做加强网；采用强度较高的材料做表层；在这些部位的表层另增加金属或木质防护层（如护角）等。

七、有机类保温材料陈化时间的检查

常用保温材料根据材料组成可分为无机类和有机类保温材料两种，具体见表4-4。

表4-4　无机类和有机类保温材料分类

种类	材　料
无机类	矿棉、岩棉、玻璃棉、膨胀珍珠岩、膨胀蛭石、加气混凝土、泡沫玻璃、泡沫混凝土
有机类	泡沫聚苯乙烯塑料、泡沫聚氨酯塑料、泡沫聚乙烯塑料、泡沫酚醛树脂、泡沫尿酸树脂

建筑节能工程中常用的现场喷涂或模板浇筑的有机类保温材料主要是泡沫聚氨酯塑料，如现场喷涂硬泡聚氨酯外墙外保温系统。由于有机类保温材料的体积需经过一定时间才趋于稳定，故对有机类保温材料陈化时间提出要求。有机类保温材料的陈化也称熟化，是有机类材料的一个特点。有机类保温材料做外保温时对陈化时间的要求，是材料本身体积稳定性的要求。其具体陈化时间可根据不同有机类保温材料的产品说明书确定。

如果未达到陈化时间就进行下道工序施工，则有机保温材料很可能开裂，不仅使其保温性能大大降低，而且可能引起饰面层开裂。

第六节　验收记录

外墙检验批、分项工程质量主控项目验收记录见表4-5，外墙检验批、分项工程质量一般项目验收记录见表4-6。

表4-5　外墙检验批、分项工程质量主控项目验收记录

工程名称		分项工程名称		验收部位	
施工单位		专业工长		项目经理	
施工执行标准名称及编号					
分包单位		分包项目经理		施工班组长	
验收规范规定		施工单位检查评定记录		监理（建设）单位验收记录	

续表 4-5

主控项目	1	进场材料	质量文件	第 4.2.1 条		
			外观检查			
			主要性能指标	第 4.2.2 条		
			取样复验	第 4.2.3 条		
			黏结材料冻融试验	第 4.2.4 条		
	2	基层处理		第 4.2.5 条		
	3	保温层构造	构造做法	第 4.2.6 条		
			施工方案			
	4	保温层施工质量	保温层厚度	第 4.2.7 条		
			黏结牢固性			
			分层施工			
			保温层施工			
	5	预制保温板现浇混凝土墙体	主要性能指标	第 4.2.8 条		
			位置			
			界面处理			
	6	保温浆料		第 4.2.9 条		
	7	饰面层基层及面层	基层	第 4.2.10 条		
			饰面层安全			
			饰面层防水			
			密封措施			
	8	保温砌块	砌筑砂浆	第 4.2.11 条		
			灰缝			
	9	预制保温墙板	性能要求	第 4.2.12 条		
			板缝处理			
	10	隔汽场	位置	第 4.2.13 条		
			材料			
			构造做法			
			密封措施			
			冷凝水排水构造			
	11	门窗洞口四周侧面	门窗洞口	第 4.2.14 条		
			凸窗			
	12	热桥措施		第 4.2.15 条		

续表 4-5

施工单位检查 评定结果	项目专业质量检查员： （项目技术负责人）　　　　　年　　月　　日
监理（建设）单位 验收结论	监理工程师： （建设单位项目专业技术负责人）　　　　　年　　月　　日

表 4-6　外墙检验批、分项工程质量一般项目验收记录

<table>
<tr><td colspan="4">工程名称</td><td></td><td>分项工程名称</td><td>验收部位</td></tr>
<tr><td colspan="4">施工单位</td><td></td><td>专业工长</td><td>项目经理</td></tr>
<tr><td colspan="4">施工执行标准名称及编号</td><td colspan="3"></td></tr>
<tr><td colspan="4">分包单位</td><td></td><td>分包项目经理</td><td>施工班组长</td></tr>
<tr><td colspan="5">验收规范规定</td><td>施工单位检查评定记录</td><td>监理（建设）单位验收记录</td></tr>
<tr><td rowspan="15">一般项目</td><td rowspan="2">1</td><td rowspan="2">节能材料一般要求</td><td>外观</td><td rowspan="2">第 4.3.1 条</td><td></td><td rowspan="15"></td></tr>
<tr><td>包装</td><td></td></tr>
<tr><td rowspan="2">2</td><td rowspan="2">加强网施工质量</td><td>铺贴、搭接</td><td rowspan="2">第 4.3.2 条</td><td></td></tr>
<tr><td>砂浆抹压</td><td></td></tr>
<tr><td>3</td><td>空调房间外墙热桥</td><td></td><td>第 4.3.3 条</td><td></td></tr>
<tr><td>4</td><td>施工墙体缺陷</td><td></td><td>第 4.3.4 条</td><td></td></tr>
<tr><td>5</td><td>墙体保温板接缝</td><td></td><td>第 4.3.5 条</td><td></td></tr>
<tr><td rowspan="3">6</td><td rowspan="3">保温浆料</td><td>施工</td><td rowspan="3">第 4.3.6 条</td><td></td></tr>
<tr><td>厚度</td><td></td></tr>
<tr><td>接茬</td><td></td></tr>
<tr><td rowspan="3">7</td><td rowspan="3">特殊部位处理</td><td>阳角</td><td rowspan="3">第 4.3.7 条</td><td></td></tr>
<tr><td>门窗洞口</td><td></td></tr>
<tr><td>不同材料基体交接处</td><td></td></tr>
<tr><td>8</td><td>有机类保温材料</td><td></td><td>第 4.3.8 条</td><td></td></tr>
<tr><td colspan="4">施工单位检查评定结果</td><td colspan="3">项目专业质量检查员：
（项目技术负责人）　　　　　年　　月　　日</td></tr>
<tr><td colspan="4">监理（建设）单位验收结论</td><td colspan="3">监理工程师：
（建设单位项目专业技术负责人）　　　　　年　　月　　日</td></tr>
</table>

第五章　幕墙节能工程

第一节　《规范》原文

5.1　一般规定

5.1.1　本章适用于透明和非透明的各类建筑幕墙的节能工程质量验收。

5.1.2　附着于主体结构上的隔汽层、保温层应在主体结构工程质量验收合格后施工。施工过程中应及时进行质量检查、隐蔽工程验收和检验批验收，施工完成后应进行幕墙节能分项工程验收。

5.1.3　当幕墙节能工程采用隔热型材时，隔热型材生产厂家应提供型材所使用的隔热材料的力学性能和热变形性能试验报告。

5.1.4　幕墙节能工程施工中应对下列部位或项目进行隐蔽工程验收，并应有详细的文字记录和必要的图像资料：

(1)被封闭的保温材料厚度和保温材料的固定；

(2)幕墙周边与墙体的接缝处保温材料的填充；

(3)构造缝、结构缝；

(4)隔汽层；

(5)热桥部位、断热节点；

(6)单元式幕墙板块间的接缝构造；

(7)冷凝水收集和排放构造；

(8)幕墙的通风换气装置。

5.1.5　幕墙节能工程的保温材料在安装过程中应采取防潮、防水等保护措施。

5.1.6　幕墙节能工程检验批划分，可按照《建筑装饰装修工程质量验收规范》(GB50210—2001)的规定执行。

5.2　主控项目

5.2.1　用于幕墙节能工程的材料、构件等，其品种、规格应符合设计要求和相关标准的规定。

检验方法：观察、尺量检查；核查质量证明文件。

检查数量：按进场批次，每批随机抽取 3 个试样进行检查；质量证明文件应按照其出厂检验批进行核查。

5.2.2　幕墙节能工程使用的保温隔热材料、其导热系数、密度、燃烧性能应符合设计要求。幕墙玻璃的传热系数、遮阳系数、可见光透射比、中空玻璃露点应符合设计要求。

检验方法：核查质量证明文件和复验报告。

检查数量：全数核查。

5.2.3　幕墙节能工程使用的材料、构件等进场时，应对其下列性能进行复验，复验应为见证取样送检：

(1)保温材料：导热系数、密度；

(2)幕墙玻璃：可见光透射比、传热系数、遮阳系数、中空玻璃露点；

(3)隔热型材：抗拉强度、抗剪强度。

检验方法：进场时抽样复验，验收时核查复验报告。

检查数量：同一厂家的同一种产品抽查不少于一组。

5.2.4　幕墙的气密性能应符合设计规定的等级要求。当幕墙面积大于3 000 m^2 或建筑外墙面积的50%时，应现场抽取材料和配件，在检测试验室安装制作试件进行气密性能检测，检测结果应符合设计规定的等级要求。

密封条应镶嵌牢固、位置正确、对接严密。单元幕墙板块之间的密封应符合设计要求。开启扇应关闭严密。

检查方法：观察及启闭检查；核查隐蔽工程验收记录、幕墙气密性能检测报告、见证记录。

气密性能检测试件应包括幕墙的典型单元、典型拼缝、典型可开启部分。试件应按照幕墙工程施工图进行设计。试件设计应经建筑设计单位项目负责人、监理工程师同意并确认。气密性能的检测应按照国家现行有关标准的规定执行。

检查数量：核查全部质量证明文件和性能检测报告。现场观察及启闭检查按检验批抽查30%，并不少于5件(处)。气密性能检测应对一个单位工程中面积超过1 000 m^2 的每一种幕墙均抽取一个试件进行检测。

5.2.5　幕墙节能工程使用的保温材料，其厚度应符合设计要求，安装牢固，且不得松脱。

检验方法：对保温板或保温层采取针插法或剖开法，尺量厚度；手扳检查。

检查数量：按检验批抽查10%，并不少于5处。

5.2.6　遮阳设施的安装位置应满足设计要求。遮阳设施的安装应牢固。

检验方法：观察；尺量；手扳检查。

检查数量：检查全数的10%，并不少于5处；牢固程度全数检查。

5.2.7　幕墙工程热桥部位的隔断热桥措施应符合设计要求，断热节点的连接应牢固。

检验方法：对照幕墙节能设计文件，观察检查。

检查数量：按检验批抽查10%，并不少于5处。

5.2.8　幕墙隔汽层应完整、严密、位置正确，穿透隔汽层处的节点构造应采取密封措施。

检验方法：观察检查。

检查数量：按检验批抽查10%，并不少于5处。

5.2.9　冷凝水的收集和排水应通畅，并不得渗漏。

检验方法：通水试验、观察检查。

检查数量：按检验批抽查10%，并不少于5处。

5.3　一般项目

5.3.1　镀(贴)膜玻璃的安装方向、位置应正确。中空玻璃应采用双道密封。中空玻璃的均压管应密封处理。

检验方法：观察；检查施工记录。

检验数量:每个检验批抽查 10%,并不少于 5 件(处)。

5.3.2 单元式幕墙板块组装应符合下列要求:

(1)密封条:规格正确,长度无负偏差,接缝的搭接符合设计要求;

(2)保温材料:固定牢固,厚度符合设计要求;

(3)隔汽层:密封完整、严密;

(4)冷凝水排水系统通畅,无渗漏。

检验方法:观察检查;手扳检查;尺量;通水试验。

检查数量:每个检验批抽查 10%,并不少于 5 件(处)。

5.3.3 幕墙与周边墙体间的接缝处应采用弹性闭孔材料填充饱满,并应采用耐候密封胶密封。

检查方法:观察检查。

检查数量:每个检验批抽查 10%,并不少于 5 件(处)。

5.3.4 伸缩缝、沉降缝、抗震缝的保温或密封做法应符合设计要求。

检验方法:对照设计文件观察检查。

检查数量:每个检验批抽查 10%,并不少于 10 件(处)。

5.3.5 活动遮阳设施的调节机构应灵活,并能调节到位。

检验方法:现场调节试验,观察检查。

检查数量:每个检验批抽查 10%,并不少于 10 件(处)。

第二节 概 述

一、验收概述

《公共建筑节能设计标准》(GB50189—2005)将建筑幕墙划分为透明幕墙和非透明幕墙。幕墙作为建筑的围护结构,在建筑节能的要求方面有一定的共性,节能标准对其性能指标有明确的要求。玻璃幕墙的可视部分属于透明幕墙,与建筑外窗在节能方面有着共同的要求。但玻璃幕墙的节能要求也与外窗有着很明显的不同,玻璃幕墙往往与其他的非透明幕墙是一体的,不可分离。玻璃幕墙的不可视部分、金属幕墙、石材幕墙及其他板材幕墙属于非透明幕墙,虽然与墙体有着类似的节能指标要求,但由于其构造的特殊性,施工与墙体有着很大的不同,所以不能与墙体的施工验收在一起。

另外,由于建筑幕墙的设计、施工往往是另外进行专业分包,施工验收按照《建筑装饰装修工程质量验收规范》(GB50210—2001)进行,往往也是单独进行的,所以将建筑幕墙单列比较符合实际情况,操作上也更加方便。

本章格式与各专业验收规范保持一致,分为"一般规定"、"主控项目"、"一般项目"。本章共 20 条,分别叙述了幕墙节能验收的基本要求,6 条一般规定、9 条主控项目和 5 条一般项目,其中强制性条文 1 条。

"一般规定"主要叙述幕墙节能验收的适用范围、验收程序、隐蔽工程验收项目和检验批划分等基本要求。

"主控项目"是幕墙分项工程节能验收的核心内容。分别给出对幕墙节能材料的要求、重要材料进场复验的要求、幕墙气密性、热桥部位节能措施和遮阳设施安装的要求等。

"一般项目"给出一般性验收要求。主要是对镀膜玻璃、中空玻璃、单元式幕墙板块组装、幕墙缝隙和活动遮阳设施等提出要求。

二、验收条件

(一)适用范围

幕墙节能工程的施工验收内容适用于透明幕墙如玻璃幕墙的可视部分、非透明幕墙如玻璃幕墙的不可视部分、金属幕墙、石材幕墙及其他板材幕墙节能工程的施工验收。

(二)验收程序

有些幕墙的非透明部分的隔汽层如在主体结构上涂防水涂料、喷涂防水剂、铺防水卷材等,附着在建筑主体的实体墙上。有些幕墙的非透明部分的保温层也附着在建筑主体的实体墙上。对于这类建筑幕墙,保温材料和隔汽层需要在实体墙的墙面质量满足要求后才能进行施工作业,否则保温材料可能粘贴不牢固,隔汽层(或防水层)附着不理想。另外,主体结构往往是土建单位施工,幕墙是分包,在施工中若不进行分阶段验收,出现质量问题容易发生纠纷。

幕墙的施工安装是实现幕墙设计的关键环节。幕墙的每道施工工序可能对下一个工序甚至整个工程的质量有影响,因此应及时进行验收。幕墙各个阶段的施工可能会使前一个阶段施工部分隐蔽,重要部位应在隐蔽前进行隐蔽验收。

三、验收基本要求

(一)隔热型材性能试验报告内容

铝合金隔热型材、钢隔热型材在一些幕墙工程中得到应用。隔热型材的隔热材料一般是尼龙或发泡的树脂材料等。这些材料是很特殊的,既要保证足够的强度,又要有较小的导热系数,还要满足幕墙型材在尺寸方面的苛刻要求。从安全的角度而言,型材的力学性能是非常重要的,对于有机材料,其热变形性能也是非常重要的。型材的力学性能主要包括抗剪强度、横向抗拉强度等。热变形性能主要包括热膨胀系数、热变形温度等。

(二)隐蔽工程验收内容

为了确保建筑幕墙节能工程的施工质量,对幕墙节能工程施工进行隐蔽工程验收是非常重要的。

1. 非透明幕墙保温材料

在非透明幕墙中,幕墙保温材料的固定是否牢固,会直接影响到节能的效果。如果固定不牢,保温材料可能会脱离,从而造成部分部位无保温材料。

2. 热桥部位构造

幕墙周边与墙体接缝处保温的填充,幕墙的构造缝、沉降缝、热桥部位、断热节点等,这些部位虽然不是幕墙能耗的主要部位,但处理不好,也会大大影响幕墙的节能。这些部位主要是密封问题和热桥问题。密封问题对于冬季节能非常重要,热桥则容易引起结露和发霉,所以必须将这些部位处理好。幕墙的构造缝、沉降缝等缝隙,保温、密封均很重要，应严格按照设计施工安装。一般这些缝隙应安装保温和密封材料。幕墙的热桥部位往往出现在面板的连接或固定部位、幕墙与主体结构连接部位、管道或构件穿越幕墙面板部位等。大量的热桥出现会增加幕墙的室内外传热，应该避免；个别的热桥虽对幕墙的传热影响不大，但在冬季易引起结露，应该注意。这些部位应采取隔断热桥的措施。

3. 单元式幕墙板块间的接缝构造

单元式幕墙板块间缝隙的密封是非常重要的。由于单元缝隙处理不好，安装完成后再去修复特别困难，所以应该特别注意施工质量。否则不仅会使得气密性能差，还常引起雨水渗漏。

4. 幕墙隔汽层、凝结水收集和排放构造

幕墙的隔汽层、凝结水收集和排放构造等都是为避免非透明幕墙部位结露，结露的水渗漏到室内，让室内的装饰发霉、变色、腐烂等而设置的。一般来说，如果非透明幕墙保温层的隔汽好，幕墙与室内侧墙体之间的空间内不会有凝结水。但为了确保凝结水不破坏室内的装饰，不影响室内环境，许多幕墙设置冷凝水收集、排放系统。

5. 幕墙的通风换气装置

安装有通风换气装置的幕墙能使得建筑室内获得足够的新风量，同时也可以使得房间在空调不启动的情况下达到一定的舒适度。虽然通风换气装置往往耗能，但舒适的室内环境可以少开空调制冷，因而通风换气装置是非常必要的。

以上部位在幕墙施工完毕后都将隐蔽，为方便以后的验收，施工过程中应该及时进行隐蔽工程验收。

（三）保温材料防潮、防水措施

幕墙节能工程的保温材料大部分是多孔材料，很容易潮湿变质或改变性状。如岩棉板、玻璃棉板容易受潮而松散，膨胀珍珠岩板受潮后导热系数会增大等。所以，在安装过程中应采取防潮、防水等保护措施。

（四）检验批划分的规定

幕墙节能工程验收检验批划分和检查数量可按照《建筑装饰装修工程质量验收规范》（GB50210—2001）的规定执行。

幕墙检验批划分和检查数量应符合的规定见表5-1。

表5-1　幕墙检验批划分和检查数量规定

序号	项　目	基本规定
1	检验批划分	（1）相同设计、材料、工艺和施工条件的幕墙工程每500～1 000 m^2 应划分为一个检验批，不足500 m^2 也应划分为一个检验批； （2）同一单位施工的不连续的幕墙工程应单独划分检验批； （3）对于异型或有特殊要求的幕墙，检验批的划分应根据幕墙的结构、工艺特点及规模，由监理（建设）单位和施工单位协商确定
2	检查数量	（1）每个检验批每100 m^2 应至少抽查一处，每处不得小于10 m^2； （2）对于异型或有特殊要求的幕墙，检验批的划分应根据幕墙的结构、工艺特点，由监理（建设）单位和施工单位协商确定

第三节　进场材料质量验收

一、材料、构件质量要求

用于幕墙节能工程的各种材料、构件和组件等的品种、规格符合设计要求和相关现行国家产品标准和工程技术规范的规定，是一般性要求。

（一）幕墙面层材料

建筑幕墙面层材料主要有玻璃材料、金属板材和石材等。

1. 玻璃材料

幕墙玻璃是衡量玻璃幕墙节能性能的主要材料，玻璃品种应符合设计要求。幕墙玻璃的品种信息主要内容见表 5-2。

表 5-2　幕墙玻璃品种信息内容

序号	项目	内容
1	结构	单片、中空、夹胶、中空夹胶
2	单片玻璃品种	透明、吸热、镀膜
3	中空玻璃	尺寸、气体层和间隔条

幕墙玻璃质量要求见表 5-3。

表 5-3　幕墙玻璃质量要求

序号	项目	质量规定
1	玻璃品种	幕墙应使用安全玻璃，玻璃的品种、规格、颜色、光学性能及安装方向应符合设计要求
2	玻璃厚度	幕墙玻璃的厚度不应小于 6.0 mm； 全玻璃幕墙肋玻璃的厚度不应小于 12 mm
3	中空玻璃	幕墙的中空玻璃应采用双道密封； 明框式玻璃幕墙的中空玻璃应采用聚硫密封胶及丁基密封胶； 隐框和半隐框玻璃幕墙的中空玻璃应采用硅酮结构胶密封及丁基密封胶； 镀膜面应在中空玻璃的第 2 或第 3 面上
4	夹层玻璃	幕墙的夹层玻璃应采用聚乙烯醇缩丁醛（PVB）胶片干法加工合成的夹层玻璃； 点支承玻璃幕墙夹层玻璃的夹层胶片（PVB）厚度不应小于 0.76 mm
5	钢化玻璃	钢化玻璃表面不得有损伤；8.0 mm 以下的钢化玻璃应进行引爆处理
6	玻璃一般要求	所有幕墙玻璃均应进行边缘处理

幕墙玻璃安装要求见表5-4。

表5-4　幕墙玻璃安装要求

序号	项目	质量规定
1	明框玻璃幕墙	玻璃槽口与玻璃的配合尺寸应符合设计要求和技术标准的规定
		玻璃与构件不得直接接触,玻璃四周与构件槽底部保持一定的空隙,每块玻璃下部应至少放置两块宽度与槽口宽度相同、长度不小于100 mm的弹性定位垫块;玻璃两边嵌入量及空隙应符合设计要求
		玻璃四周橡胶条的材质、型号应符合设计要求,镶嵌应平整,橡胶条长度应比边框内槽长1.5%~2.0%,橡胶条在转角处应斜面断开,并应用黏结剂黏结牢固后嵌入槽内
2	隐框或半隐框玻璃幕墙	每块玻璃下端应设置两个铝合金或不锈钢托条,其长度不应小于100 mm,厚度不应小于2 mm,托条外端应低于玻璃外表面2 mm
3	全玻璃幕墙	高度超过4 m的全玻璃幕墙应吊挂在主体结构上,吊夹具应符合设计要求,玻璃与玻璃、玻璃与玻璃肋之间的缝隙,应采用硅酮结构密封胶嵌缝严密
4	点支承玻璃幕墙	点支承玻璃幕墙应采用带万向头的活动不锈钢爪,其钢爪间的中心距离应大于250 mm

2. 非透明幕墙的板材材料

1)金属板材

非金属幕墙常用的金属板材主要有铝合金单板、铝塑复合板和铝合金蜂窝板。

2)石材

由于花岗岩质地坚硬,具有耐酸碱腐蚀和耐用年限长的优点,因此幕墙石材常用花岗岩。

(二)幕墙保温隔热材料

幕墙使用的保温隔热材料的种类、规格、尺寸、干密度、导热系数等与非透明幕墙的传热系数关系密切,应严格按照设计要求。幕墙保温隔热材料宜采用岩棉、矿棉、玻璃棉和防火板等不燃或难燃材料。松散类的保温隔热材料采用铝箔等进行包封处理,以确保防水和防潮。

(三)幕墙隔热型材

幕墙隔热型材主要有铝合金型材、钢和不锈钢型材等,为了减少金属型材的热传导,常用强化聚酰胺尼龙做隔热条或发泡的树脂材料做隔热材料,其尺寸和导热系数对型材的传热系数影响很大,所以隔热条的类型、尺寸必须满足设计要求。

(四)幕墙密封条

幕墙的密封条是确保幕墙密封性能的关键材料。幕墙密封材料主要有橡胶密封条和硅酮耐候密封胶。其中合成橡胶密封条主要用于明框幕墙玻璃的密封,密封条的尺寸、型号应与型材、安装间隙相配套。硅酮耐候密封胶主要用于各类幕墙表面的密封嵌缝。

（五）幕墙遮阳构件

幕墙遮阳构件有百叶、遮阳板、遮阳挡板、卷帘和花格等。遮阳构件尺寸直接关系到遮阳效果。遮阳构件材料光学性能、材质、耐久性等很重要，应为所设计的材料。遮阳构件的构造关系到其结构安全、灵活性、活动范围等，应按照设计的构造制作。

二、节能材料节能性能要求

建筑幕墙节能工程中使用的材料、构配件等的热工性能是保证幕墙节能指标的关键，所以必须满足要求。

幕墙节能工程中使用的保温隔热材料，其导热系数、密度、燃烧性能应符合设计要求。

玻璃的传热系数、遮阳系数、可见光透射比对于玻璃幕墙是主要节能指标，所以应满足设计要求。中空玻璃露点应满足产品标准要求。中空玻璃露点测试主要是测试玻璃中空层的密封状况。

三、重要材料复验要求

（一）幕墙保温材料

非透明幕墙保温材料的导热系数非常重要，所以应要求不大于设计值。保温材料的密度与导热系数有很大关系，而且密度偏差过大，往往意味着材料的性能也发生了很大的变化。有机保温材料易燃，不能在幕墙中使用，所以保温材料应为难燃或不燃材料。

（二）幕墙玻璃

幕墙玻璃是决定玻璃幕墙节能性能的关键构件。玻璃的传热系数越大，对节能越不利；而遮阳系数越大，对夏季空调的节能越不利；严寒、寒冷地区由于冬季很冷，且采暖期较长，全年计算能耗遮阳系数越小，能耗反而越高；可见光透射比对自然采光很重要，可见光透射比越大，对采光越有利。中空玻璃露点是反映中空玻璃产品密封性能的重要指标，露点不满足要求，产品的密封则不合格，其节能性能必然受到很大的影响。

（三）隔热型材

隔热型材的力学性能直接关系到幕墙安全，所以应符合设计要求和相关产品标准规定。不能因节能而影响到幕墙结构安全，所以要对隔热型材力学性能进行复验。

四、气密性能的基本要求

（一）气密性设计指标

幕墙的气密性能指标是幕墙节能的重要指标。由于透明幕墙的气密性对建筑能耗有较大的影响，为了达到节能目标，《公共建筑节能设计标准》（GB50189—2005）对透明幕墙做出规定：透明幕墙的气密性不应低于《建筑幕墙物理性能分级》（GB/T15225—1994）规定的 3 级。建筑幕墙气密性设计指标见表 5-5。

表 5-5　建筑幕墙气密性设计指标

地区分类	建筑层数	气密性分级	气密性指标	
			开启部分 q_L [m^3/(m·h)]	幕墙整体 q_A [m^3/(m·h)]
夏热冬暖地区	1～9 层以下	3	≤2.5	≤2.0
	10 层及 10 层以上	4	≤1.5	≤1.2
其他地区	1～6 层以下	3	≤2.5	≤2.0
	7 层及 7 层以上	4	≤1.5	≤1.2

(二)气密性检测面积规定

由于幕墙的气密性能与节能关系重大,所以当建筑所设计的幕墙面积大于 3 000 m^2 或建筑外墙面积 50%,应该对幕墙的气密性能进行检测。

(三)密封构造要求

1. 密封条要求

在保证幕墙气密性能的材料中,密封条很重要,所以要求镶嵌牢固、位置正确、对接严密。单元式幕墙板块之间的密封一般采用密封条。单元板块间的缝隙有水平缝和垂直缝,而且还有水平缝和垂直缝交叉处的十字缝,为了保证这些缝隙的密封,单元式幕墙都有专门的密封设计。单元式幕墙密封安装要求见表 5-6。

表 5-6　单元式幕墙密封安装要求

序号	项　目	内　　容
1	密封条安装情况与尺寸	需要密封条完整,尺寸满足要求
2	安装情况与缝隙尺寸	单元板块必须安装到位,缝隙的尺寸不能偏大
3	特殊处理	板块之间还需要在少数部位加装一些附件,并进行注胶密封,保证特殊部位的密封

2. 开启扇安装及密封要求

幕墙开启扇是幕墙密封的另一个关键部件。开启扇位置到位,密封条压缩合适,开启扇方能关闭严密。由于幕墙的开启扇一般是平开窗或悬窗,气密性能比较好,只要关闭严密,可以保证其设计的密封性能。

五、非透明幕墙保温材料的要求

在非透明幕墙中,保温材料是保证幕墙达到节能设计要求的关键。保温材料的厚度越厚,保温隔热性能越好,所以应严格控制保温材料的厚度,使其不小于设计值。由于幕墙保温材料一般比较松散,采取针插法即可检测厚度。有些板材比较硬,可采用剖开法检测厚度。

保温材料的固定是否牢固,可以直接影响到节能的效果。如果固定不牢固,容易造成部分部位无保温材料。

第四节　施工质量验收

一、遮阳设施的安装要求

（一）遮阳节能意义

透明幕墙和外窗是建筑围护结构中热工性能最薄弱部分。太阳辐射对建筑能耗的影响很大，因此为了节约能源，在夏热冬冷、夏热冬暖和部分寒冷地区应加强透明玻璃幕墙的遮阳措施。由于外遮阳能起到遮挡直接太阳辐射的作用，合适的外遮阳措施可以减少太阳辐射的热量。因此，应优先选用外遮阳措施。

（二）遮阳设施安装位置要求

透明幕墙的遮阳设施如果要满足节能的要求，一般应安置在室外。由于对太阳光的遮挡是按照太阳的高度角和方位角来设计的，所以遮阳设施的安装位置对于遮阳而言非常重要。只有安装在合适位置、合适尺寸的遮阳装置，才能满足节能的设计要求。

（三）遮阳设施安全要求

遮阳设施一般安装在室外，而且是突出建筑物的构件，因此很容易受到风荷载的作用。遮阳设施的抗风问题在遮阳设施的应用中一直是热门问题，目前北方普遍采用的外墙外保温体系，活动外遮阳设施的固定往往成为难以解决的问题。所以在设计安装遮阳设施的时候应考虑到各个方面的因素，合理设计，牢固安装。

二、热桥构造措施

（一）热桥构造处理意义

幕墙工程热桥部位的隔断热桥措施是幕墙节能设计的重要内容，在完成幕墙面板中的传热系数和遮阳系数设计的情况下，隔断热桥则成为主要矛盾。这些节点设计如果不理想，首要的问题是容易引起结露。如果大面积的热桥问题处理不当，则会增大幕墙的传热系数，使得通过幕墙的热损耗大大增加。

（二）热桥构造处理措施

判断隔断热桥措施是否可靠主要是看固体的传热路径是否被有效隔断，传热路径主要通过型材截面、幕墙的连接件、螺丝等紧固件、中空玻璃边缘的间隔条等。

1. 型材截面热桥处理

型材截面的断热节点主要是通过采用隔热型材或隔热垫来实现，其安全性取决于型材的隔热条或发泡材料或连接紧固件。采用强化聚酰胺尼龙做隔断的隔断热桥铝合金型材构造见图 5-1。

2. 连接件、紧固件热桥处理

通过幕墙连接件、螺丝等紧固件的热桥则需要进行转换连接的方式，通过一个尼龙件（或类似材料制作的附件）进行连接的转换，隔断固体的热传递路径。由于这些转换连接都增加了一个连接，所以其是否牢固则成为较大的安全隐患问题，应进行相关的检查和确认。

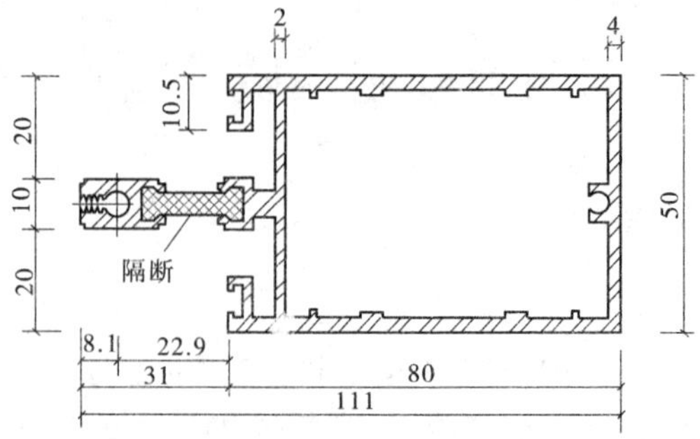

图 5-1　隔断热桥铝合金型材　(单位:mm)

三、非透明幕墙隔汽层的要求

非透明幕墙的隔汽层是为了避免幕墙部位内部结露,结露的水很容易使保温材料发生性状的改变,如果结冰,则问题更加严重。如果非透明幕墙保温层的隔汽性好,幕墙与室内侧墙体之间的空间内不会有凝结水,为实现这个目标,隔汽层必须完整,必须设在保温材料靠近水蒸汽压较高的一侧(冬季室内)。如果隔汽层放错了位置,不但起不到隔汽作用,反而有可能使结露加剧。一般冬季比较容易结露,所以隔汽层应放在保温材料靠近室内的一侧。

幕墙的非透明部分常常有许多需要穿透隔汽层的部件,如连接件等。这些节点构造采取密封措施很重要,以保证隔汽层的完整。

四、非透明幕墙冷凝水收集和排放构造的要求

幕墙的冷凝水收集和排放构造是为了避免非透明幕墙部位结露的水渗漏到室内,让室内的装饰发霉、变色、腐烂等。冷凝水收集系统应该包括收集槽、集流管、排水管和排水口等构件。为了确保冷凝水不破坏室内的装饰,不影响室内环境,冷凝水收集、排放系统应该发挥有效的作用。为了验证冷凝水的收集和排放,可以进行通水试验。

第五节　一般项目

一、幕墙玻璃要求

(一)镀(贴)膜玻璃安装

镀膜玻璃是在玻璃表面上镀以一层或多层金属或金属氧化物的特种玻璃,其品种主要有热反射镀膜玻璃和低辐射镀膜玻璃;而贴膜玻璃是在玻璃上粘贴建筑节能膜。建筑节能膜是经过深加工并赋予多功能和带有安装胶层、表面具有防划伤涂层的复合聚酯薄膜。建筑节能膜有反射型、低反射型、高性能通用型、低辐射型等,其主要作用在于降低玻璃的遮阳系数 SC。

镀(贴)膜玻璃在节能方面有两方面的作用,一方面是遮阳,另一方面是降低传热系数。对于遮阳而言,镀(贴)膜可以反射阳光或吸收阳光,所以镀膜一般应放在靠近室外

的玻璃上。为了避免镀膜层的老化,镀膜面一般在中空玻璃第 2 或第 3 面,单层玻璃应将镀膜置于室内侧。镀(贴)膜玻璃安装时应注意安装方向的正确性。中空玻璃示意见图 2-13。

(二)中空玻璃要求

中空玻璃是一种玻璃深加工产品,也是一种用途广泛的节能材料。中空玻璃的性能良好主要是因为其内部有一层密闭干燥的空气层。所以,中空玻璃质量性能的优劣主要看中空玻璃的密封胶。

根据中空玻璃密封胶的黏贴方式不同,可以分为固化型和热熔型两类。固化型密封胶是以液态橡胶预聚体为主体骨架材料,与固化剂通过机械或手工混合后,产生化学反应而后固化。由于密封胶不仅与玻璃表面,而且也与铝隔框表面形成一种化学黏结,因此具有良好的黏结性能;还具有良好的弹性,可承受 20% ~25% 的变形位移,具有良好的耐候性和耐老化性能。目前固化型中空玻璃在市场上占据主导地位,包括聚硫类、硅酮类和聚氨酯类。热熔型密封胶的优点是透气率极低,具有良好的密封性能,但由于其为热塑性,仅适用于中空玻璃内层第一道密封,一般不单独使用,如丁基胶。各类中空玻璃密封胶性能比较见表 5-7。

表 5-7　中空玻璃密封胶性能比较

品种	黏结性	水蒸气透过性	结构强度	耐候性	备注
聚硫密封胶(PS)	好(良好)	好(小)	好(大)	好(良好)	世界上应用较多,有良好记录
硅酮密封胶(SR)	一般(耐水性较差)	差(大)	好(大)	好(良好)	低分子成分易发散,胶层表面易污染
聚氨酯密封胶(PU)	好(良好)	好(小)	好(大)	一般(表面易劣化)	世界上应用实例少
丁基热熔胶(Butyl)	差(低温黏结性差非化学黏合)	好(极小)	差(小)	差	只用于中空玻璃内层密封

目前制作中空玻璃一般均应采用双道密封。因为密封胶的水蒸气渗透阻一般不足以保证中空玻璃内部空气干燥,需要再加一道丁基胶密封。暖边间隔条将密封和间隔两个功能集于一身,本身的密封效果很好,可以不受到限制,实际上暖边间隔条本身就有双道密封的效果。

《玻璃幕墙工程技术规定》(JGJ102—2003)规定:幕墙中空玻璃应采用双道密封。明框幕墙的中空玻璃应采用聚硫密封胶及丁基密封胶;隐框和半隐框幕墙的中空玻璃应采用硅酮结构密封胶及丁基密封胶;镀膜应在中空玻璃的第 2 或第 3 面上。

中空玻璃设置均压管的目的是为了保证中空玻璃在长途(尤其是海拔高度较高、温度相差悬殊)运输过程中玻璃不至于损坏,或者保证中空玻璃不至于因生产环境和使用环境相差甚远而出现损坏或变形。玻璃安装完成之后,为了确保中空玻璃的密封,均压管应进行密封处理。

二、单元式幕墙板块组装的要求

单元式幕墙板块是在工厂内组装完成运送到现场的。根据单元件组成和安装方法的不同，单元式幕墙可分为整体单元式幕墙和半单元式幕墙。其中整体单元式幕墙运送到现场的单元板块一般都将密封条、保温材料、隔汽层、冷凝水收集装置都安装好，所以单元式幕墙板块运送到现场后，应对安装好的部分进行检查。单元式幕墙安装要求见表5-8。

表5-8 单元式幕墙安装要求

序号	项 目	内 容
1	密封条	规格正确，长度无负偏差，接缝的搭接符合设计要求
2	保温材料	固定牢固，厚度符合设计要求
3	隔汽层	密封完整、严密
4	冷凝水排水系统	冷凝水排水系统通畅，无渗漏

三、热桥构造措施

（一）幕墙与周边墙体间的接缝构造处理

幕墙周边与墙体缝隙部位虽然不是幕墙能耗的主要部位，但处理不好也会大大影响幕墙的节能。由于幕墙边缘一般都是金属边框，所以存在热桥问题，应采用弹性闭孔材料填充饱满。另外，幕墙有气密性、水密性要求，所以应采用耐候胶进行密封。

（二）缝隙的保温和密封构造

幕墙的伸缩缝、沉降缝、抗震缝、构造缝、热桥部位、断热节点等，处理不好也会影响到幕墙的节能和结露。这些部位主要是密封问题和热桥问题，密封问题对于冬季节能非常重要，热桥则容易引起结露。

幕墙的伸缩缝、沉降缝、抗震缝等部位的处理应保证缝的使用功能和饰面的完整性。

四、活动遮阳设施的要求

活动遮阳设施的调节机构是安装和检验的关键部位，为保证活动遮阳设施充分发挥其功能，要求活动遮阳设施调节机构应灵活，能够将遮阳板等调节到位。

第六节 验收记录

幕墙检验批、分项工程质量主控项目验收记录见表5-9，幕墙检验批、分项工程质量一般项目验收记录见表5-10。

表 5-9　幕墙检验批、分项工程质量主控项目验收记录

<table>
<tr><td colspan="3">工程名称</td><td></td><td>分项工程名称</td><td></td><td>验收部位</td></tr>
<tr><td colspan="3">施工单位</td><td colspan="2"></td><td>专业工长</td><td>项目经理</td></tr>
<tr><td colspan="3">施工执行标准
名称及编号</td><td colspan="4"></td></tr>
<tr><td colspan="3">分包单位</td><td colspan="2"></td><td>分包项目经理</td><td>施工班组长</td></tr>
<tr><td colspan="5">验收规范规定</td><td>施工单位检查
评定记录</td><td>监理（建设）单位
验收记录</td></tr>
<tr><td rowspan="19">主控项目</td><td rowspan="7">1</td><td rowspan="7">进场材料</td><td>质量文件</td><td rowspan="2">第 5.2.1 条</td><td></td><td rowspan="19"></td></tr>
<tr><td>外观检查</td><td></td></tr>
<tr><td>保温隔热材料
主要性能指标</td><td rowspan="2">第 5.2.2 条</td><td></td></tr>
<tr><td>幕墙玻璃
主要性能指标</td><td></td></tr>
<tr><td>保温材料取样复验</td><td rowspan="3">第 5.2.3 条</td><td></td></tr>
<tr><td>幕墙玻璃取样复验</td><td></td></tr>
<tr><td>隔热型材取样复验</td><td></td></tr>
<tr><td rowspan="2">2</td><td rowspan="2">幕墙</td><td>气密性</td><td rowspan="2">第 5.2.4 条</td><td></td></tr>
<tr><td>密封条</td><td></td></tr>
<tr><td rowspan="2">3</td><td rowspan="2">保温材料</td><td>厚度</td><td rowspan="2">第 5.2.5 条</td><td></td></tr>
<tr><td>安装</td><td></td></tr>
<tr><td>4</td><td>遮阳设施安装</td><td></td><td>第 5.2.6 条</td><td></td></tr>
<tr><td rowspan="2">5</td><td rowspan="2">热桥部位处理</td><td>断热桥措施</td><td rowspan="2">第 5.2.7 条</td><td></td></tr>
<tr><td>断热桥点</td><td></td></tr>
<tr><td rowspan="3">6</td><td rowspan="3">隔汽层</td><td>完整</td><td rowspan="3">第 5.2.8 条</td><td></td></tr>
<tr><td>位置</td><td></td></tr>
<tr><td>密封措施</td><td></td></tr>
<tr><td rowspan="2">7</td><td rowspan="2">冷凝水收集和排放</td><td>通畅</td><td rowspan="2">第 5.2.9 条</td><td></td></tr>
<tr><td>渗漏</td><td></td></tr>
<tr><td colspan="4">施工单位检查
评定结果</td><td colspan="3">项目专业质量检查员：
（项目技术负责人）　　　　年　　月　　日</td></tr>
<tr><td colspan="4">监理（建设）单位
验收结论</td><td colspan="3">监理工程师：
（建设单位项目专业技术负责人）　　　　年　　月　　日</td></tr>
</table>

表 5-10　幕墙检验批、分项工程质量一般项目验收记录

<table>
<tr><td colspan="3">工程名称</td><td colspan="2"></td><td>分项工程名称</td><td>验收部位</td></tr>
<tr><td colspan="3">施工单位</td><td colspan="2"></td><td>专业工长</td><td>项目经理</td></tr>
<tr><td colspan="3">施工执行标准名称及编号</td><td colspan="4"></td></tr>
<tr><td colspan="3">分包单位</td><td colspan="2"></td><td>分包项目经理</td><td>施工班组长</td></tr>
<tr><td colspan="5">验收规范规定</td><td>施工单位检查评定记录</td><td>监理（建设）单位验收记录</td></tr>
<tr><td rowspan="13">一般项目</td><td rowspan="4">1</td><td rowspan="4">玻璃施工质量</td><td>镀膜安装方向</td><td rowspan="4">第 5.3.1 条</td><td></td><td rowspan="13"></td></tr>
<tr><td>镀膜安装位置</td><td></td></tr>
<tr><td>中空玻璃密封</td><td></td></tr>
<tr><td>中空玻璃均压管密封</td><td></td></tr>
<tr><td rowspan="4">2</td><td rowspan="4">单元式幕墙板块组装</td><td>密封条</td><td rowspan="4">第 5.3.2 条</td><td rowspan="4"></td></tr>
<tr><td>保温材料</td></tr>
<tr><td>隔汽层</td></tr>
<tr><td>冷凝水排水系统</td></tr>
<tr><td>3</td><td>幕墙与周边墙体间的接缝</td><td>做法要求</td><td>第 5.3.3 条</td><td></td></tr>
<tr><td>4</td><td>变形缝的保温或密封</td><td>做法要求</td><td>第 5.3.4 条</td><td></td></tr>
<tr><td rowspan="2">5</td><td rowspan="2">活动遮阳设施</td><td>调节功能</td><td rowspan="2">第 5.3.5 条</td><td></td></tr>
<tr><td>调节到位程度</td><td></td></tr>
<tr><td colspan="4" style="display:none"></td></tr>
<tr><td colspan="4">施工单位检查评定结果</td><td colspan="3">项目专业质量检查员：
（项目技术负责人）　　年　月　日</td></tr>
<tr><td colspan="4">监理（建设）单位验收结论</td><td colspan="3">监理工程师：
（建设单位项目专业技术负责人）　　年　月　日</td></tr>
</table>

第六章　门窗节能工程

第一节　《规范》原文

6.1　一般规定

6.1.1　本章适用于建筑外门窗节能工程的质量验收，包括金属门窗、塑料门窗、木质门窗、各种复合门窗、特种门窗，天窗以及门窗玻璃安装等节能工程。

6.1.2　建筑门窗进场后，应对其外观、品种、规格及附件等进行检查验收，对质量证明文件进行核查。

6.1.3　建筑外门窗工程施工中，应对门窗框与墙体接缝处的保温填充做法进行隐蔽工程验收，并应有隐蔽工程验收记录和必要的图像资料。

6.1.4　建筑外门窗工程的检验批应按下列规定划分：

(1)同一厂家的同一品种、类型、规格门窗及门窗玻璃每100樘划分为一个检验批，不足100樘也为一个检验批。

(2)同一厂家的同一品种、类型和规格的特种门每50樘应划分为一个检验批，不足50樘也为一个检验批。

(3)对于异形或有特殊要求的门窗，检验批的划分应根据其特点和数量，由监理(建设)单位和施工单位协商确定。

6.1.5　建筑外门窗工程的检查数量应符合下列规定：

(1)建筑门窗每个检验批应抽查5%，并不少于3樘，不足3樘时应全数检查；高层建筑的外窗，每个检验批应抽查10%，并不少于6樘，不足6樘时应全数检查。

(2)特种门窗每个检验批应抽查50%，并不少于10樘，不足10樘时应全数检查。

6.2　主控项目

6.2.1　建筑外门窗的品种、规格应符合设计要求和相关标准的规定。

检验方法：观察、尺量检查；核查质量证明文件。

检查数量：按本章《规范》原文6.1.5条执行；质量证明文件应按照其出厂检验批进行核查。

6.2.2　建筑外窗的气密性、保温性能、中空玻璃露点、玻璃遮阳系数和可见光透射比应符合设计要求。

检验方法：核查质量证明文件和复验报告。

检查数量：全数检查。

6.2.3　建筑外窗进入施工现场时，应按地区类别对其下列性能进行复验，复验应为见证取样送检：

(1)严寒、寒冷地区：气密性、传热系数、中空玻璃露点。

(2)夏热冬冷地区:气密性、传热系数、玻璃遮阳系数、可见光透射比、中空玻璃露点;

(3)夏热冬暖地区:气密性、玻璃遮阳系数、可见光透射比、中空玻璃露点。

检验方法:随机抽样送检;检查复验报告。

检查数量:同一厂家、同一品种、同一类型的产品各抽查不少于3樘(件)。

6.2.4 建筑门窗采用的玻璃品种应符合设计要求。中空玻璃应采用双道密封。

检验方法:观察检查;核查质量证明文件。

检查数量:按本章《规范》原文6.1.5条执行。

6.2.5 金属外门窗隔断热桥措施应符合设计要求和产品标准的规定,金属副框的隔断热桥措施应与门窗框的隔断热桥措施相当。

检验方法:随机抽样,对照产品设计图纸,剖开或拆开检查。

检查数量:同一厂家同一品种、类型的产品各抽查不少于1樘。金属副框的隔断热桥措施按检验批抽查30%。

6.2.6 严寒、寒冷、夏热冬冷地区的建筑外窗,应对其气密性做现场实体检验,检测结果应满足设计要求。

检验方法:随机抽样现场检验。

检查数量:同一厂家、同一品种、同一类型的产品各抽查不少于3樘。

6.2.7 外门窗框或副框与洞口之间的间隙应采用弹性闭孔材料填充饱满,并使用密封胶密封;外门窗框与副框之间的缝隙应使用密封胶密封。

检验方法:观察检查;核查隐蔽工程验收记录。

检查数量:全数检查。

6.2.8 严寒、寒冷地区的外门安装,应按照设计要求采取保温、密封等节能措施。

检验方法:观察检查。

检查数量:全数检查。

6.2.9 外窗遮阳设施的性能、尺寸应符合设计和产品标准要求;遮阳设施的安装应位置正确、牢固,满足安全和使用功能的要求。

检验方法:核查质量证明文件;观察、尺量、手扳检查。

检查数量:按本章《规范》原文第6.1.5条执行;安装牢固程度全数检查。

6.2.10 特种门的性能应符合设计要求和产品标准要求;特种门安装中的节能措施,应符合设计要求。

检验方法:核查质量证明文件;观察、尺量检查。

检查数量:全数检查。

6.2.11 天窗安装的位置、坡度应正确,封闭严密,嵌缝处不得渗漏。

检验方法:观察、尺量检查;淋水检查。

检查数量:按本章《规范》原文第6.1.5条执行。

6.3 一般项目

6.3.1 门窗扇密封条和玻璃镶嵌的密封条,其物理性能应符合相关标准的规定。密封条安装位置应正确,镶嵌牢固,不得脱槽,接头处不得开裂。关闭门窗时密封条应接触严密。

检验方法:观察检查。

检查数量：全数检查。

6.3.2　门窗镀(贴)膜玻璃的安装方向应正确，中空玻璃的均压管应密封处理。

检验方法：观察检查。

检查数量：全数检查。

6.3.3　外门窗遮阳设施调节应灵活，能调节到位。

检验方法：现场调节试验检查。

检查数量：全数检查。

第二节　概　述

一、验收概述

建筑门窗是围护结构传热的薄弱环节，门窗节能是建筑物围护结构节能的重要因素。在建筑围护结构中，通过门窗传热约占围护结构传热的25%，门窗节能是建筑围护节能的重要组成部分。因此，建筑门窗节能效果及节能质量验收具有重要意义。

本章格式与各专业验收规范保持一致，分为"一般规定"、"主控项目"、"一般项目"。本章共19条，分别叙述了门窗节能验收的基本要求，5条一般规定、11条主控项目和3条一般项目，其中强制性条文1条。

"一般规定"主要叙述门窗节能验收的适用范围、验收程序、隐蔽工程验收项目和检验批划分等基本要求。

"主控项目"是门窗分项工程节能验收的核心内容。分别给出对门窗的性能要求，门窗进场复验的要求，门窗框、门窗玻璃、特种门、天窗和遮阳设施安装的要求等。

"一般项目"给出一般性验收要求。主要是对门窗保温密封条施工、镀膜玻璃和中空玻璃施工和遮阳设施安装等提出要求。

二、验收条件

(一)适用范围

本章适用于与室外空气接触的门窗，包括金属门窗、塑料门窗、木质门窗、各种复合门窗、特种门窗、天窗、凸窗、倾斜窗以及不封闭阳台门连窗等各类建筑外窗的节能验收。

(二)基本要求

由于门窗的外观、品种、规格及附件等均与节能性能及门窗质量有关，所以建筑门窗进场后，应对门窗外观、门窗品种、门窗规格及门窗附件进行检查验收，并对质量证明文件进行核查。

三、验收基本要求

(一)隐蔽工程验收内容

《建筑装饰装修工程质量验收规范》(GB50210—2001)规定门窗工程应对预埋件和锚固件、隐蔽部位防腐和填嵌处理，进行隐蔽工程验收。而与节能验收有关的隐蔽工程部位主要是隐蔽部位的门窗框与墙体间缝隙的填嵌。

建筑外门窗的门窗框与墙体接缝部位虽然不是能耗的主要部位，但是如果处理不当，会大大影响门窗节能效果。门窗框与墙体接缝部位主要是密封和热桥问题。密封问题对冬季节能十分重要，热桥则易引起结露和发霉，所以必须处理好接缝部位的密封和热桥问题。

处理门窗框与墙体之间缝隙有多种方法。对于南方夏热冬暖地区，缝隙的处理主要是防水，所以一般采用塞缝和密封胶密封处理即可。而对于需要保温的其他地区，则应考虑缝隙带来的热桥问题，目前多数采用现场注发泡胶，然后采用密封胶密封防水。《塑料门窗安装及验收规程》(JGJ103—96)要求，窗框与洞口之间的伸缩缝内腔应采用闭孔泡沫塑料、发泡聚苯乙烯等弹性材料分层填塞，填实不宜过紧。

《建筑装饰装修工程质量验收规范》(GB50210—2001)要求，门窗框与墙体间缝隙采用闭孔弹性材料填嵌饱满，表面应采用密封胶密封。密封胶应黏结牢固，表面应光滑、顺直、无裂纹。

(二)检验批的划分和检查数量

为了使门窗工程的节能验收可以与其他工程施工质量验收统一，建筑门窗工程的检验批和检查数量按照《建筑装饰装修工程质量验收规范》(GB50210—2001)规定执行，具体规定见表6-1。

表6-1　门窗检验批划分和检查数量

序号	项目	检验批划分规定	检查数量
1	门窗	同一品种、类型和规格的木门窗、金属门窗、塑料门窗及门窗玻璃每100樘应划分为一个检验批，不足100樘也应划分为一个检验批	每个检验批应至少抽查5%，并不得少于3樘，不足3樘时应全数检查；高层建筑外窗，每个检验批应至少抽查10%，并不得少于6樘，不足6樘时应全数检查
2	特种门	同一品种、类型和规格的特种门每50樘应划分为一个检验批，不足50樘也应划分为一个检验批	每个检验批应至少抽查50%，并不得少于10樘，不足10樘时应全数检查

第三节　进场材料质量验收

一、门窗质量要求

建筑外门窗的品种、规格符合设计要求和相关标准规定是一般性要求。门窗品种一般包含型材、玻璃等主要材料和主要配件、附件信息及性能信息。门窗规格包含尺寸、分格信息。

二、节能性能要求

建筑门窗的气密性、保温性能、中空玻璃露点、玻璃遮阳系数和可见光透射比都是重要的节能指标，所以应符合强制要求。建筑外窗气密性设计指标见表6-2。

表6-2　建筑门窗气密性设计指标

地区分类	建筑层数	气密性分级	气密性指标
夏热冬暖地区	1～9层以下	3	≤2.5
	10层及10层以上	4	≤1.5
其他地区	1～6层	3	≤2.5
	7层及7层以上	4	≤1.5

三、重要材料复验要求

由于严寒、寒冷、夏热冬冷地区对门窗保温节能要求更高，门窗容易结露，所以要对门窗的气密性能、传热系数、中空玻璃露点进行复验；夏热冬冷、夏热冬暖地区由于夏季阳光强烈，太阳辐射对建筑能耗影响很大，考虑门窗夏季隔热，所以对门窗的气密性、玻璃的遮阳系数、可见光透射比及中空玻璃的露点能进行复验。建筑外窗的节能性能要求见表6-3。

为保证进入工程的门窗质量达到标准，保证门窗性能，需要在建筑门窗进入施工现场时进行复验。

表6-3　建筑外窗的节能性能要求

序号	热工分区	节能性能要求
1	严寒、寒冷地区	气密性、传热系数、中空露点温度
2	夏热冬冷地区	气密性、传热系数、玻璃遮阳系数、可见光透射比、中空露点温度
3	夏热冬暖地区	气密性、玻璃遮阳系数、可见光透射比、中空露点温度

四、门窗玻璃要求

门窗的节能很大程度上取决于门窗所用玻璃的形式（如单玻、双玻、三玻等）、种类（如普通平板玻璃、浮法玻璃、吸热玻璃、镀膜玻璃、贴膜玻璃等）及加工工艺（如单道密封、双道密封等），为达到节能要求，建筑门窗采用的玻璃品种应符合设计要求。

中空玻璃一般均应采用双道密封，为保证中空玻璃内部空气不受潮，需要再加一道丁基胶密封。因暖边间隔条将密封和间隔两个功能置于一身，其密封效果很好，采用暖边间隔条的中空玻璃可以不受限制。

安装中空玻璃时的工作温度严格要求在4 ℃以上，不得在4 ℃以下的温度下进行安装。

第四节　施工质量验收

一、金属门窗的隔断热桥措施

金属外门窗的隔热措施直接关系到节能效果，金属框的隔断热桥的措施一般采用穿条式隔热型材、注胶式隔热型材和连接点断热措施。验收时应检查金属外门窗隔断热桥措施是否符合设计要求和产品标准的规定。

若金属门窗采用先安装副框的干法安装方法，金属副框常会形成新的热桥，因此要求金属副框采用与门窗型材相当的隔热措施，以达到同样的隔热效果。

二、外窗气密性检测规定

严寒、寒冷、夏热冬冷地区的建筑外窗，为保证应用到工程中的产品质量，要求对外窗气密性能做现场实体检验。

三、外门窗缝隙热桥构造措施

外门窗框与副框之间及门窗框或副框与洞口之间间隙的密封也是影响建筑节能的一个重要因素，控制不好，容易导致渗水、形成热桥，所以应该对缝隙的填充进行检查。

填缝所用的材料按设计要求选用。使用哪种填缝材料，其目的均是为了密闭和防水。根据现行规范要求，铝合金门窗框与洞口墙体应采用弹性连接，框周缝隙宽度宜在 20 mm 以上，缝隙内分层填入矿棉或玻璃棉毡条等软质材料。框边须留 5 ~ 8 mm 深的槽口，待洞口饰面完成并干燥后，清除槽口内的浮灰渣土，嵌填防水密封胶。外窗缝隙热桥构造措施见图 6-1。

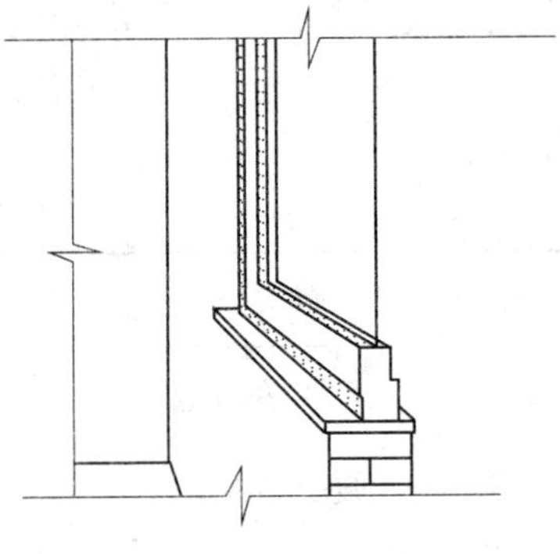

图 6-1　外窗缝隙热桥构造措施

四、建筑外门节能措施

严寒、寒冷地区的外门的保温、密封等直接关系到节能效果，通常在设计中对外门一般均会采取保温、密封等节能措施。

五、外窗遮阳设施要求

（一）外遮阳的节能意义

夏热冬冷、夏热冬暖地区和部分空调负荷大的寒冷地区，建筑外窗对室内热环境和夏季空调负荷影响很大，通过外窗进入室内的太阳辐射热几乎不经过时间延迟就会对房间产生热效应。在夏季，太阳辐射如果未受任何控制地射入房间，将导致室内环境过热和空调能耗增加。因此，采用有效的遮阳措施降低外窗太阳辐射形成的空调负荷，是实现建筑节能的有效方法。其中,采用外遮阳设施是良好的夏季节能措施。

(二)遮阳设施的性能要求

遮阳设施的性能主要是遮挡阳光的能力,与其尺寸、颜色、透光性能、调节能力等有很大关系,这些性能应符合设计要求。为保证达到遮阳设计要求,遮阳设施的安装位置应正确、牢固,满足安全和使用功能的要求。

六、特种门要求

特种门主要包括防火门、防盗门、自动门、全玻璃门、卷帘门等种类。特种门与节能有关的性能主要是密封性能和保温性能。对于人员出入频繁的门,其自动启闭、阻挡空气渗透的性能也很重要。同时,安装中采用自动启闭、阻挡空气渗透等节能措施十分重要,应按照设计要求施工。

七、天窗安装要求

天窗与节能有关的性能均与普通门窗类似。天窗的安装位置、坡度等均应正确,并保证封闭严密,不渗漏。

(一)采光天窗的材料

采光天窗的材料主要由骨架材料、透光材料、连接件、胶结密封材料组成。采光天窗构造见图6-2。

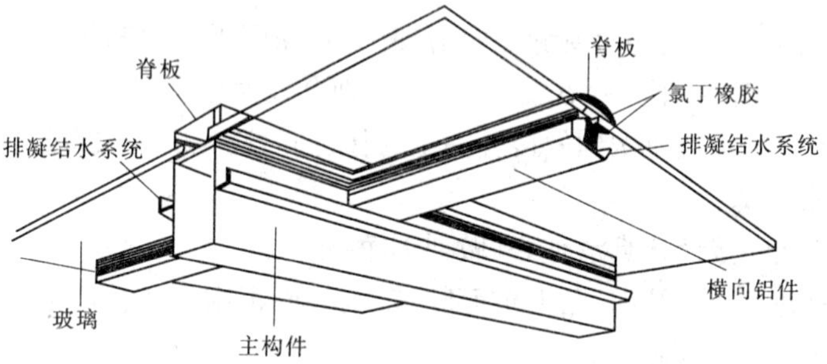

图6-2　采光天窗构造

屋顶采光天窗的骨架材料有型钢、铝合金型材、不锈钢等。钢材强度大,但需要做防锈处理,并需要经常围护和保养。铝合金型材可加工成隔断热桥的型材及彩色的铝型材饰面。不锈钢材料性能优良,但价格较高。

屋顶采光天窗的透光材料应具有较好的透光性、耐久性、热工性能和安全性。设计时可选用安全玻璃如钢化玻璃、夹层玻璃和中空玻璃等;也可以选用透光率较高、安全可靠和具有保温隔热功能的阳光板,如双层有机玻璃、聚碳酸酯(PC)透光板和UPVC透光板等。

(二)坡屋顶采光天窗构造

坡屋顶采光天窗一般采用传统的老虎天窗或顺坡式成品斜屋顶天窗。从采光通风效果来讲,斜屋顶天窗比老虎天窗采光效果好。

第五节　一般项目

一、门窗密封条施工要求

门窗密封是经济效益最好的一种建筑节能措施，可节能15%以上，门窗密封还可以改善居住和工作条件。因此，进行门窗四周边缘的缝隙密封是一种简单易行的节能手段。

由于门窗扇和玻璃的密封条的安装及性能对门窗节能有很大影响，使用中经常出现由于断裂、收缩、低温变硬等缺陷造成的门窗渗水、气密性能差。所以，密封条质量应该符合《塑料门窗用密封条》(GB/T12002—1989)标准的要求。

(一)密封条的种类

从施工角度看，门窗密封条主要有条带状产品和膏状产品两种。其中条带状产品是安设密封条、可以直接固定的密封条；膏状产品是挤注密封条，封装在小罐内，施工时用挤枪将密封膏挤注到门窗接缝处，待固化后即成密封条。

(二)密封条施工要点

1. 安设密封条施工要点

(1)密封条品种规格的选择要与门窗类型、缝隙宽窄及使用部位相匹配，否则达不到预期效果。

(2)贴密封条前，应事先将门窗缝隙处清理干净，保证无灰尘和污物。平开窗用密封条应贴在门窗缝受压面上，不宜贴在受剪面上，否则会大大缩短密封条寿命。

(3)密封条的固定位置应做到使接缝完全封住，同时避免门窗关得过紧或过松。

2. 挤注密封条施工要点

(1)将窗框扇之间接缝认真清理好，做到干净、干燥。

(2)对窗接缝处的非黏结面，贴上单面胶带，其表面再刷上防粘硅油。防粘硅油必须注意刷满，黏结面处不得漏刷。

(3)在密封膏罐外口处切一斜口，后面安上挤枪，对准接缝受压面挤注密封膏。挤注密封膏必须做到厚薄宽窄符合密封要求，均匀一致。

(4)根据施工时温湿度情况，24～48 h内膏状密封条固化，并对密封条进行修整和补充挤注。

二、门窗玻璃要求

(一)镀(贴)膜玻璃要求

镀(贴)膜玻璃在节能方面有两方面的作用，一方面是遮阳，另一方面是降低传热系数。对于遮阳而言，镀(贴)膜可以反射阳光或吸收阳光，所以镀(贴)膜一般应放在靠近室外的玻璃上。为了避免镀(贴)膜层的老化，镀(贴)膜面一般在中空玻璃第2或第3面，单层玻璃应将镀(贴)膜置于室内侧。镀(贴)膜玻璃安装时应注意安装方向的正确性。中空玻璃单元示意见图2-13。

(二)中空玻璃均压管要求

中空玻璃均压管的设置目的是为保证中空玻璃在长途运输过程中不至于破坏,或者为保证不至于因生产环境和使用环境相差甚远而出现损坏或变形。中空玻璃安装完成后,均压管应进行密封处理,从而确保中空玻璃的密封性能。

三、门窗遮阳设施安装要求

门窗活动遮阳设施的调节机构是保证活动遮阳设施发挥遮阳作用的重要部件。因此,要求活动遮阳构件应灵活,能调节到位。

第六节　验收记录

门窗检验批、分项工程质量主控项目验收记录见表6-4,门窗检验批、分项工程质量一般项目验收记录见表6-5。

表6-4　门窗检验批、分项工程质量主控项目验收记录

<table>
<tr><td colspan="3">工程名称</td><td></td><td>分项工程名称</td><td colspan="2"></td><td>验收部位</td><td></td></tr>
<tr><td colspan="3">施工单位</td><td colspan="2"></td><td>专业工长</td><td></td><td>项目经理</td><td></td></tr>
<tr><td colspan="3">施工执行标准名称及编号</td><td colspan="6"></td></tr>
<tr><td colspan="3">分包单位</td><td colspan="2"></td><td>分包项目经理</td><td></td><td>施工班组长</td><td></td></tr>
<tr><td colspan="5">验收规范规定</td><td colspan="2">施工单位检查评定记录</td><td colspan="2">监理(建设)单位验收记录</td></tr>
<tr><td rowspan="8">主控项目</td><td rowspan="4">1</td><td rowspan="4">进场材料</td><td>质量文件</td><td rowspan="2">第6.2.1条</td><td colspan="2"></td><td colspan="2" rowspan="8"></td></tr>
<tr><td>外观检查</td><td colspan="2"></td></tr>
<tr><td>主要性能指标</td><td>第6.2.2条</td><td colspan="2"></td></tr>
<tr><td>取样复验</td><td>第6.2.3条</td><td colspan="2"></td></tr>
<tr><td rowspan="2">2</td><td rowspan="2">门窗玻璃</td><td>玻璃品种</td><td rowspan="2">第6.2.4条</td><td colspan="2"></td></tr>
<tr><td>中空玻璃密封性能</td><td colspan="2"></td></tr>
<tr><td rowspan="2">3</td><td rowspan="2">隔断热桥措施</td><td>金属外门窗</td><td rowspan="2">第6.2.5条</td><td colspan="2"></td></tr>
<tr><td>金属副框</td><td colspan="2"></td></tr>
</table>

续表 6-4

主控项目	4	严寒、寒冷、夏热冬冷外窗	气密性能现场实体检验	第 6.2.6 条		
	5	门窗缝隙保温	窗框或副框与洞口间隙	第 6.2.7 条		
			窗框与副框缝隙			
	6	外门节能措施	保温	第 6.2.8 条		
			密封			
	7	外窗遮阳设施性能	性能	第 6.2.9 条		
			尺寸			
			安装正确性			
			安装牢固性			
	8	特种门	保温性能	第 6.2.10 条		
			密封性能			
			安装			
	9	天窗安装	位置	第 6.2.11 条		
			坡度			
			封闭性能			

施工单位检查评定结果	项目专业质量检查员： （项目技术负责人）　　　　年　月　日
监理（建设）单位验收结论	监理工程师： （建设单位项目专业技术负责人）　　　　年　月　日

表 6-5　门窗检验批、分项工程质量一般项目验收记录

<table>
<tr><td colspan="3">工程名称</td><td></td><td>分项工程名称</td><td></td><td>验收部位</td><td></td></tr>
<tr><td colspan="3">施工单位</td><td colspan="2"></td><td>专业工长</td><td></td><td>项目经理</td><td></td></tr>
<tr><td colspan="3">施工执行标准
名称及编号</td><td colspan="6"></td></tr>
<tr><td colspan="3">分包单位</td><td colspan="2"></td><td>分包项目经理</td><td></td><td>施工班组长</td><td></td></tr>
<tr><td colspan="5">验收规范规定</td><td colspan="2">施工单位检查
评定记录</td><td colspan="2">监理(建设)单位
验收记录</td></tr>
<tr><td rowspan="9">一般项目</td><td rowspan="5">1</td><td rowspan="5">密封条
施工质量</td><td>物理性能</td><td rowspan="5">第 6.3.1 条</td><td colspan="2"></td><td colspan="2" rowspan="9"></td></tr>
<tr><td>安装位置</td><td colspan="2"></td></tr>
<tr><td>镶嵌</td><td colspan="2"></td></tr>
<tr><td>接头</td><td colspan="2"></td></tr>
<tr><td>密封条</td><td colspan="2"></td></tr>
<tr><td rowspan="2">2</td><td rowspan="2">玻璃施
工质量</td><td>镀(贴)膜安装方向</td><td rowspan="2">第 6.3.2 条</td><td colspan="2"></td></tr>
<tr><td>中空玻璃
均压管密封</td><td colspan="2"></td></tr>
<tr><td rowspan="2">3</td><td rowspan="2">外门窗
遮阳</td><td>调节功能</td><td rowspan="2">第 6.3.3 条</td><td colspan="2"></td></tr>
<tr><td>调节到位程度</td><td colspan="2"></td></tr>
<tr><td colspan="4">施工单位检查
评定结果</td><td colspan="5">项目专业质量检查员：
(项目技术负责人)　　　　年　月　日</td></tr>
<tr><td colspan="4">监理(建设)单位
验收结论</td><td colspan="5">监理工程师：
(建设单位项目专业技术负责人)　　　　年　月　日</td></tr>
</table>

第七章　屋面节能工程

第一节　《规范》原文

7.1　一般规定

7.1.1　本章适用于建筑屋面节能工程，包括采用松散保温材料、现浇保温材料、喷涂保温材料、板材、块材等保温隔热材料的屋面节能工程的质量验收。

7.1.2　屋面保温隔热工程的施工，应在基层质量验收合格后进行。施工过程中应及时进行质量检查、隐蔽工程验收和检验批验收，施工完成后应进行屋面节能分项工程验收。

7.1.3　屋面保温隔热工程应对下列部位进行隐蔽工程验收，并应有详细的文字记录和必要的图像资料：

(1)基层；

(2)保温层的敷设方式、厚度，板材缝隙填充质量；

(3)屋面热桥部位；

(4)隔汽层。

7.1.4　屋面保温隔热层施工完成后，应及时进行找平层和防水层的施工，避免保温隔热层受潮、浸泡或受损。

7.2　主控项目

7.2.1　用于屋面节能工程的保温隔热材料，其品种、规格应符合设计要求和相关标准的规定。

检验方法：观察、尺量检查；核查质量证明文件。

检查数量：按进场批次，每批随机抽取3个试样进行检查；质量证明文件应按照其出厂检验批进行核查。

7.2.2　屋面节能工程使用的保温隔热材料，其导热系数、密度、抗压强度或压缩强度、燃烧性能应符合设计要求。

检验方法：核查质量证明文件及进场复验报告。

检查数量：全数检查。

7.2.3　屋面节能工程使用的保温隔热材料，进场时应对其导热系数、密度、抗压强度或压缩强度进行复验，复验应为见证取样送检。

检验方法：随即抽样送检，核查复验报告。

检查数量：同一厂家同一品种的产品各抽查不少于3组。

7.2.4　屋面保温隔热层的敷设方式、厚度、缝隙填充质量及屋面热桥部位的保温隔热做法，必须符合设计要求和有关标准的规定。

检验方法：观察、尺量检查。

检查数量：每 100 m^2 抽查一处，每处 10 m^2，整个屋面抽查不得少于 3 处。

7.2.5　屋面的通风隔热架空层，其架空层高度、安装方式、通风口位置及尺寸应符合设计及有关标准要求。架空层内不得有杂物。架空面层应完整，不得有断裂和露筋等缺陷。

检验方法：观察、尺量检查。

检查数量：每 100 m^2 抽查一处，每处 10 m^2，整个屋面抽查不得少于 3 处。

7.2.6　采光屋面的传热系数、遮阳系数、可见光透射比、气密性应符合设计要求。节点的构造做法应符合设计和相关标准要求。采光屋面的可开启部分应按照第六章外窗的要求验收。

检验方法：核查质量证明文件；观察检查。

检查数量：全数检查。

7.2.7　采光屋面的安装应牢固、坡度正确、封闭严密，嵌缝处不得渗漏。

检验方法：观察、尺量检查；淋水检查；核查隐蔽工程验收记录。

检查数量：全数检查。

7.2.8　屋面的隔汽层位置应符合设计要求，隔汽层应完整、严密。

检验方法：对照设计观察检查；核查隐蔽工程验收记录。

检查数量：每 100 m^2 抽查一处，每处 10 m^2，整个屋面抽查不得少于 3 处。

7.3　一般项目

7.3.1　屋面保温隔热层应按施工方案施工，并应符合下列规定：

(1)松散材料应分层敷设、按要求压实、表面平整、坡向正确；

(2)现场采用喷、浇、抹等工艺施工的保温层，其配合比应计量准确、搅拌均匀、分层连续施工，表面平整，坡向正确。

(3)板材应粘贴牢固、缝隙严密、平整。

检验方法：观察、尺量、称重检查。

检查数量：每 100 m^2 抽查一处，每处 10 m^2，整个屋面抽查不得少于 3 处。

7.3.2　金属板保温夹芯屋面应铺装牢固、接口严密、表面洁净、坡向正确。

检验方法：观察、尺量检查；核查隐蔽工程验收记录。

检查数量：全数检查。

7.3.3　坡屋面、内架空屋面当采用敷设于屋面内侧的保温材料做保温隔热层时，保温隔热层应有防潮措施，其表面应有保护层，保护层的做法应符合设计要求。

检验方法：观察检查；核查隐蔽工程验收记录。

检查数量：每 100 m^2 抽查一处，每处 10 m^2，整个屋面抽查不得少于 3 处。

第二节　概　述

一、验收概述

屋面在整个建筑围护结构面积中所占比例虽然远低于外墙，但对于顶层房间而言，却是比例最大的外围护结构，相当于五个面被室外空气包围。无论是北方严寒、寒冷地区，在冬季严酷的风雪侵蚀下，还是南方夏热冬冷和夏热冬暖地区，在夏季强烈的太阳辐射下，如果屋面保温隔热性能太差，对顶层房间的室内热环境和建筑采暖空调能耗的影响都是比较严重的，屋面保温隔热是建筑围护节能的重要组成部分。因此，建筑屋面节能效果及节能质量验收具有重要意义。

本章格式与各专业验收规范保持一致，分为“一般规定”、“主控项目”、“一般项目”。本章共 15 条，分别叙述了屋面节能验收的基本要求，4 条一般规定、8 条主控项目和 3 条一般项目，其中强制性条文 1 条。

“一般规定”主要叙述屋面节能验收的适用范围、验收程序、隐蔽工程验收项目和检验批划分等基本要求。

“主控项目”是屋面分项工程节能验收的核心内容，分别给出对屋面节能材料的要求、重要材料进场复验的要求、保温隔热屋面、架空通风隔热屋面、采光屋面和屋面隔汽层的要求等。

“一般项目”给出一般性验收要求。主要是对屋面保温隔热层、金属板保温夹芯屋面等提出要求。

二、验收条件

（一）适用范围

建筑屋面节能工程验收适用于采用松散、现浇、喷涂、板材及块材等保温隔热材料施工的平屋面、坡屋面、倒置式屋面、架空隔热屋面、种植屋面、蓄水屋面、采光屋面等质量验收。

建筑屋面节能工程采用保温隔热材料的品种及应用见表 7-1。

表 7-1　屋面保温隔热材料的品种及应用

类型	特点	品　种	应用情况
松散材料	松散	炉渣、膨胀珍珠岩、膨胀蛭石、矿棉、岩棉	很少
整体现浇材料	现浇、喷涂	现浇水泥膨胀珍珠岩、沥青膨胀珍珠岩、水泥膨胀蛭石、沥青膨胀蛭石、泡沫混凝土、现场喷涂硬泡聚氨酯	喷涂聚氨酯近几年发展起来
板状材料	板材、板块	聚苯乙烯泡沫板（EPS、XPS）、硬质聚氨酯泡沫板、加气混凝土块、泡沫玻璃、泡沫混凝土板、微孔硅酸钙、矿棉板	EPS、XPS 最常用

保温隔热材料在屋面工程中的应用见表 7-2。

（二）验收程序

屋面节能工程要求敷设保温隔热层的基层质量必须达到合格，基层的质量不仅影响屋面工程质量，而且对保温隔热的质量有直接的影响，基层质量不合格，将无法保证保温隔热层的质量。保温层施工过程中，应对每道工序、每个施工环节，特别是关键工序的质量控制点进行严格的质量检查，隐蔽之前，应按检验批进行隐蔽验收，施工完成后应进行屋面节能分项工程验收。

表 7-2　保温隔热材料在屋面工程中的应用

屋面类型	应用类型	屋面名称
平屋面	绝热层在防水层之下,仅承受维修荷载	外保温、顺置式屋面
	绝热层在防水层之上	外保温、倒置式屋面
	绝热层在防水层之下,仅承受维修荷载	架空隔热屋面
	绝热层在防水层之下,承受屋顶蓄水荷载	蓄水屋面
	绝热层在防水层之下,承受屋顶花园荷载	种植屋面
坡屋面	绝热层铺在吊顶板之上,不承受荷载	内保温
	绝热层在结构板底面	内保温

三、验收基本要求

(一)隐蔽工程验收内容

《屋面工程质量验收规范》(GB50207—2002)对屋面隐蔽工程验收内容做出规定:卷材、涂膜防水层的基层;密封防水处理部位;天沟、檐沟、泛水和变形缝等细部做法;卷材、涂膜防水层的搭接宽度和附加层;刚性保护层与卷材、涂膜防水层之间设置的隔离层。

影响屋面保温隔热效果的隐蔽部位主要包括:基层;保温层的敷设方式、厚度及板材缝隙填充质量;屋面热桥部位;隔汽层。因为这些部位被后道工序隐蔽覆盖后无法检查和处理,因此在被隐蔽覆盖前必须进行验收,只有合格后才能进行后序施工。

(二)保温材料防潮、防水措施

屋面保温隔热层施工完成后的防潮处理非常重要,特别是易吸潮的保温隔热材料。因为保温材料受潮后,其孔隙中存在水蒸气和水,而水的导热系数($\lambda = 0.5$ W/(m·K))比静态空气的导热系数($\lambda = 0.02$ W/(m·K))要大20多倍,因此材料的导热系数必然增大。若材料孔隙中的水分受冻成冰,冰的导热系数($\lambda = 2.0$ W/(m·K))相当于水的导热系数的4倍,则材料的导热系数更大。

含水率对导热系数的影响颇大,特别是在负温度下将使导热系数增大,为保证建筑物的保温效果,在保温隔热层施工完成后,应尽快进行防水层施工,在施工过程中应防止保温层受潮。

因此,屋面保温隔热层施工完成后,应及时进行找平层和防水层的施工,避免保温隔热层受潮、浸泡或受损。

第三节　进场材料质量验收

一、保温隔热材料质量要求

屋面节能工程所用保温隔热材料的品种、规格应按设计要求和相关标准规定选择,不得随意改变其品种和规格。材料进场时通过目视、尺量、称重和核对其使用说明书、出厂合格证及型式检验报告等方法进行检查,确保其品种、规格及相关性能参数符合设计要求。

二、保温隔热材料节能性能要求

在屋面保温隔热工程中,保温隔热材料的导热系数、密度或干密度指标直接影响到屋面保温隔热的效果,抗压强度或压缩强度影响到保温层的施工质量,燃烧性能是防止火灾隐患的重要条件,因此应对保温隔热材料的导热系数、密度或干密度、抗压强度、压缩强度及燃烧性能进行严格的控制,必须符合节能设计要求、产品标准要求及相关施工技术标准要求。应检查保温隔热材料的合格证、有效期内的产品性能检测报告及进场验收记录所代表的规格、型号和性能参数是否与设计要求和有关标准相符,并重点检查进场复验报告,复验报告必须是第三方见证取样,检验样品必须是按批量随机抽取。

我国屋面通常用松散材料、整体现浇材料和板块材料三种保温隔热材料。材料性能指标分别见表 7-3 ~ 表 7-5。

表 7-3　松散保温隔热材料的性能指标

序号	材料名称	堆积密度 (kg/m³)	导热系数 [W/(m·K)]	强度 (MPa)	吸水率 (%)	使用温度 (℃)
1	膨胀珍珠岩	40 ~ 250	0.05 ~ 0.07	—	250	-200 ~ 800
2	膨胀蛭石	80 ~ 200	0.04 ~ 0.07	—	200	-200 ~ 1 000

表 7-4　整体现浇保温隔热材料的性能指标

材料名称	型号	密度 (kg/m³)	导热系数 [W/(m·K)]	强度 (MPa)	吸水率 (%)	不透水性
现场喷涂硬泡聚氨酯	Ⅰ型	≥35	≤0.024	10% 压缩后 ≥0.15	≤3	—
	Ⅱ型	≥45		10% 压缩后 ≥0.20	≤2	不透水
	Ⅲ型	≥55		10% 压缩后 ≥0.30	≤1	不透水

表 7-5　板状保温隔热材料的性能指标

序号	材料名称	表观密度 (kg/m³)	导热系数 [W/(m·K)]	强度 (MPa)	吸水率 (%)	使用温度 (℃)
1	模压聚苯乙烯泡沫板(EPS)	15 ~ 30	0.041	10% 压缩后 0.06 ~ 0.15	2 ~ 6	-80 ~ 75
2	挤压聚苯乙烯泡沫板(XPS)	≥32	0.03	10% 压缩后 0.15	≤1.5	-80 ~ 75
3	硬质聚氨酯泡沫塑料	≥30	0.027	10% 压缩后 0.15	≤3	-200 ~ 130
4	泡沫玻璃	≥150	0.068	≥0.4	≤0.5	-200 ~ 500
5	加气混凝土	400 ~ 800	0.14 ~ 0.18	3	35 ~ 40	200
6	憎水珍珠岩制品	200 ~ 250	0.056 ~ 0.08	0.5 ~ 0.7	憎水	-200 ~ 650
7	微孔硅酸钙	400 ~ 800	0.14 ~ 0.18	3	35 ~ 40	200

三、重要材料复验要求

在屋面保温隔热工程中，保温材料的性能对于屋面保温隔热的效果起到了决定性的作用。为了保证用于屋面保温隔热材料的质量，避免不合格材料用于屋面保温隔热工程，对进场的屋面保温隔热材料由监理人员现场见证、随机抽样，送有资质的试验室复验。复验内容主要包括保温隔热材料的导热系数、密度、抗压强度或压缩强度，复验结果作为屋面保温隔热工程质量验收的一个依据。

进场复验屋面保温隔热材料的导热系数、密度、抗压强度或压缩强度采用试验设备和标准见附录 D。

四、保温隔热材料的基本要求

影响屋面保温隔热效果的主要因素除了保温隔热材料的性能以外，另一重要因素是保温隔热材料的厚度、敷设方式以及热桥部位的处理等。在一般情况下，只要保温隔热材料的热工性能（导热系数、密度或干密度）和厚度、敷设方式均达到设计标准要求，其保温隔热效果也基本上能达到设计要求。因此，除按主控项目对保温隔热材料的热工性能进行控制，还要求对保温隔热材料的厚度、敷设方式以及热桥部位也按主控项目进行验收。

对于保温隔热层的敷设方式、缝隙填充质量和热桥部位采取观察检查，检查敷设的方式、位置、缝隙填充的方式是否正确，是否符合设计要求和国家有关标准要求。松散保温隔热材料的厚度可采取钢针插入后用尺直接测量，板材、块材保温材料可采取将保温层切开用尺直接测量。

第四节　施工质量验收

一、通风隔热架空层的隔热要求

（一）架空隔热层的施工要求

1. 适用范围

架空隔热屋面应在通风较好的平屋顶建筑上采用；在夏季风量小的地区和通风差的建筑上使用，效果不好，尤其是在女儿墙较高时不宜采用，应采取其他隔热措施。寒冷地区不宜采用，因为到冬季寒冷时也会降低屋面温度，从而降低室内温度。

2. 架空高度要求

架空的高度一般在 100 ~ 300 mm，当屋面宽度超过 10 m 时，应设置通风屋脊，以加强通风强度。

3. 进、出风口位置

架空屋面的进风口应设在当地炎热季节最大频率风向的正压区，出风口设在在负压区。

4. 架空板铺设前的基层处理

铺设架空板前，应清扫屋面上的落灰、杂物，以保证隔热层气流通畅，但操作时不得损伤已完成的防水层。

5. 架空板支座底面的防水层

架空板支座底面的柔性防水层上应采取增设卷材或柔性材料的加强措施，以免破坏已完工的防水层。

6. 架空层的铺设

架空层的铺设应平整、稳固；缝隙宜采用水泥砂浆或混合砂浆嵌缝。

7. 架空板与女儿墙的距离

架空板距女儿墙不小于250 mm，以利于通风，避免顶裂山墙。

（二）架空隔热层的验收要求

架空隔热层隔热效果的影响因素及验收要求见表7-6。

表7-6　架空隔热层隔热效果的影响因素及验收要求

序号	影响因素	隔热验收内容
1	架空层的高度、通风口的尺寸和架空通风安装方式	检查架空层的形式，用尺测量架空层的高度及通风口的尺寸是否符合设计要求
2	架空层材质的品质和架空层的完整性	检查架空层的完整性，不应断裂或损坏。如果使用有断裂和露筋等缺陷的制品，日久后会使隔热层受到破坏，对隔热效果带来不良的影响
3	架空层内应畅通，不得有杂物	检查架空层内是否残留施工过程中的各种杂物，确保架空层内气流畅通

二、隔汽层的要求

（一）设置原因

保温屋面在保温层下方设置隔汽层可防止室内水蒸气进入保温层内，影响其保温效果。因此，顺置式保温屋面保温层下应铺设隔汽层。设隔汽层的传统保温屋面构造见图7-1。

（二）隔汽层材料

设于保温层下方的隔汽层可以采用单层卷材和涂膜。卷材隔汽层常用做法为一毡二油，卷材可采取空铺法，其搭接宽度不得小于70 mm，搭接要严密。涂膜隔汽层常用做法为一布四油，应在板端处留分格缝嵌填密封材料。采用沥青基防水涂料时，其耐热度应比室内或室外的最高温度高出20～25 ℃，隔汽层在屋面与墙连接处应沿墙面向上连续铺设，高出保温层上表面不得小于150 mm。

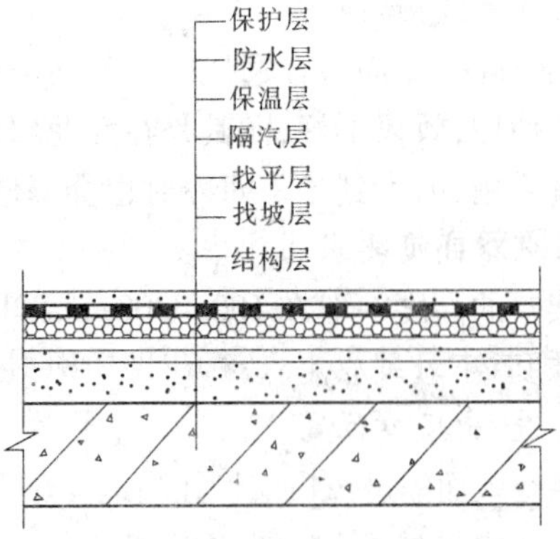

图7-1　设隔汽层的传统保温屋面构造

（三）施工要求

施工过程中要保证隔汽层设置、完整性、气密性应符合设计要求。主要通过观察检查和核查隐蔽工程验收记录进行验证。

三、采光屋面的要求

（一）节能要求

采光屋面的传热系数、遮阳系数、可见光透射比、气密性是影响采光屋面节能效果的主要因素，因此必须要达到设计要求。通过检查出厂合格证、型式检验报告、进场见证取样送检复验报告等进行验证。

（二）安装要求

采光屋面的安装要牢固，以保证采光屋面的可靠性、安全性，特别是沿海地区，屋面风荷载很大，如果不能牢固可靠地安装，在受到负压区时会使屋面脱落。封闭要严密，嵌缝处要填充严密，不得渗漏。一是减少空气渗透，减少能耗；二是避免雨水渗漏，确保使用功能。采用观察、尺量检查其安装牢固性能和坡度；通过淋水试验检查其严密性能，并核查其隐蔽验收记录。采光屋面主要是公共建筑，数量不多，且很重要，所以要全数检查。

第五节　一般项目

一、保温隔热层的施工要求

目前我国屋面工程采用的保温隔热材料有松散材料保温层、板状材料保温层和整体现浇保温层三种。

（一）松散材料保温层施工

松散材料保温层适用于平屋顶，不适用于有较大震动或易受冲击的屋面，常用的松散保温材料有干铺膨胀珍珠岩、膨胀蛭石、炉渣等。施工注意事项如下：

（1）铺设松散保温材料的基层应干净、干燥，松散材料中的含水率不得超过设计规定，否则应采取干燥或排汽措施。

（2）松散材料保温层应分层铺设，并适当压实，每层虚铺厚度不宜大于 150 mm；压实度与厚度应经试验确定；压实后不得直接在保温层上行车或堆放重物。

（3）保温层施工完成后，应及时进行下道工序，进行找平层和防水层施工。雨季施工时，应采取遮盖措施，以防雨淋。

（4）为准确控制铺设厚度，可在屋面上每隔 1 m 摆放木条（其厚度与保温层厚度相同）作为厚度标准。

（5）下雨和五级风以上不得铺设松散保温层。

（6）铺抹找平层时，可在松散保温层上铺一层塑料薄膜等隔水物，以阻止砂浆中水分被吸收，造成砂浆缺水，强度降低，同时可避免保温层吸收砂浆中水分而降低保温性能。

（二）板状材料保温层施工

板状材料保温层适用于带有一定坡度的屋面。由于事先加工预制，故一般含水率较低，所以不仅保温效果好，而且对柔性防水层质量影响小。适用于整体封闭式保温层。常用板状保温材料有水泥膨胀珍珠岩板、水泥膨胀蛭石板、沥青膨胀珍珠岩板、沥青膨胀蛭石板、加气混凝土板、泡沫混凝土板、岩棉、矿棉板、聚苯乙烯泡沫板和聚氨酯泡沫塑料板等。施工注意事项如下：

（1）铺设板状保温材料的基层应干净、干燥。

（2）板状保温材料要防止雨淋，要求板形完整、不碎不裂。

（3）采用铺砌法进行铺设时，干铺的板状保温材料，应紧靠在需要保温的基层表面上，并应铺平垫稳；分层铺设的板块，上下层接缝应相互错开，板间缝隙应采用同类材料嵌缝填实。

（4）采用粘贴法进行铺设时，应粘严、铺平。如用玛瑞脂及其他黏结材料粘贴时，在板状保温材料间及与基层间，应满涂胶结材料，以便相互粘牢；如采用水泥砂浆粘贴板状保温材料时，板缝间宜用保温灰浆填缝并勾缝。保温灰浆的配合比宜为1∶1∶10（水泥∶石灰膏∶同类保温材料的碎粒，体积比）。

（三）整体现浇保温层施工

整体现浇保温层适用于平屋顶或坡度较小的坡屋顶。保温层由于现场拌制，增加了现场湿作业，保温层的含水率较大，已倒置卷材防水层容易起鼓，故一般适用于非封闭式保温层，不宜用于整体封闭保温层。一般整体现浇保温材料多为水泥膨胀珍珠岩、水泥膨胀蛭石，在一些小型的屋面或冬季施工时，也可用沥青膨胀珍珠岩、沥青膨胀蛭石。施工注意事项如下：

（1）铺设时要求铺设厚度应符合设计要求，表面应平整，并达到规定强度，但又不能过分压实，以免降低保温隔热效果。

（2）采用铺抹法施工时，保温材料配合比宜为1∶10～1∶12（水泥∶膨胀珍珠岩或蛭石）；水灰比为2.4～2.6（体积比）；应采用人工搅拌、拌和均匀，随拌随铺；采用分仓铺抹，分仓宽度700～900 mm，可以用木条分格，控制宽度；虚铺厚度应根据试验确定，铺后拍实抹平至设计厚度。

（3）外保护时，保温层压实抹平后，应立即做找平层，对保温层进行保护。

（四）冬雨季施工技术

1. 冬季施工技术

（1）冬期施工采用的屋面保温隔热材料应符合设计要求，并不得含有冰雪、冻块和杂质。

（2）干铺的保温层在负温下施工，采用沥青胶结的整体保温层和板状保温层应在气温不低于－10 ℃时施工；采用水泥、石灰或乳化沥青胶结的整体保温层和板状保温层应在气温不低于5 ℃时施工。当气温低于上述要求时，应采取保温、防冻措施。

（3）采用水泥砂浆粘贴板状保温材料及处理板间缝隙时，可采用掺有防冻剂的保温砂浆，防冻剂掺量应通过试验确定。

（4）雪天或五级风及以上的天气不得施工。

2. 雨季施工技术

（1）雨期保温层施工过程中，保温层应采取遮盖措施，防止雨淋。

（2）雨天不得施工保温层。

(五)保温隔热节能施工要求

各种保温层施工质量要求见表7-7中保温隔热层铺设要求。

表7-7　保温隔热层铺设要求

保温层类型	铺设要求
松散保温层	分层铺设、压实适当、表面平整、找坡正确
现浇整体保温层	紧贴基层、铺平垫稳、接缝严密
板状保温层	拌和均匀、分层铺设、压实适当、表面平整、找坡正确

二、金属保温夹芯屋面板的安装要求

金属保温夹芯屋面板又称彩色压型钢板保温夹芯屋面板,由上、下两层彩板压型钢板中间填充泡沫塑料(多用EPS、XPS、聚氨酯硬质泡沫塑料)通过自动成型机,用高强度胶粘剂将三者黏结,经加压、修边、开槽、落料而成的复合板材,具有自重轻、导热系数低、保温效果好、抗腐蚀能力强、安装施工方便等优点。金属保温夹芯屋面板集防水、保温、饰面多种功能为一体,因此保温夹芯彩板不需另设保温层。多用于大跨度公共建筑、工业建筑轻钢结构屋面。

金属保温夹芯屋面板的安装应牢固,接口应严密,坡向应正确。检查方法是观察与尺量,应重点检查其接口的气密性和穿钉处的密封性,不得渗水。

三、内保温的防潮层和保护层构造要求

坡屋面、内架空屋面的保温层敷设于屋面内侧时,如果保温层未进行密闭防潮处理,室内空气中湿气将渗入保温层,并在保温层与屋面基层之间结露,这不仅增大了保温导热系数,降低了节能效果,而且由于受潮之后还容易产生细菌,最严重的可能会有水溢出,因此必须对保温材料采取有效的防潮措施,使之与室内的空气隔绝。

第六节　验收记录

屋面检验批、分项工程质量主控项目验收记录见表7-8,屋面检验批、分项工程质量一般项目验收记录见表7-9。

表7-8　屋面检验批、分项工程质量主控项目验收记录

工程名称		分项工程名称		验收部位	
施工单位		专业工长		项目经理	
施工执行标准名称及编号					
分包单位		分包项目经理		施工班组长	

续表 7-8

验收规范规定					施工单位检查评定记录	监理(建设)单位验收记录
主控项目	1	进场材料	质量文件	第 7.2.1 条		
			外观检查			
			主要性能指标	第 7.2.2 条		
			取样复验	第 7.2.3 条		
	2	保温层	保温层厚度	第 7.2.4 条		
			敷设方式及缝隙填充			
			热桥部位的处理			
	3	架空隔热层	架空高度	第 7.2.5 条		
			通风口尺寸			
			安装方式			
			架空面层			
	4	采光层面	主要性能指标	第 7.2.6 条		
			安装牢固性能	第 7.2.7 条		
			坡度			
			封闭性能			
	5	隔汽层	位置	第 7.2.8 条		
			完整性和严密性			

施工单位检查评定结果	项目专业质量检查员： (项目技术负责人)　　年　月　日
监理(建设)单位验收结论	监理工程师： (建设单位项目专业技术负责人)　　年　月　日

表 7-9　屋面检验批、分项工程质量一般项目验收记录

<table>
<tr><td colspan="3">工程名称</td><td colspan="2"></td><td>分项工程名称</td><td></td><td>验收部位</td><td></td></tr>
<tr><td colspan="3">施工单位</td><td colspan="3"></td><td>专业工长</td><td>项目经理</td><td></td></tr>
<tr><td colspan="3">施工执行标准
名称及编号</td><td colspan="6"></td></tr>
<tr><td colspan="3">分包单位</td><td colspan="2"></td><td>分包项目经理</td><td></td><td>施工班组长</td><td></td></tr>
<tr><td colspan="5">验收规范规定</td><td colspan="2">施工单位检查
评定记录</td><td colspan="2">监理(建设)单位
验收记录</td></tr>
<tr><td rowspan="11">一般项目</td><td rowspan="6">1</td><td rowspan="6">保温层
施工质量</td><td>分层敷设</td><td rowspan="6">第 7.3.1 条</td><td colspan="2"></td><td colspan="2" rowspan="11"></td></tr>
<tr><td>压实质量</td><td colspan="2"></td></tr>
<tr><td>表面平整度</td><td colspan="2"></td></tr>
<tr><td>坡向</td><td colspan="2"></td></tr>
<tr><td>配合比</td><td colspan="2"></td></tr>
<tr><td>板粘牢固性</td><td colspan="2"></td></tr>
<tr><td rowspan="3">2</td><td rowspan="3">金属层保温
夹芯板施工
质量</td><td>安装牢固性</td><td rowspan="3">第 7.3.2 条</td><td colspan="2"></td></tr>
<tr><td>接口处严密性</td><td colspan="2"></td></tr>
<tr><td>坡向</td><td colspan="2"></td></tr>
<tr><td rowspan="2">3</td><td rowspan="2">内保温</td><td>防潮措施</td><td rowspan="2">第 7.3.3 条</td><td colspan="2"></td></tr>
<tr><td>保护层做法</td><td colspan="2"></td></tr>
<tr><td colspan="4">施工单位检查
评定结果</td><td colspan="5">项目专业质量检查员：
（项目技术负责人）　　　　年　月　日</td></tr>
<tr><td colspan="4">监理(建设)单位
验收结论</td><td colspan="5">监理工程师：
（建设单位项目专业技术负责人）　　　　年　月　日</td></tr>
</table>

第八章　地面节能工程

第一节　《规范》原文

8.1　**一般规定**

8.1.1　本章适用于建筑地面节能工程的质量验收。包括底面接触室外空气、土壤或毗邻不采暖空间的地面节能工程。

8.1.2　地面节能工程的施工，应在主体或基层质量验收合格后进行。施工过程中应及时进行质量检查、隐蔽工程验收和检验批验收，施工完成后应进行地面节能分项工程验收。

8.1.3　地面节能工程应对下列部位进行隐蔽工程验收，并应有详细的文字记录和必要的图像资料：

(1)基层；

(2)被封闭的保温材料厚度；

(3)保温材料黏结；

(4)隔断热桥部位。

8.1.4　地面节能工程检验批划分应符合下列规定：

(1)检验批可按施工段或变形缝划分；

(2)当面积超过 200 m^2 时，每 200 m^2 可划分为一个检验批，不足 200 m^2 也为一个检验批；

(3)不同构造做法的地面节能工程应单独划分检验批。

8.2　**主控项目**

8.2.1　用于地面节能工程的保温材料，其品种、规格应符合设计要求和相关标准的规定。

检验方法：观察、尺量或称重检查；核查质量证明文件。

检查数量：按进场批次，每批随机抽取 3 个试样进行检查；质量证明文件应按照其出厂检验批进行核查。

8.2.2　**地面节能工程的保温材料，其导热系数、密度、抗拉强度或压缩强度、燃烧性能应符合设计要求。**

检验方法：核查质量证明文件和复验报告。

检查数量：全数检查。

8.2.3　地面节能工程采用的保温材料，进场时应对其导热系数、密度、抗拉强度或压缩强度进行复验，复验应为见证取样送检。

检验方法：随即抽样送检，核查复验报告。

检查数量：同一厂家、同一品种的产品各抽查不少于 3 组。

8.2.4　地面节能工程施工前，应对基层进行处理，使其达到设计和施工方案的要求。

检验方法:对照设计和施工方案观察检查。

检查数量:全数检查。

8.2.5　地面保温层、隔离层、保护层等各层的设置和构造做法以及保温层的厚度应符合设计要求,并应按施工方案施工。

检验方法:对照设计和施工方案观察检查;尺量检查。

检查数量:全数检查。

8.2.6　地面节能工程的施工质量应符合下列要求:

(1)保温板与基体之间、各构造层之间的黏结应牢固,缝隙应严密;

(2)保温浆料应分层施工;

(3)穿越地面直接接触室外空气的各种金属管道应按设计要求,采取隔断热桥的保温措施。

检验方法:观察检查;检查隐蔽工程验收记录。

检查数量:每个检验批抽查 2 处,每处 10 m^2;穿越地面的金属管道处全数检查。

8.2.7　有防水要求的地面,其节能保温做法不得影响地面排水坡度,保温层面层不得渗漏。

检验方法:用长度 500 mm 水平尺检查;观察检查。

检查数量:全数检查。

8.2.8　严寒、寒冷地区的建筑首层直接与土壤接触的地面、采暖地下室与土壤接触的外墙,毗邻不采暖空间的地面以及底面直接接触室外空气的地面应按照设计要求采取保温措施。

检验方法:对照设计观察检查。

检查数量:全数检查。

8.2.9　保温层的表面防潮层、保护层应符合设计要求。

检验方法:观察检查。

检查数量:全数检查。

8.3　一般项目

8.3.1　采用地面辐射采暖的工程,其地面节能做法应符合设计要求,并应符合《地面辐射供暖技术规程》(JGJ142—2004)的规定。

检验方法:观察检查。

检查数量:全数检查。

第二节　概　述

一、验收概述

在建筑围护结构中,通过地面向外传导的热量(冷量)占围护结构传热量的 3% ~ 5%,对于我国北方严寒地区,在保温措施不到位的情况下所占比例更高。地面节能主要包括三部分:一是直接接触土壤的地面;二是与室外空气接触的架空楼板地面;三是地下室、半地下室与土壤接触的外墙。与土壤接触的地面和外墙主要是针对寒冷和严寒地区,对于夏热冬冷和夏热冬暖的居住建筑,节能设计标准中对土壤接触的地面和外墙的传热系数(热阻)没有规定。

本章格式与各专业验收规范保持一致,分为“一般规定”、“主控项目”、“一般项目”。本章共14条,分别叙述了地面节能验收的基本要求,4条一般规定、9条主控项目和1条一般项目,其中强制性条文1条。

“一般规定”主要叙述地面节能验收的适用范围、验收程序、隐蔽工程验收项目和检验批划分等基本要求。

“主控项目”是地面分项工程节能验收的核心内容。分别给出对地面节能材料的要求、重要材料进场复验的要求、基层处理、保温层、防潮层和保护层施工的要求等。

“一般项目”给出一般性验收要求。主要是对辐射采暖地面节能做法提出要求。

二、验收条件

(一)适用范围

建筑地面节能工程验收适用于采暖空调房间接触土壤的地面、毗邻不采暖空调房间的楼地面、采暖地下室与土壤接触的外墙、不采暖地下室上面的楼板、不采暖车库上面的楼板、接触室外空气或外挑楼板的地面。

(二)验收程序

地面保温工程施工时,要求敷设保温层的基层质量必须达到合格,基层的质量不仅影响地面工程质量,而且对保温层的质量有直接的影响,基层质量不合格,必将影响保温层的质量。保温层施工过程中,应对每道工序、每个施工环节,特别是对关键工序的质量控制点进行严格的质量检查,隐蔽之前,应按检验批进行隐蔽验收,施工完成后应进行地面节能分项工程验收。

三、验收基本要求

(一)隐蔽工程验收内容

地面保温隔热工程隐蔽验收主要包括:基层;保温层厚度;保温材料与基层的黏结强度;地面热桥部位。因为这些部位被后道工序隐蔽覆盖后无法检查和处理,因此在被隐蔽覆盖前必须进行验收,只有合格后才能进行后序施工。

(二)检验批划分规定

地面节能工程检验批的划分与《建筑地面工程施工质量验收规范》(GB50209—2002)的规定一致。

第三节 进场材料质量验收

一、保温材料质量要求

地面节能工程所用保温材料的品种、规格应按设计要求和相关标准规定选择,不得随意改变。

材料进场时,通过目视、尺量、称重等方法进行外观检查和核对其使用说明书、出厂合格证及型式检验报告等方法进行核查，确保其品种、规格符合设计要求。

二、保温材料节能性能要求

在地面保温工程中，保温材料的导热系数、厚度、密度或干密度指标直接影响到地面的保温效果，抗压强度或压缩强度影响到保温层的施工质量，燃烧性能是防止火灾隐患的重要条件。因此，应对保温隔热材料的导热系数、密度或干密度、抗压强度或压缩强度及燃烧性能进行严格的控制，必须符合节能设计要求、产品标准要求以及相关施工技术标准要求。应检查材料的合格证、有效期内的产品性能检测报告及进场验收记录所代表的规格、型号和性能参数是否与设计要求和有关标准相符，并重点检查进场复验报告，复验报告必须是第三方见证取样，检验样品必须是按批量随机抽取。

三、重要材料复验要求

在地面保温工程中，保温材料的性能对于地面保温的效果起到了决定性的作用。为了保证用于地面保温隔热材料的质量，避免不合格材料用于地面保温工程，保温材料进场时，应对其主要性能（导热系数、密度、抗压强度或压缩强度）进行复验，材料复验由监理人员现场见证、随机抽样，送有资质的试验室对有关性能参数进行复验，复验结果作为地面保温工程质量验收的一个依据。复验报告必须是第三方见证取样，检验样品必须是按批量随机抽取。

进场复验地面保温材料的导热系数、密度、抗压强度或压缩强度采用试验设备和标准见附录 D。

第四节　施工质量验收

一、基层处理的要求

为保证施工质量，在进行地面保温施工前，应将基层处理好，基层应平整、清洁，接触土壤的地面应将垫层处理好。基层的平整和清洁将影响保温层的施工质量，特别是板块类保温材料，基层不平整可能导致保温层空鼓，基层表面不清洁会使黏结不牢固，存在一定的安全隐患。而对于直接接触土壤的保温地面，必须恰当地处理保温层下面的防水问题，否则地下土壤的水分将会渗透到保温层，将大大影响地面保温材料的保温效果。

二、各层次构造做法要求

影响地面保温效果的主要因素除了保温材料的性能和厚度以外，另一重要因素是保温层、保护层等的设置和构造做法以及热桥部位的处理等。在一般情况下，只要保温隔热材料的热工性能（导热系数、密度或干密度）和厚度、敷设方式均达到设计标准要求，其保温效果也基本上能达到设计要求。因此，除对保温热材料的热工性能按主控项目进行控制外，还要对保温层、保护层的设置和构造做法以及热桥部位按主控项目进行验收。

对于保温层的敷设方式、缝隙填充质量和热桥部位采取观察检查，检查敷设的方式、位置、缝隙填充的方式是否正确，是否符合设计要求和国家有关标准要求。松散保温隔热材料的厚度可将钢针插入后用尺直接测量，板材、块材保温材料可将保温层切开用尺直接测量。

三、施工质量要求

地面节能工程施工质量要求见表8-1。

表8-1　地面节能工程施工质量要求

序号	项目	施工要求
1	保温层黏结	保温板与基层之间、各构造层之间黏结应牢固，缝隙应严密
2	保温浆料施工	保温浆料应分层施工
3	直接接触室外空气的金属管道	穿越地面直接接触室外空气的各种金属管道应按设计要求，采取隔断热桥的保温措施

（一）保温层黏结

地面节能工程在施工过程中保温层与基体之间黏结牢固、缝隙严密是非常必要的。特别是地下室（或车库）的顶板粘贴XPS板、EPS板或粉刷胶粉聚苯颗粒时，虽然这些部位不同于建筑外墙有风荷载的作用，但由于顶板上部有活动荷载，会使其产生振动，从而引发脱落。

（二）保温浆料施工

楼板下面粉刷浆料保温层时分层施工是非常重要的，每层的厚度不应超过20 mm；如果过厚，由于自重力的作用在粉刷过程中容易产生空鼓和脱落。

（三）直接接触室外空气地面的金属管道

对于严寒、寒冷地区，穿越地面接触室外空气的各种金属类管道都是传热量很大的热桥，这些热桥部位除了对节能效果有一定的影响外，其热桥部位的周围还可能结露，影响使用功能，因此必须对其采取有效的保温措施。

四、地面构造措施要求

（一）有防水要求地面的构造措施

对于厨卫等有防水要求的地面进行保温时，应尽可能将保温层设置在防水层下，以避免保温层浸水吸潮影响保温效果。当确实需要将保温层设置在防水层上面时，则必须对防水层进行防水处理，不得使保温层吸水受潮。另外在铺设保温层时，要确保地面排水坡度不受影响，保证地面排水畅通。

（二）特殊地面构造措施

在严寒、寒冷地区，冬季室外最低气温在－15 ℃以下，冻土层厚度在400 mm以上，建筑首层直接与土壤接触的地面、采暖地下室与土壤接触的外墙、毗邻不采暖空间的地面以及底面直接接触室外空气的地面如果不采取有效措施进行处理，当室内地面温度低于室内空气露点温度时，就会在建筑室内地面产生结露现象，影响节能效果，因此必须对这些部位采取保温措施。

（三）地面保温层表面构造措施

对地面保温层表面必须采取有效措施进行保护，设置防潮层的目的在于防止保温层材料吸潮，保温层吸潮，含水率增大后，将显著影响保温效果；设置保护层的目的在于提高保温层表面的抗冲击能力，防止保温层受到外界的破坏。

第五节　一般项目

地面辐射供暖工程应按《地面辐射供暖技术规程》（JGJ142—2004）规定执行。绝热层铺设规定：铺设绝热层的地面应平整、干燥、无杂物；墙面根部应平直，且无积灰现象。绝热层的铺设应平整，绝热层相互间接合应严密；直接与土壤接触或有潮湿气体侵入的地面，在铺放绝热层之前应先铺一屋防潮层等。辐射采暖地面构造做法见图 8-1。

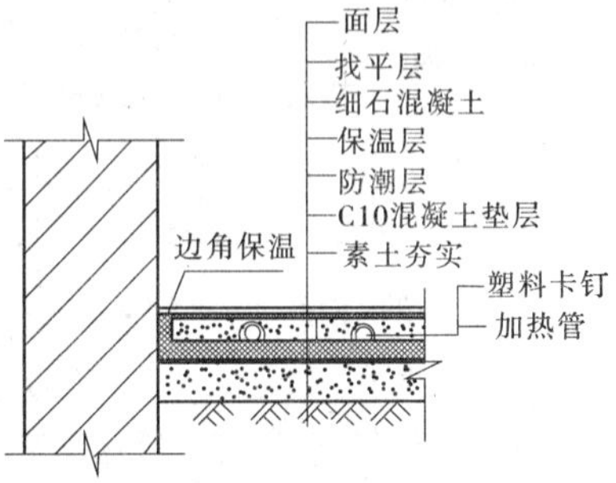

图 8-1　辐射采暖地面构造做法

第六节　验收记录

地面检验批、分项工程质量主控项目验收记录见表 8-2。地面检验批、分项工程质量一般项目验收记录见表 8-3。

表 8-2　地面检验批、分项工程质量主控项目验收记录

工程名称			分项工程名称		验收部位	
施工单位				专业工长		项目经理
施工执行标准名称及编号						
分包单位				分包项目经理		施工班组长
验收规范规定					施工单位检查评定记录	监理（建设）单位验收记录
主控项目	1	进场材料	质量文件	第 8.2.1 条		
			外观检查			
			主要性能指标	第 8.2.2 条		
			取样复验	第 8.2.3 条		
	2	基层处理		第 8.2.4 条		
	3	保温层的构造	保温层厚度	第 8.2.5 条		
			保温层构造			
			隔离层构造			
			保护层构造			

续表 8-2

<table>
<tr><td rowspan="11">主控项目</td><td rowspan="4">4</td><td rowspan="4">保温层的施工质量</td><td>黏结牢固性</td><td rowspan="4">第 8.2.6 条</td><td></td><td rowspan="11"></td></tr>
<tr><td>缝隙严密性</td><td></td></tr>
<tr><td>分层施工</td><td></td></tr>
<tr><td>热桥部位处理</td><td></td></tr>
<tr><td rowspan="2">5</td><td rowspan="2">防水地面</td><td>排水坡度</td><td rowspan="2">第 8.2.7 条</td><td></td></tr>
<tr><td>保温层防水性能</td><td></td></tr>
<tr><td rowspan="3">6</td><td rowspan="3">严寒、寒冷地区地面</td><td>接触土壤地面及外墙</td><td rowspan="3">第 8.2.8 条</td><td></td></tr>
<tr><td>不采暖空间地面</td><td></td></tr>
<tr><td>接触室外空气地面</td><td></td></tr>
<tr><td rowspan="2">7</td><td rowspan="2">保温层表面</td><td>防潮层</td><td rowspan="2">第 8.2.9 条</td><td></td></tr>
<tr><td>保护层</td><td></td></tr>
<tr><td colspan="4">施工单位检查评定结果</td><td colspan="3">项目专业质量检查员：
（项目技术负责人） 年 月 日</td></tr>
<tr><td colspan="4">监理（建设）单位验收结论</td><td colspan="3">监理工程师：
（建设单位项目专业技术负责人） 年 月 日</td></tr>
</table>

表 8-3 地面检验批、分项工程质量一般项目验收记录

<table>
<tr><td colspan="3">工程名称</td><td></td><td>分项工程名称</td><td></td><td>验收部位</td><td></td></tr>
<tr><td colspan="3">施工单位</td><td colspan="2"></td><td>专业工长</td><td></td><td>项目经理</td></tr>
<tr><td colspan="3">施工执行标准名称及编号</td><td colspan="5"></td></tr>
<tr><td colspan="3">分包单位</td><td colspan="2"></td><td>分包项目经理</td><td></td><td>施工班组长</td></tr>
<tr><td colspan="5">验收规范规定</td><td>施工单位检查评定记录</td><td colspan="2">监理（建设）单位验收记录</td></tr>
<tr><td rowspan="3">一般项目</td><td rowspan="3">1</td><td rowspan="3">地面辐射节能地面施工质量</td><td>基层要求</td><td rowspan="3">第 8.3.1 条</td><td></td><td rowspan="3" colspan="2"></td></tr>
<tr><td>绝热层质量</td><td></td></tr>
<tr><td>防潮层</td><td></td></tr>
<tr><td colspan="4">施工单位检查评定结果</td><td colspan="4">项目专业质量检查员：
（项目技术负责人） 年 月 日</td></tr>
<tr><td colspan="4">监理（建设）单位验收结论</td><td colspan="4">监理工程师：
（建设单位项目专业技术负责人） 年 月 日</td></tr>
</table>

第九章　采暖节能工程

第一节　《规范》原文

9.1　一般规定

9.1.1　本章适用于温度不超过 95 ℃室内集中热水采暖系统节能工程施工质量的验收。

9.1.2　采暖节能工程的施工质量验收，可按系统、楼层等进行，并应符合第一章第三节《规范》原文第 3.4.1 条的规定。

9.2　主控项目

9.2.1　采暖系统节能工程采用的散热设备、阀门、仪表、管材、保温材料等产品进场时，应按设计要求对其类型、材质、规格及外观等进行验收，并应经监理工程师（建设单位代表）检查认可，且应形成相应的验收记录。各种产品和设备的质量证明文件和相关技术资料应齐全，并应符合国家现行有关标准和规定。

检验方法：观察检查；核查质量证明文件和相关技术资料。

检验数量：全数检查。

9.2.2　采暖系统节能工程采用的散热器和保温材料等进场时，应对其下列技术性能参数进行复验，复验应为见证取样送检：

（1）散热器的单位散热量、金属热强度；

（2）保温材料的导热系数、密度、吸水率。

检验方法：现场随机抽样送检；核查复验报告。

检验数量：同一厂家同一规格的散热器按其数量的 1% 进行见证取样送检，但不得少于 2 组；同一厂家同材质的保温材料见证取样送检的次数不得少于 2 次。

9.2.3　采暖系统的安装应符合下列规定：

（1）采暖系统的制式，应符合设计要求；

（2）散热设备、阀门、过滤器、温度计及仪表应按设计要求安装齐全，不得随意增减和更换；

（3）室内温度调控装置、热计量装置、水力平衡装置及热力入口装置的安装位置和方向应符合设计要求，并便于观察、操作和调试；

（4）温度调控装置和热计量装置安装后，采暖系统应能实现设计要求的分室（区）温度调控、分栋热计量和分户或分室（区）热量分摊的功能。

检验方法：观察检查。

检验数量：全数检查。

9.2.4　散热器及其安装应符合下列规定：

（1）每组散热器的规格、数量及安装方式应符合设计要求；

(2)散热器外表面应刷非金属性涂料。

检验方法:观察检查。

检验数量:按散热器组数抽查5%,不得少于5组。

9.2.5 散热器恒温阀及其安装应符合下列规定:

(1)恒温阀的规格、数量应符合设计要求;

(2)明装散热器恒温阀不应安装在狭小和封闭空间内,其恒温阀阀头应水平安装,且不应被散热器、窗帘或其他障碍物遮挡;

(3)暗装散热器的恒温阀应采用外置式温度传感器,并应安装在空气流通且能正确反映房间温度的位置上。

检验方法:观察检查。

检验数量:按总数抽查5%,不得少于5个。

9.2.6 低温热水地面辐射供暖系统的安装除了应符合本章《规范》原文第9.2.3条的规定外,尚应符合下列规定:

(1)防潮层和绝热层的做法及绝热层的厚度应符合设计要求;

(2)室内温控装置的传感器应安装在避开阳光直射和有发热设备且距地面1.4 m处的内墙面上。

检验方法:防潮层和绝热层隐蔽前观察检查;用钢针刺入绝热层、尺量;观察检查、尺量室内温控装置传感器的安装高度。

检验数量:防潮层和绝热层按检验批抽查5处,每处检查不少于5点;温控装置按每个检验批抽查10个。

9.2.7 采暖系统热力入口装置的安装应符合下列规定:

(1)热力入口装置中各种部件的规格、数量,应符合设计要求;

(2)热计量装置、过滤器、压力表、温度计的安装位置、方向应正确,并便于观察、维护;

(3)水力平衡装置及各类阀门的安装位置、方向应正确,并便于操作和调试。安装完毕后,应根据系统水力平衡要求进行调试并做出标志。

检验方法:观察检查;核查进场验收记录和调试报告。

检验数量:全数检查。

9.2.8 采暖管道保温层和防潮层的施工应符合下列规定:

(1)保温层应采用不燃或难燃材料,其材质、规格及厚度等应符合设计要求;

(2)保温管壳的粘贴应牢固、铺设应平整;硬质或半硬质的保温管壳每节至少应用防腐金属丝或难腐织带或专用胶带进行捆扎或粘贴2道,其间距为300~350 mm,且捆扎、粘贴应紧密,无滑动、松弛及断裂现象;

(3)硬质或半硬质保温管壳的拼接缝隙不应大于5 mm,并用黏结材料勾缝填满;纵缝应错开,外层的水平接缝应设在侧下方;

(4)松散或软质保温材料应按规定的密度压缩其体积,疏密应均匀;毡类材料在管道上包扎时,搭接处不应有空隙;

(5)防潮层应紧密粘贴在保温层上,封闭良好,不得有虚粘、气泡、褶皱、裂缝等缺陷;

(6)防潮层的立管应由管道的低端向高端敷设,环向搭接缝应朝向低端;纵向搭接缝

应位于管道的侧面,并顺水;

(7)卷材防潮层采用螺旋形缠绕的方式施工时,卷材的搭接宽度宜为 30～50 mm;

(8)阀门及法兰部位的保温层结构应严密且能单独拆卸并不得影响其操作功能。

检验方法:观察检查;用钢针刺入保温层、尺量。

检验数量:按数量抽查 10%,且保温层不得少于 10 段、防潮层不得少于 10 m、阀门等配件不得少于 5 个。

9.2.9 采暖系统应随施工进度对与节能有关的隐蔽部位或内容进行验收,并应有详细的文字记录和必要的图像资料。

检验方法:观察检查;核查隐蔽工程验收记录。

检验数量:全数检查。

9.2.10 **采暖系统安装完毕后,应在采暖期内与热源进行联合试运转和调试。联合试运转和调试结果应符合设计要求,采暖房间温度相对于设计温度不得低于 2 ℃,且不高于 1 ℃。**

检验方法:检查室内采暖系统试运转和调试记录。

检验数量:全数检查。

9.3 **一般项目**

9.3.1 采暖系统过滤器等配件的保温层应密实、无空隙,且不得影响其操作功能。

检验方法:观察检查。

检验数量:按类别数量抽查 10%,且均不得少于 2 件。

第二节 概 述

一、验收概述

本章只对采暖系统的节能效果有重要影响的保温材料、散热设备及自控阀门与仪表等的安装做出原则性的规定,对于整个采暖系统的材料与设备等的具体安装要求,可按照国家现行有关标准和《建筑给水排水及采暖工程施工质量验收规范》(GB50242—2002)的相关规定执行。采暖节能工程施工质量验收的主要内容包括:采暖系统制式;散热设备;阀门与仪表;热力入口装置;保温材料;系统调试等。

本章格式与各专业验收规范保持一致,分为"一般规定"、"主控项目"、"一般项目"。本章共 13 条,分别叙述了采暖节能工程验收的基本要求,2 条一般规定、10 条主控项目和 1 条一般项目,其中强制性条文 2 条。

"一般规定"叙述采暖节能工程验收的适用范围、验收划分原则和方法的要求。

"主控项目"是采暖分项工程节能验收的核心内容。主要对采暖系统节能工程的保温材料、散热设备及阀门与仪表等的进场验收,对保温材料与散热设备部分技术性能参数的复验提出要求,同时对采暖系统的安装、散热设备、阀门与仪表的安装,采暖管道保温层与防潮层施工,以及采暖系统的联合运转与调试等提出要求。

"一般项目"给出一般性验收要求。主要是对采暖系统过滤器等配件的保温层做法提出要求。

二、验收条件

(一)适用范围

根据目前国内室内采暖系统的热水温度现状,规定本章适用于温度不超过95 ℃室内集中热水采暖系统节能工程施工质量的验收。室内集中热水采暖系统包括散热设备、管道、保温、阀门及仪表等。

(二)验收划分原则与方法

采暖节能工程的施工质量验收,应根据工程实际情况,结合专业特点,分别按系统、楼层等进行。采暖系统可以按每个热力入口作为一个检验批进行验收;对于垂直方向分区供暖的高层建筑采暖系统,可按照采暖系统不同的设计分区分别进行验收;对于系统大且层数多的工程,可以按几个楼层作为一个检验批进行验收。

第三节　采暖系统产品质量验收

一、采暖系统产品进场验收

采暖工程中与节能有关的散热设备、阀门、仪表、管材、保温材料等产品进场,应按设计要求对其类型、材质、规格及外观等进行逐一核对验收。验收一般应由供货商、监理、施工单位的代表共同参加,并应经监理工程师(建设单位代表)检查认可,形成相应的验收记录。

由于进场验收只能核查材料和设备的外观质量,其内在质量则需由各种质量证明文件和技术资料加以证明。所以,进场验收的一项重要内容是对材料和设备的质量证明文件和技术资料进行核查。材料和设备的质量证明文件和技术资料应按其出场检验批进行,不同检验批的材料和设备应对每个检验批的质量证明文件和技术资料进行核查。所有的证明文件和技术资料均应符合现行国家有关标准和规定并应齐全,主要包括产品质量合格证、中文说明书、产品标识及相关性能检测报告等。进口材料和设备还应按规定进行出入境商品检验。

采暖系统产品重点核查以下几个方面:

(1)各类管材应有产品质量证明文件;散热设备应有出厂性能检测报告。

(2)阀门、仪表等应有产品质量合格证及相关性能检验报告。

(3)保温材料应有产品质量合格证和材质检测报告,检测报告必须是有效期内的抽样检测报告。使用到建筑物内的保温材料还要有防火等级的检验报告。

(4)散热器和恒温阀应有产品说明书及安装使用说明书,核查重点是技术性能参数。

二、散热器和保温材料的进场复验

(一)存在问题

目前,市场上散热器和保温材料的种类比较多,质量参差不齐,散热器存在的问题主要有3个方面:

(1)采暖散热器在规定条件下单位时间的散热能力,如果达不到规定,室内将得不到足够的采暖量和理想的室内温度;

(2)散热器连接处(包括螺纹、配件)质量较差,会导致散热器出现漏水、爆裂的现象;

(3)采暖散热器的外形尺寸不合格,容易造成建筑安装预留空间定位难,互换性差。

在相关标准没有规定对保温材料进场验收时,供应商提供的大都是送样检测报告,并只对来样负责,而且缺乏时效性,送到现场的产品品质很难保证。开始供货时,提供的是合格的样品和检测报告,但到大批量进场时,就可能换成质量差的产品。

(二)复验内容

把好设备、材料进场关,是节能工程验收的一个重要方面。由于采暖系统中散热器的单位散热量、金属热强度和保温材料的导热系数、密度、吸水率等技术参数是采暖系统节能工程中的重要性能参数,是否符合设计要求,将直接影响采暖系统的运行及节能效果。因此,为了确保散热器和保温材料的性能和质量,这两种产品进场时,应对其热工等技术性能参数进行复验。复验采取见证取样送检的方式,采取复验的手段,可以在不同程度上提高生产企业、供货商及订货方的质量意识。

第四节　采暖系统安装及调试验收

本节主要对与采暖系统节能效果密切相关的系统制式、散热设备、室内温度调控装置、热计量装置、水力平衡装置等的设置、安装、调试及功能实现等,做出具体规定。

一、采暖系统的安装

(一)采暖系统的制式

采暖系统的制式也就是管道的系统形式,是经过设计人员周密考虑而设计的。采暖系统的制式设计得合理,采暖系统才能具备节能功能;如果在施工过程中擅自改变了采暖系统的设计制式,就有可能影响采暖系统的正常运行和节能效果。因此,要求施工单位必须按照设计的采暖系统制式进行施工。

目前,我国采暖区域的采暖方式多数采用以热水为热媒的集中采暖方式。集中采暖方式是指热源和散热设备分别设置,由热源通过管网向各个房间或建筑物供给热量的采暖方式。采暖系统主要是以城市热网、区域供热厂、小区锅炉房或单栋建筑物锅炉房为热源的集中采暖方式。从节省能源、供热质量、环保、消防安全和卫生条件等方面来看,以热水作为热媒的集中采暖更为合理。凡有集中采暖条件的地区,其幼儿园、养老院、中小学校、医疗机构、办公、住宅等建筑,均宜采用集中采暖方式。

采暖制式是节能运转的前提,因此采暖制式的设计应为节能设计,采暖系统的安装制式必须符合设计要求。

(二)采暖系统散热设备和自控阀门、仪表的要求

采暖系统选用节能型的散热设备和必要的自控阀门与仪表等,并能根据设计要求的类型、规格等全部安装到位,是实现采暖系统节能运行的必要条件。因此,要求在进行采暖节能工程施工时,必须根据施工图设计要求进行,未经设计同意,不得随意增减和更换有关的节能设备和自控阀门与仪表等。

(三)采暖系统温度调控、热计量、水力平衡及热力入口装置安装要求

节能系统的实现是靠调节来实现的。自控阀门与仪表、室内温控装置、热计量装置及水力平衡装置是实现节能调节的关键部件,应按照设计要求安装齐全,并不得随意增加,这是实现采暖系统节能运行的必要条件。

对新建住宅和公建的热水集中采暖系统,应设置热计量装置和室温调控装置,并应根据水力平衡要求设置水力平衡装置。采暖系统中散热器温控阀、热计量装置、水力平衡阀、过滤器、温度计、压力表等都是关系到采暖系统能否实现规范所要求的热量计量、室温调控、水力平衡,从而达到节能运行的关键装置和配件,施工过程中必须全部安装到位。

1. 热计量方式及装置

热计量装置主要是指建筑物楼前的总热量表和户内的热量分摊装置,对于住宅建筑,楼前的总热量表是该栋楼耗热量的结算依据,同时,每户应有相应的装置,作为对整栋楼的耗热量进行户间分摊的依据。目前应用的热计量方法大致有温度法、热量分配表法、户用热量表法和面积法等。

(1)温度法:按户设置温度传感器,通过测量室内温度,并结合建筑面积和楼栋总热量表测出的供热量进行热量(费)分摊。

温度法采暖热计量分配系统是在每户住户内的内门上侧安装一个温度传感器,用来对室内温度进行测量,通过采集器采集的室内温度经通信线路送到热量采集显示器。热量采集显示器接收来自采集器的信号,并将采集器送来的用户室温送至热量计算分配器;热量计算分配器接收采集显示器、热量表送来的信号后,按照规定的程序将热量进行分摊。

其出发点是按照住户的等舒适度分摊热费,认为室温与住户的舒适度是一致的,如果采暖期的室温维持较高,那么该住户需要分摊的热费就较多。

遵循的分摊原则是:同一栋建筑物内的用户,如果采暖面积相同,在相同的时间内,相同的舒适度应缴纳相同的热费。它与住户在楼内的位置没有关系,不必进行住户位置的修正。

温度法可以做到根据受益来交费,可以解决热用户的位置差别及户间传热引起的热费不公平问题。另外,温度法与目前的传统垂直室内管路系统没有直接联系,可用于新建和既有改造住宅的任何采暖系统制式的热计量收费。

(2)热量分配表法:在每组散热器上设置蒸发式或电子式热量分配表,通过对散热器散发热量的测量,并结合楼栋总热量表测出的供热量进行热量(费)分摊。

此法适合于住宅建筑中采用散热器供暖的任何采暖系统制式。热量分配表法简单,分配表价格低廉,测量精度够用。但由于每户居民在整栋建筑中所处位置不同,即便同样住户面积,保持同样室温,散热器热量分配表上显示的数字却是不相同的。所以,需要将每户根据散热器热量分配表分摊的热量,并根据楼内每户居民在整栋建筑中所处位置折算成当量热量后,才能进行收费。散热器热量分配表对既有采暖系统的热计量收费改造比较方便,比如将原有垂直单管顺流系统,加装跨越管就可以,不需要改为每一户的水平系统。

(3)户用热量表法:按户设置户用热量表,通过测量流量和供、回水温差进行住户的热量计量,并结合楼栋总热量表测出的供热量进行热量(费)分摊。

户用热量表安装在每户采暖环路中,可以测量每个住户的采暖耗热量,但是,我们原有的、传统的垂直室内采暖系统需要改为每一户的水平系统。这种方法与散热器热量分配表一样,需要将各个住户的热量表显示的数据进行折算。这种方法仅适合于住宅建筑中共用立管的分户独立采暖系统形式(包括地面辐射采暖系统),但对于既有建筑中应用垂直的采暖管路系统进行"热改"时,不太适用。

(4)面积法:根据热力入口处楼前总热量表的热量,结合各住户的建筑面积进行热费分摊。这种方法是按照住户面积作为分摊热量(费)的依据,但不同于"热改"前的概念。

面积法的前提是该栋楼前必须安装总热量表,是一栋楼内的热量分摊方式。此法适合于资金紧张的既有住宅中的任何采暖系统形式的"热改"。

当住宅建筑的类型、围护结构相同,分户热量(费)分摊装置一致时,不必每栋设楼栋总热量表,可几栋住宅共用一块总热量表。住宅建筑中需供暖的公共用房和公用空间,应设置单独的采暖系统和热计量装置。

对于公共建筑的热计量,应在每栋公共建筑物的热力入口处设置总热量表,且公共建筑内部归属不同单位的各部分,在保证能分室(区)进行温度调控的前提下,宜分别设置热量计量装置。

2. 水力平衡阀

水力不平衡的现象在目前的供热系统中依然很严重,也是造成供热能耗浪费的主要原因之一,同时,水力平衡又是保证其他节能措施能够可靠实施的前提。因此,对系统节能而言,必须强制要求系统达到水力平衡。除规模较小的供热系统经过计算可以满足水力平衡外,一般室外供热管线较长,计算不易达到水力平衡。

为了避免设计不当造成水力不平衡,一般供热系统均应在建筑物的热力入口处设置手动水力平衡阀和水过滤器,并应根据建筑物内供暖系统所采用的调节方式,决定是否还要设置自力式流量控制阀(对定流量水系统而言)或自力式压差控制阀(对变流量水系统而言),否则,出现不平衡问题时将无法调节。

平衡阀是最基本的平衡元件,在系统进行第一次调试平衡后,在设置了供热量自动控制装置进行质调节的情况下,室内散热器恒温阀的动作引起系统压差的变化不会太大,因此只在某些条件下才需要设置自力式流量控制阀或自力式压差控制阀。

自力式流量控制阀是指工作时不依靠外部动力,在压差控制范围内,保持流量恒定的阀门。因此,称流量控制阀为自力式流量控制阀;尽管目前还没有颁布压差控制阀行业标准,同样,称压差控制阀为自力式压差控制阀,至于手动或静态平衡阀,则统一称为手动水力平衡阀。

手动水力平衡阀选型原则:手动水力平衡阀是用于消除环路剩余压头、限定环路水流量用的。为了合理地选择平衡阀的型号,在设计水系统时,一定要进行管网水力计算及环网平衡计算,按管径选取平衡阀型号。

自力式流量控制阀具有在一定范围内自动稳定环路流量的特点,但是其水流阻力也比较大,因此即使是针对定流量系统,设计人员也要求首先通过管路和系统设计来实现各环路的水力平衡(即设计平衡);当由于管径、流速等原因无法做到设计平衡时,应考虑采用手动水力平衡阀通过初调试来实现水力平衡的方式;只有当设计认为系统可能出现由于运行管理原因(例如水泵运行台数的变化等)有可能导致水量较大波动时,才宜采用阀权度要求较高、阻力较大的自力式流量控制阀。但是,对于变流量系统来说,除了某些需要特定定流量的场所外,不应在系统中设置自力式流量控制阀,而应设置自力式压差控制阀。

3. 过滤器

若热力入口处没有安装水过滤器,对旧的不节能采暖系统影响不大,但在节能采暖系统中,由于设置了温控和热计量及水力平衡装置等,对水质要求很严格,安装过滤器能保护这些装置不被堵塞而安全运行。因此,设置过滤器是必需的,同时,数量和规格也必须符合设计要求。

采暖系统的过滤器等配件应做好保温工作,保温层应密实、无空隙,且不得影响其操作使用。凡穿过建筑物保温管道套管与管子四周间隙时,应用保温材料填塞紧密。

4. 温度计及压力表

温度计及压力表等是正确反映系统运行参数的仪表。在许多工程中,这些仪表并没有安装到位,也就无法判定系统的运行状态,更无法去进行系统平衡调节,因此也就无法判断系统是否节能。

(四)实现热计量

与国外相比,目前我国大部分集中热水采暖系统相当落后,具体体现在供热品质差,即室温冷热不匀,系统热效率低。不仅多耗成倍的能量,而且用户不能自行调节室温。由于目前采暖费用按照供热面积计费,不能体现出"用多少热、交多少费"的商品属性,不利于提高用户的节能意识,造成能源的巨大浪费。供热计量改革不仅可以提高供热效率,而且会直接降低供热能耗,是落实节能减排最直接、最有效的措施。根据发达国家的经验,采取供热计量收费措施,即可节能20% ~30%。

室内温度调控装置、热计量装置、水力平衡装置以及热力入口装置的安装位置和方向关系到系统能否正常地运行,应符合设计要求,装置应便于观察、操作和调试。

温度调控装置和热计量装置的采暖系统安装完毕后,应能实现设计要求的分室(区)温度调控和分栋热计量及分户或分室(区)热量(费)分摊。如果某采暖工程竣工后能够达到此要求,就表明该采暖工程能够真正地实现节能运行。

分户分室(区)温度调控和实现分栋分户(区)热量计量,一方面是为了通过对各场所室温的调节达到舒适度要求;另一方面是为了通过调节室温而达到节能的目的。量化管理是节约能源的重要手段,按照用热量的多少来计收取采暖费用,既公平合理,又有利于提高用户的节能意识。

二、散热器及散热器恒温阀的安装

(一)散热器的安装

室内热水集中采暖系统的散热器应采用高效节能型产品,其单位发热量和传热系数等热工参数是衡量散热器性能优劣的标志,改变其数量、规格及安装方式,都会对系统的可靠运行及节能造成很大的影响。散热器的选型及安装，一般应遵循以下原则：

（1）散热器的工作压力应满足系统的工作压力，并符合国家现行有关产品标准的规定。

（2）散热器要有好的传热性能，散热器的外表面应涂刷非金属性涂料。

（3）民用建筑宜采用外形美观、易于清扫的散热器；放散粉尘或防尘要求较高的工业建筑，应采用易于清扫的散热器；具有腐蚀性气体的工业建筑或相对湿度较大的房间，应采用耐腐蚀的散热器。

（4）选用钢制散热器、铝合金散热器时，应有可靠的内防腐处理，并满足产品对水质的要求。

（5）采用铸铁散热器时，应选用内腔无粘砂型散热器。

（6）采用热分配表进行热计量时，所选用的散热器应具备安装热分配表的条件。强制对流式散热器不适合热分配表的安装和计量。

（7）散热器宜布置在外墙窗台下，当布置在内墙时，应与室内设施和家具的布置协调。两道外门之间的门斗内，不应设置散热器。

（8）散热器宜明装，非特殊要求散热器不应设置装饰罩。暗装时装饰罩应有合理的气流通道和足够的通道面积，并方便维修。

（9）散热器的布置应尽可能缩短户内管系的长度。

（10）每组散热器上应设手动或者自动跑风门。有冻结危险场所的散热器前不得设置调节阀。

散热器的安装形式有明装和暗装两种。明装是指散热器裸露在室内，暗装则有半暗装（散热器的一半宽度置于墙槽内）、全暗装（散热器宽度方向完全置于墙槽内，加罩后与墙面平齐）两种。

散热器暗装时，由于空气的自然对流受限，热辐射被遮挡，使散热效率大都比明装时低。而且，散热器暗装时，不仅要增加建造费用，还必须占用一部分建筑面积，并且还会影响温控阀的正常工作。因此，散热器宜明装。

有些建筑如幼儿园，为防止幼儿烫伤，采用暗装还是必要的。但必须注意以下 3 点：

（1）暗装时，必须选择散热量损失少的暗装构造形式；

（2）对散热器后部的外墙增加保温措施；

（3）要注意散热器罩内的空气温度并不代表室内温度，应该选择采用带外置式温度传感器的恒温阀，以确保恒温阀根据设定的室内温度正常地进行工作。

散热器布置在外墙的窗台下，从散热器上升的对流热气流能阻止从玻璃窗下降的冷气流，使流经生活区和工作区的空气比较暖和，给人以舒适的感觉；如果把散热器布置在内墙，流经人们经常停留地区的是较冷空气，使人感到不舒适，因此应把散热器布置在外墙的窗台下。

散热器表面涂饰，基本为含金属的涂料，其中以为银粉漆最为普通。而采用含有金属粉末的涂料来涂饰散热器表面，将降低散热器的散热能力。试验结果证明：若将柱形铸铁散热器的表面涂料由传统的银粉漆改为非金属涂料，就可提高散热能力 13% ~16%，这是一种简单易行的节能措施，应大力推广。

（二）散热器恒温阀的安装

1. 散热器恒温阀的作用

散热器恒温控制阀（简称恒温阀）安装在每组散热器的进水管上，它是一种自力式调节控制阀，由恒温控制器、流量调节阀以及一对连接件组成，其中恒温控制器的核心部件是传感器单元，即感温包。感温包可以感应周围环境温度的变化而产生体积变化，带动调节阀阀芯产生位移，进而调节散热器的水量来改变散热器的散热量。恒温阀设定温度可以人为调节，按设定要求恒温阀自动控制和调节散热器的水量，从而达到控制室内温度的目的。

通过改变采暖热水流量，恒温阀调节和控制室内温度，并避免立管水量不平衡，以及双管系统上热下冷的垂直失调问题。同时，当室内获得"自由热"（又称"免费热"，如阳光照射，室内热源及人体等散发的热量）而使室温有升高趋势时，恒温阀及时减少流经散热器的水量，保持室温合适，从而降低供暖能耗。此外，用户根据需求及时调节设定温度，避免高室温造成的能源浪费。实践表明，使用恒温阀后，平均节省能源 15% ~30%。

当散热器恒温阀头垂直安装或安装时被散热器、窗帘或其他障碍物遮挡，恒温阀不能真实地反映出室内温度，也就不能及时调节进入散热器的水流量，从而达不到节能的目的。恒温阀应具有人工调节和设定室内温度的功能，并通过感应室温自动调节流经散热器的热水流量，实现室温自动恒定。安装在装饰罩内的恒温阀，必须采用外置传感器，传感器应设在能正确反映房间温度的位置上。

2. 恒温阀的选型及安装原则

（1）新建和改造等工程中散热器的进水支管上均应安装恒温阀。

（2）恒温阀的特性及其选用，应遵循《散热器恒温控制阀》（JG/T195—2006）的规定，根据室内采暖系统制式选择恒温阀的类型，垂直单管系统应采用低阻力恒温阀，垂直双管系统应采用高阻力恒温阀。

（3）垂直单管系统可采用两通恒温阀，也可采用三通恒温阀；垂直双管系统应采用两通恒温阀。

（4）采用低温热水地面辐射供暖系统时，每一分支环路应设置室内远传型自力式恒温阀或电子式恒温控制阀等温控装置，也可在各房间加热管上设置自力式恒温阀。

（5）恒温阀感温元件类型应与散热器安装情况相适应。散热器明装时，恒温阀感温元件应采用内置型；散热器暗装时，应采用外置型。

（6）恒温阀选型时，应按通过恒温阀的水量和压差确定规格。

（7）恒温阀应具备防冻设定功能。

（8）明装散热器的恒温阀不应被窗帘或其他障碍物遮挡，温度设定器应水平安装；暗装散热器恒温阀的外置型感温元件应安装在空气流通且能正确反映房间温度的位置。

（9）低温热水地面辐射供暖系统室内温控阀的温控器应安装在避开阳光直射和有发热设备且距地面 1.4 m 处的内墙面上。

三、采暖系统热力入口装置的安装

热力入口是指室内采暖系统与室外热网的连接处，就是室内采暖系统入口。系统热力入口宜设在建筑物热负荷对称分配的位置,一般在建筑物中部,敷设在用户地下室或暖气沟内。热力入口处一般装有必要的仪表和设备,进行调节、检测和计量,通常包括阀门、平衡阀、流量计、过滤器或除污器、压力表、温度计等。采暖系统热力入口装置实现过滤、热计量及调节水力平衡等功能,从而达到节能目的。

(一)新建集中采暖系统热力入口的要求

(1)热力入口供、回水管均应设置过滤器。供水管应设两级过滤器,顺水流方向第一级为粗滤,滤网孔径不宜大于 ϕ3.0 mm;第二级为精滤,滤网规格宜为60 目。进入热计量装置流量计前的回水管上应设过滤器,滤网规格不宜小于60 目。

(2)供、回水管应设置必要的压力表或压力表管口。

(3)无地下室的建筑,宜在室外管沟入口或楼梯间下部设置小室,室外管沟小室宜有防水和排水措施。小室净高应不低于1.4 m,操作面净宽应不小于0.7 m。

(4)有地下室的建筑,宜设在地下室可锁闭的专用空间内,空间净高度应不低于2.0 m,操作面净宽应不小于0.7 m。

(二)平衡阀

1. 平衡阀的工作原理

平衡阀属于调节阀,它的工作原理是通过改变阀芯与阀座的间隙(开度),来改变流经阀门的流动阻力,以达到调节流量的目的。

管网系统安装完毕,并具备测试条件后,对管网进行平衡调试,用软管将被调试的平衡阀测压小阀与专用智能仪表连接,仪表能显示出流经阀门的流量值(及压降值),向仪表输入该平衡阀处要求的流量值后,仪表经计算、分析,可显示出管路系统达到水力平衡时该阀门的开度值,将各阀门开度锁定,使管网实现水力工况平衡。

2. 平衡阀的特性

(1)直线型流量特性。平衡阀在管路平衡调试时用来调节水量,所以选用合适的流量特性曲线对方便、准确地调整系统平衡具有重要意义。平衡阀具有直线型流量特性,尤其适用于水阻力较低的散热器系统。每一种规格的平衡阀经试验测量,都获得近似直线的流量与开度关系曲线。

(2)有清晰、准确的阀门开度指示。平衡阀阀芯的开度由手轮上的双数码变换来表示,其中一个数码以1/10 圈为刻度,从1 到10 变换,另一个数码以1 圈为刻度,从1 到10 变换,读数精度为阀芯开度总行程的1%,可清晰准确地显示阀芯的开度。

(3)平衡调试后,阀门锁定功能使开度值不能随便地被变更。平衡阀设置了开度锁定装置,隐蔽可靠,操作容易。当调试到规定流量后,利用锁定装置将阀门开度锁定。当管路需要检修时,可以关闭平衡阀(起截止阀作用),检修完毕后,打开阀门,使其回复到锁定位置,可保证平衡阀的规定流量不变。

(4)测压小阀在管网平衡调试时,用软管与专用智能仪表相连,能由仪表显示出流量值及计算出该阀门在设计流量时的开度值。

3. 平衡阀的选型及安装位置要求

(1)室内采暖为垂直单管跨越式系统,应选用自力式流量控制阀。

(2)室内采暖为双管系统,应选用自力式压差控制阀。

(3)自力式压差控制阀或流量控制阀两端压差不宜大于100 kPa,不应小于8.0 kPa,具体规格应由计算确定。

(4)管网系统中所有需要保证设计流量的热力入口处均应安装一只平衡阀。

(5)尽量安装在回水管路上。总管上的平衡阀,宜安装在供水总管水泵后。

(6)尽可能安装在直管段上。由于平衡阀具有流量计量功能,为使流经阀门前后的水流稳定,保证测量精度,应尽可能将平衡阀安装在直管段处。

(7)系统增设(或取消)环路时应重新调试整定。

调节时需要注意:在水力系统中,平衡阀、末端装置都是通过串联和并联方式连接为一个整体的,调节任何一点均会引起整个系统各个节点压力、流量的变化。调节某一个平衡阀时,可能会改变已经调整好的平衡处的流量,所以必须对每台平衡阀按照一定顺序进行反复的调整。

(三)热计量装置

1.热计量装置的选型

热力入口处均应设置热计量装置——总热量表,作为住户结算式分摊热费的依据。从防堵塞和提高计量的准确度等方面考虑,该表宜采用超声波型热量表。

2.热计量装置的安装和维护

(1)热力入口装置中总热量表的流量传感器宜装在回水管上,以延长其寿命、降低故障率、降低计量成本;进入热量计量装置流量计前的回水管上应设置滤网规格不宜小于60目的过滤器。

(2)总热量表应严格按产品说明书的要求安装。

(3)对总热量表要定期进行检查维护,内容有:检查铅封是否完好;检查仪表工作是否正常;检查有无水滴落在仪表上,或将仪表浸没;检查所有的仪表电缆是否连接牢固可靠,是否因环境温度过高或其他原因导致电缆损坏或失效;根据需要检查、清洗或更换过滤器;检查环境温度是否在仪表使用范围内。

四、低温热水地面辐射供暖系统的安装

低温热水辐射供暖是近几年应用较为广泛的供暖方式之一。冬季地面温度适当提高可增加室内人体舒适性,有利于人体健康,而且热辐射面在房间下部可加大对流辐射,因此低温热水辐射主要采用地板采暖的形式。随着高分子塑料管材的出现,地板供暖的良好特性,使得其应用范围从早期的居住建筑不断扩展到宾馆大厅、展览馆、影剧院、体育馆、医院等公共场所。

(一)系统组成

低温热水地面辐射供暖系统通常由发热体、保温防潮层及填料层等组成。

1.发热体

地板供暖目前常用的发热体是水管,水管中的热媒通常为30~60 ℃的热水。

2.保温防潮层

采用地面辐射供暖时,由于辐射板为单面供暖,因此需要在发热体底部铺设保温防潮层,以减少向下的热量损失。对地面辐射供暖系统无地下室的一层地面、卫生间等处,应分

别设置防潮层和绝热层。绝热层采用聚苯乙烯泡沫塑料板(导热系数≤0.041 W/(m·K),密度≥20.0 kg/m^3)时,其厚度不应小于 30 mm。直接与室外空气相邻的楼板应设绝热层。绝热层采用聚苯乙烯泡沫塑料板(导热系数≤0.041 W/(m·K),密度≥20.0 kg/m^3)时,其厚度不应小于40 mm。当采用其他绝热材料时,可根据热阻相当的原则确定厚度。

3. 填料层

填料层的主要作用是保护水管,同时起到传热和蓄热的作用,使地面形成温度均匀的辐射面。填料层应具有一定刚度、强度及良好的传热、蓄热性能。目前常用的材料是水泥砂浆或卵石混凝土,为防止填料层开裂,可以在填料层上加一层 $\phi3 \sim 4$ mm 直径的钢丝网。为防止由于热胀冷缩而造成填料层和地面起鼓或开裂,应每隔一定距离设置膨胀缝。

(二)系统设计

1. 地板加热盘管敷设型式及间距选择

地面辐射供暖的散热主体为加热盘管,而加热盘管的间距是控制加热盘管散热多少的重要参数,加热盘管宜采用回字形,且加热盘管间距宜在外墙处密集,远离外墙处则应较疏。实际工程中加热管的敷设间距,应根据地面散热量、室内计算温度、平均水温及地面传热热阻等通过计算确定,即采用计算程序进行计算。

2. 分、集水器的位置选择

分、集水器是地面辐射供暖中各水环路的分合部件,具有对各供暖区域分配水流的作用。同时它还是金属部件与塑料管的连接转换处,以及系统冲洗、水压试验的泄水口,因此其位置选择是否合适,对整个供暖系统非常重要,宜设在便于控制,且有排水管道处,如厕所、厨房等处,不宜设于卧室、起居室,更不宜设于贮藏间内。

3. 室内温控装置的选择

采用低温热水地面辐射供暖系统时,每一分支环路应设置室内温控装置,以调控室温和降低能耗。适合该采暖方式的室内温控装置有远传型自力式恒温阀、有线型电动式恒温控制阀、无线电子式恒温控制阀以及设置在各房间加热管上的自力式恒温阀等。

4. 地面辐射供暖系统管材的选用

塑料管道具有热膨胀性较大的特点,因此对于干、立等明装管宜采用热镀锌钢管,有条件的也可考虑采用铜管。

5. 过滤器的选用

地面辐射供暖加热盘管一般为 *De*16 或 *De*20 的塑料管,其内径只有十几毫米,一旦发生堵塞,则整个环路将失去散热功能,因此保证其畅通特别重要,在每个分、进水管上应设置过滤器。

6. 各环路的平衡问题

根据流体力学的理论,并联环路的流量分配与其环路的阻力有关,其具体关系式见公式(9-1)。

$$S_1Q_1^2 = S_2Q_2^2 = S_3Q_3^2 = \cdots = SQ^2 \tag{9-1}$$

式中 S——各环路的管道阻抗,s^2/m^5;

Q——各环路的水流量,m^3/s。

保持各环路长度相等或长度相近,也就是保证各环路流量平衡。在确有困难平衡环路长度时,应在各环路上增设调节装置。

(三)系统施工

低温热水地面辐射供暖工程施工,不宜与其他工种进行交叉施工作业,施工过程中,严禁进人踩踏加热管。所有地面留洞应在填充层施工前完成。

1.铺设绝热层的地面要求

地面应平整、干燥、无杂物。墙面根部应平、直且无积灰现象。绝热层的铺设应平整,绝热层相互间的接缝应严密。直接与土壤接触的或有潮气侵入的地面,在铺放绝热层之前应先铺一层防潮层。

2.室内温控装置的传感器的设置高度

距地面1.4 m高度处的室温,与人体的舒适度有较大关系。室内温控装置的传感器应安装在距地面1.4 m的内墙面上(或与室内照明开关并排设置),并应避开阳光直射和发热设备,以免产生控制上的误差。

3.在加热盘管的上部或下部宜布置钢丝网

地面辐射供暖在布管处散热相对较强,而管与管之间则散热较弱。为了减小这种强弱明显的散热效果,宜在加热盘管的上部敷设一层钢丝网,以均衡地板表面的散热。同时,加设钢丝网还可增强地板的抗裂性。

4.试压及排水

水压试验之前,应对试压管道和构件采取安全有效的固定和保护措施。在冬季施工时,如果加热盘管中的水不能彻底及时排走,可能因水结冰而破坏整个加热盘管,因此在试压或冲洗后,应采用压缩空气将加热盘管中的水全部吹出,以防冻坏管路。冬季进行水压试验时,应采取可靠的防冻措施。

5.地板预留伸缩缝

为了确保地面在供暖工程中正常工作,当房间的跨度大于6 m时,应设地面伸缩缝,缝宽以≥5 mm为宜;当加热盘管穿越伸缩缝时,应设长度不小于100 mm的柔性套管。

五、采暖系统运行及调试

(一)系统运行及调试目的

对采暖房间温度的调试及要求,即室内温度不得低于设计计算温度2 ℃,且不应高于1 ℃。虽然采暖房间的温度越低越有利于节能,但是为了确保供热单位的供热质量,应保证居住、办公等采暖房间具有一定的温度(一般不低于16 ℃)和舒适度。

在采暖期内对系统与热源进行联合试运转和调试,并对调试结果做出了规定,这是检验采暖系统节能工程安装是否符合设计要求的手段。因此,采暖系统工程安装完工后,为了达到系统正常运行和节能的预期目标,规定必须进行设备的单机试运转和调试及采暖分部工程系统的平衡与调节。

单机试运转和调试及系统的平衡与调节,是工程施工完毕后使系统正常运行的先决条件,是一个较容易执行的项目。但由于它受到竣工时间、热源条件、室内外环境、建筑结构特性、系统设置、设备质量、运行状态、工程质量、调试人员技术水平和调试仪器等诸多条件的影响和制约,又是一项季节性、时间性、技术性较强、很难不折不扣地执行的工作。

但是，它又是非常重要、必须完成好的工程施工任务。因此，做出了强制性的规定。对采暖设备的单机试运转和调试及系统的平衡与调节的具体要求，见《建筑给水排水及采暖工程施工质量验收规范》(GB50242—2002)及相关规定。

(二)系统的水压试验

采暖系统工程竣工如果是在非采暖期或虽然在采暖期却还不具备热源条件时，应对采暖系统进行水压试验，试验压力应符合设计要求。

室内采暖系统的试压包括隐蔽性试验和最终试验两个方面。其中隐蔽性试验指一切需要隐蔽的管道及附件在隐蔽前必须进行水压试验；最终试验指系统安装完毕，系统的所有组成部分必须进行系统水压试验。两种试验均应做好水压试验及隐蔽试验验收记录，经检验合格后方可验收。

室内采暖管道用试验压力 P_s 做强度试验，以系统工作压力 P 做严密性试验，其试验压力要符合表9-1的规定。系统工作压力按循环水泵扬程确定，试验压力由设计确定，以不超过散热器承受能力为原则。

表9-1　室内采暖系统水压试验的试验压力

管道类别	工作压力 P (MPa)	试验压力 P_s(MPa)	
		P_s	同时要求
低温水管道	小于0.43	顶点工作压力+0.1	顶部压力不小于0.3
高温水管道	小于0.43	$2P$	
	0.43~0.71	$1.3P+0.3$	

1. 水压试验管路连接

(1)根据水源位置和工程系统情况，制定出试压程序和技术措施，再测量出各连接管的尺寸，标注在连接图上。

(2)断管、套螺纹、上管件及阀件，准备连接管路。

(3)一般选择在系统进户入口供水管的甩头处，连接至加压泵的管路。

(4)在试压管路的加压泵端和系统的末端安装压力表及表弯管。

2. 灌水前的检查

(1)检查全系统管路、设备、阀件、固定支架、套管等，必须安装无误。各类连接处均无遗漏。

(2)根据全系统试压或分系统试压的实际情况，检查系统上各类阀门的开关状态，不得漏查。试压管道阀门全打开，试验管段与非试验管段连接处应予以隔断。

(3)检查试验用压力表灵敏度。

(4)水压试验系统中阀门都处于全关闭状态。待试压中需要开启再打开。

3. 水压试验

(1)打开水压试验管路中的阀门，开始向供暖系统注水。

(2)开启系统上各高处的排气阀，使管道及供暖设备里的空气排尽。待水灌满后，关闭排气阀和进水阀,停止向系统注水。

(3)打开连接加压泵的阀门,用电动或手动打压泵通过管路向系统加压,同时拧开压力表上的旋塞阀,观察压力逐渐升高的情况,一般分 2 ~ 3 次升至试验压力。在此过程中,每加压至一定数值时,应停下来对管道进行全面检查,无异常现象方可再继续加压。

(4)高层建筑其系统低点如果大于散热器所能承受的最大试验压力,则应分层进行水压试验。

(5)试验过程中,用试验压力对管道进行预先试压,其延续时间应不小于 10 min。然后将压力降至工作压力,进行全面外观检查。在检查中,对漏水或渗水的接口做上记号,便于返修。在 5 min 内压力降不大于 0.02 MPa 为合格。

(6)系统试压达到合格验收标准后,放掉管道内的全部存水。不合格时应待补修后,再次按前述方法二次试压。

(7)拆除试压连接管路,将入口处供水管用盲板临时封堵严实。

(三)补做联合试运转及调试

采暖系统水压试验,并不代表采暖系统已进行了调试并达到平衡,不能保证采暖房间的室内温度能达到设计要求。因此,施工单位和建设单位应在工程(保修)合同中进行约定,在具备热源条件后的第一个采暖期期间再补做联合试运转及调试。

第五节　保温层和防潮层及隐蔽工程的施工验收

一、采暖管道保温层和防潮层的施工验收

采暖管道保温层和防潮层的厚度及设置要求由设计人员依据保温材料特性确定,施工时应严格执行设计规定。

(一)保温结构

管道的绝热保温结构一般由保温层、防潮层和保护层三部分组成。

绝热层是保温结构的主体层,由保温材料组成。保温材料的选用应根据管内介质温度、材料供应情况及其经济性和施工条件综合考虑。

防潮层常用做法是油毡包裹捆扎后,外面用玻璃丝布缠绕。

保护层常用做法是石棉水泥胶泥,涂抹 10 ~ 15 mm 厚的保护壳。还可缠绕玻璃丝布,刷防水涂料两遍,以及金属保护层。

(二)保温层

保温层是管道保温的主要部分。它起到隔绝管道介质与外部环境热交换的作用,保温层材质、厚度的选择直接关系到管网运行的经济性。其厚度是由设计人员依据保温材料的导热系数、密度和采暖管道允许的温降等条件计算得出的。如果管道的保温层厚度等技术性能达不到设计要求,或者保温层与管道粘贴得不紧密、不牢固,或者设在地沟及潮湿环境内的保温管道不做防潮层,以及防潮层做得不完整或有缝隙,都将会严重影响采暖管道的保温节能效果。

1. 保温材料

采暖管道常用保温材料有岩棉、矿棉、玻璃棉管壳等无机类材料和聚氨酯硬质泡沫塑料保温管(直埋管)等有机类材料。常用保温材料的物理特性见表9-2;室内、室外供暖管道的保温材料及厚度,可按表9-3、表9-4选用。

表9-2　常用保温材料的物理特性

材料名称	导热系数 λ[W/(m·K)]	密度 ρ(kg/m^3)	导热系数计算公式
岩棉管壳	0.045 2	100~120	$\lambda=0.031\,4+0.000\,2t_m$
玻璃棉管壳	0.037	100~125	$\lambda=0.024+0.000\,18t_m$
聚氨酯硬质泡沫管	0.030	30	$\lambda=0.02+0.000\,14t_m$

注:t_m 为材料温度,表中 λ 值是按 t_m=70 ℃计算出来的。

表9-3　室内供暖管道保温材料及厚度　　(单位:mm)

公称直径 DN	无缝钢管外径 D	超细玻璃棉管壳		岩棉管壳		憎水珍珠岩管壳	
		介质温度100 ℃	介质温度130 ℃	介质温度100 ℃	介质温度130 ℃	介质温度100 ℃	介质温度130 ℃
		厚度					
20	28	30	40	30	40	50	70
25	32	30	40	30	40	50	70
32	38	30	40	30	40	50	70
40	45	30	40	30	40	50	70
50	57	40	55	40	55	50	70
65	73	40	55	40	55	50	70
80	89	40	55	40	55	65	90
100	108	40	55	40	55	65	90
125	133	40	55	40	55	65	90
150	159	40	55	40	55	65	90
200	219	40	55	40	55	80	90
250	273	55	70	55	70	80	90
300	325	55	70	55	70	80	90

设计一、二次热水管网时,应采用经济合理的敷设方式。对于庭院管网和二次网,宜采用直埋管敷设。对于一次管网,当直径较大且地下水位不高时可以采用地沟敷设。采暖供热管道保温层厚度应按现行国家标准《设备及管道保温设计导则》(GB/T8175—1987)中经济厚度的计算公式计算。

当供热热媒与采暖管道周围空气之间的温差小于或等于60 ℃时，安装在室外或室内地沟中的采暖管道的保温层厚度，不得小于表9-5 中规定的限值。

表 9-4　室外供暖管道保温材料及厚度　　（单位：mm）

公称直径 *DN*	无缝管外径 *D*	超细玻璃棉管壳		岩棉管壳	
		介质温度 100 ℃	介质温度 130 ℃	介质温度 100 ℃	介质温度 130 ℃
		厚度			
20	28	50	50	50	50
25	32	50	50	50	50
32	38	50	50	50	50
40	45	60	70	60	70
50	57	60	70	60	70
65	73	60	70	60	70
80	89	60	70	60	70
100	108	60	70	60	70
125	133	60	70	60	70
150	159	60	70	60	70
200	219	60	70	60	70
250	273	80	90	80	90
300	325	80	90	80	90

表 9-5　采暖管道最小保温层厚度 δ_{min}

保温材料	直径（mm）		最小保温层厚度（mm）
	公称直径 *DN*	外径 *D*	
岩棉或矿棉管壳 $\lambda_m = 0.0314 + 0.0002\ t_m$，当 t_m = 70 ℃时，$\lambda_m = 0.045$	25 ~ 32	32 ~ 38	30
	40 ~ 200	45 ~ 219	35
	250 ~ 300	273 ~ 325	45
玻璃棉管壳 $\lambda_m = 0.024 + 0.00018\ t_m$，当 t_m = 70 ℃时，$\lambda_m = 0.037$	25 ~ 32	28 ~ 32	25
	40 ~ 200	45 ~ 219	30
	250 ~ 300	273 ~ 325	40
聚氨酯硬质泡沫保温层（直埋管） $\lambda_m = 0.02 + 0.00014\ t_m$，当 t_m = 70 ℃时，$\lambda_m = 0.03$	25 ~ 32	32 ~ 38	20
	40 ~ 200	45 ~ 219	25
	250 ~ 300	273 ~ 325	35

注：表中 t_m 为保温材料层的平均使用温度（℃），取管道热媒与管道周围空气的平均温度。

当选用其他保温材料或其导热系数与表 9-5 中的值差异较大时,最小保温层厚度按公式(9-2)修正。

$$\delta'_{\min} = \lambda'_m \delta_{\min} / \lambda_m \tag{9-2}$$

式中 $\delta'_{\min}$——修正后的最小保温层厚度,mm;

$\delta_{\min}$——表 9-5 中最小保温层厚度,mm;

λ'_m——实际选用保温材料在平均使用温度下的导热系数,W/(m · K);

λ_m——表 9-5 中保温材料在平均使用温度下的导热系数,W/(m · K)。

当实际热媒温度与管道周围空气温度之差大于 60 ℃时,最小保温层厚度按公式(9-3)修正。

$$\delta'_{\min} = (t_w - t_a)\delta_{\min} / 60 \tag{9-3}$$

式中 t_w——实际采暖热媒温度,℃;

t_a——管道周围空气温度,℃。

其他符号意义同前。

为保证距热源最远点建筑物的采暖质量,当系统采暖面积大于或等于 50 000 m^2 时,将 200 ~ 300 mm 管径层的保温厚度在表 9-5 最小保温层厚度的基础上再增加 10 mm。

2. 管道保温层的施工方法

保温层按施工方法的不同,可以分为涂抹式、预制式、缠绕(绑扎)式、填充式等 4 种。如图 9-1 所示。

(1)涂抹式:将湿的保温材料(如石棉粉或石棉硅藻土)直接分层多次涂抹于管上,如图 9-1(a)所示。

(2)预制式:将保温材料预先制成管壳或瓦片,在管道上进行组装,一般制成半圆形管壳或瓦片。目前采用预制式保温的材料有膨胀珍珠岩、超细玻璃棉、岩棉、矿棉、聚氨酯等,如图 9-1(b)所示。

(3)缠绕式:又称绑扎式,将保温材料用铁丝或钢带固定在管道上,外包保护层,适用于成型保温材料,如预制瓦、管壳、矿棉毡或玻璃棉毡等。缠绕式是目前较普遍采用的管道保温形式,如图 9-1(c)所示。

(4)填充式:将保温材料充填于管子四周特制的套子或铁丝网中,或将保温材料直接填充于地沟或无沟敷设的槽内。填充式保温材料为散料,对于可拆配件的保温可采用此方法,如图 9-1(d)所示。

3. 基本要求

(1)管道穿墙、穿楼板套管处的保温,应用相近效果的软散材料填实。

(2)保温层采用保温涂料时,应分层涂抹,厚度均匀,不得有气泡和漏涂,表面固化层应光滑,牢固无缝隙,并且不得影响阀门正常操作。

(3)保温层的材质及厚度应符合设计要求。

4. 施工要求

(1)管道的保温施工应在管道试压、清洗、防腐完成以后进行;水平管应从一侧或一头的直管段处顺序进行,非水平管道的保温自下而上进行。

(2)管道的保温要密实,特别是三通、弯头、支架及阀门、法兰等部位要填实。

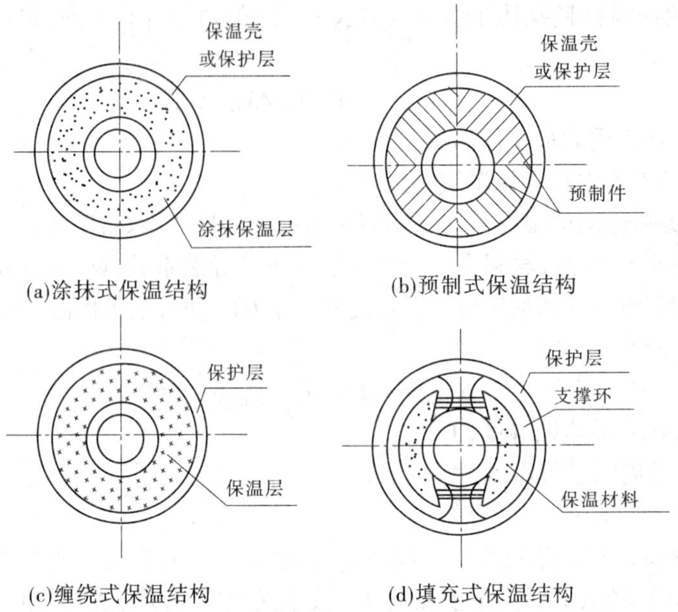

图 9-1　管道保温构造

(3)硬质保温层管壳,可采用 16 ~ 18 号镀锌铁丝双股捆扎,捆扎的间距不应大于 350 mm,并用黏结材料紧密粘贴在管道上。管壳之间的缝隙不应大于 2 mm 并用黏结材料勾缝填满,环缝应错开,错开距离不小于 75 mm,管壳纵缝应设在管道轴线的左右侧,当保温层厚度大于 80 mm 时,保温层应分两层铺设。

(4)半硬质及软质保温制品的保温层可采用包装钢带、14 ~ 16 号镀锌钢丝进行捆扎。其捆扎间距,半硬质保温制品不应大于 300 mm,软质保温制品不应大于 200 mm。

(5)每块保温制品的捆扎件,不得少于两道。管道保温时,保温管壳纵缝要错开,用铝箔胶带密封好,保温要求厚度均匀,外表面光滑,不许有褶皮。

(6)不得采用螺旋式缠绕捆扎。

(7)为保证保温质量和美观,阀门、法兰部位应单独进行保温。

保温厚度应与其联接管道的保温厚度相同,且结构应能单独拆卸。阀门保温时,保温结构应覆盖至阀杆并设有箱盖且将手柄露在外面,以方便阀门维护和手动调节;法兰保温时,保温材料要分块下料,以便将来管道检修;设备管道上的阀门、法兰及其他可拆卸配件保温两侧应留出螺栓长度 25 mm 的空隙,且在邻近接驳法兰两侧的管道保温层须整齐地折入,以方便法兰的螺栓装拆。

(8)遇到三通处应先做主干管,后做分支管。凡穿过隔墙和楼板处的套管与管道间的缝隙应用保温材料填塞紧密,且套管两端应进行密封封堵。

(9)管道上的温度计插座宜高出所设计的保温层厚度。不保温的管道不要同保温管道敷设在一起,保温管道应与建筑物保持足够的距离。

二、采暖系统隐蔽工程的施工验收

采暖管道及配件等,被安装于封闭的部位或直接埋地时,均属于隐蔽工程。在结构进行封闭之前,必须对被隐蔽的管道工程施工质量进行验收,且必须得到经现场监理人员认可的合格鉴证,否则,不得进行封闭作业。必要时,应对隐蔽工程的施工情况进行拍照或录像并存档,以便于质量验收和追溯。

采暖系统隐蔽工程的检查内容如下:

(1)对暗埋敷设于沟槽、管井、吊顶内及不进人的设备层内的采暖管道和相关设备,应检查管材、管件、阀门、设备的材质与型号、安装位置、标高、坡度;管道连接做法及质量;附件的使用,支架的固定,防腐处理,以及是否已按设计要求及施工规范验收规定完成强度、严密性、冲洗等试验。管道安装验收合格后,再对保温情况做隐蔽验收。

(2)对直埋于地下或垫层中的采暖管道,在保温层、保护层完成后,所在部位进行回填之前,应进行隐检,检查管道的安装位置、标高、坡度;支架做法;保温层、防潮层及保护层设置;水压试验结果及冲洗情况。

(3)对于低温热水地面辐射供暖系统的地面防潮层和绝热层在铺设管道前,还要单独进行隐蔽检查验收。

第六节　一般项目

采暖系统的过滤器等配件应做好保温,保温层应密实、无空隙,且不得影响其操作使用。过滤器向下的滤芯外部要做活体保温,以利于检修、拆卸的方便。遇到三通处应先做主干管,后做分支管。凡穿过建筑物保温管道的套管与管子四周的间隙应用保温材料填塞紧密。

第七节　验收记录

采暖系统检验批、分项工程质量主控项目验收记录见表 9-6。采暖系统检验批、分项工程质量一般项目验收记录见表 9-7。

表 9-6　采暖系统检验批、分项工程质量主控项目验收记录

工程名称		分项工程名称		验收部位	
施工单位		专业工长		项目经理	
施工执行标准名称及编号					
分包单位		分包项目经理		施工班组长	

续表 9-6

<table>
<tr><td colspan="5">验收规范规定</td><td>施工单位检查评定记录</td><td>监理(建设)单位验收记录</td></tr>
<tr><td rowspan="20">主控项目</td><td rowspan="3">1</td><td rowspan="3">进场材料</td><td>质量文件</td><td rowspan="2">第 9.2.1 条</td><td></td><td rowspan="20"></td></tr>
<tr><td>外观检查</td><td></td></tr>
<tr><td>取样复验</td><td>第 9.2.2 条</td><td></td></tr>
<tr><td rowspan="3">2</td><td rowspan="3">系统安装</td><td>系统制式</td><td rowspan="3">第 9.2.3 条</td><td></td></tr>
<tr><td>仪器、仪表</td><td></td></tr>
<tr><td>温控、热计量、水力平衡及热力入口装置</td><td></td></tr>
<tr><td rowspan="2">3</td><td rowspan="2">散热器恒温阀安装</td><td>散热器安装</td><td>第 9.2.4 条</td><td></td></tr>
<tr><td>散热器恒温阀安装</td><td>第 9.2.5 条</td><td></td></tr>
<tr><td rowspan="2">4</td><td rowspan="2">低温热水地面辐射供暖系统安装</td><td>防潮层和绝热层</td><td rowspan="2">第 9.2.6 条</td><td></td></tr>
<tr><td>室内温控装置的传感器</td><td></td></tr>
<tr><td rowspan="3">5</td><td rowspan="3">热力入口装置安装</td><td>规格数量</td><td rowspan="3">第 9.2.7 条</td><td></td></tr>
<tr><td>仪表安装</td><td></td></tr>
<tr><td>水力平衡装置</td><td></td></tr>
<tr><td rowspan="2">6</td><td rowspan="2">管道保温层和防潮层施工</td><td>保温层</td><td rowspan="2">第 9.2.8 条</td><td rowspan="2"></td></tr>
<tr><td>防潮层</td></tr>
<tr><td>7</td><td>隐蔽部位验收</td><td></td><td>第 9.2.9 条</td><td></td></tr>
<tr><td>8</td><td>联合试运转与调试</td><td></td><td>第 9.2.10 条</td><td></td></tr>
<tr><td colspan="4">施工单位检查评定结果</td><td colspan="3">项目专业质量检查员：
（项目技术负责人） 年 月 日</td></tr>
<tr><td colspan="4">监理(建设)单位验收结论</td><td colspan="3">监理工程师：
（建设单位项目专业技术负责人） 年 月 日</td></tr>
</table>

表 9-7　采暖系统检验批、分项工程质量一般项目验收记录

<table>
<tr><td colspan="3">工程名称</td><td></td><td>分项工程名称</td><td></td><td>验收部位</td><td></td></tr>
<tr><td colspan="3">施工单位</td><td colspan="2"></td><td>专业工长</td><td></td><td>项目经理</td><td></td></tr>
<tr><td colspan="3">施工执行标准
名称及编号</td><td colspan="6"></td></tr>
<tr><td colspan="3">分包单位</td><td colspan="2"></td><td>分包项目经理</td><td></td><td>施工班组长</td><td></td></tr>
<tr><td colspan="5">验收规范规定</td><td colspan="2">施工单位检查
评定记录</td><td colspan="2">监理（建设）单位
验收记录</td></tr>
<tr><td>一般项目</td><td>1</td><td>配件保温
层要求</td><td></td><td>第 9.3.1 条</td><td colspan="2"></td><td colspan="2"></td></tr>
<tr><td colspan="4">施工单位检查
评定结果</td><td colspan="5">项目专业质量检查员：
（项目技术负责人）　　　年　月　日</td></tr>
<tr><td colspan="4">监理（建设）单位
验收结论</td><td colspan="5">监理工程师：
（建设单位项目专业技术负责人）　　　年　月　日</td></tr>
</table>

第十章　通风与空调节能工程

第一节　《规范》原文

10.1　一般规定

10.1.1　本章适用于通风与空调系统节能工程施工质量的验收。

10.1.2　通风与空调系统节能工程的验收，可按系统、楼层等进行，并应符合第一章第三节《规范》原文第3.4.1条的规定。

10.2　主控项目

10.2.1　通风与空调系统节能工程所使用的设备、管道、阀门、仪表、绝热材料等产品进场时，应按设计要求对其类型、材质、规格及外观等进行验收，并应对下列产品的技术性能参数进行核查。验收与核查的结果应经监理工程师（建设单位代表）检查认可，并应形成相应的验收、核查记录。各种产品和设备的质量证明文件和相关技术资料应齐全，并应符合有关国家现行标准和规定。

（1）组合式空调机组、柜式空调机组、新风机组、单元式空调机组、热回收装置等设备的冷量、热量、风量、风压、功率及额定热回收效率；

（2）风机的风量、风压、功率及其单位风量耗功率；

（3）成品风管的技术性能参数；

（4）自控阀门与仪表的技术性能参数。

检验方法：观察检查；技术资料和性能检测报告等质量证明文件与实物核对。

检验数量：全数检查。

10.2.2　风机盘管机组和绝热材料进场时，应对其下列技术性能参数进行复验，复验应为见证取样送检：

（1）风机盘管机组的供冷量、供热量、风量、出口静压、噪声及功率；

（2）绝热材料的导热系数、密度、吸水率。

检验方法：现场随机抽样送检；核查复验报告。

检验数量：同一厂家的风机盘管机组按数量复验2%，但不得少于2台；同一厂家同材质的绝热材料复验次数不得少于2次。

10.2.3　通风与空调节能工程中的送、排风系统，空调风系统，空调水系统的安装，应符合下列规定：

（1）各系统的制式，应符合设计要求；

（2）各种设备、自控阀门与仪表应按设计要求安装齐全，不得随意增减和更换；

（3）水系统各分支管路水力平衡装置、温控装置与仪表的安装位置、方向应符合设计要求，并便于观察、操作和调试；

(4)空调系统应能实现设计要求的分室(区)温度调控功能。对设计要求分栋、分区或分户(室)冷、热计量的建筑物,空调系统应能实现相应的计量功能。

检验方法:观察检查。

检验数量:全数检查。

10.2.4　风管的制作与安装应符合下列规定:

(1)风管的材质、断面尺寸及厚度应符合设计要求;

(2)风管与部件、风管与土建风道及风管间的连接应严密、牢固;

(3)风管的严密性及风管系统的严密性检验和漏风量,应符合设计要求或现行国家标准《通风与空调工程施工质量验收规范》(GB50243—2002)的有关规定;

(4)需要绝热的风管与金属支架的接触处、复合风管及需要绝热的非金属风管的连接和内部支撑加固等处,应有防热桥的措施,并应符合设计要求。

检验方法:观察、尺量检查;核查风管及风管系统严密性检验记录。

检验数量:按数量抽查10%,且不得少于1个系统。

10.2.5　组合式空调机组、柜式空调机组、新风机组、单元式空调机组的安装应符合下列规定:

(1)各种空调机组的规格、数量应符合设计要求;

(2)安装位置和方向应正确,且与风管、送风静压箱、回风箱的连接应严密可靠;

(3)现场组装的组合式空调机组各功能段之间连接应严密,并应做漏风量的检测;其漏风量应符合现行国家标准《组合式空调机组》(GB/T14294)的规定;

(4)机组内的空气热交换器翅片和空气过滤器应清洁、完好,且安装位置和方向必须正确,并便于维护和清理。当设计未注明过滤器的阻力时,应满足粗效过滤器的初阻力≤50 Pa(粒径≥5.0 μm,效率:80% > E≥20%);中效过滤器的初阻力≤80 Pa(粒径≥1.0 μm,效率:70% > E≥20%)的要求。

检验方法:观察检查;核查漏风量测试记录。

检验数量:按同类产品的数量抽查20%,且不得少于1台。

10.2.6　风机盘管机组的安装应符合下列规定:

(1)规格、数量应符合设计要求;

(2)位置、高度、方向应正确,并便于维护、保养;

(3)机组与风管、回风箱及风口的连接应严密、可靠;

(4)空气过滤器的安装应便于拆卸和清理。

检验方法:观察检查。

检验数量:按总数抽查10%,且不得少于5台。

10.2.7　通风与空调系统中风机的安装应符合下列规定:

(1)规格、数量应符合设计要求;

(2)安装位置及进、出口方向应正确,与风管的连接应严密、可靠。

检验方法:观察检查。

检验数量:全数检查。

10.2.8　带热回收功能的双向换气装置和集中排风系统中的排风热回收装置的安装应符

合下列规定：

（1）规格、数量及安装位置应符合设计要求；

（2）进、排风管的连接应正确、严密、可靠；

（3）室外进、排风口的安装位置、高度及水平距离应符合设计要求。

检验方法：观察检查。

检验数量：按总数抽检 20%，且不得少于 1 台。

10.2.9　空调机组回水管上的电动两通调节阀、风机盘管机组回水管上的电动两通（调节）阀、空调冷热水系统中的水力平衡阀、冷（热）量计量装置等自控阀门与仪表的安装应符合下列规定：

（1）规格、数量应符合设计要求；

（2）方向应正确，位置应便于操作和观察。

检验方法：观察检查。

检验数量：按类型数量抽查 10%，且均不得少于 1 个。

10.2.10　空调风管系统及部件的绝热层和防潮层施工应符合下列规定：

（1）绝热层应采用不燃或难燃材料，其材质、规格及厚度等应符合设计要求；

（2）绝热层与风管、部件及设备应紧密贴合，无裂缝、空隙等缺陷，且纵、横向的接缝应错开；

（3）绝热层表面应平整，当采用卷材或板材时，其厚度允许偏差为 5 mm；采用涂抹或其他方式时，其厚度允许偏差为 10 mm；

（4）风管法兰部位绝热层的厚度，不应低于风管绝热层厚度的 80%；

（5）风管穿楼板和穿墙处的绝热层应连续不间断；

（6）防潮层（包括绝热层的端部）应完整，且密封良好，其搭接缝应顺水；

（7）带有防潮层隔汽层绝热材料的拼缝处，应用胶带封严，粘胶带的宽度不应小于 50 mm；

（8）风管系统部件的绝热，不得影响其操作功能。

检验方法：观察检查；用钢针刺入绝热层、尺量检查。

检验数量：管道按轴线长度抽查 10%；风管穿楼板和穿墙处及阀门等配件抽查 10%，且不得少于 2 个。

10.2.11　空调水系统的管道及配件的绝热层和防潮层施工，应符合下列规定：

（1）绝热层应采用不燃或难燃材料，其材质、规格及厚度等应符合设计要求；

（2）绝热管壳的粘贴应牢固、铺设应平整；硬质或半硬质的绝热管壳每节至少应用防腐金属丝或难腐织带或专用胶带进行捆扎或粘贴 2 道，其间距为 300 ~ 350 mm，且捆扎、粘贴应紧密，无滑动、松弛及断裂现象；

（3）硬质或半硬质绝热管壳的拼接缝隙，保温时不应大于 5 mm、保冷时不应大于 2 mm，并用黏结材料勾缝填满；纵缝应错开，外层的水平接缝应设在侧下方；

（4）松散或软质保温材料应按规定的密度压缩其体积，疏密应均匀；毡类材料在管道上包扎时，搭接处不应有空隙；

（5）防潮层与绝热层应结合紧密，封闭良好，不得有虚粘、气泡、褶皱、裂缝等缺陷；

（6）防潮层的立管应由管道的低端向高端敷设，环向搭接缝应朝向低端；纵向搭接缝应位于管道的侧面，并顺水；

(7)卷材防潮层采用螺旋形缠绕的方式施工时，卷材的搭接宽度宜为30～50 mm；

(8)空调冷热水管穿楼板和穿墙处的绝热层应连续不间断，且绝热层与穿楼板和穿墙处的套管之间用不燃材料填实不得有空隙，套管两端应进行密封封堵；

(9)管道阀门、过滤器及法兰部位的绝热结构应能单独拆卸，且不得影响其操作功能。

检验方法：观察检查；用钢针刺入绝热层、尺量检查。

检验数量：按数量抽查10%，且绝热层不得少于10段、防潮层不得少于10 m、阀门等配件不得少于5个。

10.2.12　空调水系统的冷热水管道与支、吊架之间应设置绝热衬垫，其厚度不应小于绝热层厚度，宽度应大于支、吊架支承面的宽度。衬垫的表面应平整，衬垫与绝热材料间应填实无空隙。

检验方法：观察、尺量检查。

检验数量：按数量抽检5%，且不得少于5处。

10.2.13　通风与空调系统应随施工进度对与节能有关的隐蔽部位或内容进行验收，并应有详细的文字记录和必要的图像资料。

检验方法：观察检查；核查隐蔽工程验收记录。

检验数量：全数检查。

10.2.14　通风与空调系统安装完毕，应进行通风机和空调机组等设备的单机试运转和调试，并应进行系统的风量平衡调试。单机试运转和调试结果应符合设计要求；系统的总风量与设计风量的允许偏差不应大于10%，风口的风量与设计风量的允许偏差不应大于15%。

检验方法：观察检查；核查试运转和调试记录。

检验数量：全数检查。

10.3　一般项目

10.3.1　空气风幕机的规格、数量、安装位置和方向应正确，纵向垂直度和横向水平度的偏差均不应大于2/1 000。

检验方法：观察检查。

检验数量：按总数量抽查10%，且不得少于1台。

10.3.2　变风量末端装置与风管连接前宜做动作试验，确认运行正常后再封口。

检验方法：观察检查。

检验数量：按总数量抽查10%，且不得少于2台。

第二节　概　述

一、验收概述

(一)系统组成

一个完整的通风与空调系统应由以下4部分组成，见图10-1。

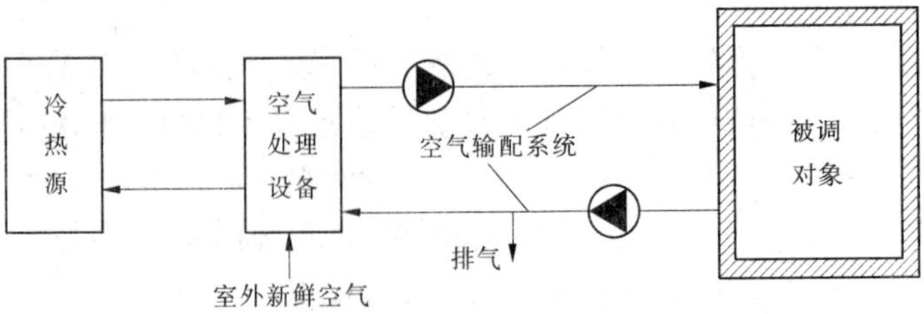

图 10-1　通风与空调系统的组成

1. 被调对象

被调对象即空调空间或房间。空调空间可以是封闭的,也可以是敞开的;可以由一个房间或多个房间组成,也可以是一个房间的一部分。

2. 空气处理设备

空气处理设备是空调系统的核心,室内空气与室外新鲜空气被送到这里进行热湿交换与净化处理,达到要求的温湿度与洁净度后,再被送到室内。

3. 空气输配系统

空气输配系统是空气经空气处理设备,由风机送到各空调房间所形成的输送和分配系统,包括风管、风机、风阀、风口和末端装置等。

4. 冷热源

冷热源为空气处理设备提供冷源和热源。夏季降温用冷源,一般由制冷机承担。冬季加热用热源一般由热电厂、区域锅炉房等提供。有条件的地区可以采用天然冷源或热源。

(二)系统节能验收内容

对于整个通风与空调系统的材料与设备等的具体安装要求,可按照国家现行有关标准和《通风与空调工程施工质量验收规范》(GB50243—2002)的相关规定执行。本章只对与通风与空调系统的节能效果有重要影响的绝热材料、风机盘管和空调机组、风机及自控阀门与仪表等的安装做出原则性的规定,通风与空调节能工程施工质量验收的主要内容包括:空调机组、风机、风管、阀门与仪表,风机盘管机组,送、排风系统及空调风系统,空调水系统,绝热材料,系统调试等。

(1)材料与设备:通风与空调系统所采用的材料与设备是节能的,并符合设计和节能标准要求。

(2)安装制式:通风与空调节能工程中的送、排风系统、空调风系统、空调水系统的安装制式应符合设计要求。

(3)设备安装:要求各种节能设备,特别是自控阀门与仪表、冷热量计量装置及水力平衡装置等应按照设计要求安装齐全,不得随意增减和更换。

(4)运转和调试通风与空调工程安装完毕后,必须对通风机和空调机组等设备进行单机试运转和调试,并对系统的风量进行平衡调试,且试运转和调试结果应满足设计要求。

本章格式与各专业验收规范保持一致,分为"一般规定"、"主控项目"、"一般项目"。

本章共18条，分别叙述了通风与空调系统节能验收的基本要求，2条一般规定、14条主控项目和2条一般项目，其中强制性条文2条。

“一般规定”对通风与空调系统节能验收的适用范围、验收的划分原则和方法提出要求。

“主控项目”是通风与空调系统节能验收的核心内容。主要对进场设备、材料进场复验的要求及施工安装验收做出规定。

“一般项目”给出一般性验收要求。主要是对空气风幕机的安装和变风量末端装置的动作实验等验收进行规定。

二、验收条件

(一)适用范围

本章适用于通风与空调系统节能工程施工质量的验收。通风系统是指包括风机、消声器、风管、风阀等部件在内的整个送、排风系统(包括空调末端设备、消声器、风管、风阀、风口等部件在内的整个空调送、回风系统。空调系统包括空调风系统和空调水系统(指除了空调冷热源和辅助设备与管道及室外管网的空调水系统)。

(二)划分原则和方法

通风与空调系统节能工程施工质量验收，应根据工程实际情况、结合专业特点，分别按系统、楼层等进行。空调冷(热)水系统的验收，可与采暖系统验收相同，一般应按系统分区进行，划分出一个检验批。对于系统大且层数多的空调冷(热)水系统工程，可以按几个楼层作为一个检验批进行验收；通风与空调的风系统，可按风机或空调机组等所各自负担的风系统分别进行验收。

第三节　通风与空调系统产品质量验收

一、通风与空调系统产品进场验收

通风与空调系统所使用的设备、管道、阀门、仪表、绝热材料等产品是否相互匹配、完好，是决定通风与空调系统的节能效果好坏的重要因素。产品进场时，根据设计要求对其类型、材质、规格和外观等“可视质量”和技术资料进行验收。

(一)空调机组的种类

空调机组是由空气处理设备(空气冷却器、空气加热器、加湿器、过滤器等)、通风机和制冷设备(制冷压缩机、膨胀阀等)组成的空气调节设备。

空调机组的种类很多，大致可以进行如下分类。

1. 按结构形式分类

1) 整体式

将空调和制冷系统中的全部设备都组装在同一个箱体内，一般用于对室内噪声要求不高的房间。

2）分体式

压缩机和冷凝器（压缩冷凝机组）组成室外机，蒸发器和送风机构成室内机，分别置于室外和室内。室内、室外机通过制冷剂管道连接。由于将压缩机置于室外，室内空调噪声较低。

2. 按容量大小分类

1）窗式

容量小，冷量在 7 kW 以下，风量在 0.33 m^3/s 以下。一般装在外墙或外窗上。

2）柜式

容量较大，冷量在 70 kW 以下，风量在 5.55 m^3/s 以下。可直接放在空调房间内，也可设置在邻室并外接风管。

3. 按制冷设备冷凝器冷却方式分类

1）水冷式

容量较大机组一般都用水冷却，用户必须具备水源。

2）风冷式

容量较小的机组如窗机，其冷凝器部分在墙外借助风机用室外空气冷却冷凝器。容量较大时可将风冷冷凝器独立装置于室外。

4. 按供热方式不同分类

1）普通式

冬季用电热或其他热源进行供暖。

2）热泵式

冬季仍有制冷机工作，借助四通转向阀，使制冷剂逆向循环，把原来的蒸发器当做冷凝器（原来的冷凝器变为蒸发器），空气流过它被加热后用于供暖。

（二）空调机组技术性能参数核查

（1）组合式变调机组、柜式空调机组、新风机组；单元式空调机组、热回收装置等设备的冷量、热量、风量、风压、功率及额定热回收效率等技术性能参数，关系到空调设备自身的质量性能，也是检验该设备节能优劣的重要指标。因此，在设备进场开箱检验时，对这些设备的性能参数要进行仔细的核查，看其是否符合工程设计要求。

（2）风机是空调与通风系统运行的动力，如果选择不当，就有可能加大其动力和单位风量的耗功率，造成能源浪费。设计人员在进行系统设计和风机选型时，都要根据具体工程确定风系统合理的作用半径并进行详细的计算，以控制风机的单位风量耗功率不大于表 10-1 所规定的限值。所以，风机在采购过程中，未经设计人员同意，都不应擅自改变风机的技术性能参数，并应保证其单位风量耗功率满足国家现行有关标准的规定。

（3）成品风管的技术性能参数，包括风管的强度及严密性等。风管大都是在车间加工好成品运到现场进行组装。作为产品（成品）必须提供相应的产品合格证书或进行强度和严密性的验证，以证明所提供风管的加工工艺水平和质量。对工程中所选用的外购风管，应按有关规定对其强度和严密性进行核查，符合要求的方可使用。

表 10-1　风机的单位风量耗功率 W_s 限值　　（单位：W/(m³/h)）

系统型式	办公建筑		商业、旅馆建筑	
	初效过滤	粗、中效过滤	粗效过滤	粗、中效过滤
两管制定风量系统	0.42	0.48	0.46	0.52
四管制定风量系统	0.47	0.53	0.51	0.58
两管制变风量系统	0.58	0.64	0.62	0.68
四管制变风量系统	0.63	0.69	0.67	0.74
普通机械通风系统	0.32			

注：1. $W_s = P(3\,600\eta_t)$，式中 W_s 为单位风量耗功率，P 为风机全压值，Pa，η_t 为包含风机、电机及传动功率在内的总功率（%）。

2. 普通机械通风系统中不包括厨房等需要特定过滤装置的房间通风系统。

3. 严寒地区增设预热盘管时，单位风量耗功率可增加 0.035 $W/(m^3/h)$。

4. 当空调机组内采用湿膜加湿方法时，单位风量耗功率可增加 0.053 $W/(m^3/h)$。

目前，成品风管在进场检验时，一般只检查其材质厚度、几何尺寸，对于风管的严密性几乎无人过问。因此，对于进场的成品风管应严格检查，检测其强度和严密性是否符合工程设计要求或有关现行国家标准的规定。

成品风管系统由于结构的原因，少量漏风是正常的，也可以说是不可避免的。但是，过量的漏风则会影响整个系统功能的实现和造成能源的大量浪费，不同系统类别及功能的成品风管是允许有一定的漏风量的，允许漏风量是指在系统工作压力条件下，系统风管的单位表面积在单位时间内允许空气泄漏的最大量。

（4）自控阀门与仪表在通风与空调的风系统和水系统中占有很重要的位置，除满足系统设备的自控需求外，还与系统风量、水量的平衡及系统的节能运行有很大的关系。因此，要求对技术性能参数是否符合设计要求进行核查。

二、风机盘管机组与绝热材料的进场复验

通风与空调节能工程中风机盘管机组的冷量、热量、风量、风压、功率和绝热材料的导热系数、材料密度、吸水率等技术性能参数，会直接影响通风与空调节能工程的节能效果和运行的可靠性。因此，在风机盘管机组和绝热材料进场时，应对其热工等技术性能参数进行复验。复验应采取见证取样送检方式，在监理工程师或建设单位代表见证下，按照有关规定从施工现场随机抽取试样，送至有见证检测资质的检测机构进行检测并形成相应的复验报告。

第四节　通风与空调系统安装及调试验收

一、送、排风系统及空调风系统、空调水系统的安装

与通风与空调系统节能效果密切相关的系统制式、各种设置、水力平衡装置、温控装

置与仪表的设置、安装、调试及功能实现等规定如下：

(1)为保证通风与空调节能工程中送排风系统、空调风系统、空调水系统具有节能效果，首先要求工程设计人员将其设计成具有节能功能的系统；其次要求在各系统中要选用节能设备和设置一些必要的自控阀门和仪表，并安装齐全到位。

为保证以上各系统的节能效果，通风与空调节能工程中送排风系统、空调风系统、空调水系统的安装制式应符合设计要求，且各种节能设备、自控阀门与仪表应全部安装到位，不得随意增加、减少和更换。

(2)水力平衡装置，其作用是可以通过对系统水力分布的调整与设定，保持系统的水力平衡，保证获得预期的空调效果。在施工时，要求其安装位置、方位正确，便于调试操作。

(3)空调系统安装完毕后，应能实现设计要求的分室(区)温度调控。其目的一方面是为了通过对各空调场所室温的调节达到一定的舒适度要求；另一方面是为了通过调节室温而达到节能的目的。对有分栋、分室(区)冷、热计量要求的建筑物，要求其空调系统安装完毕后，能够通过冷(热)量计量装置实现冷、热计量。

二、风管的制作与安装

为了保证通风与空调系统所用风管的质量及风管系统安装严密，以减少因漏风和热桥作用等带来的能量损失，确保系统安全可靠地运行，《规范》对风管的制作和安装做出规定。

(一)风管系统的划分

结合我国通风与空调工程施工的实际情况，国家标准《通风与空调工程施工质量验收规范》(GB50243—2002)，将风管系统按其系统的工作压力划分为三个类别，其类别划分应符合表10-2的规定。

表10-2　风管系统类别划分

系统类别	系统工作压力 P(Pa)	密封要求
低压系统	$P \leq 500$	接缝和接管连接处严密
中压系统	$500 < P \leq 1\,500$	接缝和接管连接处增加密封措施
高压系统	$P > 1\,500$	所有的拼接缝和接管连接处均应采取密封措施

(二)风管制作材料

工程实践表明，许多通风与空调工程中的风管没有严格按照设计和有关现行国家标准的要求去制作和安装，造成风管材质差、断面尺寸小、厚度薄等不良现象，严重影响风管系统的安全运行。

通风与空调系统采用的风管按照断面形状可以分为矩形风管、圆形风管和非规则椭圆形风管。根据风管材质的不同分为金属风管、非金属风管和复合风管。

1. 金属风管

1)钢板与不锈钢板风管

钢板或镀锌钢板风管的厚度不得小于表10-3的规定；不锈钢板风管的厚度不得小于

表 10-4 的规定。

表 10-3 钢板风管板材最小厚度 （单位：mm）

风管直径 D 或长边尺寸 b	圆形风管	矩形风管		除尘系统风管
		中、低压系统	高压系统	
$D(b) \leqslant 320$	0.5	0.5	0.75	1.5
$320 < D(b) \leqslant 450$	0.6	0.6	0.75	1.5
$450 < D(b) \leqslant 630$	0.75	0.6	1.0	2.0
$630 < D(b) \leqslant 1\ 000$	0.75	0.75	1.0	2.0
$1\ 000 < D(b) \leqslant 1\ 250$	1.0	1.0	1.2	2.0
$1\ 250 < D(b) \leqslant 2\ 000$	1	1.0	1.2	按设计
$2\ 000 < D(b) \leqslant 4\ 000$	按设计	1.2	按设计	按设计

注：1. 螺旋风管钢板厚度可适当减少 10% ~15%。
2. 排烟系统风管钢板厚度可按高压系统。
3. 除尘系统风管钢板厚度应符合设计要求。
4. 此规定不适用于地下人防与防火隔断的预埋管。

表 10-4 高、中、低压系统不锈钢板风管板材最小厚度 （单位：mm）

风管直径 D 或长边尺寸 b	不锈钢板厚	风管直径 D 或长边尺寸 b	不锈钢板厚
$D(b) \leqslant 500$	0.5	$1\ 120 < D(b) \leqslant 2\ 000$	1.0
$500 < D(b) \leqslant 1\ 120$	0.75	$2\ 000 < D(b) \leqslant 4\ 000$	1.2

2）铝板风管

通风工程中常用的是纯铝板和经过退火处理的铝合金。铝和空气中的氧接触可在其表面形成氧化铝薄膜，能防止外部的腐蚀。铝有较好的抗化学腐蚀性能，能抵抗硝酸的腐蚀，但易被盐酸和碱类腐蚀。铝板风管的厚度不得小于表 10-5 的规定。

表 10-5 中、低压系统铝板风管板材最小厚度 （单位：mm）

风管直径 D 或长边尺寸 b	铝板厚度	风管直径 D 或长边尺寸 b	铝板厚度
$D(b) \leqslant 320$	1.0	$630 < D(b) \leqslant 2\ 000$	2.0
$320 < D(b) \leqslant 630$	1.5	$2\ 000 < D(b) \leqslant 4\ 000$	按设计

2. 非金属风管

非金属风管通常有硬聚氯乙烯风管和有机玻璃钢风管两种。其风管板材的厚度分别不得小于表 10-6 ~ 表 10-8 中的规定。

表 10-6 中、低压系统聚氯乙烯圆形风管板材最小厚度 （单位：mm）

风管直径 D	不锈钢板厚	风管直径 D	不锈钢板厚
$D \leqslant 320$	3.0	$630 < D \leqslant 1\ 000$	5.0
$320 < D \leqslant 630$	4.0	$1\ 000 < D \leqslant 2\ 000$	6.0

表 10-7 中、低压系统聚氯乙烯矩形风管板材最小厚度 (单位:mm)

风管长边尺寸 b	铝板厚度	风管长边尺寸 b	铝板厚度
$b\leqslant 320$	3.0	$800<b\leqslant 1\ 250$	6.0
$320<b\leqslant 500$	4.0	$1\ 250<b\leqslant 2\ 000$	8.0
$500<b\leqslant 800$	5.0		

表 10-8 中、低压系统有机玻璃钢风管板材最小厚度 (单位:mm)

风管直径 D 或长边尺寸 b	铝板厚度	风管直径 D 或长边尺寸 b	铝板厚度
$D(b)\leqslant 200$	2.5	$630<D\leqslant 1\ 000$	4.8
$200<D(b)\leqslant 400$	3.2	$1\ 000<D\leqslant 2\ 000$	6.2
$400<D(b)\leqslant 630$	4.0		

3. 复合风管

常用的复合风管为塑料复合钢板风管。复合材料风管的覆面材料必须为不燃材料,内部的绝热材料应为不燃或难燃 B1 级。

(三)风管与部件、风管与土建风道及风管间的连接

风管与部件、风管与土建风道及风管间的连接应严密、牢固,是减少系统的漏风量,保证风管系统安全、正常、节能运行的重要措施。

(四)风管和风管系统严密性试验

1. 风管的严密性检验

对于风管的严密性,必须通过工艺性能检测或验证,并应符合设计要求或下列规定:

(1)矩形风管的允许漏风量应符合以下规定:

低压系统风管 $Q_L\leqslant 0.105\ 6P^{0.65}$

中压系统风管 $Q_M\leqslant 0.035\ 2P^{0.65}$

高压系统风管 $Q_H\leqslant 0.011\ 7P^{0.65}$

式中 Q_L、Q_M、Q_H——系统风管在相应工作压力下,单位面积风管单位时间内的允许漏风量,$m^3/(h\cdot m^2)$;

P——风管系统的工作压力,Pa。

(2)低压、中压圆形金属风管、复合材料风管以及采用非法兰形式的非金属风管的允许漏风量,应为矩形风管规定值的 50%。

(3)砖、混凝土风道的允许漏风量不应大于矩形低压系统风管规定值的 1.5 倍。

(4)排烟、除尘、低温送风系统按中压系统风管的规定,1 ~ 5 级净化空调系统按高压系统风管的规定。

2. 风管系统严密性检验

风管系统安装完毕后,应按照系统类别进行严密性检验,漏风量应符合设计和风管漏风量规定。风管系统的严密性检验应符合下述规定。

1）低压系统

低压系统在通风与空调工程中占有最大的数量，多数为通风、排气和舒适性空调系统，对系统的严密性要求相对较低，少量的漏风对系统的正常运行影响不太大，因此系统严密性试验可采用漏光方法检测。

低压系统风管的严密性检验应采取抽验法，抽验率为5%，且不得少于1个系统。在加工工艺得到保证的前提下，采用漏光法检测。检测不合格时，应按规定的抽验率，做漏风量测试。

2）中压系统

中压风管系统多数为低级别净化空调、恒温恒湿与排烟等系统，对风管的质量有较高的要求，因此系统严密性试验应采用漏风量测试。

中压风管系统应在漏光法检测合格后，对系统漏风量测试进行抽验，抽验率为5%，且不得少于1个系统。

3）高压系统

高压风管系统的风管的严密性检验为全数进行漏风量测试。

4）净化空调系统

1～5级的净化空调系统风管的严密性检验，按高压系统风管的规定执行；6～9级的净化空调系统风管按风管严密性检验的规定执行。

（五）防热桥的措施

一般是在需要绝热的风管与金属支、吊架之间设置绝热衬垫，承压强度能满足管道重量的不燃、难燃硬质绝热材料或经防腐处理的木衬垫，其厚度不应小于绝热层厚度，宽度应大于支、吊架支承面的宽度。衬垫的表面应平整，衬垫与绝热材料间应填实无空隙。

三、空调机组的安装

组合式空调机组、柜式空调机组、新风机组、单元式空调机组是空调系统中的重要末端设备，其规格、数量及安装质量将直接关系到空调系统的合理运行和节能效果。

（一）空调机组类型

1. 组合式空调机组

组合式空调机组是由制冷压缩机组和空调器两部分组成。组合式空调机组与整体式空调机组基本相同，区别在于将制冷压缩机组由箱体内移除，安装在空调器附近。如图10-2所示。

2. 整体式空调机组

整体式空调机组是将制冷压缩机、蒸发器、通风机、加热器、加湿器、空气过滤器等组装在一个箱体内。

3. 分体式空调机组

分体式空调机组由室外机、室内机及连接管道和电缆线组成。

4. 新风空调机组

新风空调机组适用于各种采用新风系统的场合，也可用于风机盘管的新风系统。新风空调机组与一般空调机组相比要简单，由风机盘管、空气过滤器、冷热交换器等组成。

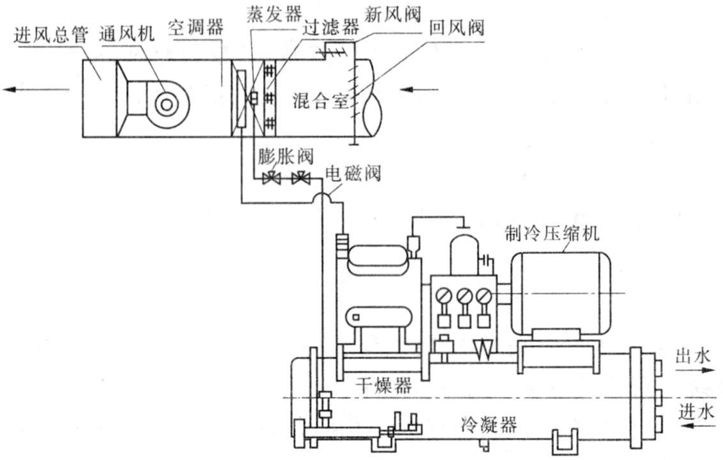

图 10-2　组合式空调机组

带新风的风机盘管空调系统组成见图 10-3。

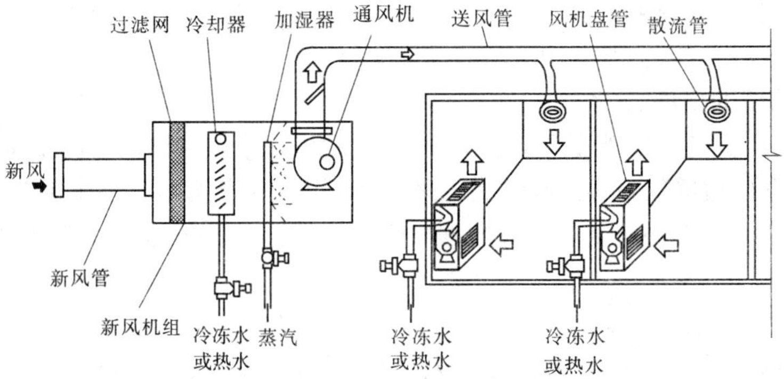

图 10-3　新风空调机组

(二)空调机组的施工安装

施工安装的主要依据是设计图纸,要求各种空调机组的安装位置和方向应正确,并要求机组与风管、送风静压箱、回风箱的连接应严密可靠,其目的就是为了减少管道交叉、方便施工、减少漏风量,进而保证工程质量,满足设计和使用要求,降低消耗。

一般大型空调机组由于体积大,不便于整体运输,常采用散装或组装功能段运至现场进行整体拼装的施工方法。由于加工质量和组装水平的不同,组装后机组的密封性能存在较大的差异,严重的漏风量会影响系统的使用功能,增加能耗。因此,现场组装的机组在安装完毕后,应进行漏风量的测试。

空气热交换器翅片在运输与安装过程中易被损坏和沾染污物,会增加空气阻力,影响热交换效率,增加系统的能耗。因此,应对对粗、中效空气过滤器的阻力参数做出要求,主要目的是对空气过滤器的初阻力有所控制,以保证节能要求。

四、风机盘管机组的安装

风机盘管机组是建筑物中最常用的空调末端设备之一，其规格、台数、安装位置和高度是否符合设计要求，将直接影响其能耗和空调场所的空调效果。

风机盘管是由风机、盘管、电动机、空气过滤器、室温调节装置和箱体等组成。根据结构形式的不同可以分为立式和卧式两种。分别见图 10-4、图 10-5。

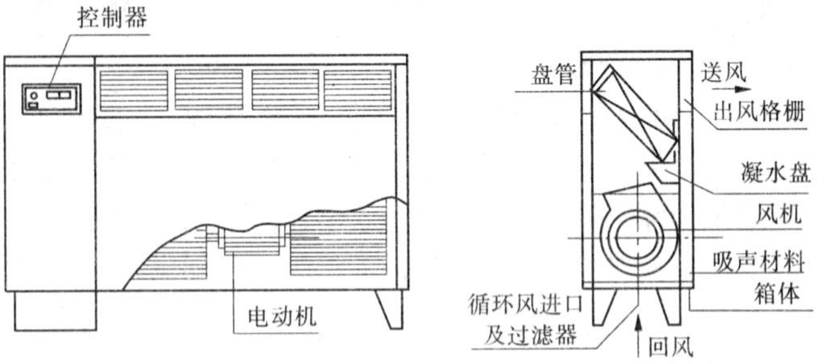

图 10-4 立式风机盘管构造

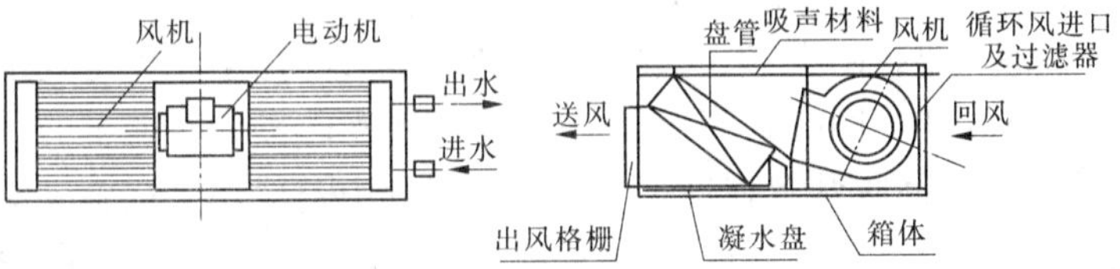

图 10-5 卧式风机盘管构造

当风机盘管机组的冷媒管与机组接管采用不锈钢波纹管及过滤器、阀门，但未进行绝热保温时，会产生凝结水，并带来能耗。

风机盘管机组与风管、回风箱或风口的连接，在工程施工中常存在不到位、空缝或通过吊顶间接连接风口等不良现象，使直接送入房间的风量减少、风压降低、能耗增大、空气品质下降，最终影响了空调效果。因此，机组与风管、回风箱及风口的连接应严密可靠。

风机盘管机组的回风口上一般都设有空气过滤器，其作用是保持风机盘管换热器表面清洁，以保证良好的传热性能，同时也能提高室内空气的洁净度。空气过滤器一般为抽屉式，可在不拆开机组的情况下，便于更换与清洗。

五、风机的安装

工程实践表明，空调机组或风机出风口与风管系统不合理的连接，可能会造成风系统阻力的增大，进而引起风机性能急剧地变坏；风机与风管连接时使空气在进出风机时尽可能均匀一致，且不要有方向或速度的突然变化，则可大大减小风系统的阻力，进而减小风机的全压和耗电功率。因此，规定风机的安装位置及出口方向应正确是最基本的要求。

六、热回收装置的安装

空调区域（或房间）排风中所含的能量十分可观，加以回收利用可以取得很好的节能效益和环境效益。在考虑到热回收装置经济效益的同时，更重要的是必须考虑节能效益和环境效益。因此，设计时应优先考虑，尤其是当新风与排风采用专门独立的管道输送时，十分有利于设置集中的热回收装置。

在建筑物的空调负荷中，新风负荷所占比例较大，一般占空调总负荷的20% ~30%。为保证室内环境卫生，空调运行时要排走室内部分空气，必然会带走部分能量，而同时又要投入能量对新风进行处理。如果采用双向换气装置，让新风与排风在装置中进行显热或全热交换，可以从排出空气中回收55%以上的热量和冷量，有较大的节能效果，可降低机组负荷，提高空调系统的经济性。

在选择热回收装置时，应当结合当地气候条件、经济状况、工程的实际状况、排风中有害气体的情况等多种因素综合考虑，以确定选用合适的热回收装置，从而达到花较少的投资，回收较多热(冷)量的目的。除了考虑设计状态下新风与排风的温度差之外，过渡季节使用空调的时间占全年空调使用总时间的比例也是影响排风热回收装置设置与否的重要因素之一。过渡季节时间越长，相对来说全年回收的冷、热量越小。因此，还应根据当地气象条件，通过技术经济的合理分析来决定。

根据国内对一些热回收装置的实测，质量较好的热回收装置的效率普遍在60%以上。

目前热回收设备主要有两类：第一类是间接式，如热泵等；第二类是直接式，常见的有转轮式、板翅式、热管式和热回路式等，都是利用热回收换热器回收能量的。

由于节能的需要，热回收装置在许多空调系统工程中被应用。在施工安装时，要求双向换气装置和排风热回收装置的规格、数量应符合设计要求，是为了保证对系统排风的热回收效率(全热和显热)不低于60%；同时，对它的安装和进、排风口位置，高度，水平距离及接管等应正确，是为了防止功能失效和污浊的排风对系统的新风引起污染。

七、自控阀门与仪表的安装

空调机组回水管上的电动两通调节阀、风机盘管机组回水管上的电动两通(调节)阀、空调冷热水系统中的水力平衡装置、冷(热)量计量装置等自控阀门与仪表的安装，是实现系统节能运行的必要条件。

当空调场所的空调负荷发生变化时，电动两通调节阀和电动两通阀，可以根据已设定的温度通过调节流经空调机组的水流量，使空调冷热水系统实现变流量的节能运行。

水力平衡装置，可以通过对系统水力分布的调整与设定，保持系统的水力平衡，保证获得预期的空调效果。

冷(热)量计量装置，是实现量化管理节约能源的重要手段，按照用冷、热量的多少来计收空调费用，既公平合理，又有利于提高用户的节能意识。

通过调研，发现许多工程为了降低造价，不考虑日后的节能运行和减少运行费用等问题，未经设计人员同意，就擅自去掉一些自控阀门与仪表，或将自控阀门更换为不具备主动节能功能的手动阀门，或将平衡阀、热计量装置去掉；有的工程虽然安装了自控阀门与仪表，但是其进、出口方向和安装位置却不符合产品及设计要求。不良做法将导致空调系统无法进行节能运行和水力平衡及冷(热)量计量，能耗及运行费用大大增加。

八、通风与空调系统运转及调试

通风与空调节能工程安装完工后，为了达到系统正常运行和节能的预期目标，必须进行通风机和空调机组等设备的单机试运转和调试及系统的风量平衡调试。单机试运转和调试结果应符合设计要求，通风与空调系统的总风量与设计风量的允许偏差不应大于10%，各风口的风量与设计风量的允许偏差不应大于15%。

通风与空调工程的节能效果好坏，是与系统调试紧密相关的。通风与空调节能工程完工后的系统调试，应以施工企业为主，监理单位监督，设计单位、建设单位参与配合。

通风与空调工程的调试，首先应编制调试方案。调试方案可指导调试人员按规定的程序、正确方法与进度实施调试，同时，也利于监理对调试过程的监督。

第五节　绝热层和防潮层及隐蔽工程的施工验收

空调风管和空调水系统管道的绝热层应采用不燃或难燃材料，其材质、规格及厚度等应符合设计要求。

空调风管和冷热水管穿楼板和穿墙处的绝热层应连续不间断，以保证绝热效果，防止产生凝结水而导致能量损失。

空调冷热水管绝热层与穿楼板和穿墙处的套管之间应用不燃材料填实，不得有空隙，基于防火、防水及隔声考虑，套管两端应进行密封封堵。

为方便维修保养和运行管理，空调风管系统部件的绝热不得影响其操作功能，空调水管道的阀门、过滤器及法兰部位的绝热结构应能单独拆卸且不得影响其操作功能。

目前市场上常用的、性价比较高的玻璃棉和难燃烧型柔性发泡橡塑为典型材料，玻璃棉用于风管道和水管道的绝热，柔性发泡橡塑用于水管道的绝热。导热系数计算分别见公式(10-1)、公式(10-2)：

离心玻璃棉：　$$\lambda_m = 0.033 + 0.000\,23t_m \quad [\mathrm{W/(m \cdot K)}] \tag{10-1}$$

柔性泡沫橡塑：　$$\lambda_m = 0.033\,75 + 0.000\,137\,5t_m \quad [\mathrm{W/(m \cdot K)}] \tag{10-2}$$

式中　t_m——绝热层的平均温度，℃，可取管内介质与绝热层外表面温度的平均值，当没有绝热层外表面温度数据时，可用周围环境温度替代。

空调绝热风管绝大多数布置在室内空调房间的吊顶中，因此周围空气温度计算时，夏季采用26 ℃，冬季采用20 ℃。

空调水管道绝大多数布置在无空调的机房、走道和管道井等场所，因此周围空气温度计算时，夏季采用29 ℃，冬季采用20 ℃。

一、空调风管系统及部件的绝热层和防潮层施工验收

(一)风管及部件绝热层的施工验收

空调风管表面积比水管道大得多，其管壁传热引起的冷热量的损失十分可观，往往会

占空调送风冷量的5%以上,因此空调风管的绝热是节能工作中非常重要的一项内容。

1. 保温材料

离心玻璃棉是目前空调风管绝热最常用的材料,因此将离心玻璃棉作为制定空调风管绝热层最小热阻时的计算材料。按国家玻璃棉标准,离心玻璃棉属2 b号,密度在32 ~ 48 kg/m^3 时,70 ℃时的导热系数为0.046 W/(m·K)。

一般空调风管绝热材料使用的平均温度为20 ℃,可以推算得到20 ℃时的导热系数为0.037 7 W/(m·K)。按管内温度15 ℃时,计算经济厚度为28 mm,计算热阻是0.74 m^2·K/W。

低温空调风管管内温度按5 ℃计算,得到导热系数为0.036 6 W/(m·K),计算经济厚度为39 mm,计算热阻是1.08 m^2·K/W。

空调风管绝热层的最小热阻应符合表10-9规定。

表10-9 空调风管绝热层的热阻

风管类型	热阻(m^2·K/W)
一般空调风管	≤0.74
低温空调风管	≤1.08

2. 保温材料裁切

保温材料下料要准确,切割要整齐,在裁料时要使水平、垂直搭接面接触处以短边两头顶在长边上。

3. 保温钉粘贴与保温材料铺覆

黏结保温钉前要将风管壁上的尘土、油污擦净,将黏结剂分别抹在管壁和保温钉的黏结面上,稍后再粘上。保温钉粘上后应待12 ~24 h后再铺设保温材料。保温材料铺覆应使纵横缝错开。

4. 缠绕玻璃丝布

玻璃丝布缠绕时应互相搭接,使保温材料外表面形成两层玻璃丝布缠绕。如图10-6所示。玻璃丝布甩头要用卡子卡牢或用胶粘牢。

5. 钢带箍做法

聚苯板类外保温铺好后,在四角放铁皮短包角,然后用薄钢带做箍,用打包钳夹卡紧。钢箍带每500 mm打一道,如图10-7所示。

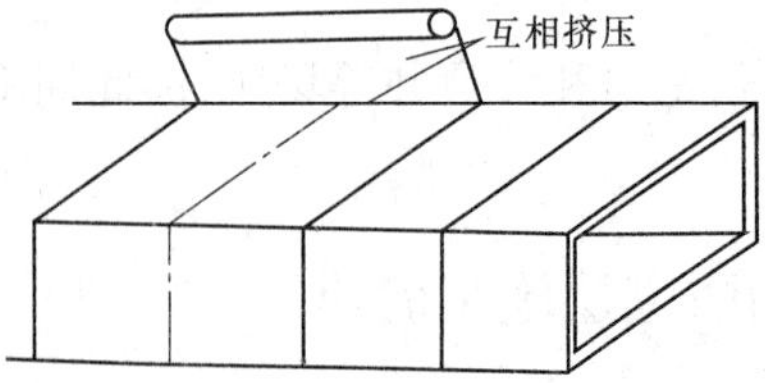

图10-6 风管缠玻璃丝布

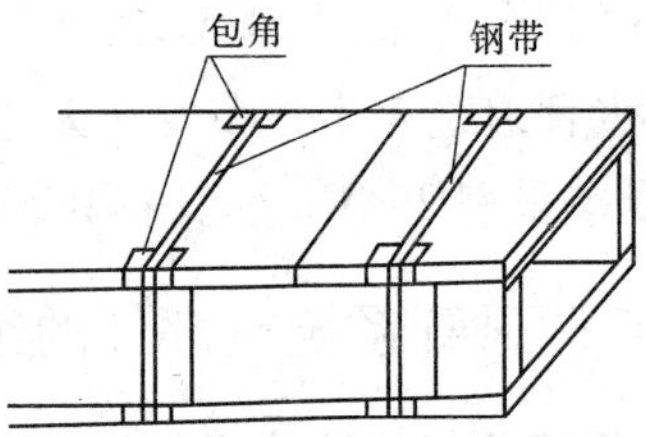

图10-7 风管钢带箍做法

6. 外壳保护

(1)玻璃丝布外表面要刷涂两道防水涂料，涂层应严密密封。

(2)室外露明风管在保温层外还应加一层铁皮外壳，外壳间的搭接处采用拉铆固定，搭接缝用腻子密封。

保温材料下料要准确，切割要整齐，在裁料时要使水平、垂直搭接面接触处以短边两头顶在长边上。

(二)风管及部件防潮层的施工验收

空调工程当采用非闭孔的保温材料时必须设防潮层，防潮层施工质量的好坏，直接关系到空调效果和空调系统的使用寿命。防潮层施工前要检查基层(绝热层)有无损坏、材料接缝处是否处理严密、表面是否平整，铺设前基层要干燥。

防潮层施工有以下 5 个要点：

(1)防潮层材料要紧密粘在绝热层上，封闭要完整良好，不得有虚贴、气泡、褶皱、裂缝等缺陷。

(2)用油毡做防潮层时，油毡和绝热层、油毡和油毡之间要用与相同的石油沥青涂料粘贴。

(3)用玻璃丝布、沥青涂料做防潮层时，要先在绝热层表面涂 3 mm 厚沥青涂料，然后再搭接螺旋缠绕玻璃丝布。

(4)用铝箔贴面层做防潮层时，在接口缝处用铝箔胶带粘严，在贴铝箔胶带前要将铝箔面擦拭干净，不得有积灰。

(5)防潮层施工后，不得再损坏防潮层，如有损坏要用同质材料修复好后再做保护层。

二、空调水系统管道及配件的绝热层和防潮层施工验收

空调水系统管道及配件绝热层和防潮层的施工，与系统节能效果关系十分密切。绝热层绝热效果除与绝热材料的材质、密度、导热系数等有着密切的关系外，还与绝热层的厚度有直接的关系。绝热层的厚度越大，热阻就越大，管道的冷(热)损失也就越少，绝热节能效果就好。空调水系统管道及配件绝热层和防潮层的施工要求见表 10-10。

为了方便设计选用，针对目前空调水管道常使用的介质温度和最常用的两种绝热材料，表 10-11 直接给出建筑物内空气调节冷热水管道的经济绝热厚度。

(一) 三通部位绝热

三通部位绝热一般先做主干管后做支干管。主干管和开口处的间隙要用碎保温材料塞严并密封。其绝热结构如图 10-8 所示。

(二)阀门、法兰、管道端部部位绝热

阀门、法兰、管道端部等部位绝热一般采用可拆卸式结构，以方便维修和更换。其绝热结构如图 10-9 ~ 图 10-11 所示。

表 10-10 空调冷热源水系统管道及配件绝热层和防潮层的施工要求

序号	项目	内容
1	绝热层	应采用不燃或难燃材料，其材质、规格及厚度等应符合设计要求
2	绝热管壳的粘贴	应牢固，铺设应平整。硬质或半硬质的绝热管壳每节至少应用防腐金属丝或难腐织带或专用胶带进行捆扎或粘贴 2 道，其间距为 300 ~ 350 mm，且捆扎、粘贴应紧密，无滑动、松弛与断裂现象
3	硬质或半硬质绝热管壳	拼接缝隙，保温时不应大于 5 mm、保冷时不应大于 2 mm，并用黏结材料勾缝填满；纵缝应错开，外层的水平接缝应设在侧下方
4	松散或软质保温材料	应按规定的密度压缩其体积，疏密应均匀。毡类材料在管道上包扎时，搭接处不应有空隙
5	防潮层与绝热层结合	应紧密，封闭良好，不得有虚粘、气泡、褶皱、裂缝等缺陷
6	防潮层的立管	应由管道的低端向高端敷设，环向搭接缝应朝向低端；纵向搭接缝应位于管道的侧面，并顺水
7	卷材防潮层	采用螺旋形缠绕的方式施工时，卷材的搭接宽度宜为 30 ~ 50 mm
8	管道穿楼板和穿墙处的绝热层	应连续不间断，且绝热层与穿楼板和穿墙处的套管之间应用不燃材料填实，不得有空隙，套管两端应进行密封封堵
9	管道阀门、过滤器及法兰部位绝热结构	应能单独拆卸，且不得影响其操作功能

表 10-11 建筑物内空调冷热水管道的经济绝热厚度

绝热材料	离心玻璃棉		柔性泡沫橡塑	
管道类型	公称直径(mm)	厚度(mm)	公称直径(mm)	厚度(mm)
单冷管道(管内介质温度 7 ℃ ~ 常温)	≤DN32	25	按防结露要求计算	
	DN40 ~ DN100	30		
	≥DN125	35		
热或冷热合用管道(管内介质温度 5 ~ 60 ℃)	DN40	35	≤DN50	25
	DN50 ~ DN100	40	DN70 ~ DN150	28
	DN125 ~ DN250	45	≥DN200	32
	≥DN300	50		
热或冷热合用管道(管内介质温度 0 ~ 95 ℃)	≤DN50	50	不适宜使用	
	DN70 ~ DN150	60		
	≥DN200	70		

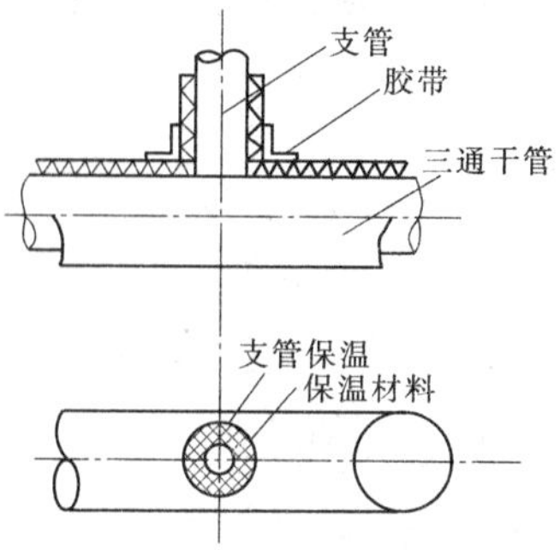

图 10-8　三通处绝热结构

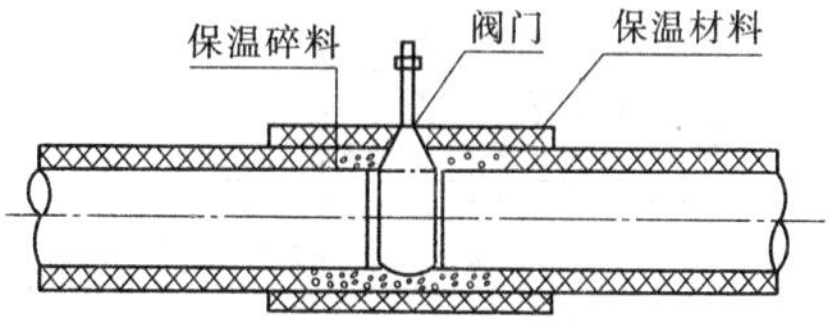

图 10-9　阀门绝热结构

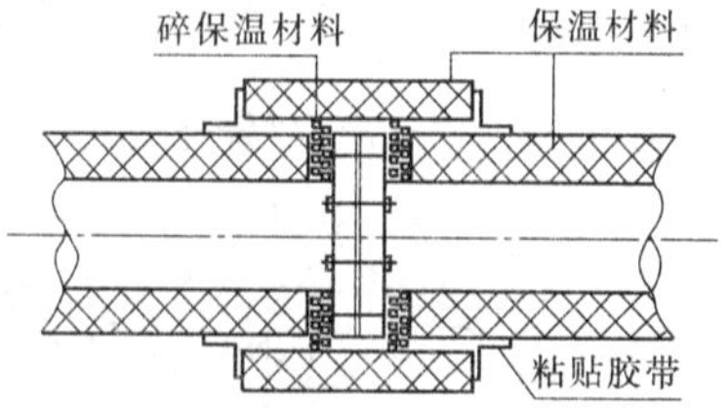

图 10-10　法兰绝热结构

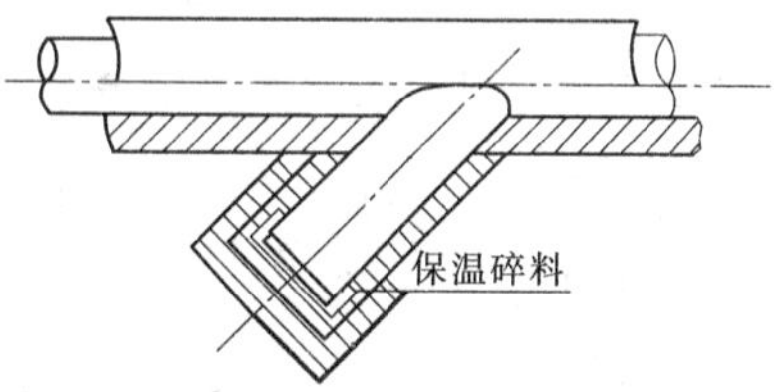

图 10-11　管道端部绝热结构

三、空调水系统的冷热水管道与支、吊架之间绝热衬垫施工要求

在空调水系统的冷热水管道与支、吊架之间应设置绝热衬垫，如承压强度能满足管道量的不燃、难燃硬质绝热材料或经防腐处理的木衬垫，是防止产生热桥作用而造成能量损失的重要措施。

空调水系统的冷热水管道与支、吊架之间应设置绝热衬垫，其厚度不应小于绝热层厚度，宽度应大于支、吊架支承面的宽度。衬垫的表面应平整，衬垫与绝热料之间应填实无空隙。

（一）空调水系统的冷热水管道与支、吊架间绝热处理

（1）在支吊架处要加和保温材料厚度相同，并经过防火、防腐处理的硬木木托，木托宽度一般为 30 ~ 50 mm。其安装方式如图 10-12 所示。

（2）采用聚氨酯发泡成型的“速丽保”代替木托。其支架形式如图 10-13 所示。

（二）水平管道的支座绝热处理

水平管道的支座绝热可以采用现场聚氨酯发泡，对支座内填充、外包封，使其与空气隔绝。

（三）水管道垂直穿过楼板固定支座绝热处理

管道垂直穿过楼板固定支座时，上下楼板间的绝热管壳不连续断开。固定支座部分采用可拆卸式绝热结构，绝热材料与支座、管道和钢套管的间隙要用碎绝热材料塞严；接缝要用胶带密封。其做法如图 10-14 所示。

（四）垂直管道绝热处理

垂直管道绝热时，应间隔一定间距设保温支撑环，用来支撑绝热材料，以防止材料下

坠。支撑环间距一般为 3 m，环下要留约 25 mm 间隙，填充导热系数接近的软质绝热材料。其结构形式如图 10-15 所示。

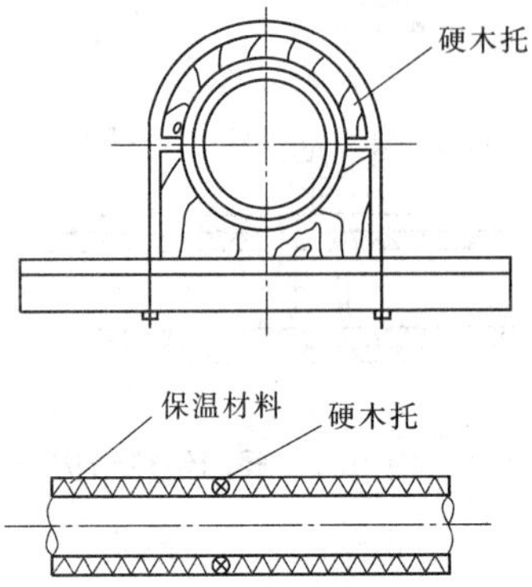

图 10-12　木托支架

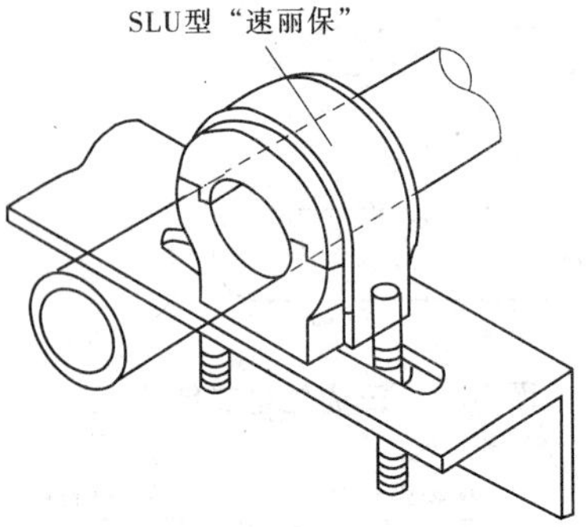

图 10-13　“速丽保”管托支架

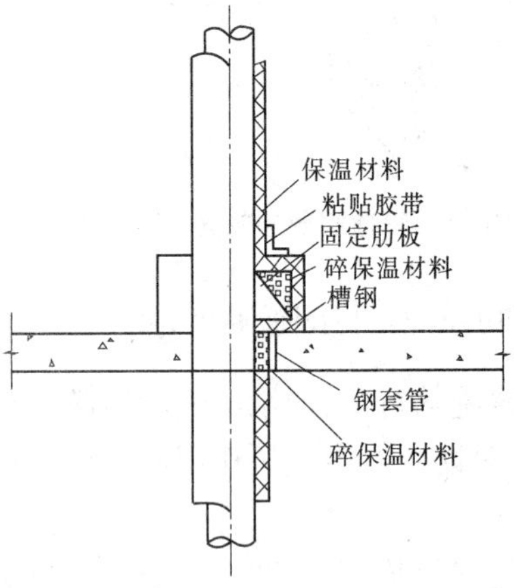

图 10-14　水平管道垂直穿过楼板固定支座绝热结构

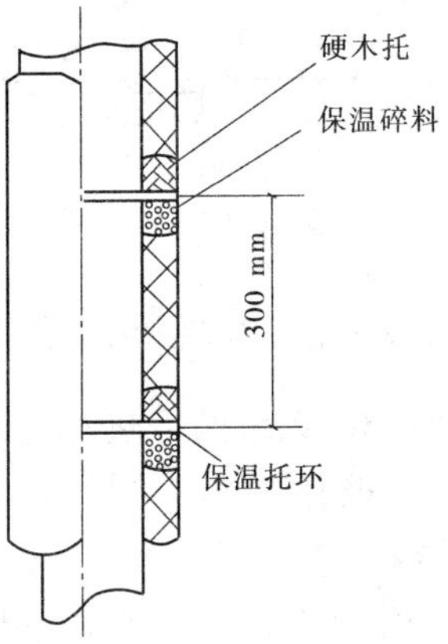

图 10-15　垂直管道绝热结构形式

四、通风与空调系统隐蔽工程的施工验收

通风与空调工程系统中的风管或水管道等施工过程中，被安装于封闭的部位或埋设于结构内或直接埋地时，属于隐蔽工程。通风与空调系统中，与节能有关的隐蔽部位或内容位置特殊，一旦出现质量问题不易发现和修复。因此，在结构进行封闭之前，必须对将被隐蔽的风管、水管道等管道设施的施工质量随施工进度及时进行隐蔽工程验收。必要时，应对隐蔽工程的施工情况进行拍照或录像并存档，以便于质量验收和追溯。

隐蔽工程的验收是由建设单位、监理及施工方共同参加，对与节能有关的施工工程隐蔽前进行检查，在施工方自检的基础上，由施工方对所施工的隐蔽工程质量做出合格判断后所进行的工作。

通风与空调系统主要隐蔽部位检查内容有：地沟和吊顶内部的管道及配件安装、绝热层附着的基层及其表面处理、绝热材料黏结或固定、绝热板材的板缝及构造节点、热桥部位处理等。

第六节　一般项目

一、空气风幕机安装要求

空气风幕机又称空气幕、风帘机、风闸、空气门。空气风幕机产品广泛应用于工厂、商店、餐厅、宾馆、医院、车站等环境的出入口及一切装有空调器的场所。采用特制的高转速电机，带动贯流式、离心式或轴流式风轮运转产生一道强大的气流屏障，能有效地保持室内空气清洁，阻止冷热空气对流，减少空调能耗，并防止灰尘、昆虫及有害气体的侵入。

空气风幕机的安装主要有上送风式、侧送风式和下送风式 3 种方式。

（一）上送风式

采用贯流式风机组成的整套空气幕设备安装在大门门框顶部，这种送风方式是使室内的循环由上向下送风，因出口风速较低，出口动压损失小，气流运动过程中卷入周围空气较少，对热空气幕类型可降低加热室外冷空气的消耗热量，因此可降低运行费用。使用成套空气幕不设回风口，送风口的气流接触地面后可自由地向室外扩散。这种方式安装简单，易与装饰工程配合，其选型可根据大门的宽度经设计计算后选择为宜。

（二）侧送风式

侧送风式空气幕是把条缝形的送风口安装在大门的侧面（可采用单侧和双侧），这种送风方式适用于门洞不太宽的商场进货大门。

（三）下送风式

气流由下部的地下风道吹出，冬季可较好地阻挡室外冷空气，但下送风式空气幕会把地面灰尘吹起，在一般商场等场所不宜采用。

对侧送风和下送风式空气幕可与建筑物内集中空洞风管连接，也可单独设置风机和加热器。

公共建筑中的空气风幕机，一般应安装在经常开启且不设门斗及前室外门的上方，并且宜采用由上向下的送风方式，出口风速应通过计算确定，一般不宜大于 6 m/s。空气风幕机的台数，应保证其总长度大于或等于外门的宽度。

二、变风量末端装置的动作试验要求

变风量空调系统具有控制灵活、节能等特点，它能根据空调区负荷的变化，自动改变送风量；随着系统送风量的减少，风机的输送能耗相应减少。当全年内区需要送冷风时，它还可以通过直接采用低温全新风冷却的方式来节能。

变风量末端装置是变风量空调系统的重要部件，其规格和技术性能参数是否符合设计要求、动作是否可靠，将直接关系到变风量空调系统能否正常运行和节能效果的好坏，最终影响空调效果。因此，要求变风量末端装置与风管连接前做动作试验，确认运行正常后再封口。

第七节　验收记录

通风与空调系统检验批、分项工程质量主控项目验收记录见表 10-12。通风与空调系统检验批、分项工程质量一般项目验收记录见表 10-13。

表 10-12　通风与空调系统检验批、分项工程质量主控项目验收记录

工程名称			分项工程名称		验收部位	
施工单位				专业工长		项目经理
施工执行标准名称及编号						
分包单位				分包项目经理		施工班组长
验收规范规定					施工单位检查评定记录	监理(建设)单位验收记录
主控项目	1	进场材料	质量文件	第 10.2.1 条		
			类型、规格和外观检查			
			技术性能参数核查			
			风机盘管机组、绝热材料复验	第 10.2.2 条		
	2	系统安装	制式	第 10.2.3 条		
			设备、阀门和仪表			
			水力平衡、温控装置与仪表			
			计量功能			
	3	风管制作与安装	村质、尺寸及厚度	第 10.2.4 条		
			连接			
			严密性及漏风量			
			防热桥措施			
	4	空调机组安装	规格和数量	第 10.2.5 条		
			安装位置和方向			
			漏风量检测			
			空气过滤器			
	5	风机盘管机组安装	规格和数量	第 10.2.6 条		
			位置、高度和方向			
			连接			
			空气过滤器安装			
	6	风机安装	规格和数量	第 10.2.7 条		
			安装位置、方向			
			与风管连接			

续表 10-12

主控项目	7	排风热回收装置安装	规格数量和安装位置	第 10.2.8 条		
			进、排风管的连接			
			进、排风口的安装			
	8	自动控制阀门与仪表安装	规格和数量	第 10.2.9 条		
			方向和位置			
	9	空调风管系统及部件	绝热层	第 10.2.10 条		
			防潮层			
	10	空调水系统管道及配件	绝热层	第 10.2.11 条		
			防潮层			
	11	空调水系统冷热水管道与支吊架	绝热垫层	第 10.2.12 条		
	12	隐蔽部位验收		第 10.2.13 条		
	13	系统试运转和调试	通风机和空调机组设备单机	第 10.2.14 条		
			系统风量平衡调试			
			单机试运转和调试结果			
施工单位检查评定结果				项目专业质量检查员： （项目技术负责人） 年 月 日		
监理（建设）单位验收结论				监理工程师： （建设单位项目专业技术负责人） 年 月 日		

表 10-13　通风与空调系统检验批、分项工程质量一般项目验收记录

<table>
<tr><td colspan="3">工程名称</td><td colspan="2"></td><td>分项工程名称</td><td></td><td>验收部位</td><td></td></tr>
<tr><td colspan="3">施工单位</td><td colspan="3"></td><td>专业工长</td><td>项目经理</td><td></td></tr>
<tr><td colspan="3">施工执行标准
名称及编号</td><td colspan="6"></td></tr>
<tr><td colspan="3">分包单位</td><td colspan="3"></td><td>分包项目经理</td><td>施工班组长</td><td></td></tr>
<tr><td colspan="5">验收规范规定</td><td colspan="2">施工单位检查
评定记录</td><td colspan="2">监理（建设）单位
验收记录</td></tr>
<tr><td rowspan="4">一般项目</td><td rowspan="3">1</td><td rowspan="3">空气风幕机</td><td>规格和数量</td><td rowspan="3">第 10.3.1 条</td><td colspan="2"></td><td colspan="2" rowspan="4"></td></tr>
<tr><td>安装位置和方向</td><td colspan="2"></td></tr>
<tr><td>偏差</td><td colspan="2"></td></tr>
<tr><td>2</td><td>动作试验</td><td></td><td>第 10.3.2 条</td><td colspan="2"></td></tr>
<tr><td colspan="4">施工单位检查
评定结果</td><td colspan="5">项目专业质量检查员：
（项目技术负责人）　　年　月　日</td></tr>
<tr><td colspan="4">监理（建设）单位
验收结论</td><td colspan="5">监理工程师：
（建设单位项目专业技术负责人）　　年　月　日</td></tr>
</table>

第十一章　空调与采暖系统冷热源及管网节能工程

第一节　《规范》原文

11.1　一般规定

11.1.1　本章适用于空调与采暖系统中冷热源设备、辅助设备及其管道和室外管网系统节能工程施工质量的验收。

11.1.2　空调与采暖系统冷热源设备、辅助设备及其管道和管网系统的节能工程的验收，可分别按冷源和热源系统及室外管网进行，并应符合第一章第三节《规范》原文第3.4.1条的规定。

11.2　主控项目

11.2.1　空调与采暖系统冷热源设备及其辅助设备、阀门、仪表、绝热材料等产品进场时，应按设计要求对其类型、规格和外观等进行检查验收，并应对下列产品的技术性能参数进行核查。验收和核查的结果应经监理工程师（建设单位代表）检查认可，并形成相应的验收、核查记录。各种产品及设备的质量证明文件和相关技术资料应齐全，并应符合国家现行有关标准和规定。

(1)锅炉的单台容量及其额定热效率；

(2)热交换器的单台换热量；

(3)电机驱动压缩机的蒸汽压缩循环冷水（热泵）机组的额定制冷量（制热量）、输入功率、性能系数（COP）及综合部分负荷性能系数（IPLV）；

(4)电机驱动压缩机的单元式空气调节机、风管送风式和屋顶式空气调节机组的名义制冷量、输入功率及能效比（EER）；

(5)蒸汽和热水型溴化锂吸收式机组及直燃型溴化锂吸收式冷（温）水机组的名义制冷量、供热量、输入功率及性能系数；

(6)集中采暖系统热水循环泵的流量、扬程、电机功率及耗电输热比（EHR）；

(7)空调冷热水系统循环水泵的流量、扬程、电机效率及输送能效比（ER）；

(8)冷却塔的流量及电机功率；

(9)自控阀门与仪表的技术性能参数。

检验方法：观察检查；技术资料和性能检测报告等质量证明文件与实物核对。

检验数量：全数检查。

11.2.2　空调与采暖系统的冷热源及管网节能工程的绝热管道、绝热材料进场时，应对绝热材料的导热系数、密度、吸水率等技术性能参数进行复验，复验应为见证取样送检。

检验方法：现场随机抽样送检；核查复验报告。

检验数量:同一厂家同材质的绝热材料复验次数不得少于2次。

11.2.3　**空调与采暖系统冷热源设备和辅助设备及其管网系统的安装,应符合下列规定:**

(1)管道系统的制式,应符合设计要求;

(2)各种设备、自控阀门与仪表应按设计要求安装齐全,不得随意增减和更换;

(3)空调冷(热)水系统,应能实现设计要求的变流量或定流量运行;

(4)供热系统应能根据热负荷及室外温度变化实现设计要求的集中质调节、量调节或质-量调节相结合的运行。

检验方法:观察检查。

检验数量:全数检查。

11.2.4　空调与采暖系统冷热源和辅助设备及其管道和室外管网系统,应随施工进度对与节能有关的隐蔽部位或内容进行验收,并应有详细的文字记录和必要的图像资料。

检验方法:观察检查;核查隐蔽工程验收记录。

检验数量:全数检查。

11.2.5　**冷热源侧的电动两通调节阀、水力平衡阀及冷(热)量计量装置等自控阀门与仪表的安装,应符合下列规定:**

(1)规格、数量应符合设计要求;

(2)方向应正确,位置应便于操作和观察。

检验方法:观察检查。

检验数量:全数检查。

11.2.6　锅炉、热交换器、电机驱动压缩机的蒸汽压缩循环冷水(热泵)机组、蒸汽或热水型溴化锂吸收式冷水机组及直燃型溴化锂吸收式冷(温)水机组等设备的安装,应符合下列要求:

(1)规格、数量应符合设计要求;

(2)安装位置及管道连接应正确。

检验方法:观察检查。

检验数量:全数检查。

11.2.7　冷却塔、水泵等辅助设备的安装应符合下列要求:

(1)规格、数量应符合设计要求;

(2)冷却塔设置位置应通风良好,并应远离厨房排风等高温气体;

(3)管道连接应正确。

检验方法:观察检查。

检验数量:全数检查。

11.2.8　空调冷热源水系统管道及配件绝热层和防潮层的施工要求,可按照第十章《规范》原文第10.2.11条的规定执行。

11.2.9　当输送介质温度低于周围空气露点温度的管道,采用非闭孔绝热材料做绝热层时,其防潮层和保护层应完整,且封闭良好。

检验方法:观察检查。

检验数量:全数检查。

11.2.10　冷热源机房、换热站内部空调冷热水管道与支、吊架之间绝热衬垫的施工可按照第十章《规范》原文第10.2.12条执行。

11.2.11　空调与采暖系统的冷热源和辅助设备及其管道和管网系统安装完毕后，系统试运转及调试必须符合下列规定：

(1)冷热源和辅助设备必须进行单机试运转及调试；

(2)冷热源和辅助设备必须同建筑物室内空调或采暖系统进行联合试运转和调试；

(3)联合试运转及调试结果应符合设计要求，且允许偏差或规定值应符合表11-1的有关规定。当联合试运转及调试不在制冷期或采暖期时应对表11-1中序号2、3、5、6四个项目进行检测，并在第一个制冷期或采暖期内，带冷(热)源补做序号1、4两个项目的检测。

表11-1　联合试运转及调试检测项目与允许偏差或规定值

序号	检测项目	允许偏差或规定值
1	室内温度	冬季不得低于设计计算温度2 ℃，且不应高于1 ℃； 夏季不得高于设计计算温度2 ℃，且不应低于1 ℃
2	供热系统室外管网的水力平衡度	0.9～1.2
3	供热系统的补水率	≤0.5%
4	室外管网的热输送效率	≥0.92
5	空调机组的水流量	≤20%
6	空调系统冷热水、冷却水总流量	≤10%

检验方法：观察检查；核查试运转和调试记录。

检验数量：全数检查。

11.3　一般项目

11.3.1　空调与采暖系统的冷热源设备及其辅助设备、配件的绝热，不得影响其操作功能。

检验方法：观察检查。

检验数量：全数检查。

第二节　概　述

一、验收概述

本章主要介绍空调与采暖系统冷热源设备、辅助设备及管道和室外管网系统节能工程施工质量的验收方面的问题。空调的冷源系统包括冷源设备及其辅助设备(含冷却塔、换热器、水泵等)和管道；空调与采暖的热源系统包括热源设备及其辅助设备(含换热器、水泵等)和管道。

(一)冷热源节能

空调采暖系统在公共建筑中是能耗大户,空调与采暖系统的冷热源设备主要有冷机、锅炉、换热器等,冷热源设备及其附属设备是能耗大户,而冷热源机组的能耗占整个空调、采暖系统的大部分。集中空调系统中,冷热源的能耗是空调系统能耗的主体。因此,冷热源节能效率对节省能源至关重要。制冷系数、热效率等性能参数,是反映冷热源能源效率的主要指标之一,基于此,将冷热源的制冷系数、热效率等性能参数作为必须达标的项目。

(二)空调方式节能

空调有多种方式,如集中式、分散式等。如采用集中空调系统,由空调多个房间、多栋建筑甚至建筑群提供冷热源;或者由户式集中空调向一套建筑提供冷热源。

(三)影响节能工程的材料、设备的性能

(1)材料设备要符合节能标准要求。

(2)管道系统的制式、各种设备、自控阀门与仪表的安装,同时空调冷(热)水系统,应能实现设计要求的变流量或定流量运行,以及供热系统应能根据热负荷及室外温度变化实现设计要求的集中质调节、量调节或质-量调节相结合的运行。

(3)节能工程对空调与采暖系统中的冷热源设备(冷机、锅炉、换热器等)、辅助设备(水泵、风机、冷却塔等)与管道及室外管网连接的要求。

本章格式与各专业验收规范保持一致,分为“一般规定”、“主控项目”、“一般项目”。本章共14条,分别叙述了空调与采暖系统冷热源及管网节能验收的基本要求,2条一般规定、11条主控项目和1条一般项目,其中强制性条文3条。

“一般规定”对空调与采暖系统冷热源及管网节能验收的适用范围、划分原则等提出基本要求。

“主控项目”是空调与采暖系统冷热源及管网节能验收的核心内容。主要对进场设备、材料进场复验的要求及施工安装验收做出规定。

“一般项目”给出一般性验收要求。主要是对空调与采暖系统冷热源设备及其辅助设备、配件的绝热提出要求。

二、验收条件

(一)适用范围

本章适用于空调与采暖系统中冷热源设备(冷机、锅炉、换热器等)、辅助设备(水泵、风机、冷却塔等)与管道及室外管网系统节能工程施工质量的验收。

(二)划分原则和方法

空调的冷源系统包括冷源设备及辅助设备(含冷却塔、换热器、水泵等)和管道;空调与采暖的热源系统包括热源设备及辅助设备(含换热器、水泵等)和管道。空调与采暖系统冷热源设备、辅助设备及管道和室外管网系统节能工程验收,可以分别按冷源和热源系统及室外管网进行,不同的冷源或热源系统应分别进行验收;室外管网应单独验收,不同的系统应分别进行。

第三节　冷热源设备及管网产品质量验收

一、冷热源设备及管网产品进场验收

空调与采暖系统在公共建筑中是能耗大户，而空调冷热源机组的能耗占整个空调、采暖系统的大部分。图 11-1 为上海某超高层大厦 7 月份空调电耗分布。从图中可以看出：冷源能耗占空调能耗的 60% 以上，因此对于用户而言，空调采暖是能耗大户。空调与采暖系统冷热源和辅助设备又是空调与采暖系统中的主要设备，其能耗量占整个空调与采暖系统总能耗量的大部分，其选型是否合理，热工等技术性能参数是否符合设计要求，将直接影响空调与采暖系统的总能耗及使用效果。

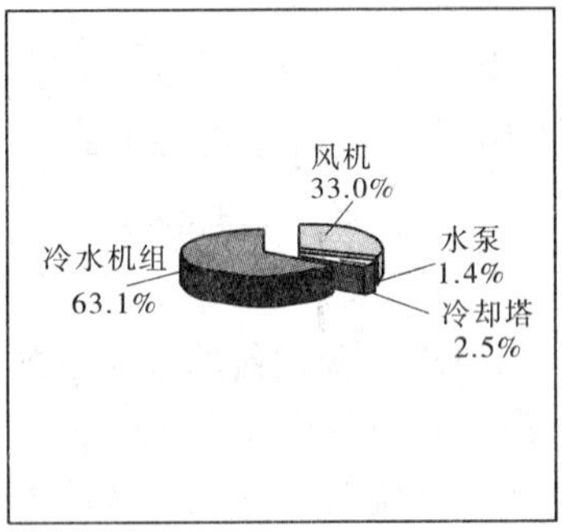

图 11-1　上海某超高层大厦 7 月份空调电耗分布图

为保证空调与采暖系统冷热源及管网节能工程的质量，在空调与采暖系统的冷热源及辅助设备进场时，应对其热工等技术性能进行核查，并应形成相应的核查记录。对有关设备等的核查，应根据设计要求对其技术资料和相关性能检测报告等所表示的热工等技术性能参数进行核对。

（一）冷热源

1. 热源

热源是指将天然或人造的含能形态转化为符合供热系统要求参数的热能设备与装置。在集中供热系统中，目前采用的热源有热电厂、区域锅炉房、地热、工业余热和太阳能等，应用最广泛的热源形式是热电厂和区域锅炉房。热电厂是联合生产电能和热能的发电厂，区域锅炉房是城镇集中供热的最主要热源形式。

锅炉是供热之源，把燃料的化学能转化为热能，进而将热能传递给水，以产生热水或蒸汽。通过热力管道输送至热用户，满足采暖、通风和生活需要。供暖锅炉一般宜选用热水锅炉，需要供应供暖、通风和生产热负荷，且生产热负荷较大的锅炉房可选用蒸汽锅炉，其供暖热水需用热交换器产生。

2. 冷源

制冷装置是空调系统中冷却干燥空气所必须的设备，是空调系统的重要组成部分。实现制冷可以通过两种途径，一种是天然冷源如地下水、地道风等；另一种是采用人工制冷，人工制冷是依靠制冷机获得，空调中使用的制冷机有压缩式、吸收式和蒸汽喷射式三种。其中以电驱动的压缩式冷水机组和吸收式冷水机组最常用。具体分类见表 11-2。

表 11-2 空调冷水机组的分类

名称	能源种类	分类	单位制冷能耗
空调冷水机组	电驱动的压缩式冷水机组	活塞式制冷冷水机组	低
		离心式制冷冷水机组	最低
		螺杆式制冷冷水机组	较低
	吸收式冷水机组（溴化锂）	热水型吸收式冷水机组 蒸汽型吸收式冷水机组 直燃型吸收式冷水机组	高

（二）冷热源设备的性能参数

锅炉的额定热效率、电机驱动压缩机的蒸汽压缩循环冷水（热泵）机组的性能系数和综合部分负荷性能系数及单元式空气调节机、风管送风式和屋顶式空气调节机组的能效比、蒸汽和热水型溴化锂吸收式机组及直燃型溴化锂吸收式冷（温）水机组的性能参数，是反映设备节能效果的一个重要参数，其数值越大，节能效果就越好；反之亦然。因此，在设备进场时，应核查它们的有关性能参数是否符合设计要求并满足国家现行有关标准的规定。表 11-3 ~ 表 11-7 摘录了国家现行有关标准对空调与采暖系统冷热源设备有关性能参数的规定值，供采购和验收设备时参考。

表 11-3 锅炉的最低设计效率

锅炉类型、燃料种类及发热值		在下列锅炉容量（MW）下的设计效率（%）						
		0.7	1.4	2.8	4.2	7.0	14.0	>28.0
燃煤	Ⅱ类烟煤	—	—	73	74	78	79	80
	Ⅲ类烟煤	—	—	74	76	78	80	82
燃油、燃气		86	87	87	88	89	90	90

表 11-4 冷水（热泵）机组制冷性能系数（COP）

类 型		额定制冷量（kW）	性能系数（W/W）
水 冷	活塞式（涡旋式）	<528	≥3.8
		528 ~ 1 163	≥4.0
		>1 163	≥4.2
	螺杆式	<528	≥4.10
		528 ~ 1 163	≥4.30
		>1 163	≥4.60
	离心式	<528	≥4.40
		528 ~ 1 163	≥4.70
		>1 163	≥5.10
风冷或蒸发冷却	活塞式（涡旋式）	≤50	≥2.40
		>50	≥2.60
	螺杆式	≤50	≥2.60
		>50	≥2.80

表 11-5　冷水(热泵)机组综合部分负荷性能系数(IPLV)

类型		额定制冷量(kW)	综合部分负荷性能系数(W/W)
水冷	螺杆式	<528	≥4.47
		528～1 163	≥4.81
		>1 163	≥5.13
	离心式	<528	≥4.49
		528～1 163	≥4.88
		>1 163	≥5.42

注:IPLV 值是基于单台主机运行工况的数值。

表 11-6　单元式机组能效比(EER)

类型		能效比(W/W)
风冷式	不接风管	≥2.60
	接风管	≥2.30
水冷式	不接风管	≥3.00
	接风管	≥2.70

表 11-7　溴化锂吸收式机组性能参数

机型	名义工况			性能参数		
	冷(温)水进(出)口温度(℃)	冷却水进(出)口温度(℃)	蒸汽压力(MPa)	单位制冷量蒸汽耗量[kg/(kW·h)]	性能系数(W/W)	
					制冷	供热
蒸汽双效	18/13	30/35	0.25	≤1.40		
	12/7		0.4			
			0.6	≤1.31		
			0.8	≤1.28		
直燃	供冷 12/7	30/35			≥1.10	
	供热出口 60					≥0.90

注:直燃机的性能系数为制冷量(供热量)/[加热源消耗量(以低位热值计)+电力消耗量(折算成一次能)]。

(三)循环水泵

循环水泵是集中热水采暖系统和空调冷(热)水系统循环的动力,其耗电输热比(EHR)和输送能效比(ER),分别反映了集中热水采暖系统和空调冷(热)水系统的输送效率,其数值越小,输送效率越高,系统的能耗就越低;反之亦然。在实际工程中,往往把循环水泵的扬程选得过高,导致其耗电输热比和输送能效比过高,使系统因输送效率低下而不节能。因此,在循环水泵进场时,应核查其耗电输热比和输送能效比是否符合设计要求,并满足国家现行有关标准的规定值,以便把这部分经常性的能耗控制在一个合理的范围内,进而达到节能的目的。表 11-8、表 11-9 摘录了国家现行有关节能标准中对集中采暖系统热水循环水泵的耗电输热比(EHR)和空调冷热水系统的输送能效比(ER)的计算公式与限值,供采购和验收水泵时参考。

表 11-8 EHR 计算公式和计算系数及电机传动效率

热负荷 Q(kW)		<2 000	≥2 000
电机和传动部分的效率 η (%)	直联方式	88	90
	联轴器连接方式	87	89
计算系数 A		0.005 56	0.005

注：$EHR = N/Q\eta$，并应满足 $EHR \leqslant A(20.4 + a\sum L)/\Delta t$。式中 N 为水泵在设计工况的轴功率，kW；Q 为建筑供热负荷，kW；η 为电机和传动部分的效率，%，按表 11-8 选取；A 为与热负荷有关的计算系数，按表 11-8 选取；Δt 为设计供回水温度差，℃，按照设计要求选取；$\sum L$ 为室外主干线（包括供回水管）总长度，m；a 为与 $\sum L$ 有关的计算系数，选取或计算如下：当 $\sum L \leqslant 400$ m 时，$a = 0.011\ 5$；当 $400 < \sum L < 1\ 000$ m 时，$a = 0.003\ 833 + 3.067/\sum L$；当 $\sum L \geqslant 1\ 000$ m 时，$a = 0.006\ 9$。

表 11-9 空调冷热水系统的最大输送能效比(ER)

管道类型	两管制热水管道			四管制热水管道	空调冷水管道
	严寒地区	寒冷地区/夏热冬冷地区	夏热冬冷地区		
ER	0.005 77	0.004 33	0.008 65	0.006 73	0.024 1

注：1. $ER = 0.002\ 342H/\Delta T \cdot \eta$。式中 H 为水泵设计扬程，m；ΔT 为供回水温差，℃；η 为水泵在设计工作点的效率，%。

2. 两管制热水管道系统中的输送能效比值，不适用于采用直燃式冷水机组和热泵冷热水。

二、冷热源设备及管网产品进场复验

空调与采暖系统冷热源及管网节能工程的绝热管道、绝热材料的导热系数、材料密度、吸水率等是空调与采暖系统节能工程中的重要性能参数，是否符合设计要求，将直接影响系统运行及节能效果。因此，为了确保绝热管道、绝热材料的性能和质量，产品进场时应对绝热材料的导热系数、密度、吸水率等技术性能参数进行复验，复验应采取见证取样送检，在监理工程师或建设单位代表的见证下，按照有关规定从施工现场随机抽取试样，送至有见证检测资质的检测机构进行检测，并应形成相应的复验报告。

第四节 冷热源设备与管网系统安装及调试验收

一、冷热源设备和辅助设备及管网系统的安装

为保证空调与采暖系统具有良好的节能效果，首先要求将冷热源机房、换热站内的管道系统设计成具有节能功能的系统制式；其次要求所选用的省电节能型冷热源设备及辅助设备，均要安装齐全、到位；最后在各系统中要设置一些必要的自控阀门和仪表，是系统实现自动化、节能运行的必要条件。上述要求增加工程的初始投资是必然的，但是有的工程为了降低工程造价，却忽略了日后的节能运行和减少运行费用等重要问题，未经设计单位同意，就擅自改变系统的制式并去掉一些节能设备和自控阀门与仪表，或将节能设备及

自控阀门更换为不节能的设备及手动阀门，结果导致了系统无法实现节能运行，能耗及运行费用大大增加。为避免上述现象的发生，保证以上各系统的节能效果，在此，做出了空调与采暖管道系统的制式及其安装应符合设计要求、各种设备和自控阀门与仪表应安装齐全且不得随意增减和更换的强制性规定。

空调冷(热)水系统应能实现设计要求的变流量或定流量运行，以及热水采暖系统应能实现根据热负荷及室外温度的变化实现设计要求的集中质调节、量调节或质－量调节相结合的运行，是空调与采暖系统最终达到节能目的的有效运行方式。为此，要求安装完毕的空调与供热工程，应能实现工程设计的节能运行方式。

二、冷热源侧的自控阀门与仪表的安装

在冷热源及空调系统中设置自控阀门和仪表，是实现系统节能运行的必要条件。因此，《规范》将冷热源侧的电动两通调节阀、水力平衡阀及冷(热)计量装置等自控阀门和仪表的安装要求以强制条文的形式加以规定。安装要求见表 11-10。

表 11-10　冷热源侧自控阀门与仪表的安装

序号	项　目	功　能	安装要求
1	电动两通调节阀	当空调场所的空调负荷发生变化时，电动两通调节阀，可以根据已设定的温度通过调节流经空调机组的水流量，使空调冷热水系统实现变流量的节能运行	(1)规格和数量应符合设计要求； (2)方向正确，位置应便于操作和观察
2	水力平衡阀	水力平衡装置，可以通过对系统水力分布的调整与设定，保持系统水力平衡，保证获得预期的空调和供热效果	
3	冷(热)计量装置	冷(热)计量装置，是实现量化管理、节约能源的重要手段，按照冷、热量的多少来计收空调和采暖费用，公平合理，更有利于提高用户的节能意识	

三、冷热源机组的安装

空调与采暖系统在建筑物中是能耗大户，而锅炉、热交换器、电机驱动压缩机的蒸汽压缩循环冷水(热泵)机组、蒸汽或热水型溴化锂吸收式冷水机组及直燃型溴化锂吸收式冷(温)水机组等设备又是空调与采暖系统中的主要设备，其能耗量占整个空调与采暖系统总能耗量的大部分，其规格、台数是否符合设计要求，安装位置及管道连接是否合理、正确，将直接影响空调与采暖系统的总能耗及空调场所的空调效果。

四、冷却塔、水泵等辅助设备的安装

冷却塔、水泵等辅助设备的规格及数量应符合设计要求，是保证空调与采暖系统冷热

源可靠运行的重要条件。其安装及管道连接正确与否,直接影响空调与采暖系统的总能耗及空调场所的空调效果。

(一)冷却塔安装

冷却塔必须安装在通风良好的场所,避免安装在通风不良和出现湿空气回流的场所,否则将会降低冷却塔的冷却能力。冷却塔一般安装在冷冻站的屋顶上,以便形成高压头,用来克服冷凝器的阻力损失。水泵将需要处理的冷却水从水池抽出送至冷却塔,经冷却降温后从塔底集水盘向下自流压入冷凝器中,并继而靠水压差自流入水池依次循环。安装时,应根据施工图纸的坐标位置就位,并应找平找正,设备要稳定牢固,冷却塔的出水管口及喷嘴方向、位置应正确。

(二)水泵安装

空调系统中水泵用于水冷式冷水机组的冷凝器中冷却水与冷却塔的循环和蒸发器中冷冻水与组合式空调器或新风机组、风机盘管的循环,在冬季工况时,水泵用于空调热水与组合式空调器或新风机组、风机盘管的循环。

通风与空调系统常用小型离心水泵作为空气冷热处理、热湿交换、除尘喷淋及冷冻水、冷却循环。

水泵安装时,找正找平应符合下列要求:

(1)小型整体式水泵安装牢固,不应有明显的偏斜;

(2)离心水泵的联轴器应保持同轴度;

(3)主动轴与从动轴找正、连接后,应盘车检查是否灵活;

(4)水泵与管路连接后,应复校找正。

水泵管路安装应符合下列要求:

(1)钢管内部和管端应清洗干净,并清除杂物;

(2)钢管与水泵相互连接的法兰端面应平行、对中,不能借法兰螺栓或管接头强行连接;

(3)水泵管路与水泵连接后,不应在水泵上部进行焊接或气割,防止焊渣进入泵内而损坏水泵零件。

五、冷热源设备和辅助设备及管网系统的试运转及调试

空调与采暖系统的冷热源和辅助设备及管道和室外管网系统安装完毕后,为了达到系统正常运行和节能的预期目标,规定必须进行空调与采暖系统冷热源和辅助设备的单机试运转及调试和系统的联合试运转及调试。调试必须编制调试方案。单机试运转及调试,是工程施工完毕后进行系统联合试运转及调试的先决条件,是一个较容易执行的项目。只有单机试运转及调试合格后才能进行联合试运行及调试。

系统的联合试运转及调试,是指系统在有冷热负荷和冷热源的实际工况下的试运行和调试。联合试运转及调试结果应满足本章《规范》原文 11.2.11 表 11-1 中的相关要求。当建筑物室内空调与采暖系统工程竣工不在空调制冷期或采暖期时,联合试运转及调试只能进行表 11-1 中序号为 2、3、5、6 的四项内容。因此,施工单位和建设单位应在工程(保修)合同中进行约定,在具备冷热源条件后的第一个空调期或采暖期期间再进行联合

试运转及调试，并补做表11-1中序号为1、4的两项内容。补做的联合试运转及调试报告应经监理工程师（建设单位代表）签字确认后，再补充完善验收资料。

由于各系统的联合试运转受到工程竣工时间、冷热源条件、室内外环境、建筑结构特性、系统设置、设备质量、运行状态、工程质量、调试人员技术水平和调试仪器等诸多条件的影响和制约，是一项技术性较强、很难不折不扣地执行的工作。但是，它又是非常重要且必须完成好的工程施工任务。

对空调与采暖系统冷热源和辅助设备及管网系统的单机试运转及调试和系统的联合试运转及调试的具体要求，可参照《通风与空调工程施工质量验收规范》（GB50243—2002）的有关规定。

第五节　绝热层、防潮层和保护层及隐蔽工程的施工验收

一、空调冷热源水系统管道及配件绝热层和防潮层施工要求

空调冷热源水系统管道及配件绝热层和防潮层的施工，可按照第十章《规范》原文第10.2.11条的规定执行。

二、保冷管道的防潮层和保护层施工要求

保冷管道的绝热层外设置防潮层（隔汽层），目的在于防止结露、保证绝热效果。保护层是用来保护隔汽层的（具有隔汽性的闭孔绝热材料，可认为是隔汽层和保护层）。

输送介质温度低于周围空气露点温度的管道，当采用非闭孔性绝热材料绝热而不设防潮层（隔汽层）和保护层，或者虽然设置但不完整、有缝隙时，空气中的水蒸气易被暴露的非闭孔性绝热材料吸收或从缝隙中流入绝热层而产生凝结水，使绝热材料的导热系数急剧增大，不但起不到绝热的作用，反而使绝热性能降低、冷量损失加大。因此，要求非闭孔性绝热材料的防潮层（隔汽层）和保护层必须完整，且封闭良好。

三、冷热水管道与支、吊架之间绝热衬垫施工要求

冷热源机房、换热站内部空调冷热水管道与支、吊架之间应设置绝热衬垫施工，可按照第十章《规范》原文第10.2.12条的规定执行。

四、空调与采暖系统冷热源和辅助设备及管网系统隐蔽工程的施工验收

空调与采暖系统冷热源和辅助设备及管网系统施工过程，被安装于封闭的部位或埋设于结构内或直接埋地时，均属于隐蔽工程。系统与节能有关的隐蔽部位或内容位置特殊，一旦出现质量问题后不易发现和修复。因此，结构封闭前，必须对将被隐蔽施工质量进行验收。必要时，应对隐蔽工程的施工情况进行拍照或录像并存档，以便于质量验收和追溯。

隐蔽工程的验收是由建设单位、监理及施工方共同参加，对与节能有关的施工工程隐蔽前进行检查，在施工方自检的基础上，由施工方对所施工的隐蔽工程质量做出合格判断

后所进行的工作。因此,对隐蔽工程的验收,不能在没有通过施工方自检达到合格之前,请其他方进行验收检查。施工方应对隐蔽工程的自检情况做好记录,以备验收时检查。

第六节　一般项目

《规范》对空调与采暖系统的冷热源设备及其辅助设备、配件的绝热施工做出基本规定,不得影响其操作功能。

第七节　验收记录

空调与采暖系统冷热源及管网节能工程检验批、分项工程质量主控项目验收记录见表11-11。空调与采暖系统冷热源及管网节能工程检验批、分项工程质量一般项目验收记录见表11-12。

表11-11　空调与采暖系统冷热源及管网节能工程检验批、分项工程质量主控项目验收记录

<table>
<tr><td colspan="3">工程名称</td><td></td><td>分项工程名称</td><td></td><td>验收部位</td><td></td></tr>
<tr><td colspan="3">施工单位</td><td colspan="2"></td><td>专业工长</td><td>项目经理</td><td></td></tr>
<tr><td colspan="3">施工执行标准名称及编号</td><td colspan="5"></td></tr>
<tr><td colspan="3">分包单位</td><td colspan="2"></td><td>分包项目经理</td><td>施工班组长</td><td></td></tr>
<tr><td colspan="5">验收规范规定</td><td>施工单位检查评定记录</td><td colspan="2">监理(建设)单位验收记录</td></tr>
<tr><td rowspan="15">主控项目</td><td rowspan="4">1</td><td rowspan="4">进场材料</td><td>质量文件</td><td rowspan="3">第11.2.1条</td><td></td><td colspan="2" rowspan="15"></td></tr>
<tr><td>类型、规格和外观检查</td><td></td></tr>
<tr><td>技术性能参数核查</td><td></td></tr>
<tr><td>绝热管道、绝热材料复验</td><td>第11.2.2条</td><td></td></tr>
<tr><td rowspan="4">2</td><td rowspan="4">系统安装</td><td>制式</td><td rowspan="4">第11.2.3条</td><td></td></tr>
<tr><td>设备、阀门和仪表</td><td></td></tr>
<tr><td>空调冷热水系统</td><td></td></tr>
<tr><td>供热系统运行</td><td></td></tr>
<tr><td>3</td><td>隐蔽部位验收</td><td></td><td>第11.2.4条</td><td></td></tr>
<tr><td rowspan="2">4</td><td rowspan="2">冷热源计量装置</td><td>规格和数量</td><td rowspan="2">第11.2.5条</td><td></td></tr>
<tr><td>方向位置</td><td></td></tr>
<tr><td rowspan="3">5</td><td rowspan="3">冷水机组安装</td><td>规格和数量</td><td rowspan="3">第11.2.6条</td><td></td></tr>
<tr><td>安装位置</td><td></td></tr>
<tr><td>管道连接</td><td></td></tr>
</table>

续表 11-11

主控项目	6	辅助设备安装	规格和数量	第 11.2.7 条		
			设置位置			
			管道连接			
	7	管道及配件	绝热层	第 11.2.8 条		
			防潮层			
			特殊管道绝热层	第 11.2.9 条		
	8	冷热水管道与支、吊架	绝热垫层施工	第 11.2.10 条		
	9	系统试运转和调试	冷热源和辅助设备单机	第 11.2.11 条		
			冷热源和辅助设备与空调或采暖系统联合			
			联合试运转和调试结果			
施工单位检查评定结果				项目专业质量检查员： （项目技术负责人）　　年　月　日		
监理（建设）单位验收结论				监理工程师： （建设单位项目专业技术负责人）　　年　月　日		

表 11-12　空调与采暖系统冷热源及管网节能工程检验批、分项工程质量一般项目验收记录

工程名称		分项工程名称			验收部位		
施工单位			专业工长			项目经理	
施工执行标准名称及编号							
分包单位			分包项目经理			施工班组长	
验收规范规定			施工单位检查评定记录			监理（建设）单位验收记录	
一般项目 1 冷热源及辅助设备、配件绝热		第 11.3.1 条					
施工单位检查评定结果		项目专业质量检查员： （项目技术负责人）　　年　月　日					
监理（建设）单位验收结论		监理工程师： （建设单位项目专业技术负责人）　　年　月　日					

第十二章　配电与照明节能工程

第一节　《规范》原文

12.1　一般规定

12.1.1　本章适用于建筑节能工程配电与照明的施工质量验收。

12.1.2　建筑配电与照明节能工程验收的检验批划分应按照第一章第三节《规范》原文第3.4.1条的规定执行。当需要重新划分检验批时，可按照系统、楼层、建筑分区划分为若干个检验批。

12.1.3　建筑配电与照明节能工程的施工质量验收，应符合《规范》和《建筑电气工程施工质量验收规范》(GB50303—2002)的有关规定、已批准的设计图纸、相关技术规定和合同约定内容的要求。

12.2　主控项目

12.2.1　照明光源、灯具及其附属装置的选择必须符合设计要求，进场验收时应对下列技术性能进行核查，并经监理工程师(建设单位代表)检查认可，形成相应的验收、核查记录。质量证明文件和相关技术资料应齐全，并应符合国家现行有关标准和规定。

(1)荧光灯灯具和高强度气体放电灯具的效率不应低于表12-1的规定。

表12-1　荧光灯灯具和高强度气体放电灯具的效率最小值　　(单位:%)

灯具出光口形式	开敞式	保护罩(玻璃或塑料)		格栅	格栅或透光罩
		透明	磨砂、棱镜		
荧光灯灯具	75	65	55	60	—
高强度气体放电灯具	75	—	—	60	60

(2)管式荧光灯镇流器能效限定值应不小于表12-2的规定。

表12-2　镇流器能效限定值

标称功率(W)		18	20	22	30	32	36	40
镇流器能效因数(*BEF*)	电感型	3.154	2.952	2.770	2.232	2.146	2.030	1.992
	电子型	4.778	4.370	3.998	2.870	2.678	2.402	2.270

(3)照明设备谐波含量的限值应符合表12-3的规定。

表 12-3　照明设备谐波含量的限值

谐波次数 n	基波频率下输入电流百分比数表示的最大允许谐波电流(%)
2	2
3	$30\times\lambda$
5	10
7	7
9	5
$11\leqslant n\leqslant 39$ (仅有奇次谐波)	3

注:λ 是电路功率因数。

检验方法:观察检查;技术资料和性能检测报告等质量证明文件与实物核对。

检查数量:全数检查。

12.2.2　**低压配电系统选择的电缆、电线截面不得低于设计值,进场时应对其截面和每芯导体电阻值进行见证取样送检。每芯导体电阻值应符合表 12-4 的规定。**

表 12-4　不同标称截面的电缆、电线每芯导体最大电阻值

标称截面 (mm^2)	20 ℃时导体最大电阻(Ω/km) 圆铜导体(不镀金属)
0.5	36.0
0.75	24.5
1.0	18.1
1.5	12.1
2.5	7.41
4	4.61
6	3.08
10	1.83
16	1.15
25	0.727
35	0.524
50	0.387
70	0.268
95	0.193
120	0.153
150	0.124
185	0.099 1
240	0.075 4
300	0.060 1

检验方法:进场时抽样送检,验收时核查检验报告。

检查数量:同厂家各种规格总数的10%,且不少于2个规格。

12.2.3　工程安装完成后应对低压配电系统进行调试,调试合格后应对低压配电电源质量进行检测。其中:

(1)供电电压允许偏差:三相供电电压允许偏差为标称系统电压的±7%;单相220 V为+7%、-10%。

(2)公共电网谐波电压限值为:380 V的电网标称电压,电压总谐波畸变率(THD_u)为5%,奇次(1~25次)谐波含有率为4%,偶次(2~24次)谐波含有率为2%。

(3)谐波电流不应超过表12-5中规定的允许值。

表12-5　谐波电流允许值

标准电压(kV)	基准短路容量(MVA)	谐波次数及谐波电流允许值(A)											
		2次	3次	4次	5次	6次	7次	8次	9次	10次	11次	12次	13次
0.38	10	78	62	39	62	26	44	19	21	16	28	13	24
		谐波次数及谐波电流允许值(A)											
		14次	15次	16次	17次	18次	19次	20次	21次	22次	23次	24次	25次
		11	12	9.7	18	8.6	16	7.8	8.9	7.1	14	6.5	12

(4)三相电压不平衡度允许值为2%,短时不得超过4%。

检验方法:在已安装的变频和照明等可产生谐波的用电设备均可投入使用的情况下,使用三相电能质量分析仪在变压器的低压侧测量。

检查数量:全部检测。

12.2.4　在通电试运行中,应测试并记录照明系统的照度和功率密度值。

(1)照度值不得小于设计值的90%。

(2)功率密度值应符合《建筑照明设计标准》(GB50034—2004)中的规定。

检验方法:在无外界光源的情况下,检测被检区域内平均照度和功率密度。

检查数量:每种功能区检查不少于2处。

12.3　一般项目

12.3.1　母线与母线或母线与电器接线端子,当采用螺栓搭接连接时,应采用力矩扳手拧紧,制作应符合《建筑电气工程施工质量验收规范》(GB50303—2002)标准中的有关规定。

检验方法:使用力矩扳手对压接螺栓进行力矩检测。

检查数量:母线按检验批抽查10%。

12.3.2　交流单芯电缆或分相后的每相电缆宜品字型(三叶型)敷设,且不得形成闭合铁磁回路。

检验方法:观察检查。

检查数量:全数检查。

12.3.3　三相照明配电干线的各相负荷宜分配平衡,其最大相负荷不宜超过三相负荷平均值的 115%，最小相负荷不宜小于三相负荷平均值的 85%。

检验方法：在建筑物照明通电试运行时开启全部照明负荷，使用三相功率计检测各相负载电流、电压和功率。

检查数量：全部检查。

第二节 概 述

一、验收概述

配电与照明节能是建筑节能工程的重要部分，因此建筑工程节能验收时，配电与照明节能应引起足够重视。

建筑照明节能设计时，采用高效节能的光源；采用高效节能照明灯具；采用高效节能的灯用电器附件；采用传输效率高、使用寿命长、电能损耗低、安全的配线器材；采用各种照明节能的控制设备或器件和采用高效节能的电光源都对照明节能会产生正面影响。其中照明光源、灯具及其附属装置的选择直接关系到照明节能效果的好坏。

本章格式与各专业验收规范保持一致，分为"一般规定"、"主控项目"、"一般项目"。本章共 10 条，分别叙述了配电与照明节能工程验收的基本要求，3 条一般规定、4 条主控项目和 3 条一般项目，其中强制性条文 1 条。

"一般规定"对配电与照明节能验收的适用范围、验收依据等提出基本要求。

"主控项目"是配电与照明节能验收的核心内容。主要对进场照明光源、灯具及附属装置进场验收、电线和电缆进场复验的要求及安装调试做出规定。

"一般项目"给出一般性验收要求。主要是对母线与母线或母线与电器接线端子的制作、电缆敷设及三相照明配电干线负荷分配提出要求。

二、验收条件

（一）适用范围

本章适用于建筑物内的低压配电（380 V/220 V）和照明系统，以及与建筑物配套的道路照明、小区照明、泛光照明等。

（二）划分原则和方法

建筑配电与照明节能工程验收检验批的划分应按本书第一章第三节第 3.4.1 条的规定执行。当需要重新划分检验批时，可按系统、楼层、建筑分区划分为若干个检验批。

（三）验收依据

建筑配电与照明节能工程施工质量验收，应符合《规范》和《建筑电气工程施工质量验收规范》（GB50303—2001）的有关规定、已批准的设计图纸、相关技术规定合同约定内容。

第三节　配电与照明系统产品质量验收

一、照明光源、灯具及其附属装置进场验收

照明耗电在各个国家的总发电量中占有很大比例。我国照明耗电大体占全国总发电量的10%～12%。因此,照明节能具有重要意义。选择高效照明光源、灯具及其附属装置直接关系到建筑照明系统的节能效果。基于此,照明光源、灯具及附属装置的选择必须符合设计要求,进场验收时,经监理工程师(建设单位代表)检查认可后形成相应的验收、核查记录。

(一)光源选择

光源的选择应根据照明要求、使用场所的环境条件和光源的特点合理选用。

各种光源的适用场所见表12-6。

表12-6　光源的适用场所

光源名称	适用场所	建筑类型
白炽灯	(1)照明开关频繁,要求瞬时启动或避免频闪的场所; (2)识别颜色要求较高或艺术需要的场所; (3)局部照明、应急照明; (4)需要调光的场所; (5)需要防止电磁波干扰的场所	住宅、旅馆、饭店、美术馆、博物馆、剧场、办公室、层高较低的厂房、仓库及小型建筑
卤钨灯	(1)照度要求较高,显色性要求较高,且无震动的场所; (2)要求频闪效应小的场所; (3)需要调光的场所	剧场、体育馆、展览馆、礼堂、装配室、精密加工车间
荧光灯	(1)悬挂高度较低、要求照度较高的场所; (2)识别颜色要求较高的场所; (3)在无天然采光或天然采光不足而需要长期停留的场所	住宅、旅馆、饭馆、商店、办公室、阅览室、学校、医院、理化计量室、精密产品装配室
荧光高压汞灯	(1)照度要求较高,但对光色无特殊要求的场所; (2)有震动的场所(自镇流式高压汞灯不适用)	大中型厂房、仓库、动力站房、露天堆场及作业场地、厂区道路或城市一般道路
金属卤化物灯	高大厂房,照度要求较高,且光色较好的场所	大型精密产品总装车间、体育馆、体育场
高压钠灯	(1)高大厂房,照度要求较高,但对光色无特殊要求的场所; (2)有震动的场所; (3)多灰尘的场所	铸钢、铸铁、冶金车间,加工车间,露天工厂场地、厂区或城市主要道路、广场或港口

光源是照明系统节能的重要环节，为减少能源浪费，要尽量减少白炽灯的使用量，在室内照明场所倡导使用细管径荧光灯和紧凑型荧光灯，在大型公建、工业厂房、道路照明及室外景观照明工程中，积极推广高光效、长寿命的高压钠灯和金属卤化钨灯。

（二）灯具及附件的选择

灯具是光源、灯罩及附件的总称。根据灯具的光通量在空间上下部分的分配比例，灯具可以分为直接型、半直接型、漫射型、半间接型和间接型5种，具体见表12-7。

表12-7　灯具分类

类型	直接型	半直接型	漫射型	半间接型	间接型
光通分布	上半球： 0～10% 下半球： 90%～100%	上半球： 10%～40% 下半球： 60%～90%	上半球： 40%～60% 下半球： 40%～60%	上半球： 60%～90% 下半球： 10%～40%	上半球： 90%～100% 下半球： 0～10%
灯罩材料	不透光材料	半透光材料	漫射材料	半透光材料	不透光材料

为了减少能源消耗，在满足眩光限制的条件下，应选择效率高的直接型灯具，选用配光曲线合理、光通量维持率好和利用系数高的灯具。灯具附件尽量选用节能效果显著的电子镇流器。

二、低压配电系统的电缆与电线进场复验

为加强对建筑物内低压配电系统大量使用的电缆与电线质量的监控，防止在施工过程中使用不合格的电缆和电线。工程中使用的电缆与电线，当选择导线截面远大于设计要求时将会造成材料浪费；当选择导线截面小于设计要求时，会造成安全隐患；而使用伪劣电缆和电线不仅会造成安全隐患，同时会增加线路损坏。因此，低压配电系统选择的电缆与电线截面不得低于设计值，进场时应对其截面和每芯导体电阻值进行见证取样送检。

测量导体电阻可以在整根长度的电缆上或至少1 m长的试样上进行，把测量值除以其长度后，检验是否符合规定的导体电阻最大值。

如果需要可采用公式（12-1）校正到20 ℃和1 km长度时的导体电阻。

$$R_{20} = R_t \times K_t \times 1\,000/L \tag{12-1}$$

式中　R_{20}——20 ℃时的电阻，Ω/km；

R_t——t ℃时 L m长电缆实测电阻值，Ω；

K_t——t ℃时的电阻温度校正系数；

L——电缆长度，m。

温度校正系数 K_t 的近似计算见公式（12-2）。

$$K_t = 250/(230 + t) \tag{12-2}$$

式中　K_t——温度校正系数；

t——测量时导体的温度，℃。

第四节　配电与照明系统质量检测及调试验收

一、低压配电系统电源质量检测

(一)谐波危害

谐波是由与电网相连接的各种非线性负载产生的。在建筑物中引起谐波的主要谐波源有铁磁设备、电弧设备以及电力电子设备。铁磁设备包括变压器、旋转电机等;电弧设备包括放电型照明设备(荧光灯等);电力电子设备主要包括电机调速用变频器、直流开关电源、计算机、不间断电源和其他整流(逆变)设备,目前电力电子设备所产生的谐波所占比重也越来越大,已成为电力系统的主要谐波污染源。谐波对电力系统和其他用电设备带来的严重影响如下:

(1)大大增加了系统谐振的可能性。谐波容易使电网与补偿电容器之间发生并联谐振或串联谐振,使谐波电流放大几倍甚至数十倍,造成过电流,引起电容器及与之相连接的电抗器和电阻器的损坏。

(2)使电网中的设备产生附加谐波损失,降低输电及用电设备的使用效率,增加电网线损。在三相四线制系统中,零线电流会由于流过大量的 3 次及其倍数次谐波电流造成零线过热,甚至引发火灾。

(3)谐波会产生额外的热效应从而引起用电设备发热,使其绝缘老化,降低设备的使用寿命。

(4)谐波会引起一些保护设备误动作,如继电保护、熔断器等。

(5)谐波会导致电气测量仪表计量不准确。

(6)谐波通过电磁感应和传导耦合等方式对电子设备和通信系统产生干扰,如医院的大型电子诊疗设备,计算机数据中心,商场超市的电子扫描结算系统,通信系统终端等,降低数据传输质量,破坏数据的正常传递。

(二)电能质量的改善

1. 对谐波的抑止方法

增加 LC 滤波装置,既可过滤谐波又可补偿无功功率。滤波装置又分成无源滤波和有源滤波两种,前者针对特定谐波进行过滤,如果控制不当容易与电网发生串联和并联谐振。后者可对多次谐波进行过滤,一般不会与电网产生谐振。

2. 无功功率的补偿方法

采用自换相变流电路的静止型无功补偿装置——静止无功发生器。它与传统的静止无功补偿装置需要大量的电抗器、电容器等储能元件不同,在其直流侧只需要较小容量的电容器维持其电压即可。

3. 负序电流的抑止方法

不对称负载会产生负序电流从而造成三相不平衡,通常使用晶闸管控制电抗器配合晶闸管投切电容器来抑止负序电流,但会引起谐波放大问题。

4. 有源电力滤波器对电能质量进行综合治理

有源电力滤波器是一种可以动态抑止谐波、负序和补偿无功的新型电力电子装置，它能对变化的谐波、无功和负序进行补偿。与传统的电能质量补偿方式相比，它的调节响应更加快速、灵活。

（三）检验内容

1. 供电电压允许偏差

供电电压允许偏差计算见公式（12-3）。

$$电压偏差 = \frac{实测电压 - 标称系统电压}{标称系统电压} \times 100\% \tag{12-3}$$

2. 公共电网谐波电压限值

公共电网谐波电压限值计算见公式（12-4）～公式（12-6）。

第 h 次谐波电压含有率 HRU_h：

$$HRU_h = \frac{U_h}{U_1} \times 100\% \tag{12-4}$$

谐波电压含有量 U_H：

$$U_H = \sqrt{\sum_{h=2}^{\infty} (U_h)^2} \tag{12-5}$$

电压总谐波畸变率 THD_u：

$$THD_u = \frac{U_H}{U_1} \times 100\% \tag{12-6}$$

式中 U_h——第 h 次谐波电压（方均根值）；

U_1——基波电压（方均根值）。

3. 谐波电流允许值

谐波电流允许值计算见公式（12-7）～公式（12-9）。

第 h 次谐波电流含有率 HRI_h：

$$HRI_h = \frac{I_h}{I_1} \times 100\% \tag{12-7}$$

谐波电流含有量 I_H：

$$I_H = \sqrt{\sum_{h=2}^{\infty} (I_h)^2} \tag{12-8}$$

电流总谐波畸变率 THD_i：

$$THD_i = \frac{I_H}{I_1} \times 100\% \tag{12-9}$$

式中 I_h——第 h 次谐波电流（方均根值）；

I_1——基波电流（方均根值）。

4. 不平衡度

对于波动性较小场合的 ε 值，应和实测的五次接近数值的算术平均值对比；对于波动性较大场合的 ε 值，应和实测的 95% 概率值对比，以判断是否合格。实测的 95% 概率值可将实测值（不少于 30 个）按由大到小次序排列，舍弃前面 5% 的大值，取剩余实测值中的最大值。

当公共连接点的正序阻抗与负序阻抗相等时，电压不平衡度计算见公式（12-10）。

$$\varepsilon_u = \frac{\sqrt{3} I_2 \times U_L}{10 S_K} \times 100\% \tag{12-10}$$

式中 I_2——电流的负序值，A；

S_K——公共连接点的三相短路容量，MV · A；

U_L——线电压，kV。

相间单相负荷引起的电压不平衡度计算见公式（12-11）。

$$\varepsilon_u = \frac{S_L}{S_K} \times 100\% \tag{12-11}$$

式中 S_L——单相负荷容量，MV · A；

其他符号意义同前。

二、照明系统照度与功率密度值测试

在通电试运行中，应测试并记录照明系统的照度和功率密度值。应重点对公共建筑和建筑的公共部分的照明进行检查。考虑到住宅项目（部分）中住户的个体使用情况偏差较大，一般不建议将住宅内的测试结果作为判断的依据。

照度值检验应与功率密度检验同时进行，按照国家标准《室内照明测量方法》（GB5700—1985）中规定的检测方法测量照度值，当被检测区域内的平均照度值不小于《建筑照明设计标准》（GB50034—2004）中规定的设计标准值的 90% 时，判定照度指标为合格。被检测区域内发光灯具的安装总功率除以被检测区域面积，即可得出被检测区域的照明功率密度值，当检测值不大于《建筑照明设计标准》（GB50034—2004）中规定的设计值时，判定照明功率密度指标为合格。若照度值高于或低于其对应的照度标准值时，其照明功率密度值按比例提高或折减。

第五节　一般项目

一、母线压接头的制作质量

母线与母线或母线与电器接线端子，当采用螺栓搭接连接时，应采用力矩扳手拧紧，钢制连接螺栓的力矩值应符合表 12-8 的规定。

表 12-8　母线搭接钢制螺栓的紧固力矩

螺栓规格(mm)	力矩值(N·m)	螺栓规格(mm)	力矩值(N·m)
M8	8.8～10.8	M16	78.5～98.1
M10	17.7～22.6	M18	98.0～127.4
M12	31.4～39.2	M20	156.9～196.2
M14	51.0～60.8	M24	274.6～343.2

加强母线压接头的质量控制,可以避免由于压接头的加工质量问题而产生局部接触电阻增加,从而造成发热,增加损耗。

二、单芯电缆的敷设方式

在采用预制电缆头做分支连接时,要防止分支处电缆芯线单相固定时,采用的夹具和支架形成闭合铁磁回路,建议采用铝合金金具线夹,减少由于涡流和磁滞损耗产生的能耗。目前在施工中发现把单芯电缆像三相电缆一样并排敷设,尤其是地下直埋电缆,经常造成单芯电缆周围发热,造成无用的能源消耗,严重时还会发生安全事故。

三、三相照明配电干线的各相负荷分配

三相照明配电干线的各相负荷宜分配平衡,其最大相负荷不宜超过三相负荷平均值的 115%,最小相负荷不宜小于三相负荷平均值的 85%。

电源各相负载不均衡会影响照明器具的发光效率和使用寿命,造成电能损耗和资源浪费。刚刚竣工的项目只要施工按设计进行,一般都较容易达到要求。但竣工项目投入使用后,因为使用情况的不确定性而往往达不到要求。

第六节　验收记录

配电与照明检验批、分项工程质量主控项目验收记录见表 12-9。配电与照明检验批、分项工程质量一般项目验收记录见表 12-10。

表 12-9　配电与照明检验批、分项工程质量主控项目验收记录

<table>
<tr><td>工程名称</td><td></td><td>分项工程名称</td><td></td><td>验收部位</td><td></td></tr>
<tr><td>施工单位</td><td></td><td>专业工长</td><td></td><td>项目经理</td><td></td></tr>
<tr><td>施工执行标准
名称及编号</td><td colspan="5"></td></tr>
<tr><td>分包单位</td><td></td><td>分包项目经理</td><td></td><td>施工班组长</td><td></td></tr>
<tr><td colspan="2">验收规范规定</td><td colspan="2">施工单位检查
评定记录</td><td colspan="2">监理(建设)单位
验收记录</td></tr>
</table>

续表 12-9

<table>
<tr><td rowspan="10">主控项目</td><td rowspan="4">1</td><td rowspan="4">进场材料</td><td>质量文件</td><td rowspan="2">第 12.2.1 条</td><td></td><td rowspan="10"></td></tr>
<tr><td>照明光源、灯具及附属装置</td><td></td></tr>
<tr><td>低压配电系统的电缆、电线截面</td><td rowspan="2">第 12.2.2 条</td><td></td></tr>
<tr><td>取样复验</td><td></td></tr>
<tr><td rowspan="4">2</td><td rowspan="4">低压配电系统调试后测试</td><td>供电电压允许偏差</td><td rowspan="4">第 12.2.3 条</td><td></td></tr>
<tr><td>公共电网谐波电压限值</td><td></td></tr>
<tr><td>谐波电流允许值</td><td></td></tr>
<tr><td>三相电压不平衡度允许值</td><td></td></tr>
<tr><td rowspan="2">3</td><td rowspan="2">通电试运行测试</td><td>照度值</td><td rowspan="2">第 12.2.4 条</td><td></td></tr>
<tr><td>功率密度值</td><td></td></tr>
<tr><td colspan="4">施工单位检查评定结果</td><td colspan="3">项目专业质量检查员：
(项目技术负责人)　　年　月　日</td></tr>
<tr><td colspan="4">监理(建设)单位验收结论</td><td colspan="3">监理工程师：
(建设单位项目专业技术负责人)　　年　月　日</td></tr>
</table>

表 12-10　配电与照明检验批、分项工程质量一般项目验收记录

<table>
<tr><td colspan="3">工程名称</td><td></td><td>分项工程名称</td><td></td><td>验收部位</td><td></td></tr>
<tr><td colspan="3">施工单位</td><td colspan="2"></td><td>专业工长</td><td></td><td>项目经理</td><td></td></tr>
<tr><td colspan="3">施工执行标准
名称及编号</td><td colspan="6"></td></tr>
<tr><td colspan="3">分包单位</td><td colspan="2"></td><td>分包项目经理</td><td></td><td>施工班组长</td><td></td></tr>
<tr><td colspan="5">验收规范规定</td><td colspan="2">施工单位检查
评定记录</td><td colspan="2">监理（建设）单位
验收记录</td></tr>
<tr><td rowspan="3">一般项目</td><td>1</td><td>接线端子螺栓搭接连接</td><td></td><td>第 12.3.1 条</td><td colspan="2"></td><td colspan="2" rowspan="3"></td></tr>
<tr><td>2</td><td>交流单芯电缆</td><td></td><td>第 12.3.2 条</td><td colspan="2"></td></tr>
<tr><td>3</td><td>三相照明配电干线</td><td>各项负荷分配</td><td>第 12.3.3 条</td><td colspan="2"></td></tr>
<tr><td colspan="4">施工单位检查
评定结果</td><td colspan="5">项目专业质量检查员：
（项目技术负责人）　　　　年　月　日</td></tr>
<tr><td colspan="4">监理（建设）单位
验收结论</td><td colspan="5">监理工程师：
（建设单位项目专业技术负责人）　　　　年　月　日</td></tr>
</table>

第十三章　监测与控制节能工程

第一节　《规范》原文

13.1　**一般规定**

13.1.1　本章适用于建筑节能工程监测与控制系统的施工质量验收。

13.1.2　监测与控制系统施工质量的验收应执行《智能建筑工程质量验收规范》(GB50339—2003)相关章节的规定和《规范》的规定。

13.1.3　监测与控制系统验收的主要对象应为采暖、通风与空气调节和配电与照明所采用的监测与控制系统,能耗计量系统以及建筑能源管理系统。

建筑节能工程所涉及的可再生能源利用、建筑冷热电联供系统、能源回收利用以及其他与节能有关的建筑设备监控部分的验收,应参照本章的有关规定执行。

13.1.4　监测与控制系统的单位应依据国家相关标准的规定,对施工图设计进行复核。当复核结果不能满足节能要求时,应向设计单位提出修改建议,由设计单位进行设计变更,并经原节能设计审查机构批准。

13.1.5　施工单位应依据设计文件制定系统控制流程图和节能工程施工验收大纲。

13.1.6　监测与控制系统的验收分为工程实施和系统检测两个阶段。

13.1.7　工程实施由施工单位和监理单位随工程实施过程进行,分别对施工质量管理文件、设计符合性、产品质量、安装质量进行检查,及时对隐蔽工程和相关接口进行检查,同时,应有详细的文字和图像资料,并对监测与控制系统进行不少于 168 h 的不间断试运行。

13.1.8　系统检测内容应包括对工程实施文件和系统自检文件的复核,对监测与控制系统的安装质量、系统节能监控功能、能源计量及建筑能源管理等进行检查和检测。

系统检测内容分为主控项目和一般项目,系统检测结果是监测与控制系统的验收依据。

13.1.9　对不具备试运行的项目,应在审核调试记录的基础上进行模拟检测,以检测监测与控制系统的节能监控功能。

13.2　**主控项目**

13.2.1　监测与控制系统采用的设备、材料及附属产品进场时,应按照设计要求对其品种、规格、型号、外观和性能等进行检查验收,并应经监理工程师(建设单位代表)检查认可,且应形成相应的质量记录。各种设备、材料和产品附带的质量证明文件和相关技术资料应齐全,并应符合国家现行有关标准和规定。

检验方法:进行外观检查;对照设计要求核查质量证明文件和相关技术资料。

检查数量:全数检查。

13.2.2　监测与控制系统安装质量应符合以下规定：

(1)传感器的安装质量应符合《自动化仪表工程施工及验收规范》(GB50093—2002)的有关规定；

(2)阀门型号和参数应符合设计要求，其安装位置、阀前后直管段长度、流体方向等应符合产品安装要求；

(3)压力和差压仪表的取压点、仪表配套的阀门安装应符合产品要求；

(4)流量仪表的型号和参数、仪表前后的直管段长度等应符合产品要求；

(5)温度传感器的安装位置、插入深度应符合产品要求；

(6)变频器安装位置、电源回路敷设、控制回路敷设应符合设计要求；

(7)智能化变风量末端装置的温度设定器安装位置应符合产品要求；

(8)涉及节能控制的关键传感器应预留检测孔或检测位置，管道保温时应做明显标注。

检验方法：对照图纸或产品说明书目测和尺量检查。

检查数量：每种仪表按20%抽检，不足10台全部检查。

13.2.3　对经过试运行的项目，其系统的投入情况、监控功能、故障报警连锁控制及数据采集等功能，应符合设计要求。

检验方法：调用节能监控系统的历史数据、控制流程图和试运行记录，对数据进行分析。

检查数量：检查全部进行过试运行的系统。

13.2.4　空调与采暖的冷热源、空调水系统的监测控制系统应成功运行，控制及故障报警功能应符合设计要求。

检验方法：在中央工作站使用检测系统软件，或采用在直接数字控制器或冷热源系统自带控制器上改变参数设定值和输入参数值，检测控制系统的投入情况及控制功能；在工作站或现场模拟故障，检测故障监视、记录和报警功能。

检查数量：全部检测。

13.2.5　通风与空调监测控制系统的控制功能及故障报警功能应符合设计要求。

检验方法：在中央工作站使用检测系统软件，或采用在直接数字控制器或通风与空调系统自带控制器上改变参数设定值和输入参数值，检测控制系统的投入情况及控制功能；在工作站或现场模拟故障，检测故障监视、记录和报警功能。

检查数量：按总数的20%抽样检测，不足5台全部检测。

13.2.6　监测与计量装置的检测计量数据应准确，并符合系统对测量精度的要求。

检验方法：用标准仪器仪表在现场实测数据，将此数据分别与直接数字控制器和中央工作站显示数据进行比对。

检查数量：按20%抽样检测，不足10台全部检测。

13.2.7　供配电的监测与数据采集系统应符合设计要求。

检验方法：试运行时，监测供配电系统的运行工况，在中央工作站检查运行数据和报警功能。

检查数量：全部检测。

13.2.8　照明自动控制系统的功能应符合设计要求，当设计无要求时应实现下列控制功能：

（1）大型公共建筑的公用照明区应采用集中控制并应按照建筑使用条件和天然采光状况采取分区、分组控制措施，并按需要采取调光或降低照度的控制措施。

（2）旅馆的每间（套）客房应设置节能控制型开关。

（3）居住建筑有天然采光的楼梯间、走道的一般照明，应采用节能自熄开关。

（4）房间或场所设有两列或多列灯具时，应按下列方式控制：①所控灯列与侧窗平行；②电教室、会议室、多功能厅、报告厅等场所，按靠近或远离讲台分组。

检验方法：

（1）现场操作检查控制方式；

（2）依据施工图，按回路分组，在中央工作站上进行被检回路的开关控制，观察相应回路的动作情况；

（3）在中央工作站改变时间表控制程序的设定，观察相应回路的动作情况；

（4）在中央工作站采用改变光照度设定值、室内人员分布等方式，观察相应回路的控制情况；

（5）在中央工作站改变场景控制方式，观察相应的控制情况。

检查数量：现场操作检查为全数检查，在中央工作站上检查按照明控制箱总数的5%检测，不足5台全部检测。

13.2.9　综合控制系统应对以下项目进行功能检测，检测结果应满足下列设计要求：

（1）建筑能源系统的协调控制；

（2）采暖、通风与空调系统的优化监控。

检验方法：采用人为输入数据的方法进行模拟测试，按不同的运行工况检测协调控制和优化监控功能。

检查数量：全部检测。

13.2.10　建筑能源管理系统的能耗数据采集与分析功能，设备管理和运行管理功能，优化能源调度功能，数据集成功能应符合设计要求。

检验方法：对管理软件进行功能检测。

检查数量：全部检查。

13.3　一般项目

13.3.1　检测监测与控制系统的可靠性、实时性、可维护性等系统性能，主要包括下列内容：

（1）控制设备的有效性，执行器动作应与控制系统的指令一致，控制系统性能稳定，符合设计要求；

（2）控制系统的采样速度、操作响应时间、报警反应速度应符合设计要求；

（3）冗余设备的故障检测正确性及其切换时间和切换功能应符合设计要求；

（4）应用软件的在线编程（组态）、参数修改、下载功能、设备及网络通信故障自检测功能应符合设计要求；

（5）控制器的数据存储能力和所占存储容量应符合设计要求；

(6)故障检测与诊断系统的报警和显示功能应符合设计要求；

(7)设备启动和停止功能及状态显示应正确；

(8)被控设备的顺序控制和连锁功能应可靠；

(9)应具备自动控制、远程控制、现场控制模式下的命令冲突检测功能；

(10)人机界面及可视化检查。

检验方法：分别在中央站、现场控制器和现场利用参数设定、程序下载、故障设定、数据修改和事件设定等方法，通过与设定的显示要求对照，进行上述系统的性能检测。

检查数量：全部检测。

第二节　概　述

一、验收概述

本章格式与各专业验收规范保持一致，分为“一般规定”、“主控项目”、“一般项目”。本章共20条，分别叙述了监测与控制节能验收的基本要求，9条一般规定、10条主控项目和1条一般项目，其中强制性条文1条。

“一般规定”主要叙述监测与控制节能验收的适用范围、验收依据、验收内容、验收阶段等基本要求。

“主控项目”是监测与控制分项工程节能验收的核心内容，分别给出对监测与控制采用的设备、材料和产品的进场验收要求、安装质量要求、各项监测与控制系统的功能要求等。

“一般项目”给出一般性验收要求。主要是对系统性能检测提出要求。

二、验收条件

（一）适用范围

本章适用于建筑节能工程监测与控制系统的施工质量的验收，建筑节能工程监测与控制系统不是独立的专门用于建筑节能的分部工程，而是智能建筑的一个功能部分，包括智能建筑的建筑设备监控系统和智能建筑系统集成。因为建筑节能工程施工质量验收的需要，列为一个分部工程。

（二）系统验收依据

建筑节能工程监测与控制系统的施工质量的验收应以智能建筑的建筑设备监控系统为基础进行施工验收，应符合《规范》和《智能建筑工程质量验收规范》(GB50339—2004)的有关规定。

（三）系统验收重点内容

在各类建筑能耗中，采暖、通风与空调、配电与照明系统是主要的建筑能耗大户。建筑节能工程应按不同设备、不同耗能用户设置检测计量系统，便于实施对建筑能耗的计量管理，故将其列为检测验收的重点内容，具体见表13-1。

表 13-1　监测与控制系统验收的重点内容

序号	类　别	项　目
1	监测与控制系统验收的主要对象	采暖、通风与空调所采用的监测与控制系统 配电与照明系统所采用的监测与控制系统 能耗计量系统 建筑能源管理系统
2	建筑节能工程涉及的其他项目	可再生能源利用 建筑冷热电联供系统 能源回收利用 其他与节能有关的建筑设备监控部分

建筑能源管理系统（BEMS，Building Energy Management System）是指用于建筑能源管理的管理策略和软件系统。建筑冷热电联供系统（BCHP，Building Cooling Heating and Power）是为建筑物提供电、冷、热的现场电源系统。

（四）监测与控制系统施工图设计复核

监测与控制系统的施工图设计、控制流程和软件通常由施工单位完成，是保证施工质量的重要环节。对建筑节能工程监测与控制系统设计施工图进行复核时，具体项目及要求见表 13-2 所示的建筑节能工程监测与控制系统功能综合表。

建筑节能工程的设计是工程质量的关键，也是检测验收目标设定的依据。

1. 建筑节能工程设计审核要点

（1）合理利用太阳能、风能等可再生能源。

（2）根据总能量系统原理，按能源的品位合理利用能源。

（3）选用高效、节能、环保的先进技术和设备。

（4）合理配置建筑物的耗能设施。

（5）用智能化系统实现建筑节能的优化监控，保证建筑节能系统在优化运行中节省能源。

（6）建立完善的建筑能源（资源）计量系统，加强建筑物的能源管理和设备维护，在保证建筑物功能和性能的前提下，通过计量和管理节约能耗。

（7）综合考虑建筑节能工程的经济效益和环保效益，优化节能工程设计。

2. 建筑节能工程设计审核内容

（1）与建筑节能相关的设计文件、技术文件、设计图纸和变更文件。

（2）节能设计及施工执行标准和规范要求。

（3）节能设计目标和节能方案。

（4）节能控制策略和节能工艺。

（5）节能工艺要求的系统技术参数指标及设计计算文件。

表 13-2　建筑节能工程监测与控制系统功能综合

类　型	序号	系统名称	监测与控制功能	备 注
空调与通风控制系统	1	空气处理系统控制	空调箱启停控制状态显示 送回风温度检测 焓值控制 过渡季节新风温度控制新风量 最小新风量控制 过滤器报警 送风压力检测 风机故障报警 冷热水流量调节 加湿器控制 风门控制 风机变频调速 二氧化碳浓度、室内温湿度检测 与消防自动报警系统联动	
	2	变风量空调系统控制	总风量调节 变静压控制 定静压控制 加热系统控制 智能化变风量末端装置控制 送风温湿度控制 新风量控制	
	3	通风系统控制	风机启停控制状态显示 风机故障报警 通风设备温度控制 风机排风排烟联动 地下车库二氧化碳浓度控制 根据室内外温差中空玻璃幕墙通风控制	
	4	风机盘管系统控制	室内温度检测 冷热水量开关控制 风机启停和状态显示 风机变频调速控制	
冷热源、空调水的监测控制	1	压缩式制冷机组控制	运行状态监视 启停程序控制与连锁 台数控制(机组群控) 机组疲劳度均衡控制	能耗计量
	2	变制冷剂流量空调系统控制		能耗计量
	3	吸收式制冷系统/冰蓄冷系统控制	运行状态监视 启停控制 制冰/融冰控制	冰库蓄冰量检测、能耗累计

续表 13-2

类　型	序号	系统名称	监测与控制功能	备 注
冷热源、空调水的监测控制	4	锅炉系统控制	台数控制 燃烧负荷控制 换热器一次侧供回水温度监视 换热器一次侧供回水流量控制 换热器二次侧供回水温度监视 换热器二次侧供回水流量控制 换热器二次侧变频泵控制 换热器二次侧供回水压力监视 换热器二次侧供回水压差旁通控制 换热站其他控制	能耗计量
	5	冷冻水系统控制	供回水温差控制 供回水流量控制 冷冻水循环泵启停控制和状态显示(二次冷冻水循环泵变频调速) 冷冻水循环泵过载报警 供回水压力监视 供回水压差旁通控制	冷源负荷监视,能耗计量
	6	冷却水系统控制	冷却水进出口温度检测 冷却水泵启停控制和状态显示 冷却水泵变频调速 冷却水循环泵过载报警 冷却塔风机启停控制和状态显示 冷却塔风机变频调速 冷却塔风机故障报警 冷却塔排污控制	能耗计量
供配电系统监测	1	供配电系统监测	功率因数控制 电压、电流、功率、频率、谐波、功率因数检测 中(低)压开关状态显示 变压器温度检测与报警	用电量计量
照明系统控制	1	照明系统控制	磁卡、传感器、照明的开关控制 根据亮度的照明控制 办公区照度控制 时间表控制 自然采光控制 公共照明区开关控制 局部照明控制 照明的全系统优化控制 室内场景设定控制 室外景观照明场景设定控制 路灯时间表及亮度开关控制	照明系统用电量计量
综合控制系统	1	综合控制系统	建筑能源系统的协调控制 采暖、空调与通风系统的优化监控	
建筑能源管理系统的能耗数据采集与分析	1	建筑能源管理系统的能耗数据采集与分析	管理软件功能检测	

(6)节能控制流程设计和设备选型及配置。

(五)系统施工验收大纲

建筑节能工程监测与控制系统的检测验收是按监测与控制回路进行的。施工单位按监测与控制回路制定控制流程图和相应的节能工程验收大纲,提交监理工程师批准,验收过程中按施工验收大纲实施。

施工验收大纲应包括以下内容:

(1)模拟量控制回路:控制回路名称,过程量属性(DI/AI)及检测仪表,被控量属性(AO/DO)及控制对象,设定值的确定方法,控制稳定性检测方法及合格性判定方法,控制策略说明(SAMA 图或控制逻辑图),编程说明。

(2)顺序控制或连锁控制回路:控制回路名称,过程量属性(DI/AI)及检测仪表,被控量属性及控制对象,控制逻辑图,编程说明,检测方法及合格性判定方法。

(3)监测与计量回路:监测与计量回路名称,监测与计量现场仪表,变送器型号、规格,被测参数估计值,检测仪表规格及型号,检测方法及合格性判定方法。

(4)报警回路:检测对象及阈值,报警方式。

(5)建筑能源管理系统:功能列表,检测方法及合格性判定方法。

(六)系统验收阶段

建筑节能工程监测与控制系统的验收分为工程实施和系统检测两个阶段。

1. 系统工程实施过程

监测与控制系统工程施工由施工单位和监理单位负责,工程实施过程见图 13-1。

2. 系统检测验收流程

监测与控制系统检测由专业检测机构负责,系统检测验收流程图见图 13-2。

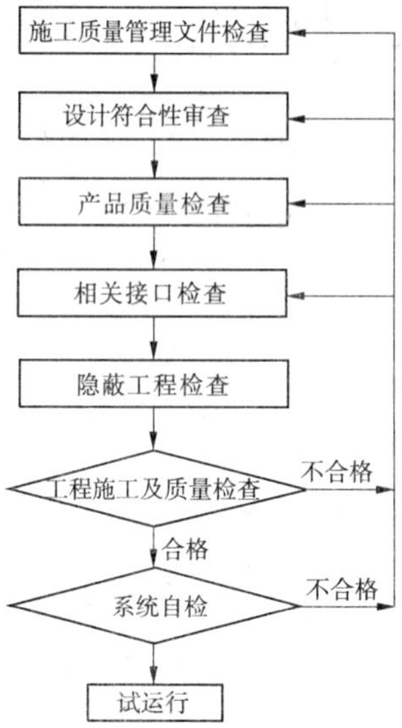

图 13-1 工程实施过程

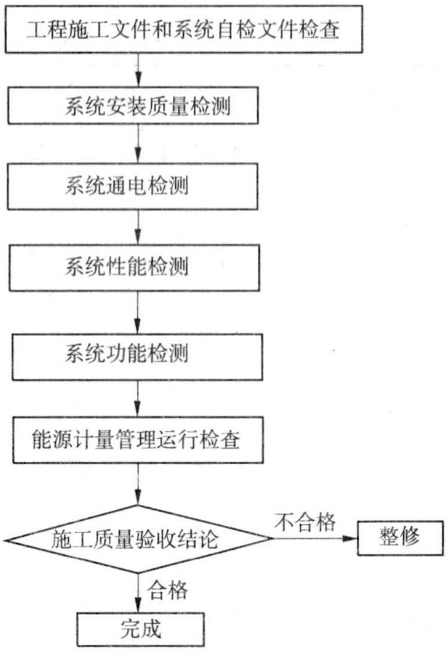

图 13-2 系统检测验收流程

(七)系统模拟检测

因为采暖、空调设备为季节性运行设备,有时在工程验收阶段无法进行不间断试运行,只有通过模拟检测对其功能和性能进行测试。具体测试应按施工单位提交的施工验收大纲进行。

模拟测试主要有两种。一种是有些计算机控制系统自带用于调试和检测的仿真模拟程序,将程序与被检测系统对接,并人为设置试验项目,即可完成系统模拟;另一种是人工输入相关参数或事件,观察记录系统运行情况,进行模拟测试。

第三节　监测与控制系统检测内容

一、设备、材料及产品进场验收

监测与控制系统采用的设备、材料及产品进场验收要符合第一章第三节《规范》综述与纲领原文关于设备和材料的有关规定,同时执行《智能建筑工程质量验收规范》(GB50339—2003)的相关规定。系统所用设备和材料等均应具有产品合格证,各设备和装置应有清晰的永久铭牌,安装使用说明书等文件应齐全。

二、监测与控制系统的安装质量

监测与控制系统的现场仪表安装质量对监测与控制系统的功能发挥和系统节能运行有较大的影响。

(一)安装质量规定

监测与控制系统安装质量规定见表 13-3。

表 13-3　监测与控制系统安装质量规定

序号	项　目	规　定
1	传感器安装质量	符合《自动化仪表施工及验收规范》(GB50093—2002)的有关规定
2	阀门安装	型号和参数应符合设计要求;安装位置、阀前后直管段长度、流体方向等应符合产品安装要求
3	压力和差压仪表	取压点、仪表配套的阀门安装应符合产品要求
4	流量仪表	型号和参数、仪表前后的直管段长度等应符合产品要求
5	温度传感器	安装位置、插入深度应符合产品要求
6	变频器	安装位置、电源回路敷设、控制回路敷设应符合设计要求
7	温度设定器	智能化变风量末端装置的温度设定器安装位置应符合产品要求
8	关键传感器	涉及节能控制的关键传感器应预留检测孔或检测位置,管道保温时应做明显标注

(二)核查内容

(1)电动调节阀的口径应有设计计算说明书。电动调节阀应选用等百分比特性的阀门。阀门控制精度应优于1%，调节阀的阻力应为系统总阻力的10% ~30%。系统断电时阀门位置应保持不变，应具备手动功能，其自动(手动)状态应能被计算机测出并显示；在安装自动调节阀的回路上不允许同时安装自力式调节阀。安装位置正确，阀前阀后直管段长度应符合设计要求。

(2)压力和差压仪表的取压点应符合设计要求，压力传感器应通过带有缓冲功能的环行管针阀与被测管道连接，差压仪表应带三阀组；同一楼层内的所有压力仪表应安装在同一高度上。

(3)流量仪表的准确度应优于满量程的1%，量程选择应与该管段最大流量一致；必须满足流量传感器产品要求的安装直管段长度。涡街流量计的选用口径应小于其安装管道的口径。热量表的最大使用温度应高于实际出现的最高热水温度，且其累计值应大于被测管路在一个供暖季的总累计值。保证安装直管段要求，并正确安装测温装置。

(4)温度传感器的安装位置、插入深度应符合设计要求，管道上安装的温度传感器应保证冷桥现象导致的温差小于0.05 ℃，当热电偶直接与计算机监控系统的温度输入模块连接时，其配置的补偿导线应与所用传感器的分度号保持一致，且必须采用铜导线连接，并单独穿管。测量空调系统的温度传感器的安装位置必须严格按设计施工图执行。

(5)变频器在其最大频率下的输出功率应大于此转速下水泵的最大功率，转速反馈信号可被监控系统测知并显示，现场可手动调速或与市电切换。

三、监测与控制系统试运行项目检测内容

在试运行中，对各监控回路分别进行自动控制投入、自动控制稳定性、直测控制各项功能、系统连锁和各种故障报警试验，调出计算机内的全部试运行历史数据，通过查阅现场试运行记录和对试运行历史数据进行分析，确定监控系统是否符合下列设计要求：

(1)必须完成168 h不间断试运行，因各种原因导致试运行间断时，必须在故障排除后重新进行，直到完成为止；

(2)在试运行期间，模拟量控制必须自始至终能投入自动并正常自动运行；

(3)建议在试运行期间进行不少于3次的控制稳定性试验，通过人为在输入端输入不少于设定值105%的扰动，检查系统是否在检测验收大纲规定的时间内稳定下来；

(4)检查从全部控制回路投入到全系统稳定运行所用的时间是否在检测验收大纲规定的时间间隔范围内；

(5)进行不少于3次试验，检查连锁控制功能；

(6)在现场用标准仪表检测运行参数并与计算机控制系统显示值比较，判断是否符合设计要求；

(7)人为设置故障，检查报警功能；

(8)进行启停试验。

四、冷热源、空调水系统的监测控制系统

冷热源、空调水系统的监测控制系统应成功运行，冷热源、空调水系统因季节原因无法进行不间断试运行时，所采用的黑盒法是一种系统检测方法，这种测试方法不涉及内部

过程，只要求规定的输入得到预定的输出，也可用系统自带模拟仿真程序进行模拟检测。

（一）检查内容

1. 热源系统

热源系统各类参数；热源系统燃烧系统自动调节；锅炉、水泵等设备顺序启（停）控制；锅炉房可燃气体、有害物质浓度检测报警；烟道温度超限报警和蒸汽压力超限报警；设备故障报警和安全保护功能；燃料消耗量统计记录。

2. 热交换系统

系统各类监控参数；系统负荷自动调节功能；系统设备顺序启（停）控制功能；管网超压报警、循环泵故障报警和安全保护功能；能量消耗统计记录。

3. 冷冻水系统

各类监控参数；冷冻水系统设备启（停）控制，顺序控制，设备联动控制功能；冷冻水旁通阀压差控制；冷冻水泵过载报警。

4. 冷却水系统

系统监控参数；冷却水系统设备启（停）控制、顺序控制、设备联动控制功能；冷却塔风机台数或冷却塔风机速度控制；冷却水泵、冷却塔风机过载报警。

5. 制冷机组

各类监控参数；制冷机启（停）控制、顺序控制、设备联动控制功能。

（二）检查方法

（1）通过工作站或现场控制器改变参数设定，检测热源和热交换系统的自动控制功能、预定时间功能等；

（2）在工作站设置或现场模拟故障进行故障监视、记录与报警功能检测；

（3）核实热源和热交换系统能耗计量与统计资料；

（4）通过工作站或现场控制器改变参数设定，检测制冷机、冷冻和冷却水系统的自控制功能，预定时间功能等；

（5）在工作站设置或现场模拟故障，进行故障监视、记录与报警功能检测；

（6）核实冷冻和冷却水系统能耗计量与统计资料。

建筑设备监控系统应对热源和热交换系统进行系统负荷调节、预定时间表自动启停和节能优化控制。检测时应通过工作站或现场控制器对热源和热交换系统的设备运行状态、故障等的监视，以及记录与报警进行检测，并检测对设备的控制功能。

建筑设备监控系统应对冷水机组、冷冻冷却水系统进行系统负荷调节、预定时间表自动启停和节能优化控制。检测时应通过工作站对冷水机组、冷冻冷却水系统的设备控制和运行参数、状态、故障等的监视、记录与报警进行检测，并检查设备运行的联动情况。

五、通风与空调的监测控制系统

因季节原因无法进行不间断试运行时，通风与空调系统验收时，控制功能及故障报警功能应符合设计要求。

建筑设备监控系统应对空调与通风系统进行温湿度及新风量自动控制、预定时间表自动启停和节能优化控制等控制功能进行检测。应着重检测系统控制点（温度、相对湿度、压差和压力等）与被控设备（风机、风阀、加湿器及电动阀门等）的控制稳定性、响应时间和控制效果，并检测设备连锁控制和故障报警的正确性。

六、监测与计量装置

监测与控制系统联网的监测与计量装置的检测计量数据应准确，并符合系统对测量准确度的要求。

七、供配电的监测与数据采集系统

建筑设备监控系统应对变配电系统的电气参数和电气设备工作状况进行监测，检测时应利用工作站数据读取和现场测量的方法对电压、电流、有功（无功）功率、功率因数、用电量等各项参数的测量和记录进行准确性和真实性检查，显示的电力负荷及上述各参数的动态图形能比较准确地反应参数变化情况，并对报警信号进行验证。

八、照明自动控制系统

照明系统的控制与节能有重要关系，在大型商业建筑中照明的电耗仅次于空调系统，与常规管理相比，良好的公共照明系统控制可节电 30% ~50% 。因此，照明控制是建筑节能的主要环节，照明自动控制系统的功能，当设计有规定时应符合设计要求；当设计无要求时，照明自动控制系统应实现规定的各项功能要求。

将建筑物内外照明设备按需分成若干组别，通过在计算机上设定启动时间表，以时间区域程序来设定开（关），也可以通过采用门锁、红外线探测是否无人进行照明控制，以达到节能目的。当建筑物内有突发事件发生时，照明设备组应做出相应的联动配合。如火警时，联动系统关闭，打开应急灯；当有保安报警时，相应区域的照明灯开启。

建筑设备监控系统应对公共照明设备（公共区域、过道、园区和景观）进行监控，应以光照度、时间表等为控制依据，设置程序控制灯组的开关，检测时应检查控制动作的正确性；并检查其手动开关功能。

九、综合控制系统

综合控制系统的功能包括建筑能源系统的协调控制，及采暖、通风与空调系统的优化监控。

建筑能源系统的协调控制是指将整个建筑物看成一个能源系统，综合考虑建筑物中的所有耗能设备和系统，包括建筑物内的人员，以建筑物中的环境要求为目标，实现所有建筑设备的协调控制，使所有设备和系统在不同的运行工况下尽可能高效运行，实现节能的目标。

采暖、通风与空调系统的优化监控是根据建筑环境的需求，合理控制系统中的各种设备，使其尽可能运行在设备的高效率区内，实现节能运行。

人为输入的数据可以是通过仿真模拟系统产生的数据，也可以是同类建筑运行的历史数据。模拟测试应由施工单位或系统供货厂商提出方案并执行测试。

十、建筑能源管理系统

建筑能源管理系统（BEMS，Building Energy Management System）是建立在建筑自动化系统（BAS，Building Automation System）的平台之上，以节能和能源的有效利用为目的来控制建筑设备。因此，监测与控制系统设置建筑能源管理系统的目的在于保证建筑设备通过优化运行、维护、管理实现节能。

建筑能源管理系统针对现代建筑能源管理的需要，通过现场总线把建筑的电压、功率因数、温度、湿度、压力、流量等能耗数据采集到上位管理系统，将全楼的水、蒸汽、电力、燃料的用量由计算机集中处理，实现动态显示、报表生成和打印等一系列功能，并根据这些数据实现系统的优化控制，最大限度地提高能源的利用率。

（一）建筑能源管理系统的主要内容

（1）设立必要的能耗信息采集与显示系统。通过电表、水表、气表、热（冷）量表、室内外温湿度计，及其他传感器和变送器等现场仪表，对设备设施运行状况、运行能效等相关参数进行收集、显示、报警等，供运行人员在设备设施运行时，通过自控系统或人工实现调节控制功能及适当的维护维修措施，保证设备优化运行，保证设备设施的可维护性与可用性。根据需要也可对建筑物内不同业主用户的能耗进行计量，以便实现用户能源管理。

（2）实施建筑能耗的优化管理。对采集的数据进行分析，实施建筑能耗的优化管理，合理调度使用能源，不同工况下使运行的建筑设备尽可能运行在各自的高效运行工作区内，各系统之间运行数配置合理，达到运行节能的目的，实施建筑能耗的优化管理。

（3）严格运行管理和设备维修维护制度，保证在运设备的完好率。

（4）通过对节能数据进行分析，发现问题，制定合理的改进措施，实现运行所要求达到的期望值（目标值）。

（二）建筑能耗检测

1. 建筑能耗检测内容

建筑能耗主要由建筑物围护结构造成的能耗、供热系统产生的能耗、制冷系统产生的能耗、通风系统产生的能耗、照明系统产生的能耗、电气设备产生的能耗构成。因此，建筑能耗的检测内容主要是检测建筑物围护结构的保温性能，供热系统产出的能量、供热系统产出能量的效率，制冷系统产出的能量、制冷系统产出能量的效率，通风系统产出的能量、通风系统产出能量的效率，照明系统产出的能量、照明系统产出能量的效率，电气设备产出的能量、电气设备产出能量的效率。

统计表明：建筑中热量（或者冷量）损失的70%与建筑围护结构有关。建筑围护结构的改善可以相应地减少制热和制冷的能量消耗，使建筑设备在低负荷下运行。由此可以选用低成本的制冷（制热）或减少设备的运行强度和运行时间，延长建筑设备的使用寿命。

2. 能源计量与能效计算

建筑能源计量是能源管理的基础，计量的目的是获得各系统的能量效率，以便确定被浪费的能量，从而为节能的实施提供理论支持。

建筑能耗检测设备只是完成对能耗设备或系统能量转换状况和效率原始数据的采

集，只有通过相应的数据处理获得能量的传输效率和能量的利用效率后，才能根据能量的效率找到有针对性的节能措施。

数据处理的目的是获得能量的传输效率和能量的利用效率，能量传输效率是指获得的总能量与输出总能量之比；能量利用效率是用来表示传输到房间、大厅等人类活动场所的能量是否为人充分利用。

无论能量管理还是节能的实现都与能效有关，能量优化管理就是为提高能效，而若对建筑智能化实施节能改造，改造的目的也是提高能效。

（三）建筑能耗的优化管理

1. 能耗管理原则

建筑物中的能量消耗是为人服务的，能耗管理要本着“以人为本”的原则来管理，不能为节能而节能。因此，能耗管理的核心是减少能量的浪费，尽可能提高能效（包括能量转换效率和能量利用效率），这是能耗管理的最基本原则。

能量利用效率主要与管理水平有关，能量转换效率与技术因素有关。无论提高哪种效率，都会减少终端能量的使用，从而达到明显的节能效果。

终端能量使用的效率是沿着能量转换链的三种效率相乘而得到的：

（1）初级能量（煤、油）转换成二次能量（电）的转换效率；

（2）输送二次能量从转换点到终端用户的传输效率；

（3）转换二次能量到能量服务终端的使用效率。

多数仅注重前两种效率：转换（包括提取初级能量和把初级能量转换成二次能量）和传输。把三种效率考虑在一起，对能源的最终有效使用和原始能源的分流进行比较，可以看出提高能源使用效率的最大潜能所在。因为沿着能源转换链，各转换效率是相乘的关系。虽然能源链上各个环节的节能同等重要，但下游的节能，即最接近能源最终使用环节的节能是最重要的。终端能量使用效率的提高，可以以最少的投资、在最短的时间内取得最大的效率。因此，为了最大限度节约原始能源和投资成本，有效的方法是从能源转换链的下游开始减少能量需求。

2. 能耗优化管理

进行能耗优化管理的前提需要获得建筑正常工作时的能量消耗数据，除能耗检测，还需要对能量的使用进行必要的审计。

1）能量审计的主要内容

（1）建筑物围护结构审计：测出建筑围护结构的能耗损失，如建筑围护结构绝热程度差所引起的能耗。

（2）功能审计：确定特殊功能所需的总能量和确认节能的潜力。功能审计包括供热、制冷、通风、照明、电气设备等。

（3）过程审计：确定每个处理功能所需的总能量和确认节能的潜力。包括机械装置、制热、通风处理、空气处理和锅炉等。

2)能量审计的类型

根据收集信息的详细程度,能量审计可分为三种类型:预审计、具体审计和计算模拟审计。

(1)预审计:巡回检查每个系统,包括分析能耗量和能耗数据估算,与相同类型工业设备的能耗均值或基准值进行比较。通过实际运行和维护状况的改进,形成具有节能潜力的初步列表。如果表中显示有较大的节能潜力,这些预审计的信息也可以被用于更详细的审计。

(2)具体审计:通过对现场设备、系统的特性分析以及现场测试和更详细的计算,对已经量化的能耗进行损失审计。分析基于每个系统的改进效率和节省的能量。一般还包括在经济分析基础上推荐的节能方案。

(3)计算机模拟审计:常用于复杂设备或系统。审计包括更详细的功能能耗和更复杂耗能方式的评估。计算机仿真软件被用于预测建筑系统的性能和当天气等其他环境变化时的统计,其目标是建立一个与实际设备能耗相一致的对比基数。审计者将改进不同系统的效率并估量其与基数相对应的效果。这种方法还考虑到系统之间的相互作用,以防止过高评估节能的效果。

通过能量审计估算出整个建筑物和系统的能量传输效率及能量利用效率。首先通过测量仪器检测出系统产生的能耗,根据不同的能源种类进行分类,计算出各系统产生能量的效率,提出节能的可行性。

根据审计的结果确定可以节省的能量来源和数量,以人工或自动方式管理能量的使用与调度。有条件的建筑应将建筑的环境因素(温、湿度)也作为能量的一部分进行管理,从而达到最优化的节能效果。

确定能量的转换效率后,根据获得的结果对相应的设备进行改造,以获得更优的转换效率。能量管理更多体现在提高能量利用效率上,根据能量审计获得能量利用效率后,对能量利用效率低的部门和系统,可通过减少能量供给、调整能量供给模式或改变部门或系统的运行模式来达到节能目的。

第四节　一般项目

监测与控制系统的可靠性、实时性、可维护性等系统性能检测,是实现建筑工程节能的重要保证。监测与控制系统性能检测内容见表13-4。监测与控制系统性能检测要求见表13-5。

表 13-4 监测与控制系统性能检测内容

序号	项 目	要 求	备 注
1	控制设备	控制设备的有效性符合设计要求 执行器动作应与控制系统的命令一致 控制系统性能稳定应符合设计要求	检测内容在建筑设备监控系统的验收中完成，进行建筑节能工程检测验收时，以复核已有的检测结果为主，故列为一般项目
2	控制系统	采样速度、操作响应时间、报警反应速度应符合设计要求	
3	冗余设备	故障检测正确性及其切换时间和切换功能应符合设计要求	
4	应用软件	在线编程(组态)、参数修改、下载功能、设备及网络通信故障自检测功能应符合设计要求	
5	控制器	数据存储能力和所占存储容量应符合设计要求	
6	故障检测与诊断系统	报警和显示功能应符合设计要求	
7	设备操作	设备启动和停止功能及状态显示正确	
8	被控设备	顺序控制和连锁功能应可靠	
9	命令冲突检测功能	应具备自动控制/远程控制/现场控制模式下的命令冲突检测功能	
10	人机界面及可视化	人机界面及可视化检查	

表 13-5 监测与控制系统性能检测要求

序号	项 目	要 求
1	系统可靠性检测	系统运行时，启动或停止现场设备，不应出现数据错误或产生干扰，影响系统工作情况，工作正常为合格，否则为不合格。 切断系统电网电源，转为 UPS 供电时，系统运行不得中断；切换时系统工作正常为合格，否则为不合格。 中央站冗余主机自动投入时，系统运行不得中断；切换时系统工作正常为合格，否则为不合格
2	系统实时性检测	采样速度、系统响应时间应满足合同技术文件与设备工艺性能指标的要求；抽样 10% 且不少于 10 台，少于 10 台时全部检测，合格率 90% 及以上时为检测合格。 报警信号响应速度应满足合同技术文件与设备工艺性能指标的要求；抽样 20% 且不少于 10 台，少于 10 台时全部检测，合格率 100% 时为检测合格
3	系统可维护性检测	应检测应用软件的在线编程(组态)和修改功能，在中央站或现场进行控制器或控制模块应用软件的在线编程程序(组态)、参数修改及下载，全部功能得到验证为合格，否则为不合格。 设备、网络通信故障的自检测功能，自检必须指示出相应设备的名称和位置，在现场设置设备故障和网络故障，在中央站或观察结果显示和报警，输出结果正确且故障报警准确者为合格，否则为不合格

第五节　验收记录

监测与控制检验批、分项工程质量主控项目验收记录见表13-6。监测与控制检验批、分项工程质量一般项目验收记录见表13-7。

表13-6　监测与控制检验批、分项工程质量主控项目验收记录

工程名称			分项工程名称		验收部位	
施工单位				专业工长	项目经理	
施工执行标准名称及编号						
分包单位				分包项目经理	施工班组长	
验收规范规定					施工单位检查评定记录	监理（建设）单位验收记录
主控项目	1	进场材料	质量文件	第13.2.1条		
			外观检查			
	2	系统安装质量	传感器	第13.2.2条		
			仪表、阀门			
			温度设定器			
	3	节能监控系统		第13.2.3条		
	4	空调与采暖监控系统	控制与故障报警功能	第13.2.4条		
	5	通风与空调监控系统	控制与故障报警功能	第13.2.5条		
	6	监测与计量装置		第13.2.6条		
	7	供配电	监测与数据采集系统	第13.2.7条		
	8	照明	自动控制系统	第13.2.8条		
	9	综合控制系统	建筑能源系统的协调控制	第13.2.9条		
			采暖、通风与空调系统的优化监控			

续表 13-6

	10	建筑能源管理系统	能耗数据采集与分析功能	第 13.2.10 条		
			设备管理和运行管理功能			
			优化能源调度功能			
			数据集成功能			
施工单位检查评定结果				项目专业质量检查员： （项目技术负责人）　　　　年　月　日		
监理（建设）单位验收结论				监理工程师： （建设单位项目专业技术负责人）　　　　年　月　日		

表 13-7　监测与控制检验批、分项工程质量一般项目验收记录

工程名称		分项工程名称		验收部位		
施工单位			专业工长		项目经理	
施工执行标准名称及编号						
分包单位			分包项目经理		施工班组长	
验收规范规定				施工单位检查评定记录	监理（建设）单位验收记录	
一般项目	1	检测监测与控制系统	可靠性	第 13.3.1 条		
			实施性			
			可维护性			
施工单位检查评定结果				项目专业质量检查员： （项目技术负责人）　　　　年　月　日		
监理（建设）单位验收结论				监理工程师： （建设单位项目专业技术负责人）　　　　年　月　日		

第十四章　建筑节能工程现场检验

第一节　《规范》原文

14.1　围护结构现场实体检验

14.1.1　建筑围护结构施工完成后，应对围护结构的外墙节能构造和严寒、寒冷、夏热冬冷地区的外窗气密性进行现场实体检测。当条件具备时，也可直接对围护结构的传热系数进行检测。

14.1.2　外墙节能构造实体检验方法见附录C。其检验目的是：

(1)验证墙体保温材料的种类是否符合设计要求；

(2)验证保温层厚度是否符合设计要求；

(3)检查保温层构造做法是否符合设计和施工方案要求。

14.1.3　严寒、寒冷、夏热冬冷地区的外窗现场实体检测应按照国家现行有关标准的规定执行。其检验目的是验证建筑外窗气密性是否符合节能设计要求和国家有关标准的规定。

14.1.4　外墙节能构造和外窗气密性的现场实体检验，其抽样数量可以在合同中约定，但合同中约定的抽样数量不应低于《规范》的要求。当无合同约定时应按照下列规定抽样：

(1)每个单位工程的外墙至少抽查3处，每处1个检查点；当一个单位工程外墙有2种以上节能保温做法时，每种节能做法的外墙应抽查不少于3处；

(2)每个单位工程的外窗至少抽查3樘。当一个单位工程外窗有2种以上品种、类型和开启方式时，每种品种、类型和开启方式的外窗应抽查不少于3樘。

14.1.5　外墙节能构造的现场实体检验应在监理(建设)人员见证下实施，可委托有资质的检测机构实施，也可由施工单位实施。

14.1.6　外窗气密性的现场实体检测应在监理(建设)人员见证下抽样，委托有资质的检测机构实施。

14.1.7　当对围护结构的传热系数进行检验时，应由建设单位委托具备检测资质的检测机构承担；其检测方法、抽样数量、检测部位和合格判定标准等可在合同中约定。

14.1.8　当外墙节能构造或外窗气密性现场实体检验出现不符合设计要求和标准规定的情况时，应委托有资质的检测机构扩大一倍数量抽样，对不符合设计要求的项目或参数再次检验。仍然不符合要求时应给出“不符合设计要求”的结论。

对于不符合设计要求的围护结构节能构造应查找原因，对因此造成的对建筑节能的影响程度进行计算或评估，采取技术措施予以弥补或消除后重新进行检测，合格后方可通过验收。

对于建筑外窗气密性不符合设计要求和国家现行标准规定的，应查找原因进行修理，使其达到要求后重新进行检测，合格后方可通过验收。

14.2 **系统节能性能检测**

14.2.1 采暖、通风与空调、配电与照明工程安装完成后，应进行系统节能性能的检测，且应由建设单位委托具有相应检测资质的检测机构检验并出具报告。受季节影响未进行的节能性能检测项目，应在保修期内补做。

14.2.2 采暖、通风与空调、配电与照明系统节能性能检测的主要项目及要求见表14-1，其检测方法应按国家现行有关标准规定执行。

表14-1 系统节能性能检测主要项目及要求

序号	检测项目	抽样数量	允许偏差或规定值
1	室内温度	居住建筑每户抽测卧室或起居室1间，其他建筑按房间总数抽测10%	冬季不得低于设计计算温度2℃，且不应高于1℃；夏季不得高于设计计算温度2℃，且不应低于1℃
2	供热系统室外管网的水力平衡度	每个热源与换热站均不少于1个独立的供热系统	0.9~1.2
3	供热系统的补水率	每个热源与换热站均不少于1个独立的供热系统	0.5%~1%
4	室外管网的热输送效率	每个热源与换热站均不少于1个独立的供热系统	≥0.92
5	各风口的风量	按风管系统数量抽查10%，且不得少于1个系统	≤15%
6	通风与空调系统的总风量	按风管系统数量抽查10%，且不得少于1个系统	≤10%
7	空调机组的水流量	按系统数量抽查10%，且不得少于1个系统	≤20%
8	空调系统冷热水、冷却水总流量	全数	≤10%
9	平均照度与照明功率密度	按同一功能区不少于2处	≤10%

14.2.3 系统节能性能检测的项目和抽样数量也可以在工程合同中约定，必要时可增加其他检验项目，但合同中约定的检测项目和抽样数量不应低于《规范》的规定。

第二节 概 述

本章是建筑节能工程施工质量验收前最后一章，共11条，专门叙述建筑节能工程现场检验的要求。由于不同专业的现场检验方法和要求差异较大，分两部分进行阐述。

第一部分“围护结构现场实体检验”，规定建筑节能工程验收前必须进行两项围护结构现场实体检验。一是“外墙节能构造”现场实体检验，二是严寒、寒冷和夏热冬冷地区的“外窗气密性”现场实体检测。“围护结构现场实体检验”目的在于验证保温层厚度、墙体节能构造做法及外窗气密性是否符合节能设计要求。本章详细地给出了抽样检验数量、检验方法、检测单位资质和见证要求、检验判定及弥补措施的规定。为了与外墙节能构造实体检验相配套，附录C给出钻芯检验外墙节能构造的方法要求。此外，给出必要时可以直接检测墙体的传热系数的规定。

第二部分"系统节能性能检测"，主要是对系统的节能性能进行检测，检测系统是否节能，而不是系统调试。检测必须由建设单位委托具有相应资质的第三方检测单位进行，而不能是施工方。

第三节 围护结构现场实体检验

一、检验的意义和项目

对已经完工的工程进行实体检验，是验证工程质量的有效手段之一。通常只对涉及安全或重要功能的部位采取实体检验验证方法。围护结构对于建筑节能意义重大，虽然在施工过程中采取了多种质量控制手段，进行了分层次的验收，但是其节能效果到底如何仍难确认。采取某种简便合理的方法对已完工程的节能效果抽取少量试样进行验证，就成为一种必要而且行之有效的手段。

围护结构对于建筑节能意义重大，对围护结构进行实体检验最直接的方法就是进行墙体的传热系数检测，但是由于检测技术的限制，检测条件、检测费用和检测周期均受到一定制约，不宜广泛采用。

围护结构施工完成后，在节能分部工程验收前，应对围护结构的外墙节能构造进行钻芯法检验。对于严寒、寒冷、夏热冬冷地区的外窗，进行现场已完成安装的实体外窗的气密性检测。当检测的环境条件（主要指室内外温差）、检测的周期条件（验收时间上允许）、检测方法、费用条件（各方取得一致意见）等检测条件具备时，可以直接对围护结构的传热系数进行检测。

二、检验的目的和方法

（一）外墙节能构造现场实体检验目的和方法

外墙节能构造现场实体检验工作应该围绕检验目的进行，检验单位出具的报告应该按照检验目的给出相应的检验结果。具体检验目的和方法见表14-2。

（二）外窗气密性现场实体检测的目的和方法

严寒、寒冷、夏热冬冷地区的外窗现场实体检测按照国家标准《建筑外窗气密性能分级及检测方法》（GB/T7107—2002）执行。其目的是验证建筑外窗气密性是否符合节能设计要求和国家标准的规定。

外窗气密性的实体检验，是指对已经完成安装的外窗在其使用位置进行的测试。检验实际上是在外窗质量已经进场验收合格的基础上，检验外窗的安装（含组装）质量以及外窗产品质量是否真正合格。

表 14-2　外墙节能构造现场实体检验目的和方法

序号	项　目	检验目的	检验方法
1	保温材料种类	验证保温材料的种类是否符合设计要求	采用对所钻取芯样观察的方法,仔细观察芯样中保温材料的外观,判断材质类型是否符合设计要求。当难以判断或有疑问时,可以进一步采取物理或化学等方法辅助判断
2	保温材料厚度	验证保温层厚度是否符合设计要求	采用钢尺直接从芯样上量取,精确到 1 mm
3	保温层构造做法	检查保温层构造做法是否符合设计和施工方案要求	对照设计和施工方案观察芯样进行判断,如果加强网、界面处理剂等层的做法难以确认时,可采用放大镜观察或剖开检查

三、检验的抽样数量

现场实体检验有两种确定抽样数量的方法:一种是可以在合同中约定,另一种是《规范》规定的最低数量。最低数量是一个单位工程每项实体检验最少抽查 3 个试件(3 个点、3 樘窗)。实际上,少量的抽样不足以进行质量评定或工程验收,因此实体检验只是一种验证。建立在过程控制的基础上,以极少的抽样来对工程质量进行验证。验证对造假者能够构成威慑,对合格质量则毫无影响。由于抽样少,经济负担相对较轻。

外墙抽样为一个单位工程至少抽查 3 处。当有两种以上节能保温做法时,每种做法至少抽查 3 处。外窗抽样为一个单位工程至少抽查 3 樘。当有两种以上外窗时,每种外窗至少抽查 3 樘。

外窗不同品种指窗框的主要制作材料不同,如金属窗、塑料窗、木窗等。外窗不同类型指窗的构造不同,如单层窗、双层窗、中空玻璃等;外窗采用普通玻璃、镀膜玻璃等。窗的开启方式指平开窗、推拉窗、立转窗、上悬窗、中悬窗等。

四、检验的实施和见证单位

(一)外墙节能构造现场实体检验的实施和见证单位

考虑到围护结构的现场实体检验是采用钻芯法验证其节能保温构造做法,操作简单,需要使用试验仪器和复杂设备,而且复现性较好,为方便施工,故规定现场实体检验在监理(建设)人员见证下,可以委托有资质的检测单位承担,也可以由施工单位自行实施,但是不应由项目部而应由其上级施工单位实施。

(二)外窗节能构造现场实体检验的实施和见证单位

考虑到外窗气密性检验操作较复杂,需要使用整套试验仪器,结果分析也需要一定的技术知识,施工单位难以完成,故与外墙节能构造的现场实体检验不同,承担外窗气密性现场实体检验的单位应该是有资质的检测机构。检测应在监理(建设)人员见证下实施,以确保结论的公正性。

在施工现场检测外窗气密性,其原理与实验室检测相同,采用的分级指标、试验标准也相同。所不同的仅仅是现场条件的差别。现场试验过程中，检测单位应严格按照相关标准的要求操作，保证试验结果的复现性。

（三）围护结构传热系数检测的实施单位

墙体和外窗的现场实体检验，是每个工程节能验收前应当进行的一项验证。方法相对简单，实施比较方便。需要直接对围护结构的传热系数进行测试的3种情况见表14-3。

表14-3　需要直接测试围护结构传热系数的情况

序号	情　况
1	现场实体检验出现不符合要求的情况
2	有证据显示节能工程质量可能存在某些严重问题
3	出于某种原因需要直接得到围护结构的传热系数

为了得出更为真实可靠的结论，当具备检测条件时，可以直接对围护结构的传热系数进行检测。对传热系数进行检测，应由建设单位委托具备检测资质的检测机构承担。考虑到检测技术的现状和各种情况的复杂性，应统一规定检测方法和抽样数量。其检测方法、抽样数量、检测部位和合格判定标准以及是否需要见证等可在合同中约定或由各方协商决定。

目前检测围护结构传热系数主要有热流计法和热箱法两类方法。其中热箱法主要用于实验室测量外墙、屋面和外窗的传热系数；而现场测量传热系数主要采用热流计法，热流计法是目前国内外较为成熟的现场检测方法，已得到普遍应用。

热流计法主要采用热流计、热电偶在现场检测被测围护结构的热流量和其内、外表面温度，在被测部位布置热流计，在热流计周围的内外表面布置热电偶，通过导线把所测试的各部分连接起来，将信号直接输入计算机数据处理，可得出热流值及温度值。当传热过程稳定后，开始计量，并计算出围护结构的传热系数，从而判断建筑物是否达到节能标准要求。

五、非正常验收

《建筑工程施工质量验收统一标准》（GB50300—2001）对第一次验收未能符合规范要求质量的情况做出具体规定。在保证最终质量的前提下，给出非正常验收的4种形式，见表14-4。

表14-4　建筑工程非正常验收基本规定

序号	项　目	内　容
1	返工更换验收	经返工重做或更换材料、设备的检验批，应重新进行验收
2	检测鉴定验收	经有资质的检测单位检测鉴定，能够达到设计要求的检验批，应予以验收
3	设计复核验收	经有资质的检测单位检测鉴定达不到设计要求，但经原设计单位核算，认为能够满足安全和使用功能的检验批，可予以验收
4	加固处理验收	经返修加固处理的分项工程，虽改变外形尺寸，但仍能满足安全要求的检验批，可按技术处理方案和协商文件进行验收

基于建筑节能工程的特殊性,《规范》对建筑节能工程现场实体检验非正常验收提出了具体要求。

(一)再次检验验收

当现场实体检验出现不符合要求的情况时,显示节能工程质量可能存在问题。为得出更为真实可靠的结论,考虑到实体检验的抽样数量太少,可能缺乏代表性,故不宜立即下结论,而应委托有资质的检测单位再次检验。而且为了增加抽样的代表性,应扩大一倍数量再次抽样。再次检验只需要对不符合要求的项目或参数检验,不必对已经符合要求的参数再次检验。如果再次检验仍然不符合要求时,则应给出“不符合要求”的结论。

(二)弥补修理验收

对于不符合设计要求的围护结构外墙节能构造应查找原因,对因此造成的对建筑节能的影响程度进行计算或评估,采取技术措施予以弥补或消除后重新进行检测,合格后方可通过验收。

对于建筑外窗气密性不符合设计要求和国家现行标准规定的,应查找原因进行修理,使其达到要求后重新进行检测,合格后方可通过验收。

第四节　系统节能性能检测

一、检测的目的和机构

系统节能性能检测规定的内容与第十一章第一节《规范》原文第11.2.11条空调与采暖系统冷热源和辅助设备及其管道和管网系统试运转和调试规定的内容有本质的区别。同样是检测,检测对象一样,但涵义不同。第11.2.11条是施工过程检测,目的是检验施工安装完成后,与设计要求的结果是否一致。

系统节能性能检测是在系统试运转和调试检验完成的基础上,主要是对系统的节能性能进行检测,检测系统是不是节能的,而不是系统调试,必须由专业检测机构完成。所以,采暖、通风与空调及冷热源、配电与照明工程完成后,应由建设单位委托具有相应资质的第三方检测单位进行,而不是施工单位。受季节影响未进行的节能性能检测项目,应在保修期内进行。

二、检测的主要项目及要求

采暖、通风与空调、配电与照明系统节能性能检测的主要项目及要求见表14-1,其检测方法应按照《采暖居住建筑节能检测标准》(JGJ132—2001)和《通风与空调工程施工质量验收规范》(GB50243—2002)等国家标准和规范的规定执行。

表14-1中序号1~8的检测项目是《规范》第9~11章中强制性条文规定的在室内空调与采暖系统及其冷热源和管网工程竣工验收时所必须进行的试运转及调试内容。为了保证工程的节能效果,对于表14-1中所规定的某个检测项目如果在工程竣工验收时可能会因受某种条件的限制(如采暖工程不在采暖期竣工或竣工时热源和室外管网工程还没有安装完毕等)而不能进行时,施工单位与建设单位应在工程(保修)合同中对该检测项

目做出延期补做试运转及调试的约定。

三、检测项目和抽样数量的规定

系统节能性能检测项目和抽样数量可以在工程合同中约定，必要时可增加其他检测项目，但合同中约定的检测项目和抽样数量不应低于表 14-1 中规定要求，即使合同中没有约定，也必须执行。由建设单位完成并督促施工方认真执行。

第十五章　建筑节能分部工程质量验收

第一节　《规范》原文

15.0.1　建筑节能分部工程的质量验收，应在检验批、分项工程全部验收合格的基础上，进行外墙节能构造实体检验，严寒、寒冷和夏热冬冷地区的外窗气密性现场检测，以及系统节能性能检测和系统联合试运转与调试，确认建筑节能工程质量达到验收条件后方可进行。

15.0.2　建筑节能工程验收的程序和组织应遵守《建筑工程施工质量验收统一标准》(GB50300—2001)的要求，并应符合下列规定：

(1)节能工程的检验批验收和隐蔽工程验收应由监理工程师主持，施工单位相关专业的质量检查员与施工员参加；

(2)节能分项工程验收应由监理工程师主持，施工单位项目技术负责人和相关专业的质量检查员、施工员参加；必要时可邀请设计单位相关专业人员参加；

(3)节能分部工程验收应由总监理工程师(建设单位项目负责人)主持，施工单位项目经理、项目技术负责人和相关专业的质量检查员、施工员参加；施工单位的质量或技术负责人应参加；设计单位节能设计人员应参加。

15.0.3　建筑节能工程的检验批质量验收合格，应符合下列规定：

(1)检验批应按主控项目和一般项目验收；

(2)主控项目应全部合格；

(3)一般项目应合格；当采用计数检验时，至少应有90%以上的检查点合格，且其余检查点不得有严重缺陷；

(4)应具有完整的施工操作依据和质量验收记录。

15.0.4　建筑节能分项工程质量验收合格，应符合下列规定：

(1)分项工程所含的检验批均应合格；

(2)分项工程所含检验批的质量验收记录应完整。

15.0.5　建筑节能分部工程质量验收合格，应符合下列规定：

(1)分项工程应全部合格；

(2)质量控制资料应完整；

(3)外墙节能构造现场实体检验结果应符合设计要求；

(4)严寒、寒冷和夏热冬冷地区的外窗气密性现场实体检测结果应合格；

(5)建筑设备工程系统节能性能检测结果应合格。

15.0.6　建筑节能工程验收应对下列资料核查，并纳入竣工技术档案：

(1)设计文件、图纸会审记录、设计变更和洽商；

(2)主要材料、设备和构件的质量证明文件、进场检验记录、进场核查记录、进场复验报告、见证试验报告；

(3)隐蔽工程验收记录和相关图像资料；

(4)分项工程质量验收记录；必要时应核查检验批验收记录；

(5)建筑围护结构节能构造现场实体检验记录；

(6)严寒、寒冷和夏热冬冷地区外窗气密性现场检测报告；

(7)风管及系统严密性检验记录；

(8)现场组装的组合式空调机组的漏风量测试记录；

(9)设备单机试运转及调试记录；

(10)系统联合试运转及调试记录；

(11)系统节能性能检验报告；

(12)其他对工程质量有影响的重要技术资料。

15.0.7 建筑节能工程分部、分项工程和检验批的质量验收表见附录 B。

(1)分部工程质量验收表见附录 B 中表 B.0.1；

(2)分项工程质量验收表见附录 B 中表 B.0.2；

(3)检验批质量验收表见附录 B 中表 B.0.3。

第二节 概 述

本章是《规范》最后一章，共 7 条，其中强制性条文 1 条。提出建筑节能分部工程质量验收的各项要求，包括对验收条件、程序与组织、合格标准、验收前资料核查、验收记录格式等做出具体规定。

一、验收前提条件

《建筑工程施工质量验收统一标准》(GB50300—2001)中给出建筑工程任何一个分部工程质量达到可以进行验收的两个前提条件。第一个条件是分部工程验收合格的基础，所属的检验批和分项工程质量均无问题，验收都应当达到合格，否则没有必要进行分部工程验收。第二个条件是对第一个条件的验证，应通过数项实体检验证实第一个条件的可靠性。只有达到上述两个条件后再进行分部工程验收才是有意义的。

建筑节能分部工程质量验收的条件与《建筑工程施工质量验收统一标准》(GB50300—2001)完全一致，建筑节能分部工程质量验收的两个前提条件见表 15-1。

二、验收程序和组织的规定

建筑节能工程验收程序和组织的具体规定与《建筑工程施工质量验收统一标准》(GB50300—2001)一致。建筑节能分部工程验收应由监理方主持，会同参与工程建设各方共同进行。对于没有实施监理的工程，应由建设单位项目负责人主持。验收的程序是依次进行检验批、分项、分部工程的验收并应全部达到合格，然后进行实体检验，通过墙体节能构造实体检验、外窗气密性现场检测、系统节能性能检测和系统联合试运转与调试，确认节能分部工程质量达到设计要求和《规范》规定的合格水平。

建筑节能工程质量验收组织及参加人员见表15-2。

表15-1 建筑节能分部工程质量验收的前提条件

序号	前提条件	内容
1	验收基础	检验批应验收合格； 分项工程应验收合格
2	实体检验验证	外墙体节能构造实体检验； 严寒、寒冷和夏热冬冷地区外窗气密性现场检测； 系统节能性能检测； 系统联合试运转与调试

表15-2 建筑节能工程质量验收组织及参加人员

序号	工程	主持	参加人员
1	检验批	监理工程师	施工单位相关专业的质量检查员与施工员
2	分项工程	监理工程师	施工单位项目技术负责人和相关专业的质量检查员、施工员；必要时可邀请设计单位相关专业的人员
3	分部工程	总监理工程师 （建设单位项目负责人）	施工单位项目经理、项目技术负责人和相关专业的质量检查员、施工员；施工单位的质量或技术负责人；设计单位节能设计人员

第三节 质量验收合格的规定

一、检验批质量验收合格的规定

建筑节能工程检验批验收合格的基本规定与《建筑工程施工质量验收统一标准》（GB50300—2001）和各专业工程施工质量验收规范保持一致，包括以下4部分内容：

（1）检验批应按主控项目和一般项目验收。

（2）主控项目应全部合格。

（3）一般项目90%以上合格且没有严重缺陷。一般项目的验收不能作为可有可无的验收内容，验收时要求一般项目应合格。当发现不合格情况时，应进行返工修理。只有当难以修复且采用计数检验的验收时，至少有90%以上的检查点合格，同时规定其余10%的不合格点不得有严重缺陷。严重缺陷是指明显影响使用功能，造成功能上的缺陷或降低使用功能。

（4）应具有完整的施工操作依据和质量验收记录。

二、分项工程质量验收合格的规定

建筑节能工程分项工程质量验收合格的基本规定与《建筑工程施工质量验收统一标准》(GB50300—2001)和各专业工程施工质量验收规范保持一致。

建筑节能工程应按照分项工程进行验收。当建筑节能分项工程的工程量较大时,可以将分项工程划分为若干个检验批进行验收。也就是说,建筑节能工程既可以直接按照分项工程进行验收,也可以按检验批验收。《规范》各章的要求都是针对分项工程设置的。因此,一个工程的节能验收,是按分项直接验收还是划分为检验批验收要根据具体情况决定。如果按分项直接验收,则合格条件包括两项内容:

(1)分项工程的质量应合格。可详细表述为主控项目应全部合格,一般项目 90% 以上合格且没有严重缺陷。

(2)分项工程的质量验收记录应完整。

三、分部工程质量验收合格的规定

建筑节能工程作为一个独立的分部工程进行验收,单位工程竣工验收应在建筑节能分部工程验收合格的基础上进行。建筑节能分部工程质量验收合格的规定属于强制性条文,建筑节能分部工程验收合格的 5 项规定可以归纳为 3 类。

(一)所包含的各分项工程质量合格

一个分部工程是由多个分项工程组成的,因此分部工程要合格,它所包含的各个分项工程质量都应当合格。

(二)质量控制资料合格

实体质量合格是依靠各种资料加以证明的。仅从外观很难看出内在质量,如材料的导热系数、墙体的热工缺陷、外窗的气密性能等。因此,内部质量主要依靠技术资料来加以证明。

(三)规定的各项实体检验合格

考虑到节能的重要性,增加实体检验是十分必要的。因为在分层次验收已经合格的基础上,对主要节能构造、性能等进行现场实体检验,可以更真实地验证各层次验收的可靠性,反映该工程的节能效果。因此,多项现场实体检验合格是建筑节能分部工程验收合格的前提。

由于建筑设备工程是建筑耗能、创造良好环境的主要源头,如果达不到性能要求,则耗能大、实现不了设备应该发挥的功能要求。因此,对建筑设备工程系统调试后节能性能的检测合格是建筑节能分部工程验收合格的前提。

第四节　验收资料与记录

一、工程验收技术资料

建筑节能工程验收时需要整理和查验的各种主要资料共 12 种,涉及各个专业。资料在节能工程施工中应该随时加以收集和整理，不应在分部工程验收之前临时整理和追补。验收合格后，这些工程验收技术资料应纳入竣工技术档案。12 种验收资料内容见表 15-3。

表 15-3 建筑节能工程验收技术资料内容

序号	内容	说明
1	设计文件、图纸会审记录、设计变更和洽商	所有设计文件，包括容易被忽略的设计说明、设计交底（交底文件或交底记录）、采用的重复使用图集
2	主要材料、设备、构件的质量证明文件、进场检验记录、进场核查记录、进场复验报告、见证试验报告	包括厂家提供的材料、设备质量证明文件，进口产品的商检证明，进场检验验收记录，抽样记录、见证记录与复验报告
3	隐蔽工程验收记录和相关图像资料	《规范》各章列出需要验收的主要隐蔽工程，验收时应加以对照，不使遗漏
4	分项工程质量验收记录；必要时应核查检验批验收记录	根据工程具体情况，首先应弄清是直接对分项工程验收还是划分为检验批进行验收。然后核查验收记录。主要检查填写的内容是否齐全，签字是否齐全有效
5	建筑围护结构节能构造现场检验记录	对照设计核查检测记录，核查墙体保温材料的种类、厚度、构造做法是否符合设计要求
6	严寒、寒冷和夏热冬冷地区外窗气密性现场检测报告	检查现场检验报告的内容和结论是否符合要求；报告的签发、印章、标识等是否正确；审查承担监测任务的检测机构是否具备相应资质
7	风管及系统严密性检验记录	对照设计核查检测记录，核查风管及系统严密性是否符合设计要求
8	现场组装的组合式空调机组的漏风量测试记录	对照设计核查检测记录，核查组合式空调的漏风量是否符合设计要求
9	设备单机试运转及调试记录	设备单机试运转及调试记录结果是否符合设计要求
10	系统联合试运转及调试记录	核查系统联合试运转及调试记录结果是否符合设计要求
11	系统节能性能检验报告	核查系统节能性能主要检测项目是否符合要求
12	其他对工程质量有影响的重要技术资料	核查其他对工程质量有影响的重要技术资料

二、工程质量验收表

建筑节能工程分部、分项工程和检验批的质量验收表应有记录格式，记录格式可以参照附录 B。在使用验收表格时，应根据实际情况填写，并由验收人员本人签字表示承担责任。当节能工程按分项工程直接验收时，附录 B 中给出的表 B.0.2 可以省略，不必填写，使用表 B.0.3 即可。

附录

附录 A　建筑节能工程进场材料和设备的复验项目

A.0.1　建筑节能工程进场材料和设备的复验项目应符合表 A.0.1 的规定。

表 A.0.1　建筑节能工程进场材料和设备的复验项目

章号	分项工程	复验项目
4	墙体节能工程	(1)保温材料的导热系数、密度、抗压强度或压缩强度； (2)黏结材料的黏结强度； (3)增强网的力学性能、抗腐蚀性能
5	幕墙节能工程	(1)保温材料：导热系数、密度； (2)幕墙玻璃：可见光透射比、传热系数、遮阳系数、中空玻璃露点； (3)隔热型材：抗拉强度、抗剪强度
6	门窗节能工程	(1)严寒、寒冷地区：气密性、传热系数和中空玻璃露点； (2)夏热冬冷地区：气密性、传热系数、玻璃遮阳系数、可见光透射比、中空玻璃露点； (3)夏热冬暖地区：气密性、玻璃遮阳系数、可见光透射比、中空玻璃露点
7	屋面节能工程	保温隔热材料的导热系数、密度、抗压强度或压缩强度
8	地面节能工程	保温材料的导热系数、密度、抗压强度或压缩强度
9	采暖节能工程	(1)散热器的单位散热量、金属热强度； (2)保温材料的导热系数、密度、吸水率
10	通风与空调节能工程	(1)风机盘管机组的供冷量、供热量、风量、出口静压、噪声及功率； (2)绝热材料的导热系数、密度、吸水率
11	空调与采暖系统冷热源及管网节能工程	绝热材料的导热系数、密度、吸水率
12	配电与照明节能工程	电缆、电线截面和每芯导体电阻值

附录B 建筑节能分部、分项工程和检验批的质量验收表

B.0.1 建筑节能分部工程质量验收应按表B.0.1的规定填写。

表B.0.1 建筑节能分部工程质量验收

<table>
<tr><td>工程名称</td><td colspan="2"></td><td>结构类型</td><td></td><td>层 数</td><td></td></tr>
<tr><td>施工单位</td><td colspan="2"></td><td>技术部门负责人</td><td></td><td>质量部门负责人</td><td></td></tr>
<tr><td>分包单位</td><td colspan="2"></td><td>分包单位负责人</td><td></td><td>分包技术负责人</td><td></td></tr>
<tr><td>序号</td><td colspan="3">分项工程名称</td><td>验收结论</td><td>监理工程师签字</td><td>备注</td></tr>
<tr><td>1</td><td colspan="3">墙体节能工程</td><td></td><td></td><td></td></tr>
<tr><td>2</td><td colspan="3">幕墙节能工程</td><td></td><td></td><td></td></tr>
<tr><td>3</td><td colspan="3">门窗节能工程</td><td></td><td></td><td></td></tr>
<tr><td>4</td><td colspan="3">屋面节能工程</td><td></td><td></td><td></td></tr>
<tr><td>5</td><td colspan="3">地面节能工程</td><td></td><td></td><td></td></tr>
<tr><td>6</td><td colspan="3">采暖节能工程</td><td></td><td></td><td></td></tr>
<tr><td>7</td><td colspan="3">通风与空调节能工程</td><td></td><td></td><td></td></tr>
<tr><td>8</td><td colspan="3">空调与采暖系统冷热源及管网节能工程</td><td></td><td></td><td></td></tr>
<tr><td>9</td><td colspan="3">配电与照明节能工程</td><td></td><td></td><td></td></tr>
<tr><td>10</td><td colspan="3">监测与控制节能工程</td><td></td><td></td><td></td></tr>
<tr><td colspan="4">质量控制资料</td><td></td><td></td><td></td></tr>
<tr><td colspan="4">外墙节能构造现场实体检验</td><td></td><td></td><td></td></tr>
<tr><td colspan="4">外窗气密性现场实体检测</td><td></td><td></td><td></td></tr>
<tr><td colspan="4">系统节能性能检测</td><td></td><td></td><td></td></tr>
<tr><td colspan="4">验收结论</td><td></td><td></td><td></td></tr>
<tr><td colspan="4">其他参加验收人员</td><td></td><td></td><td></td></tr>
<tr><td rowspan="4">验收结论</td><td colspan="2">分包单位:</td><td colspan="4">项目经理: 年 月 日</td></tr>
<tr><td colspan="2">施工单位:</td><td colspan="4">项目经理: 年 月 日</td></tr>
<tr><td colspan="2">设计单位:</td><td colspan="4">项目负责人: 年 月 日</td></tr>
<tr><td colspan="2">监理(建设)单位:</td><td colspan="4">总监理工程师:
(建设单位项目负责人) 年 月 日</td></tr>
</table>

B.0.2　建筑节能分项工程质量验收汇总应按表 B.0.2 的规定填写。

表 B.0.2　____________分项工程质量验收汇总

工程名称			检验批数量		
设计单位			监理单位		
施工单位		项目经理		项目技术负责人	
分包单位		分包单位负责人		分包项目经理	

序号	检验批部位、区段、系统	施工单位检查评定结果	监理(建设)单位验收结论
1			
2			
3			
4			
5			
6			
7			
8			
9			
10			
11			
12			
13			
14			
15			

施工单位检查结论： 项目专业质量(技术)负责人： 年　月　日	验收结论： 监理工程师： (建设单位项目专业技术负责人) 年　月　日

B.0.3　建筑节能检验批、分项工程质量验收应按表 B.0.3 的规定填写。

表 B.0.3　__________检验批、分项工程质量验收　　　　　　编号：

<table>
<tr><td colspan="2">工程名称</td><td></td><td>分项工程名称</td><td></td><td>验收部位</td><td colspan="2"></td></tr>
<tr><td colspan="2">施工单位</td><td colspan="2"></td><td>专业工长</td><td></td><td>项目经理</td><td></td></tr>
<tr><td colspan="2">施工执行标准
名称及编号</td><td colspan="6"></td></tr>
<tr><td colspan="2">分包单位</td><td colspan="2"></td><td>分包项目经理</td><td></td><td>施工班组长</td><td></td></tr>
<tr><td colspan="4">验收规范规定</td><td colspan="2">施工单位检查评定记录</td><td colspan="2">监理（建设）单位验收记录</td></tr>
<tr><td rowspan="10">主
控
项
目</td><td>1</td><td></td><td>第　条</td><td colspan="2"></td><td colspan="2" rowspan="10"></td></tr>
<tr><td>2</td><td></td><td>第　条</td><td colspan="2"></td></tr>
<tr><td>3</td><td></td><td>第　条</td><td colspan="2"></td></tr>
<tr><td>4</td><td></td><td>第　条</td><td colspan="2"></td></tr>
<tr><td>5</td><td></td><td>第　条</td><td colspan="2"></td></tr>
<tr><td>6</td><td></td><td>第　条</td><td colspan="2"></td></tr>
<tr><td>7</td><td></td><td>第　条</td><td colspan="2"></td></tr>
<tr><td>8</td><td></td><td>第　条</td><td colspan="2"></td></tr>
<tr><td>9</td><td></td><td>第　条</td><td colspan="2"></td></tr>
<tr><td>10</td><td></td><td>第　条</td><td colspan="2"></td></tr>
<tr><td rowspan="4">一
般
项
目</td><td>1</td><td></td><td>第　条</td><td colspan="2"></td><td colspan="2" rowspan="4"></td></tr>
<tr><td>2</td><td></td><td>第　条</td><td colspan="2"></td></tr>
<tr><td>3</td><td></td><td>第　条</td><td colspan="2"></td></tr>
<tr><td>4</td><td></td><td>第　条</td><td colspan="2"></td></tr>
<tr><td colspan="3">施工单位检查
评定结果</td><td colspan="5">项目专业质量检查员：
（项目技术负责人）
年　月　日</td></tr>
<tr><td colspan="3">监理（建设）单位
验收结论</td><td colspan="5">监理工程师：
（建设单位项目专业技术负责人）
年　月　日</td></tr>
</table>

附录C　外墙节能构造钻芯检验方法

C.0.1　本方法适用于检验带有保温层的建筑外墙节能构造是否符合设计要求。

C.0.2　钻芯检验外墙节能构造应在外墙施工完工后，节能分部工程验收前进行。

C.0.3　钻芯检验外墙节能构造的取样部位和数量，应遵守下列规定：

(1)取样部位应由监理(建设)与施工双方共同确定，不得在外墙施工前预先确定。

(2)取样部位应选取节能构造有代表性的外墙上相对隐蔽的部位，并宜兼顾不同朝向和楼层；取样部位必须确保钻芯操作安全，且应方便操作。

(3)外墙取样数量为一个单位工程时，每种节能保温做法至少取3个芯样。取样部位宜均匀分布，不宜在同一房间外墙上取2个或2个以上芯样。

C.0.4　钻芯检验外墙节能构造应在监理(建设)人员见证下实施。

C.0.5　钻芯检验外墙节能构造可采用空心钻头，从保温层一侧钻取直径70 mm的芯样。钻取芯样深度为钻透保温层到达结构层或基层表面，必要时也可钻透墙体。当外墙的表面坚硬不易钻透时，也可局部剔除坚硬的面层后取芯钻样。但钻取芯样后应恢复原有外墙的表面装饰层。

C.0.6　钻取芯样时应尽量避免冷却水流入墙体内及污染墙面。从空心钻头中取出芯样时应谨慎操作，以保证芯样完整。当芯样严重破损难以准确判断节能构造或保温层厚度时，应重新取样检验。

C.0.7　对钻取的芯样，应按照下列规定进行检查：

(1)对照设计图纸观察、判断保温材料种类是否符合设计要求；必要时也可采用其他方法加以判断；

(2)用分度值为1 mm的钢尺，在垂直于芯样表面(外墙面)的方向上量取保温层厚度，精确到1 mm；

(3)观察或剖开检查保温层构造做法是否符合设计和施工方案要求。

C.0.8　在垂直于芯样表面(外墙面)的方向上实测芯样保温层厚度，当实测芯样厚度的平均值达到设计厚度的95%及以上且最小值不低于设计厚度的90%时，应判定保温层厚度符合设计要求。否则，应判定保温层厚度不符合设计要求。

C.0.9　实施钻取检验外墙节能构造的机构应出具检验报告。检验报告的格式可参照表C.0.1样式。检验报告至少包括下述内容：

(1)抽样方法、抽样数量与抽样部位；

(2)芯样状态的描述；

(3)实测保温层厚度，设计要求厚度；

(4)按照检验目的给出是否符合设计要求的检验结论；

(5)附有带标尺的芯样照片并在照片上注明每个芯样的取样部位；

(6)监理(建设)单位取样见证人的见证意见；

(7)参加现场检验的人员及现场检验时间；

(8)检测发现的其他情况和相关信息。

C.0.10　当取样检验结果不符合设计要求时，应委托具备检测资质的见证检测机构增加一倍数量再次取样检验。仍不符合设计要求时应判定围护结构节能构造不符合设计要求。此时应根据检测结果委托原设计单位或其他有资质的单位重新验算房屋的热工性能,提出技术处理方案。

C.0.11　外墙取样部位的修补,可采用聚苯板或其他保温材料制成的圆柱形塞填充并用建筑密封胶密封。修补后宜在取样部位挂贴注有“外墙节能构造检验点”的标志牌。

外墙节能构造钻芯检验报告见表 C.0.1。

表 C.0.1　外墙节能构造钻芯检验报告

<table>
<tr><td colspan="4" rowspan="3">外墙节能构造检验报告</td><td>报告编号</td><td colspan="2"></td></tr>
<tr><td>委托编号</td><td colspan="2"></td></tr>
<tr><td>检测日期</td><td colspan="2"></td></tr>
<tr><td colspan="2">工程名称</td><td colspan="5"></td></tr>
<tr><td colspan="2">建设单位</td><td></td><td>委托人/联系电话</td><td colspan="3"></td></tr>
<tr><td colspan="2">监理单位</td><td></td><td>检测依据</td><td colspan="3"></td></tr>
<tr><td colspan="2">施工单位</td><td></td><td>设计保温材料</td><td colspan="3"></td></tr>
<tr><td colspan="2">节能设计单位</td><td></td><td>设计保温层厚度</td><td colspan="3"></td></tr>
<tr><td rowspan="8">检测结果</td><td>检验项目</td><td colspan="2">芯样 1</td><td colspan="2">芯样 2</td><td>芯样 3</td></tr>
<tr><td>取样部位</td><td colspan="2">轴线/层</td><td colspan="2">轴线/层</td><td>轴线/层</td></tr>
<tr><td>芯样外观</td><td colspan="2">完整/基本完整/破碎</td><td colspan="2">完整/基本完整/破碎</td><td>完整/基本完整/破碎</td></tr>
<tr><td>保温材料种类</td><td colspan="2"></td><td colspan="2"></td><td></td></tr>
<tr><td>保温层厚度</td><td colspan="2">mm</td><td colspan="2">mm</td><td>mm</td></tr>
<tr><td>平均厚度</td><td colspan="5">mm</td></tr>
<tr><td>围护结构
分层做法</td><td colspan="2">1 基层;
2
3
4
5</td><td colspan="2">1 基层;
2
3
4
5</td><td>1 基层;
2
3
4
5</td></tr>
<tr><td>照片编号</td><td colspan="2"></td><td colspan="2"></td><td></td></tr>
<tr><td colspan="6">结论:</td><td>见证意见:
1 抽样方法符合规定;
2 现场钻芯真实;
3 芯样照片真实;
4 其他。
见证人:</td></tr>
<tr><td>批　准</td><td></td><td>审　核</td><td></td><td>检　验</td><td colspan="2"></td></tr>
<tr><td>检验单位</td><td colspan="3">(印章)</td><td>报告日期</td><td colspan="2"></td></tr>
</table>

附录D　进场材料复验项目采用的试验设备与标准

D.0.1　进场材料复验项目采用的试验设备与标准参见表D.0.1。

表D.0.1　进场材料复验项目采用的试验设备与标准

序号	材料名称	复验项目	检验标准	检验设备
1	保温隔热材料	导热系数	《绝热材料稳态热阻及有关特性的测定防护热板法》(GB/T10294—1998);《绝热材料稳态热阻及有关特性的测定热流计法》(GB/T10295—1998)	烘箱、导热系数测定仪
		密度	《泡沫塑料和橡胶表观密度(体积)的测定》(GB/T6343—1995)、《胶粉聚苯颗粒外墙外保温系统》(JG158—2004)、《无机硬制绝热制品试验方法密度、含水率及吸水率》(GB/T5486.3—2001)	烘箱、天平、游标卡尺
		抗压强度或压缩强度	《硬质泡沫塑料压缩试验方法》(GB/T8813—1988)、《胶粉聚苯颗粒外墙外保温系统》(JG158—2004)、《无机硬制绝热制品试验方法力学性能》(GB/T5486.2—2001)	压力试验机、游标卡尺
2	黏结材料	黏结强度	《外墙外保温工程技术规程》(JGJ144—2004)、《胶粉聚苯颗粒外墙外保温系统》(JG158—2004)、《膨胀聚苯板薄抹灰外墙外保温系统》(JG149—2003)	拉力试验机
3	增强网	力学性能	《耐碱玻璃纤维网格布》(JC/T841—1999);《镀锌钢丝网》(QB/T3897—1999)	拉力试验机
		抗腐蚀性能	《镀锌钢丝网》(QB/T3897—1999)	涂膜测厚仪
4	玻璃	可见光透射比	《建筑玻璃可见光透射比、太阳光直接透射比、太阳能总透射比、紫外线透射比及有关窗玻璃参数的测定》(GB/T2680—1994)	分光光度计
		遮阳系数	《公共建筑节能设计标准》(GB50189—2005)	游标卡尺、钢板尺
		中空玻璃露点	《中空玻璃》(GB/T11944—2002)	露点仪

续表 D.0.1

序号	材料名称	复验项目	检验标准	检验设备
5	隔热型材	拉伸强度	《铝合金建筑型材》(GB/T5237.6—2004)	万能材料试验机
		抗剪强度		
6	门窗	气密性	《建筑外窗气密性能分级及检测方法》(GB/T7107—2002)	建筑门窗三性检测仪
		传热系数	《建筑外窗保温性能分级及检测方法》(GB/T8484—2002)、《建筑外门保温性能分级及检测方法》(GB/T16729—1997)	建筑外窗保温性能检测仪
7	散热器	单位散热量	《采暖散热器热量测定方法》(GB/T13754—1992)	密闭小室散热器性能检测试验台
		金属热强度		
8	风机盘管	供冷量、供热量	《风机盘管机组》(GB/T19232—2003)	房间、风洞式、环路式空气焓值法测量装置
		风量出口静压功率		空气流量测量装置
		噪声		噪声测量室

附录 E　关于加强《建筑节能工程施工质量验收规范》宣贯、实施及监督工作的通知

各省、自治区建设厅，直辖市建委，新疆生产建设兵团建设局，各有关单位：

根据《国务院关于做好建设节约型社会近期重点工作的通知》(国发[2005]21 号)的要求，我部与国家质量监督检验检疫总局联合发布了《建筑节能工程施工质量验收规范》(GB50411—2007)(以下简称《规范》)，将于 2007 年 10 月 1 日起实行。为切实做好《规范》的宣贯、实施及监督工作，现将有关事项通知如下：

一、建筑节能标准是实现建筑节能的技术依据和基本准则，认真执行建筑节能标准是现阶段做好建筑节能工作的基本目标和要求。《规范》的发布实施，进一步完善了国家有关建筑节能的标准体系，不仅为建筑节能工程施工的质量验收提供统一的技术要求，也为落实建筑节能设计标准和有关建筑节能的要求提供了有力的技术保障和具有可操作性的技术手段，对强化建筑节能管理，保障建筑节能工程质量，实现建筑节能的目标和要求等，都具有重要的意义和作用。各地要把《规范》的宣贯、实施及监督工作作为贯彻落实科学发展观、加强依法行政和推进建筑节能的一项重要工作，加强领导，在建筑活动中认真贯彻执行。

二、加强宣贯培训是确保有关人员准确理解、掌握并贯彻实施《规范》的基本要求。各地要结合实际，制定具体的宣贯培训方案，有组织、有计划地开展形式多样的宣贯培训活动，争取年内对有关施工单位、监理单位、工程质量监督以及建筑节能管理机构的主要

管理人员和技术人员轮训一遍。参加《规范》培训人员的学时可计入个人继续教育学时。

三、各省、自治区、直辖市建设行政主管部门要加强对培训工作的领导和监督管理，切实提高培训质量，确保培训效果。要采取有效措施，防止出现以盈利为目的擅自举办宣贯班、研讨班、培训班等乱办班、乱收费等不良现象。

四、《规范》实施前，各省、自治区、直辖市建设行政主管部门的标准化管理机构，要按照《规范》的规定，对已批准发布的有关建筑节能施工质量验收的地方标准进行复审、修订或废止，并按照《工程建设地方标准化工作管理规定》的要求，报我部重新进行备案。对与《规范》规定不一致且没有重新备案的地方标准，自行废止，不得作为建筑节能工程施工或质量验收的依据。

五、《规范》实施后开工建设的民用建筑工程，以及已开工建设但建筑节能分部工程尚未开始实施的，应当严格按照《规范》的要求或相应的地方标准进行施工质量验收，不符合强制性条文规定或验收不合格的民用建筑工程，不得予以备案或交付使用，对《规范》实施前已开工建设且节能分部工程已开始施工的民用建筑工程，具备条件的，可以按照《规范》进行施工质量验收。

六、《规范》实施过程中，各地要严格按照《中华人民共和国节约能源法》、《建设工程质量管理条例》（国务院令第 279 号）、《民用建筑节能管理规定》（建设部令第 143 号）、《实施工程建设强制性标准监督规定》（建设部令第 81 号）等有关法律、法规的规定，明确责任，加强对建筑工程施工、监理、质量监督、验收等各环节实施《规范》的监督管理，确保《规范》的贯彻执行。

七、各省、自治区、直辖市建设行政主管部门应当根据本地区的具体情况，适时开展《规范》实施情况的专项检查或抽查活动。对不执行或不严格执行《规范》的情况，要视情节轻重予以通报批评、责令整改或依法进行处罚。

八、为确保《规范》宣贯培训的质量和效果，我部将于 2007 年 5 月下旬召开《规范》发布宣贯会议，并委托中国建筑科学研究院举办师资培训班，组织《规范》编写组成员集中进行讲解，为各地开展标准培训活动提供师资力量。各省、自治区、直辖市建设行政主管部门要根据本地区宣贯培训工作的需要，统一选派 5～10 名师资人员参加培训。发布宣贯会议和师资培训的具体安排另行通知。

中华人民共和国建设部办公厅

2007 年 5 月 14 日

附录 F　民用建筑节能管理规定

中华人民共和国建设部令第 143 号

《民用建筑节能管理规定》已于 2005 年 10 月 28 日经第 76 次部常务会议讨论通过，现予发布，自 2006 年 1 月 1 日起施行。

第一条　为了加强民用建筑节能管理，提高能源利用效率，改善室内热环境质量，根据《中华人民共和国节约能源法》、《中华人民共和国建筑法》、《建设工程质量管理条例》，制定本规定。

第二条　本规定所称民用建筑，是指居住建筑和公共建筑。

本规定所称民用建筑节能，是指民用建筑在规划、设计、建造和使用过程中，通过采用新型墙体材料，执行建筑节能标准，加强建筑物用能设备的运行管理，合理设计建筑围护结构的热工性能，提高采暖、制冷、照明、通风、给排水和通道系统的运行效率，以及利用可再生能源，在保证建筑物使用功能和室内热环境质量的前提下，降低建筑能源消耗，合理、有效地利用能源的活动。

第三条　国务院建设行政主管部门负责全国民用建筑节能的监督管理工作。县级以上地方人民政府建设行政主管部门负责本行政区域内民用建筑节能的监督管理工作。

第四条　国务院建设行政主管部门根据国家节能规划，制定国家建筑节能专项规划；省、自治区、直辖市以及设区城市人民政府建设行政主管部门应当根据本地节能规划，制定本地建筑节能专项规划，并组织实施。

第五条　编制城乡规划应当充分考虑能源、资源的综合利用和节约，对城镇布局、功能区设置、建筑特征、基础设施配置的影响进行研究论证。

第六条　国务院建设行政主管部门根据建筑节能发展状况和技术先进、经济合理的原则，组织制定建筑节能相关标准，建立和完善建筑节能标准体系；省、自治区、直辖市人民政府建设行政主管部门应当严格执行国家民用建筑节能有关规定，可以制定严于国家民用建筑节能标准的地方标准或者实施细则。

第七条　鼓励民用建筑节能的科学研究和技术开发，推广应用节能型的建筑、结构、材料、用能设备和附属设施及相应的施工工艺、应用技术和管理技术，促进可再生能源的开发利用。

第八条　鼓励发展下列建筑节能技术和产品：

（一）新型节能墙体和屋面的保温、隔热技术与材料；

（二）节能门窗的保温隔热和密闭技术；

（三）集中供热和热、电、冷联产联供技术；

（四）供热采暖系统温度调控和分户热量计量技术与装置；

（五）太阳能、地热等可再生能源应用技术及设备；

（六）建筑照明节能技术与产品；

（七）空调制冷节能技术与产品；

（八）其他技术成熟、效果显著的节能技术和节能管理技术。

鼓励推广应用和淘汰的建筑节能部品及技术的目录，由国务院建设行政主管部门制定；省、自治区、直辖市建设行政主管部门可以结合该目录，制定适合本区域的鼓励推广应用和淘汰的建筑节能部品及技术的目录。

第九条　国家鼓励多元化、多渠道投资既有建筑的节能改造，投资人可以按照协议分享节能改造的收益；鼓励研究制定本地区既有建筑节能改造资金筹措办法和相关激励政策。

第十条　建筑工程施工过程中，县级以上地方人民政府建设行政主管部门应当加强对建筑物的围护结构（含墙体、屋面、门窗、玻璃幕墙等）、供热采暖和制冷系统、照明和通风等电器设备是否符合节能要求的监督检查。

第十一条　新建民用建筑应当严格执行建筑节能标准要求，民用建筑工程扩建和改建时，应当对原建筑进行节能改造。

既有建筑节能改造应当考虑建筑物的寿命周期，对改造的必要性、可行性以及投入收益比进行科学论证。节能改造要符合建筑节能标准要求，确保结构安全，优化建筑物使用功能。

寒冷地区和严寒地区既有建筑节能改造应当与供热系统节能改造同步进行。

第十二条　采用集中采暖制冷方式的新建民用建筑应当安设建筑物室内温度控制和用能计量设施，逐步实行基本冷热价和计量冷热价共同构成的两部制用能价格制度。

第十三条　供热单位、公共建筑所有权人或者其委托的物业管理单位应当制定相应的节能建筑运行管理制度，明确节能建筑运行状态各项性能指标、节能工作诸环节的岗位目标责任等事项。

第十四条　公共建筑的所有权人或者委托的物业管理单位应当建立用能档案，在供热或者制冷间歇期委托相关检测机构对用能设备和系统的性能进行综合检测评价，定期进行维护、维修、保养及更新置换，保证设备和系统的正常运行。

第十五条　供热单位、房屋产权单位或者其委托的物业管理等有关单位，应当记录并按有关规定上报能源消耗资料。

鼓励新建民用建筑和既有建筑实施建筑能效测评。

第十六条　从事建筑节能及相关管理活动的单位，应当对其从业人员进行建筑节能标准与技术等专业知识的培训。

建筑节能标准和节能技术应当作为注册城市规划师、注册建筑师、勘察设计注册工程师、注册监理工程师、注册建造师等继续教育的必修内容。

第十七条　建设单位应当按照建筑节能政策要求和建筑节能标准委托工程项目的设计。

建设单位不得以任何理由要求设计单位、施工单位擅自修改经审查合格的节能设计文件，降低建筑节能标准。

第十八条　房地产开发企业应当将所售商品住房的节能措施、围护结构保温隔热性能指标等基本信息在销售现场显著位置予以公示，并在《住宅使用说明书》中予以载明。

第十九条　设计单位应当依据建筑节能标准的要求进行设计，保证建筑节能设计质量。

施工图设计文件审查机构在进行审查时，应当审查节能设计的内容，在审查报告中单列节能审查章节；不符合建筑节能强制性标准的，施工图设计文件审查结论应当定为不合格。

第二十条　施工单位应当按照审查合格的设计文件和建筑节能施工标准的要求进行施工，保证工程施工质量。

第二十一条　监理单位应当依照法律、法规以及建筑节能标准、节能设计文件、建设工程承包合同及监理合同对节能工程建设实施监理。

第二十二条　对超过能源消耗指标的供热单位、公共建筑的所有权人或者其委托的物业管理单位，责令限期达标。

第二十三条　对擅自改变建筑围护结构节能措施，并影响公共利益和他人合法权益的，责令责任人及时予以修复，并承担相应的费用。

第二十四条　建设单位在竣工验收过程中，有违反建筑节能强制性标准行为的，按照《建设工程质量管理条例》的有关规定，重新组织竣工验收。

第二十五条　建设单位未按照建筑节能强制性标准委托设计，擅自修改节能设计文件，明示或暗示设计单位、施工单位违反建筑节能设计强制性标准，降低工程建设质量的，处20万元以上50万元以下的罚款。

第二十六条　设计单位未按照建筑节能强制性标准进行设计的，应当修改设计。未进行修改的，给予警告，处10万元以上30万元以下罚款；造成损失的，依法承担赔偿责任；两年内，累计三项工程未按照建筑节能强制性标准设计的，责令停业整顿，降低资质等级或者吊销资质证书。

第二十七条　对未按照节能设计进行施工的施工单位，责令改正；整改所发生的工程费用，由施工单位负责；可以给予警告，情节严重的，处工程合同价款2%以上4%以下的罚款；两年内，累计三项工程未按照符合节能标准要求的设计进行施工的，责令停业整顿，降低资质等级或者吊销资质证书。

第二十八条　本规定的责令停业整顿、降低资质等级和吊销资质证书的行政处罚，由颁发资质证书的机关决定；其他行政处罚，由建设行政主管部门依照法定职权决定。

第二十九条　农民自建低层住宅不适用本规定。

第三十条　本规定自2006年1月1日起施行。原《民用建筑节能管理规定》（建设部令第76号）同时废止。

附录G　中华人民共和国节约能源法

中华人民共和国主席令第77号

《中华人民共和国节约能源法》已由中华人民共和国第十届全国人民代表大会常务委员会第三十次会议于2007年10月28日修订通过，现将修订后的《中华人民共和国节约能源法》公布，自2008年4月1日起施行。

《中华人民共和国节约能源法》于1997年11月1日第八届全国人民代表大会常务委员会第二十八次会议通过，2007年10月28日第十届全国人民代表大会常务委员会第三十次会议修订。

第一章　总则

第一条　为了推动全社会节约能源，提高能源利用效率，保护和改善环境，促进经济社会全面协调可持续发展，制定本法。

第二条　本法所称能源，是指煤炭、石油、天然气、生物质能和电力、热力以及其他直接或者通过加工、转换而取得有用能的各种资源。

第三条　本法所称节约能源（以下简称节能），是指加强用能管理，采取技术上可行、经济上合理以及环境和社会可以承受的措施，从能源生产到消费的各个环节，降低消耗、减少损失和污染物排放、制止浪费，有效、合理地利用能源。

第四条　节约资源是我国的基本国策。国家实施节约与开发并举、把节约放在首位的能源发展战略。

第五条　国务院和县级以上地方各级人民政府应当将节能工作纳入国民经济和社会发展规划、年度计划，并组织编制和实施节能中长期专项规划、年度节能计划。

国务院和县级以上地方各级人民政府每年向本级人民代表大会或者其常务委员会报告节能工作。

第六条　国家实行节能目标责任制和节能考核评价制度，将节能目标完成情况作为对地方人民政府及其负责人考核评价的内容。

省、自治区、直辖市人民政府每年向国务院报告节能目标责任的履行情况。

第七条　国家实行有利于节能和环境保护的产业政策，限制发展高耗能、高污染行业，发展节能环保型产业。

国务院和省、自治区、直辖市人民政府应当加强节能工作，合理调整产业结构、企业结构、产品结构和能源消费结构，推动企业降低单位产值能耗和单位产品能耗，淘汰落后的生产能力，改进能源的开发、加工、转换、输送、储存和供应，提高能源利用效率。

国家鼓励、支持开发和利用新能源、可再生能源。

第八条　国家鼓励、支持节能科学技术的研究、开发、示范和推广，促进节能技术创新与进步。

国家开展节能宣传和教育，将节能知识纳入国民教育和培训体系，普及节能科学知识，增强全民的节能意识，提倡节约型的消费方式。

第九条　任何单位和个人都应当依法履行节能义务，有权检举浪费能源的行为。

新闻媒体应当宣传节能法律、法规和政策，发挥舆论监督作用。

第十条　国务院管理节能工作的部门主管全国的节能监督管理工作。国务院有关部门在各自的职责范围内负责节能监督管理工作，并接受国务院管理节能工作的部门的指导。

县级以上地方各级人民政府管理节能工作的部门负责本行政区域内的节能监督管理工作。县级以上地方各级人民政府有关部门在各自的职责范围内负责节能监督管理工作，并接受同级管理节能工作的部门的指导。

第二章　节能管理

第十一条　国务院和县级以上地方各级人民政府应当加强对节能工作的领导，部署、协调、监督、检查、推动节能工作。

第十二条　县级以上人民政府管理节能工作的部门和有关部门应当在各自的职责范围内，加强对节能法律、法规和节能标准执行情况的监督检查，依法查处违法用能行为。

履行节能监督管理职责不得向监督管理对象收取费用。

第十三条　国务院标准化主管部门和国务院有关部门依法组织制定并适时修订有关节能的国家标准、行业标准，建立健全节能标准体系。

国务院标准化主管部门会同国务院管理节能工作的部门和国务院有关部门制定强制性的用能产品、设备能源效率标准和生产过程中耗能高的产品的单位产品能耗限额标准。

国家鼓励企业制定严于国家标准、行业标准的企业节能标准。

省、自治区、直辖市制定严于强制性国家标准、行业标准的地方节能标准，由省、自治区、直辖市人民政府报经国务院批准；本法另有规定的除外。

第十四条　建筑节能的国家标准、行业标准由国务院建设主管部门组织制定，并依照法定程序发布。

省、自治区、直辖市人民政府建设主管部门可以根据本地实际情况，制定严于国家标准或者行业标准的地方建筑节能标准，并报国务院标准化主管部门和国务院建设主管部门备案。

第十五条　国家实行固定资产投资项目节能评估和审查制度。不符合强制性节能标准的项目，依法负责项目审批或者核准的机关不得批准或者核准建设；建设单位不得开工建设；已经建成的，不得投入生产、使用。具体办法由国务院管理节能工作的部门会同国务院有关部门制定。

第十六条　国家对落后的耗能过高的用能产品、设备和生产工艺实行淘汰制度。淘汰的用能产品、设备、生产工艺的目录和实施办法，由国务院管理节能工作的部门会同国务院有关部门制定并公布。

生产过程中耗能高的产品的生产单位，应当执行单位产品能耗限额标准。对超过单位产品能耗限额标准用能的生产单位，由管理节能工作的部门按照国务院规定的权限责令限期治理。

对高耗能的特种设备，按照国务院的规定实行节能审查和监管。

第十七条　禁止生产、进口、销售国家明令淘汰或者不符合强制性能源效率标准的用能产品、设备；禁止使用国家明令淘汰的用能设备、生产工艺。

第十八条　国家对家用电器等使用面广、耗能量大的用能产品，实行能源效率标识管理。实行能源效率标识管理的产品目录和实施办法，由国务院管理节能工作的部门会同国务院产品质量监督部门制定并公布。

第十九条　生产者和进口商应当对列入国家能源效率标识管理产品目录的用能产品标注能源效率标识，在产品包装物上或者说明书中予以说明，并按照规定报国务院产品质量监督部门和国务院管理节能工作的部门共同授权的机构备案。

生产者和进口商应当对其标注的能源效率标识及相关信息的准确性负责。禁止销售应当标注而未标注能源效率标识的产品。

禁止伪造、冒用能源效率标识或者利用能源效率标识进行虚假宣传。

第二十条　用能产品的生产者、销售者，可以根据自愿原则，按照国家有关节能产品认证的规定，向经国务院认证认可监督管理部门认可的从事节能产品认证的机构提出节能产品认证申请；经认证合格后，取得节能产品认证证书，可以在用能产品或者其包装物上使用节能产品认证标志。

禁止使用伪造的节能产品认证标志或者冒用节能产品认证标志。

第二十一条　县级以上各级人民政府统计部门应当会同同级有关部门，建立健全能源统计制度，完善能源统计指标体系，改进和规范能源统计方法，确保能源统计数据真实、完整。

国务院统计部门会同国务院管理节能工作的部门，定期向社会公布各省、自治区、直辖市以及主要耗能行业的能源消费和节能情况等信息。

第二十二条　国家鼓励节能服务机构的发展，支持节能服务机构开展节能咨询、设计、评估、检测、审计、认证等服务。

国家支持节能服务机构开展节能知识宣传和节能技术培训，提供节能信息、节能示范和其他公益性节能服务。

第二十三条　国家鼓励行业协会在行业节能规划、节能标准的制定和实施，节能技术推广，能源消费统计，节能宣传培训和信息咨询等方面发挥作用。

第三章　合理使用与节约能源

第一节　一般规定

第二十四条　用能单位应当按照合理用能的原则，加强节能管理，制定并实施节能计划和节能技术措施，降低能源消耗。

第二十五条　用能单位应当建立节能目标责任制，对节能工作取得成绩的集体、个人给予奖励。

第二十六条　用能单位应当定期开展节能教育和岗位节能培训。

第二十七条　用能单位应当加强能源计量管理，按照规定配备和使用经依法检定合格的能源计量器具。

用能单位应当建立能源消费统计和能源利用状况分析制度，对各类能源的消费实行分类计量和统计，并确保能源消费统计数据真实、完整。

第二十八条　能源生产经营单位不得向本单位职工无偿提供能源。任何单位不得对能源消费实行包费制。

第二节　工业节能

第二十九条　国务院和省、自治区、直辖市人民政府推进能源资源优化开发利用和合理配置，推进有利于节能的行业结构调整，优化用能结构和企业布局。

第三十条　国务院管理节能工作的部门会同国务院有关部门制定电力、钢铁、有色金属、建材、石油加工、化工、煤炭等主要耗能行业的节能技术政策，推动企业节能技术改造。

第三十一条　国家鼓励工业企业采用高效、节能的电动机、锅炉、窑炉、风机、泵类等设备，采用热电联产、余热余压利用、洁净煤以及先进的用能监测和控制等技术。

第三十二条　电网企业应当按照国务院有关部门制定的节能发电调度管理的规定，安排清洁、高效和符合规定的热电联产、利用余热余压发电的机组以及其他符合资源综合利用规定的发电机组与电网并网运行，上网电价执行国家有关规定。

第三十三条　禁止新建不符合国家规定的燃煤发电机组、燃油发电机组和燃煤热电机组。

第三节　建筑节能

第三十四条　国务院建设主管部门负责全国建筑节能的监督管理工作。

县级以上地方各级人民政府建设主管部门负责本行政区域内建筑节能的监督管理工作。

县级以上地方各级人民政府建设主管部门会同同级管理节能工作的部门编制本行政区域内的建筑节能规划。建筑节能规划应当包括既有建筑节能改造计划。

第三十五条　建筑工程的建设、设计、施工和监理单位应当遵守建筑节能标准。

不符合建筑节能标准的建筑工程，建设主管部门不得批准开工建设；已经开工建设的，应当责令停止施工、限期改正；已经建成的，不得销售或者使用。

建设主管部门应当加强对在建建筑工程执行建筑节能标准情况的监督检查。

第三十六条　房地产开发企业在销售房屋时，应当向购买人明示所售房屋的节能措施、保温工程保修期等信息，在房屋买卖合同、质量保证书和使用说明书中载明，并对其真实性、准确性负责。

第三十七条　使用空调采暖、制冷的公共建筑应当实行室内温度控制制度。具体办法由国务院建设主管部门制定。

第三十八条　国家采取措施，对实行集中供热的建筑分步骤实行供热分户计量、按照用热量收费的制度。对新建建筑或者既有建筑进行节能改造时，应当按照规定安装用热计量装置、室内温度调控装置和供热系统调控装置。具体办法由国务院建设主管部门会同国务院有关部门制定。

第三十九条　县级以上地方各级人民政府有关部门应当加强城市节约用电管理，严格控制公用设施和大型建筑物装饰性景观照明的能耗。

第四十条　国家鼓励在新建建筑和既有建筑节能改造中使用新型墙体材料等节能建筑材料和节能设备，安装和使用太阳能等可再生能源利用系统。

第四节　交通运输节能

第四十一条　国务院有关交通运输主管部门按照各自的职责负责全国交通运输相关领域的节能监督管理工作。

国务院有关交通运输主管部门会同国务院管理节能工作的部门分别制定相关领域的节能规划。

第四十二条　国务院及其有关部门指导、促进各种交通运输方式协调发展和有效衔接，优化交通运输结构，建设节能型综合交通运输体系。

第四十三条　县级以上地方各级人民政府应当优先发展公共交通，加大对公共交通的投入，完善公共交通服务体系，鼓励利用公共交通工具出行；鼓励使用非机动交通工具出行。

第四十四条　国务院有关交通运输主管部门应当加强交通运输组织管理，引导道路、水路、航空运输企业提高运输组织化程度和集约化水平，提高能源利用效率。

第四十五条　国家鼓励开发、生产、使用节能环保型汽车、摩托车、铁路机车车辆、船舶和其他交通运输工具，实行老旧交通运输工具的报废、更新制度。

国家鼓励开发和推广应用交通运输工具使用的清洁燃料、石油替代燃料。

第四十六条　国务院有关部门制定交通运输营运车船的燃料消耗量限值标准；不符合标准的，不得用于营运。

国务院有关交通运输主管部门应当加强对交通运输营运车船燃料消耗检测的监督管理。

第五节　公共机构节能

第四十七条　公共机构应当厉行节约，杜绝浪费，带头使用节能产品、设备，提高能源利用效率。

本法所称公共机构，是指全部或者部分使用财政性资金的国家机关、事业单位和团体组织。

第四十八条　国务院和县级以上地方各级人民政府管理机关事务工作的机构会同同级有关部门制定和组织实施本级公共机构节能规划。公共机构节能规划应当包括公共机构既有建筑节能改造计划。

第四十九条　公共机构应当制定年度节能目标和实施方案,加强能源消费计量和监测管理,向本级人民政府管理机关事务工作的机构报送上年度的能源消费状况报告。

国务院和县级以上地方各级人民政府管理机关事务工作的机构会同同级有关部门按照管理权限,制定本级公共机构的能源消耗定额,财政部门根据该定额制定能源消耗支出标准。

第五十条　公共机构应当加强本单位用能系统管理,保证用能系统的运行符合国家相关标准。

公共机构应当按照规定进行能源审计,并根据能源审计结果采取提高能源利用效率的措施。

第五十一条　公共机构采购用能产品、设备,应当优先采购列入节能产品、设备政府采购名录中的产品、设备。禁止采购国家明令淘汰的用能产品、设备。

节能产品、设备政府采购名录由省级以上人民政府的政府采购监督管理部门会同同级有关部门制定并公布。

第六节　重点用能单位节能

第五十二条　国家加强对重点用能单位的节能管理。

下列用能单位为重点用能单位:

(一)年综合能源消费总量一万吨标准煤以上的用能单位;

(二)国务院有关部门或者省、自治区、直辖市人民政府管理节能工作的部门指定的年综合能源消费总量五千吨以上不满一万吨标准煤的用能单位。

重点用能单位节能管理办法,由国务院管理节能工作的部门会同国务院有关部门制定。

第五十三条　重点用能单位应当每年向管理节能工作的部门报送上年度的能源利用状况报告。能源利用状况包括能源消费情况、能源利用效率、节能目标完成情况和节能效益分析、节能措施等内容。

第五十四条　管理节能工作的部门应当对重点用能单位报送的能源利用状况报告进行审查。对节能管理制度不健全、节能措施不落实、能源利用效率低的重点用能单位,管理节能工作的部门应当开展现场调查,组织实施用能设备能源效率检测,责令实施能源审计,并提出书面整改要求,限期整改。

第五十五条　重点用能单位应当设立能源管理岗位,在具有节能专业知识、实际经验以及中级以上技术职称的人员中聘任能源管理负责人,并报管理节能工作的部门和有关部门备案。

能源管理负责人负责组织对本单位用能状况进行分析、评价,组织编写本单位能源利用状况报告,提出本单位节能工作的改进措施并组织实施。

能源管理负责人应当接受节能培训。

第四章　节能技术进步

第五十六条　国务院管理节能工作的部门会同国务院科技主管部门发布节能技术政策大纲，指导节能技术研究、开发和推广应用。

第五十七条　县级以上各级人民政府应当把节能技术研究开发作为政府科技投入的重点领域，支持科研单位和企业开展节能技术应用研究，制定节能标准，开发节能共性和关键技术，促进节能技术创新与成果转化。

第五十八条　国务院管理节能工作的部门会同国务院有关部门制定并公布节能技术、节能产品的推广目录，引导用能单位和个人使用先进的节能技术、节能产品。

国务院管理节能工作的部门会同国务院有关部门组织实施重大节能科研项目、节能示范项目、重点节能工程。

第五十九条　县级以上各级人民政府应当按照因地制宜、多能互补、综合利用、讲求效益的原则，加强农业和农村节能工作，增加对农业和农村节能技术、节能产品推广应用的资金投入。

农业、科技等有关主管部门应当支持、推广在农业生产、农产品加工储运等方面应用节能技术和节能产品，鼓励更新和淘汰高耗能的农业机械和渔业船舶。

国家鼓励、支持在农村大力发展沼气，推广生物质能、太阳能和风能等可再生能源利用技术，按照科学规划、有序开发的原则发展小型水力发电，推广节能型的农村住宅和炉灶等，鼓励利用非耕地种植能源植物，大力发展薪炭林等能源林。

第五章　激励措施

第六十条　中央财政和省级地方财政安排节能专项资金，支持节能技术研究开发、节能技术和产品的示范与推广、重点节能工程的实施、节能宣传培训、信息服务和表彰奖励等。

第六十一条　国家对生产、使用列入本法第五十八条规定的推广目录的需要支持的节能技术、节能产品，实行税收优惠等扶持政策。

国家通过财政补贴支持节能照明器具等节能产品的推广和使用。

第六十二条　国家实行有利于节约能源资源的税收政策，健全能源矿产资源有偿使用制度，促进能源资源的节约及其开采利用水平的提高。

第六十三条　国家运用税收等政策，鼓励先进节能技术、设备的进口，控制在生产过程中耗能高、污染重的产品的出口。

第六十四条　政府采购监督管理部门会同有关部门制定节能产品、设备政府采购名录，应当优先列入取得节能产品认证证书的产品、设备。

第六十五条　国家引导金融机构增加对节能项目的信贷支持，为符合条件的节能技术研究开发、节能产品生产以及节能技术改造等项目提供优惠贷款。

国家推动和引导社会有关方面加大对节能的资金投入，加快节能技术改造。

第六十六条　国家实行有利于节能的价格政策，引导用能单位和个人节能。

国家运用财税、价格等政策，支持推广电力需求侧管理、合同能源管理、节能自愿协议等节能办法。

国家实行峰谷分时电价、季节性电价、可中断负荷电价制度，鼓励电力用户合理调整用电负荷；对钢铁、有色金属、建材、化工和其他主要耗能行业的企业，分淘汰、限制、允许和鼓励类实行差别电价政策。

第六十七条　各级人民政府对在节能管理、节能科学技术研究和推广应用中有显著成绩以及检举严重浪费能源行为的单位和个人，给予表彰和奖励。

第六章　法律责任

第六十八条　负责审批或者核准固定资产投资项目的机关违反本法规定，对不符合强制性节能标准的项目予以批准或者核准建设的，对直接负责的主管人员和其他直接责任人员依法给予处分。

固定资产投资项目建设单位开工建设不符合强制性节能标准的项目或者将该项目投入生产、使用的，由管理节能工作的部门责令停止建设或者停止生产、使用，限期改造；不能改造或者逾期不改造的生产性项目，由管理节能工作的部门报请本级人民政府按照国务院规定的权限责令关闭。

第六十九条　生产、进口、销售国家明令淘汰的用能产品、设备的，使用伪造的节能产品认证标志或者冒用节能产品认证标志的，依照《中华人民共和国产品质量法》的规定处罚。

第七十条　生产、进口、销售不符合强制性能源效率标准的用能产品、设备的，由产品质量监督部门责令停止生产、进口、销售，没收违法生产、进口、销售的用能产品、设备和违法所得，并处违法所得一倍以上五倍以下罚款；情节严重的，由工商行政管理部门吊销营业执照。

第七十一条　使用国家明令淘汰的用能设备或者生产工艺的，由管理节能工作的部门责令停止使用，没收国家明令淘汰的用能设备；情节严重的，可以由管理节能工作的部门提出意见，报请本级人民政府按照国务院规定的权限责令停业整顿或者关闭。

第七十二条　生产单位超过单位产品能耗限额标准用能，情节严重，经限期治理逾期不治理或者没有达到治理要求的，可以由管理节能工作的部门提出意见，报请本级人民政府按照国务院规定的权限责令停业整顿或者关闭。

第七十三条　违反本法规定，应当标注能源效率标识而未标注的，由产品质量监督部门责令改正，处三万元以上五万元以下罚款。

违反本法规定，未办理能源效率标识备案，或者使用的能源效率标识不符合规定的，由产品质量监督部门责令限期改正；逾期不改正的，处一万元以上三万元以下罚款。

伪造、冒用能源效率标识或者利用能源效率标识进行虚假宣传的，由产品质量监督部门责令改正，处五万元以上十万元以下罚款；情节严重的，由工商行政管理部门吊销营业执照。

第七十四条　用能单位未按照规定配备、使用能源计量器具的，由产品质量监督部门责令限期改正；逾期不改正的，处一万元以上五万元以下罚款。

第七十五条　瞒报、伪造、篡改能源统计资料或者编造虚假能源统计数据的，依照《中华人民共和国统计法》的规定处罚。

第七十六条　从事节能咨询、设计、评估、检测、审计、认证等服务的机构提供虚假信息的，由管理节能工作的部门责令改正，没收违法所得，并处五万元以上十万元以下罚款。

第七十七条　违反本法规定，无偿向本单位职工提供能源或者对能源消费实行包费制的，由管理节能工作的部门责令限期改正；逾期不改正的，处五万元以上二十万元以下罚款。

第七十八条　电网企业未按照本法规定安排符合规定的热电联产和利用余热余压发电的机组与电网并网运行，或者未执行国家有关上网电价规定的，由国家电力监管机构责令改正；造成发电企业经济损失的，依法承担赔偿责任。

第七十九条　建设单位违反建筑节能标准的，由建设主管部门责令改正，处二十万元以上五十万元以下罚款。

设计单位、施工单位、监理单位违反建筑节能标准的，由建设主管部门责令改正，处十万元以上五十万元以下罚款；情节严重的，由颁发资质证书的部门降低资质等级或者吊销资质证书；造成损失的，依法承担赔偿责任。

第八十条　房地产开发企业违反本法规定，在销售房屋时未向购买人明示所售房屋的节能措施、保温工程保修期等信息的，由建设主管部门责令限期改正，逾期不改正的，处三万元以上五万元以下罚款；对以上信息作虚假宣传的，由建设主管部门责令改正，处五万元以上二十万元以下罚款。

第八十一条　公共机构采购用能产品、设备，未优先采购列入节能产品、设备政府采购名录中的产品、设备，或者采购国家明令淘汰的用能产品、设备的，由政府采购监督管理部门给予警告，可以并处罚款；对直接负责的主管人员和其他直接责任人员依法给予处分，并予通报。

第八十二条　重点用能单位未按照本法规定报送能源利用状况报告或者报告内容不实的，由管理节能工作的部门责令限期改正；逾期不改正的，处一万元以上五万元以下罚款。

第八十三条　重点用能单位无正当理由拒不落实本法第五十四条规定的整改要求或者整改没有达到要求的，由管理节能工作的部门处十万元以上三十万元以下罚款。

第八十四条　重点用能单位未按照本法规定设立能源管理岗位，聘任能源管理负责人，并报管理节能工作的部门和有关部门备案的，由管理节能工作的部门责令改正；拒不改正的，处一万元以上三万元以下罚款。

第八十五条　违反本法规定，构成犯罪的，依法追究刑事责任。

第八十六条　国家工作人员在节能管理工作中滥用职权、玩忽职守、徇私舞弊，构成犯罪的，依法追究刑事责任；尚不构成犯罪的，依法给予处分。

第七章　附则

第八十七条　本法自 2008 年 4 月 1 日起施行。

参考文献

[1] 建设部,国家质量监督检验检疫总局. GB50411—2007 建筑节能工程施工质量验收规范[S]. 北京:中国建筑工业出版社,2007.

[2] 建筑节能工程施工质量验收规范编制组. 建筑节能工程施工质量验收规范宣贯辅导教材[M]. 北京:中国建筑工业出版社,2007.

[3] 梁建国. 建筑节能工程施工与质量验收[M]. 北京:中国建材工业出版社,2007.

[4] 翟义勇. 建筑工程节能设计手册[M]. 北京:中国计划出版社,2007.

[5] 北京市建筑设计研究院. 建筑专业技术措施[M]. 北京:中国建筑工业出版社,2006.

[6] 沈春林. 屋面工程设计施工实用手册[M]. 北京:机械工业出版社,2006.

[7] 吴萱. 供暖通风与空气调节[M]. 北京:北京交通大学出版社、清华大学出版社,2006.

[8] 江亿. 住宅节能[M]. 北京:中国建筑工业出版社,2006.

[9] 上海现代建筑设计(集团)有限公司. 建筑节能环保技术与产品——设计选用指南　围护结构[M]. 北京:中国建筑工业出版社,2006.

[10] 建设部标准定额研究所. 建筑外墙外保温技术导则[M]. 北京:中国建筑工业出版社,2006.

[11] 栾景阳. 建筑节能[M]. 郑州:黄河水利出版社,2006.

[12] 徐占法. 建筑节能技术实用手册[M]. 北京:机械工业出版社,2005.

[13]《公共建筑节能设计标准宣贯辅导教材》编委会. 公共建筑节能设计标准宣贯辅导教材[M]. 北京:中国建筑工业出版社,2005.

[14] 江亿. 超低能耗建筑技术及应用[M]. 北京:中国建筑工业出版社,2005.

[15] 龙维定. 建筑节能与建筑能效管理[M]. 北京:中国建筑工业出版社,2005.

[16] 刘念雄,秦佑国. 建筑热环境[M]. 北京:清华大学出版社,2005.

[17] 李必瑜. 建筑构造(上册)[M]. 北京:中国建筑工业出版社,2005.

[18] 刘建荣. 建筑构造(下册)[M]. 北京:中国建筑工业出版社,2005.

[19] 杨维菊. 建筑构造设计(上册)[M]. 北京:中国建筑工业出版社,2005.

[20] 杨维菊. 建筑构造设计(下册)[M]. 北京:中国建筑工业出版社,2005.

[21] 梁丽焰. 建筑设备安装工程施工质量控制与验收[M]. 太原:山西科学技术出版社,2004.

[22] 王立雄. 建筑节能[M]. 北京:中国建筑工业出版社,2004.

[23] 林川,等. 小城镇住宅建筑节能设计与施工[M]. 北京:中国建材工业出版社,2004.

[24] 王文忠,王宝海. 上海住宅建筑节能工技术与管理[M]. 上海:同济大学出版社,2004.

[25] 王长贵,郑瑞橙. 新能源在建筑中的应用 [M]. 北京:中国电力出版社,2003.

[26] 付祥钊. 夏热冬冷地区建筑节能技术 [M]. 北京:中国建筑工业出版社,2002.

[27] 柳孝图. 建筑物理[M]. 北京:中国建筑工业出版社,2002.

[28] 华南理工大学. 建筑物理[M]. 广州:华南理工大学出版社,2002.

[29] 刘加平. 建筑物理[M]. 北京:中国建筑工业出版社,2000.

[30] 邢振贤,等. 建筑材料[M]. 北京:中国物资出版社,1999.

[31] 中国建筑业协会建筑节能专业委员会. 建筑节能技术[M]. 北京:中国计划出版社,1996.